新编全功实战型教材

软件功能解析+实例操作+专家指点+课后习题巩固

UG NX 10.0 软件项目化进阶实例教程

主　编　王丽咏　祁　冰

副主编　安洪群　王　强　杨国朋　张　宇

参　编　郎俊迪　孙恺强　刘　宇　李　强

主　审　王中兴

哈尔滨工程大学出版社

Harbin Engineering University Press

内容简介

本书详细介绍了 UG NX 10.0 软件的应用方法，以及使用 UG NX 10.0 进行模型设计与处理的方法和技巧。本书共有 12 个项目，主要包括新手启蒙：UG NX 10.0 基础，软件基础：掌握项目文件基本操作，环境管理：设置个性化操作界面，二维创建：绘制与编辑曲线对象，图纸设计：创建与编辑草图对象，三维建模：创建 UG 实体特征，编辑模型：处理 UG 实体特征，曲面造型：创建与编辑曲面对象，零件模块：装配三维实体模型，制图环境：管理工程图纸视图，添加标注：创建三维模型尺寸，综合案例：设计常用零件模型。

本书结构清晰、语言简洁，适合于 UG NX 10.0 的初、中级读者使用，也可作为机械、工程、注塑、模具、工艺品、电子产品等相关专业的学习教材。

图书在版编目（CIP）数据

UG NX 10.0 软件项目化进阶实例教程/王丽咏，祁冰主编. —哈尔滨 ：哈尔滨工程大学出版社，2021.4（2023.8 重印）

ISBN 978-7-5661-2940-6

I. ①U… II. ①王… ②祁… III. ①计算机辅助设计—应用软件—教材 IV. ①TP391.72

中国版本图书馆 CIP 数据核字（2021）第 042456 号

责任编辑 张 曦
封面设计 赵俊红

出版发行 哈尔滨工程大学出版社
社　　址 哈尔滨市南岗区南通大街 145 号
邮政编码 150001
发行电话 0451-82519328
传　　真 0451-82519699
经　　销 新华书店
印　　刷 玖龙（天津）印刷有限公司
开　　本 787 mm×1 092 mm　1/16
印　　张 16.5
字　　数 422 千字
版　　次 2021 年 4 月第 1 版
印　　次 2023 年 8 月第 2 次印刷
定　　价 49.80 元
http：//www.hrbeupress.com
E-mail：heupress@hrbeu.edu.cn

前　言

UG NX 是 Siemens PLM Software 公司推出的绘图软件，是当今较为流行的一种模具设计软件，被广泛应用于航空航天、自动化、机械、汽车、电子、钣金、模具、家用电子等制造行业，是目前应用较广泛的三维设计软件之一。UG NX 的功能强大，为用户的产品设计及加工过程提供了数字化的造型和验证手段，其机械设计和制图功能具有性能高、灵活性强等特点，可以满足客户设计复杂产品的需要。

为帮助广大读者快速掌握 UG NX 10.0 的模型设计技术，我们特别组织专家和一线骨干老师编写了本书。本书主要具有以下特点。

（1）全面介绍 UG NX 10.0 软件的基本功能及实际应用，以各种重要技术为主线，对每种技术中的重点内容进行详细介绍。

（2）运用全新的写作手法和写作思路，使读者在学习本书之后能够快速掌握软件操作技能，真正成为 UG NX 10.0 图像处理的行家里手。

（3）以实用为教学出发点，以培养读者实际应用能力为目标，通过手把手地讲解模型设计过程中的要点与难点，使读者全面掌握 UG NX 模型设计知识。

本书共有 12 个项目，主要包括新手启蒙：UG NX 10.0 基础，软件基础：掌握项目文件基本操作，环境管理：设置个性化操作界面，二维创建：绘制与编辑曲线对象，图纸设计：创建与编辑草图对象，三维建模：创建 UG 实体特征，编辑模型：处理 UG 实体特征，曲面造型：创建与编辑曲面对象，零件模块：装配三维实体模型，制图环境：管理工程图纸视图，添加标注：创建三维模型尺寸，综合案例：设计常用零件模型。

本书由沈阳职业技术学院的王丽咏和祁冰担任主编，由安洪群、王强、杨国朋和张宇担任副主编，由王中兴担任主审，郎俊迪、孙恺强、刘宇和李强参与了本书的编写。本书合理安排知识点，运用简练、流畅的语言，结合丰富、实用的示例，由浅入深地对 UG NX 10.0 的模型零件设计功能进行全面、系统的讲解，使读者在较短的时间内掌握最实用的知识点，迅速成为 UG NX 模型设计高手。本书的相关资料可扫封底微信二维码或登录 www.bjzzwh.com 获得。

由于编者水平有限，书中难免有疏漏或不妥之处，恳请广大师生和读者批评指正。

编　者

2021 年 3 月

前　言

目　录

项目 1　新手启蒙：UG NX 10.0 基础

Unigraphics（简称 UG）是美国 Unigraphics Solutions of EDS 公司推出的最新版 CAD/CAM/CAE 一体化软件，是当今世界最先进的计算机辅助设计、分析和制造软件。本项目主要向读者介绍 UG NX 10.0 的一些基本知识，以及启动与退出 UG NX 10.0 的操作方法，并对 UG NX 10.0 的工作界面进行了详细介绍。

本项目重点

- 了解 UG NX 10.0 基础内容
- 熟悉 UG NX 10.0 新增功能
- 熟悉启动与退出 UG NX 10.0 的方法
- 认识 UG NX 10.0 工作界面

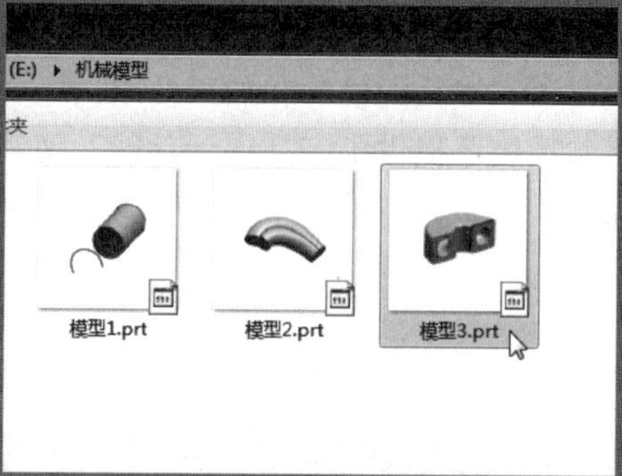

任务 1　了解 UG NX 10.0 基础内容

与 AutoCAD 等常用绘图软件相比，UG NX 直接采用统一的数据库、矢量化和关联性处理、三维建模同二维工程图相关联等技术，大大节省用户的设计时间，从而提高工作效率。

UG NX 10.0 包含非常强大、非常广泛的产品设计应用模块，其功能覆盖从概念设计、功能设计、工程分析、加工制造到产品发展的整个过程。

UG NX 10.0 兼容参数建模和非参数建模，是一个建立在同步建模技术之上，以 Teamcenter 软件的工程流程管理功能为动力，将设计到制造的各个流程环节（CAD/CAM/CAE）集成在一起的数字化产品开发的完整解决方案，这使得 UG NX 10.0 具有以下特点。

- **更多的灵活性**：UG NX 10.0 提供了“无约束的设计”，有助于有效处理所有历史数据，并使历史数据的重复使用率最大化，从而避免不必要的重新设计。比较结果显示，与竞争系统相比，UG NX 10.0 的效率有所提高，并且还突破了参数化模型的各种约束，从而缩短了设计时间，减少了可能引起巨大损失的错误。
- **更高的生产力**：UG NX 10.0 提供了一个全新的用户界面及自定义功能，从而提高了工作流程的效率。
- **更强劲的效果**：UG NX 10.0 把 CAD、CAM 和 CAE 无缝集成到一个统一、开放的环境中，从而提高了产品和流程信息的使用效率。

▶ 专家指点

CAD（Computer Aided Design）即计算机辅助设计，是工程人员以计算机为工具，对产品和工程进行设计、绘图、分析和技术文档编写等设计活动的总称。

CAE（Computer Aided Engineering）即计算机辅助工程，是用计算机辅助求解复杂工程和产品的结构强度、刚度、屈曲稳定性、动力响应、热传导、三维多体接触、雕塑性等力学性能的分析计算及结构性能的优化设计等问题的一种近似数值分析方法。

CAM（Computer Aided Manufacturing）即计算机辅助制造，是将计算机应用于制造生产过程的系统。它的输入信息是零件的工艺路线和工序内容，输出信息是刀具加工时的运动轨迹（刀位文件）和数控程序。

1.1.1　UG NX 10.0 的应用领域

UG NX 是集 CAD/CAM/CAE 于一体的三维参数化软件，是当今世界上最先进的计算机辅助设计、分析和制造软件之一，被广泛应用于航空航天、汽车、通用机械和电子等工业领域。UG NX 是业界公认的最优秀的数控加工软件之一，它具有可以满足所有零件加工要求的功能，其加工模块建立在三维主模型的基础上，具有强大的刀具路径生成、编辑功能，包括铣削、车削、点位加工和线切割等完善的加工解决方案。同时，UG NX 提供的注塑模具模块可以满足所有模具的设计和加工要求，因此，被广泛应用于模具设计加工领域。此外，UG NX 中的其他模块还提供了产品展示功能，使其在工业产品的外形设计和展示领域也得到了广泛的应用，如图 1-1 和图 1-2 所示为 UG NX 在机械领域和航空领域中的应用。

图 1-1　UG NX 在机械领域中的应用

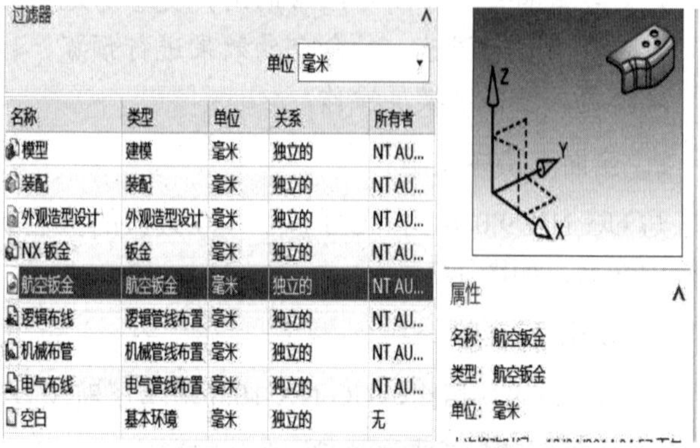

图 1-2　UG NX 在航空领域中的应用

1.1.2　UG NX 10.0 的应用模块

UG NX 由许多模块组成，每一个模块都有自己独立的功能，可以根据需要调用其中的一个或几个模块进行设计，还可以调用系统的附加模块或者使用软件进行二次开发。本节将简要介绍 UG NX 集成环境中的 4 个主要模块。

- **基础环境：**基础环境是 UG NX 启动后自动运行的第一个模块，是其他应用模块运行的公共平台。在该模块下可以打开已经存在的部件文件，创建新的部件文件，改变显示部件，分析部件，可以启动在线帮助、输出图纸、执行外部程序，等等。
- **建模：**建模模块用于创建三维模型，是 UG NX 中的核心模块。UG NX 所擅长的曲线功能和曲面功能在该模块中得到了充分体现，可以利用该模块自由地表达设计思想和进行创造性的改进设计，从而获得良好的造型效果和造型速度。
- **装配：**使用 UG NX 的装配模块可以很轻松地完成零件的装配工作，在组装过程中可以采用自上而下和自下而上的装配方法，快速跨越装配层来直接访问任何组件或子装配图的设计模型。生成的装配模型中的零件数据是对零件本身的链接映像，保证装配模型和零件设计完全双向相关，即修改零件设计后装配模型中的零件会自动更新，同时也可以在装配环境下直接修改零件设计。
- **制图：**UG NX 为绘图提供了一个综合的自动化工具组。该模块可以通过已经建立的三维模型自动生成平面工程图，也可以利用曲线功能绘制平面工程图。

1.1.3　UG NX 10.0 的新增功能

在使用 UG NX 10.0 进行图形设计之前，先讲解 UG NX 10.0 的新增功能，以帮助读者对该软件有更深层次的了解。

1．全新的 Ribbon 界面

与 UG NX 9.0 相比，UG NX 10.0 的工作界面有很大的创新，采用了全新的 Ribbon 界面。与传统的菜单式用户界面相比较，Ribbon 界面的优势主要体现在如下几个方面。

- 所有功能有组织地集中存放，不再需要查找菜单、工具栏等。
- 更好地在每个应用程序中组织命令。
- 提供足够显示更多命令的空间。

- 丰富的命令布局可以帮助用户更容易地找到重要的、常用的功能。
- 可以显示图示，对命令的效果进行预览。
- 更加适合触摸屏操作。

2．全面支持中文版

与 UG NX 9.0 相比，UG NX 10.0 最大的特色就是全面支持中文版，支持中文路径，并支持中文名，如图 1-3 所示。

3．航空设计组

与 UG NX 9.0 相比，UG NX 10.0 新增了航空设计组，如图 1-4 所示，钣金能力增强。

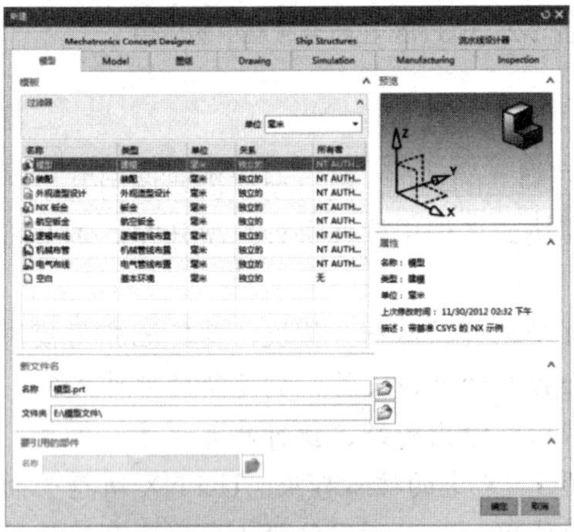

图 1-3　支持中文

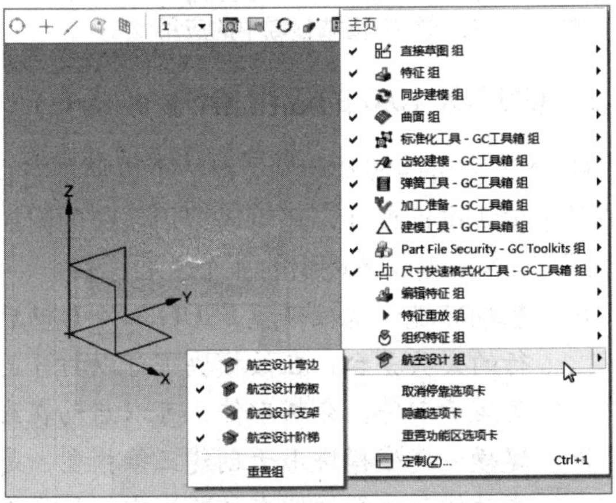

图 1-4　航空设计组

4．新增“资源条选项”

资源条管理更加方便，在侧边栏的工具条上增加了一个“资源条选项”按钮，可直接对资源条进行管理。单击该按钮，可以弹出“资源条选项”下拉菜单，如图 1-5 所示。

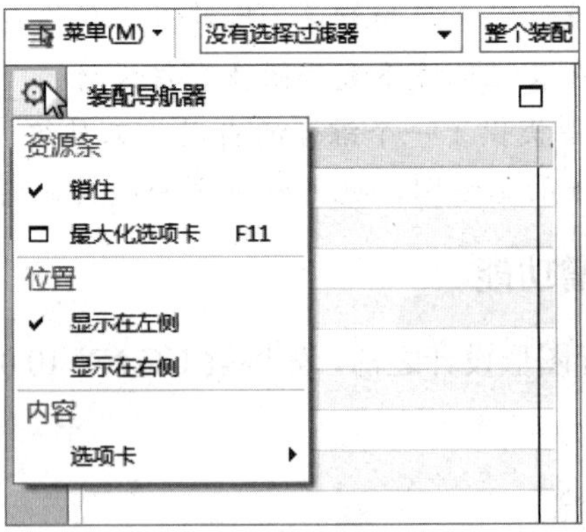

图 1-5　“资源条选项”下拉菜单

在以往的版本中，如果要将资源条在工作界面的左侧和右侧进行切换，就必须在“菜单”→“首选项”→“用户界面”→“布局”里修改。在 UG NX 10.0 中，可以在“资源条选项”下拉菜单中直接进行切换。

任务 2　启动与退出 UG NX 10.0

在使用 UG NX 10.0 进行产品设计之前，首先需要在计算机中安装 UG NX 10.0，然后学习启动与退出 UG NX 10.0 的方法，这样才能更好地学习 UG NX 10.0。

1.2.1　启动 UG NX 10.0 软件

将 UG NX 10.0 安装到计算机中后，就可启动 UG NX 10.0 进行设计操作了（图中显示为“Siemens NX 10.0”，本书采用习惯称谓）。下面介绍启动 UG NX 10.0 的操作方法。

Step01 执行计算机桌面的“开始”｜“所有程序”｜“Siemens NX 10.0”｜“NX 10.0”命令，如图 1-6 所示。

Step02 弹出 UG NX 10.0 的初始界面，如图 1-7 所示。

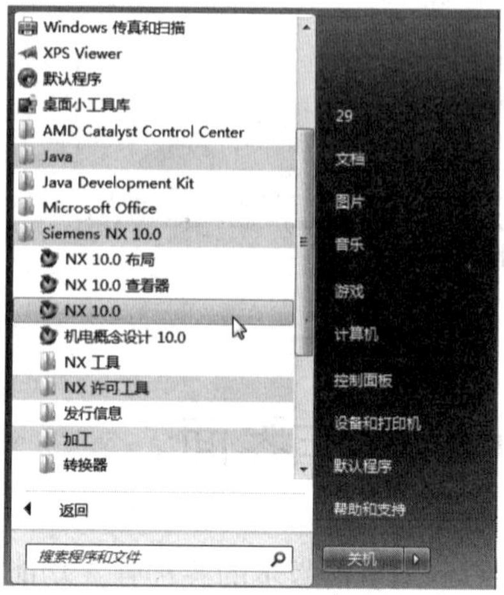

图 1-6　执行相应命令

图 1-7　弹出 UG NX 10.0 的初始界面

Step03 稍等片刻，系统会自动进入 UG NX 10.0 的工作界面，如图 1-8 所示。

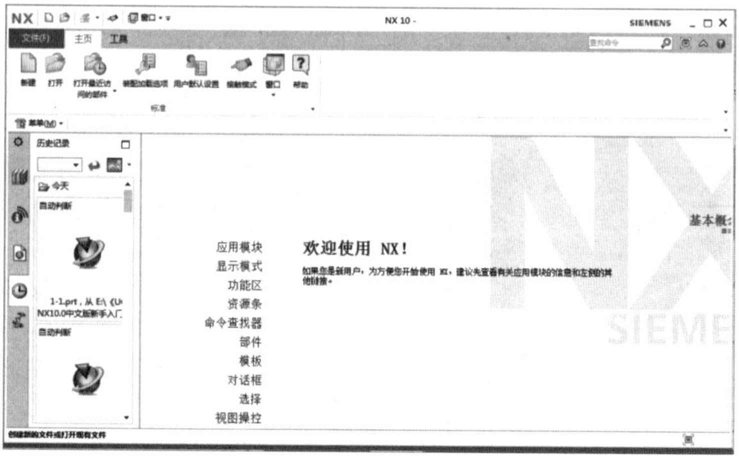

图 1-8　进入 UG NX 10.0 的工作界面

1.2.2 退出 UG NX 10.0 软件

当完成机械实体模型的设计后，如果不再需要使用 UG NX 10.0 了，可以退出该程序，以节省系统运行空间。下面介绍退出 UG NX 10.0 的方法。

Step01 移动鼠标指针至标题栏右上角的“关闭”按钮 ✕ 处，如图 1-9 所示。

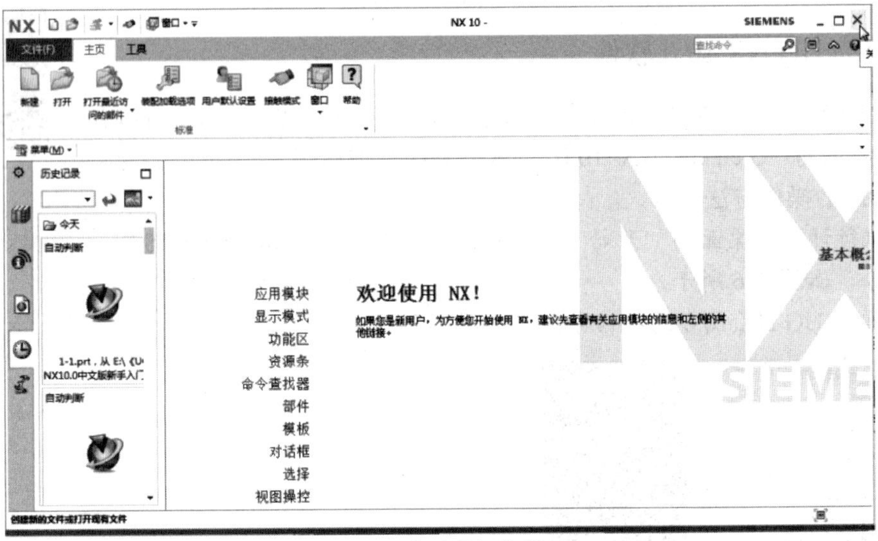

图 1-9 移动鼠标指针

Step02 单击鼠标左键，即可退出 UG NX 10.0 程序。

任务 3 认识 UG NX 10.0 工作界面

UG NX 10.0 是 UG NX 的较新版本，它不仅具有 UG NX 以前版本的各种强大功能，在工作环境上也有了很大的改善。启动 UG NX 10.0 程序后，新建一个模型，即可进入其工作界面，如图 1-10 所示。

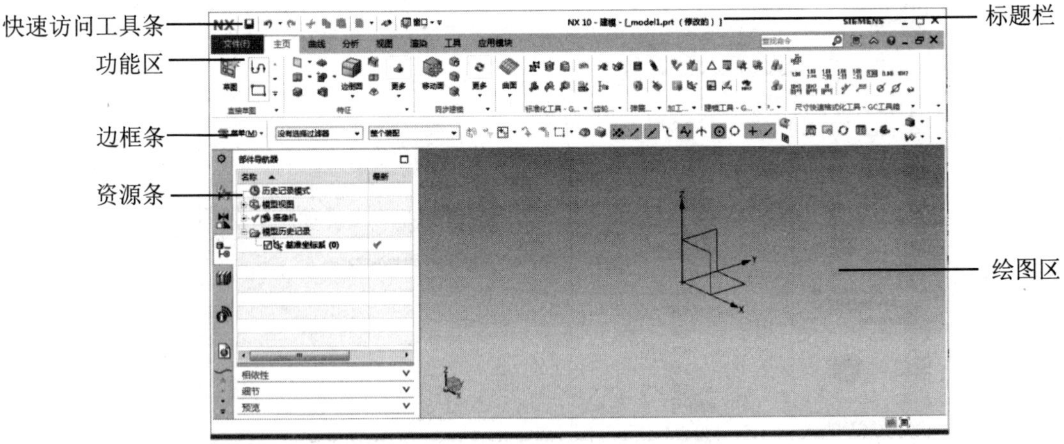

图 1-10 UG NX 10.0 的全新界面

1.3.1　认识标题栏

标题栏位于工作界面的最上方，功能与常用软件的标题栏基本相同。单击标题栏右侧按钮组 中的某个按钮，可以最小化、最大化或关闭应用程序窗口。在标题栏上的空白处右击，在弹出的快捷菜单中可以执行最小化或最大化窗口、还原窗口、关闭 UG NX 10.0 等操作。

1.3.2　认识快速访问工具条

快速访问工具条位于工作界面的左上方，包含“保存”、“撤销”、“重做”、“剪切”、“复制”、“粘贴”和“重复上一命令”等按钮，如图 1-11 所示。

图 1-11　快速访问工具条

1.3.3　认识功能区

功能区是按钮的集合，将鼠标指针移到某个按钮上，稍停片刻即可在该按钮的一侧显示相对应的功能提示，单击该按钮即可执行相应的命令。功能区包括“文件”下拉菜单（如图 1-12 所示）、“主页”选项卡（如图 1-13 所示）、“曲线”选项卡（如图 1-14 所示）、“分析”选项卡（如图 1-15 所示）、“视图”选项卡（如图 1-16 所示）、“渲染”选项卡（如图 1-17 所示）、“工具”选项卡（如图 1-18 所示）、“应用模块”选项卡（如图 1-19 所示）。

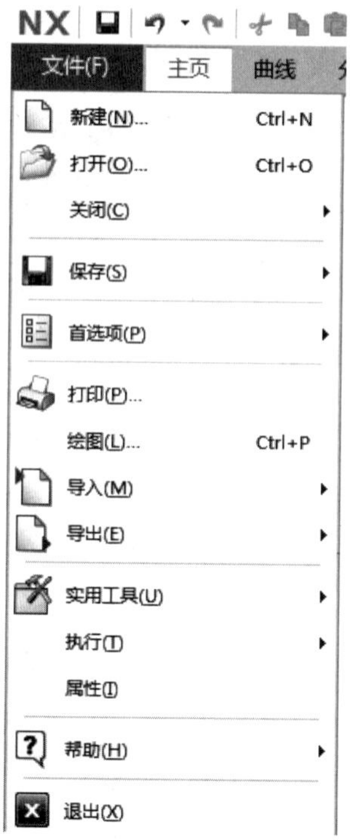

图 1-12　“文件”下拉菜单

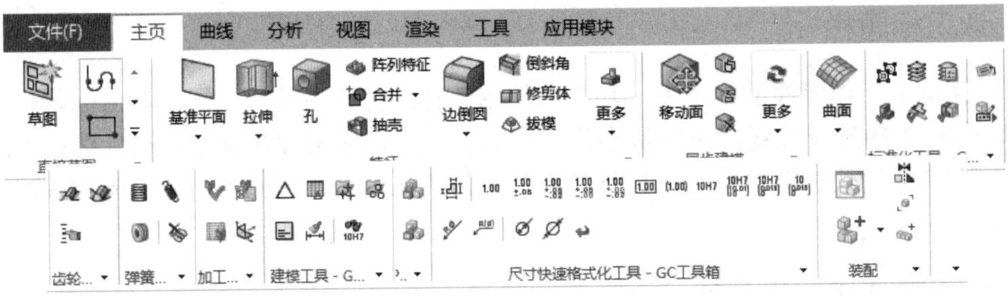

图 1-13 “主页”选项卡

图 1-14 “曲线”选项卡

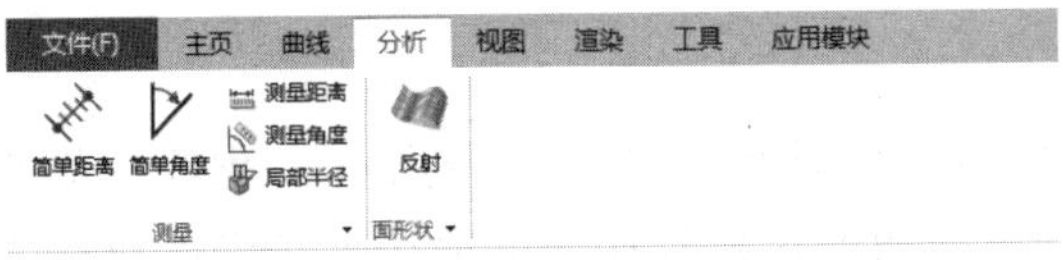

图 1-15 “分析”选项卡

图 1-16 “视图”选项卡

图 1-17 “渲染”选项卡

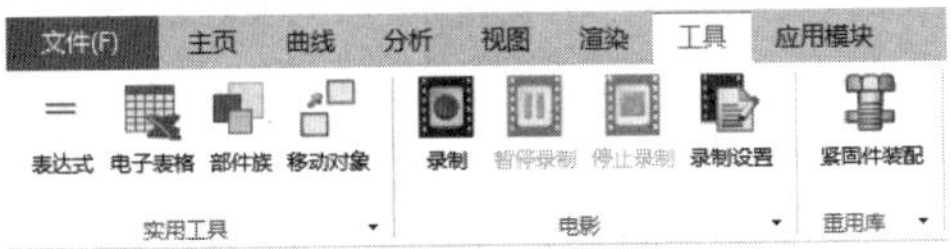

图 1-18 “工具”选项卡

图 1-19 “应用模块”选项卡

1.3.4 认识边框条

边框条位于功能区的下方，集合了菜单及一系列快捷命令，如图 1-20 所示。

图 1-20 边框条

在边框条中单击“菜单”右侧的下拉按钮，弹出下拉菜单，可以根据需要在其中选择需要的命令执行操作。在菜单栏中，各菜单的含义如下。

- **“文件”菜单：**该菜单主要用于项目文件的管理，包括新建、打开、保存、导入或导出文件等，如图 1-21 所示。
- **“编辑”菜单：**该菜单主要用于模型的设计更改，包括复制、删除、选择及对象显示等，如图 1-22 所示。
- **“视图”菜单：**该菜单主要用于模型的显示控制，包括截面、可视化、布局及书签等，如图 1-23 所示。

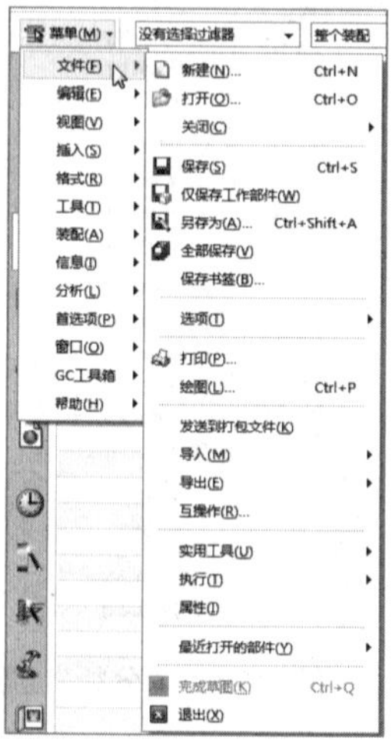

图 1-21　“文件”菜单

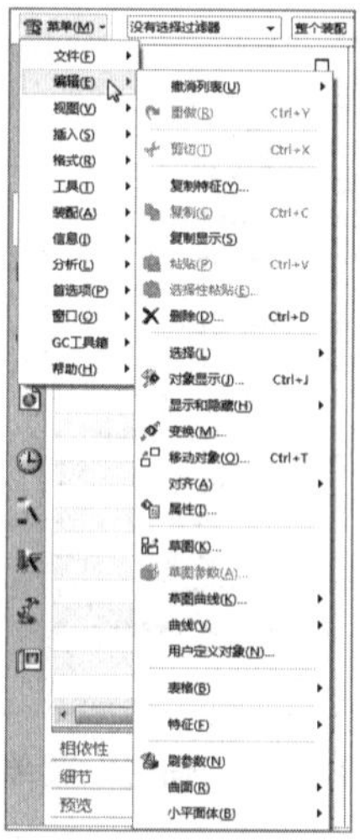

图 1-22　“编辑”菜单

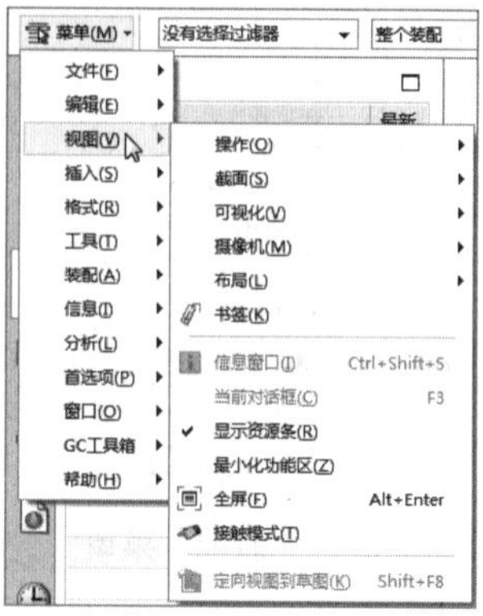

图 1-23　“视图”菜单

- **“插入”菜单：**该菜单主要用于提供建模模块环境下的常用命令，以进行设计特征或细节特征等的创建，如图 1-24 所示。
- **“格式”菜单：**该菜单主要用于模型格式的组织与管理，可以进行图层设置或分组等操作，如图 1-25 所示。
- **“工具”菜单：**该菜单主要用于提供复杂建模工具，包括表达式、电子表格及重用库等，如图 1-26 所示。

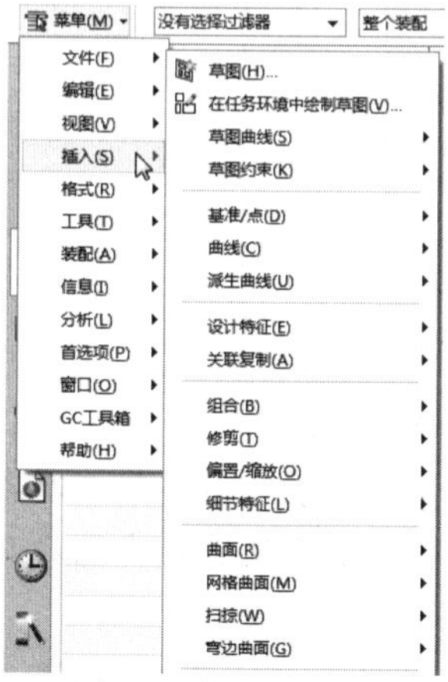

图 1-24　“插入”菜单

图 1-25　“格式”菜单

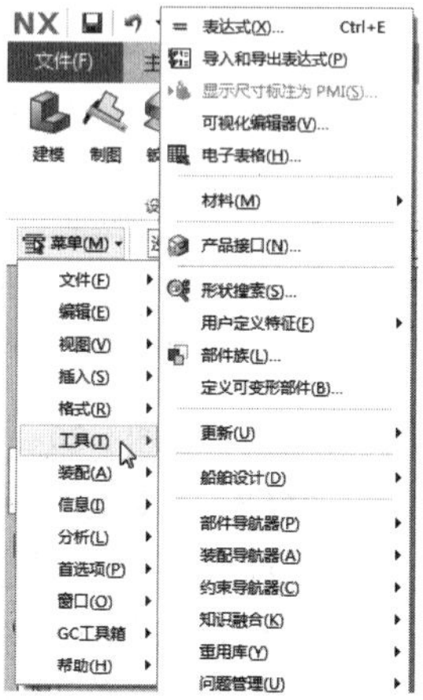

图 1-26　“工具”菜单

➢ **“装配”菜单：**该菜单主要用于提供虚拟装配建模功能，如图 1-27 所示。
➢ **“信息”菜单：**该菜单主要用于查询相关信息，包括对象、部件及装配等信息，如图 1-28 所示。
➢ **“分析”菜单：**该菜单主要用于模型对象分析，包括几何属性分析和高级质量属性分析等，如图 1-29 所示。

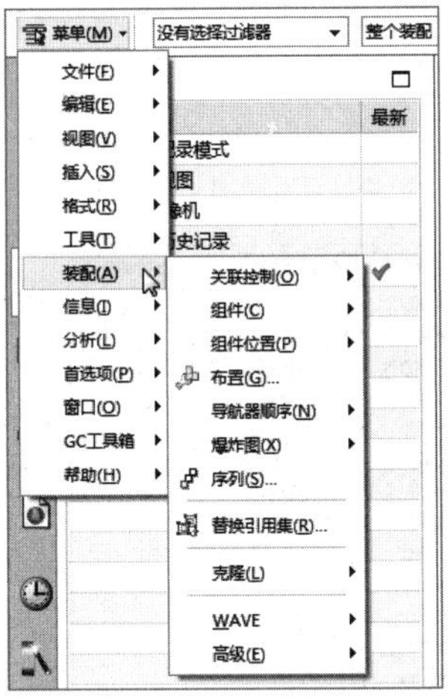

图 1-27 “装配”菜单

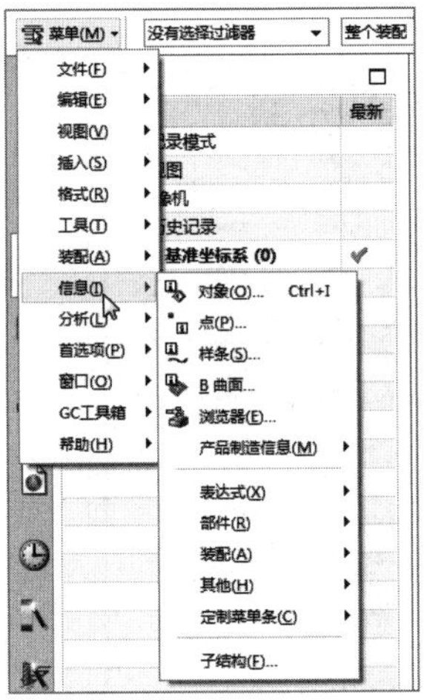

图 1-28 “信息”菜单

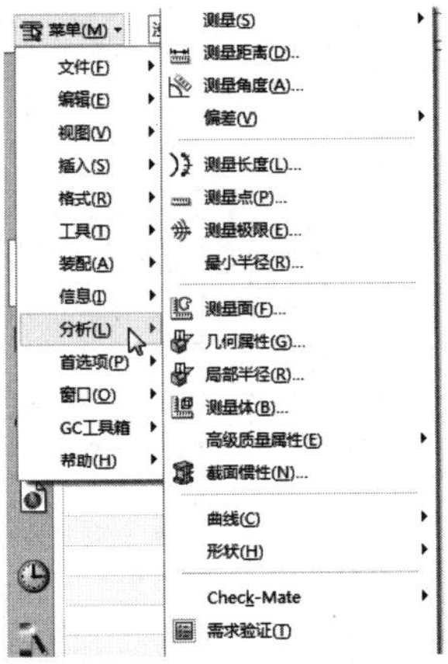

图 1-29 “分析”菜单

➢ **“首选项”菜单：**该菜单主要用于参数预设置，包括用户界面和装配的预设置等，如图 1-30 所示。
➢ **“窗口”菜单：**该菜单主要用于进行图形窗口切换，可以进行新建、层叠横向平铺及纵向平铺窗口等操作，如图 1-31 所示。

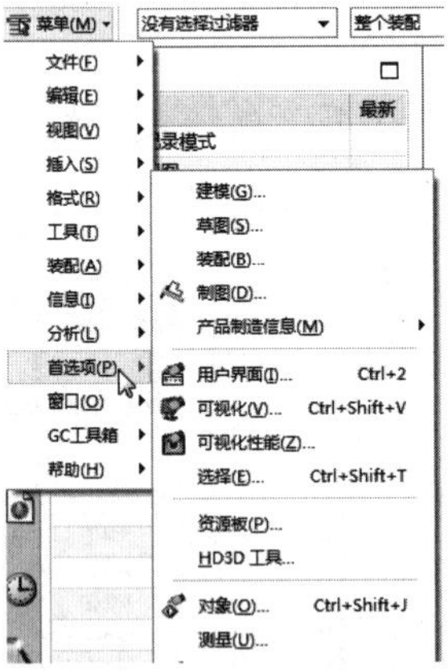

图 1-30 “首选项”菜单

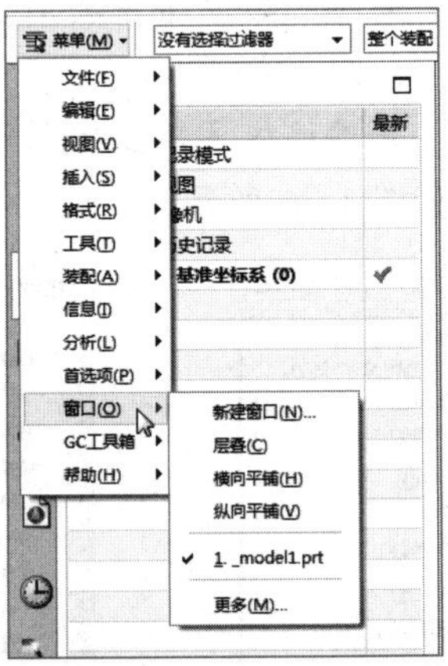

图 1-31 “窗口”菜单

➢ **“GC 工具箱”菜单：**该菜单包含 GC 数据规范、齿轮建模、弹簧设计、加工准备、注释、尺寸、批量创建和部件文件加密，使用 GC 工具箱有助于在进行产品设计时大大提高标准化程度和工作效率，如图 1-32 所示。
➢ **“帮助”菜单：**该菜单主要用于使用软件提供的帮助信息进行相应的操作，如图 1-33 所示。

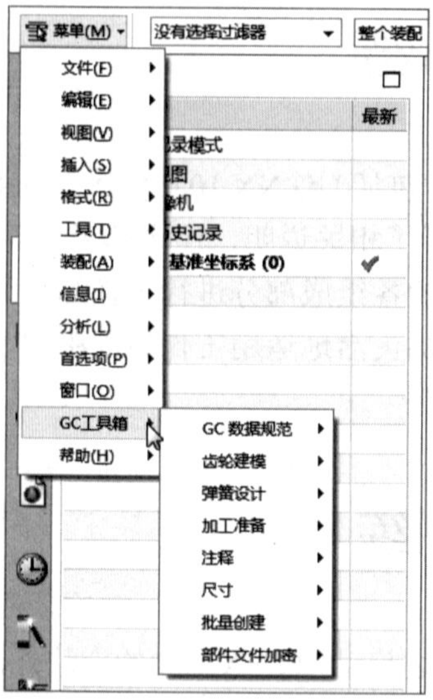

图 1-32　“GC 工具箱”菜单

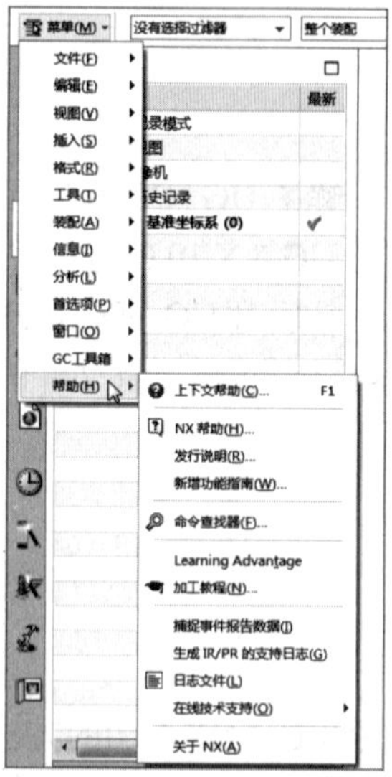

图 1-33　“帮助”菜单

1.3.5　认识绘图区

绘图区是指在 UG NX 中绘图的主要区域。任何操作都是在绘图区中进行的。在不同的制图模式下，绘图的含义也有所不同。UG NX 的绘图区可以分为建模绘图区和草图绘图区。绘图区如图 1-34 所示。

1.3.6　认识资源条

资源条主要用于显示过程监视及帮助等，主要包括“装配导航器”、“部件导航器”、“重用库”、“HD3D 工具”、“历史记录”和“加工向导”等多项内容。用户可以将鼠标指针移动到资源条中并单击相应的标签，即可弹出其资源窗口，如图 1-35 所示为“部件导航器”的资源窗口。

图 1-34　绘图区

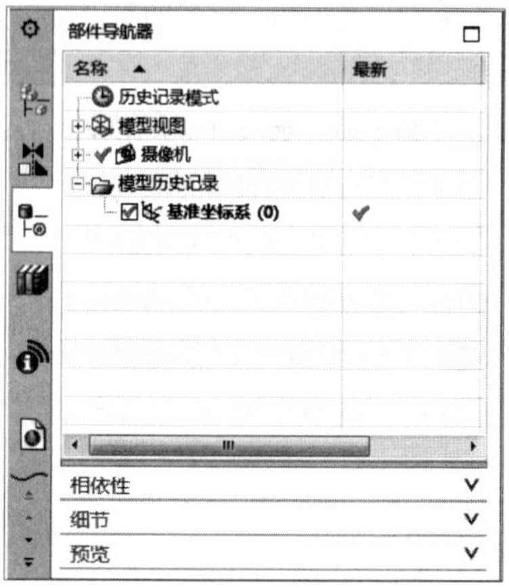

图 1-35　“部件导航器”的资源窗口

项目小结

本项目主要讲解了 UG NX 10.0 的基础内容，包括 UG NX 10.0 概述、应用领域、应用模块及市场前景，对 UG NX 10.0 的新增功能也进行了相关说明，还讲解了启动与退出 UG NX 10.0 的操作方法，最后对 UG NX 10.0 工作界面的各组成部分进行了详细介绍。通过对本项目的学习，读者可以在制作项目文件的过程中更加灵活地运用工作界面中的各项功能，以提高制图效率。

项目训练

练习启动与退出UG NX 10.0的方法，除了上述启动UG NX 10.0的方法外，还可以通过以下几种方法启动软件，读者需要多多练习。

操作提示：

（1）移动鼠标指针至桌面上的“NX 10.0”程序图标上，双击鼠标左键，如图 1-36 所示，即可启动软件。

（2）双击*.prt 格式的 NX 项目文件，如图 1-37 所示，即可启动软件。

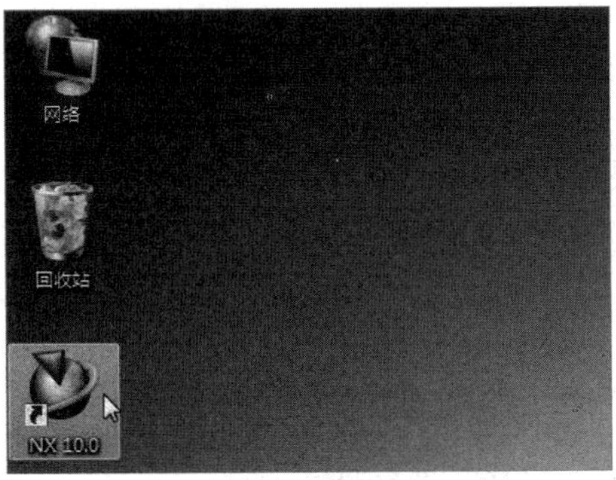

图 1-36　双击“NX 10.0”程序图标

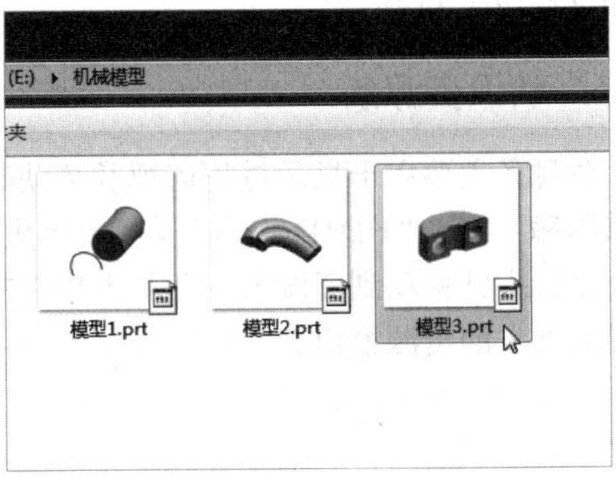

图 1-37　双击*.prt 格式的 NX 项目文件

项目 2 软件基础：掌握项目文件基本操作

本项目主要介绍 UG 建模过程中的一些基本操作，包括新建与打开项目文件、导入与导出项目文件、保存与关闭项目文件以及简单操作 UG 对象等，这些内容是 UG 建模技术的基础，对于以后的学习大有益处。

本项目重点

- 新建与打开项目文件
- 导入与导出项目文件
- 保存与关闭项目文件
- 简单操作 UG 对象

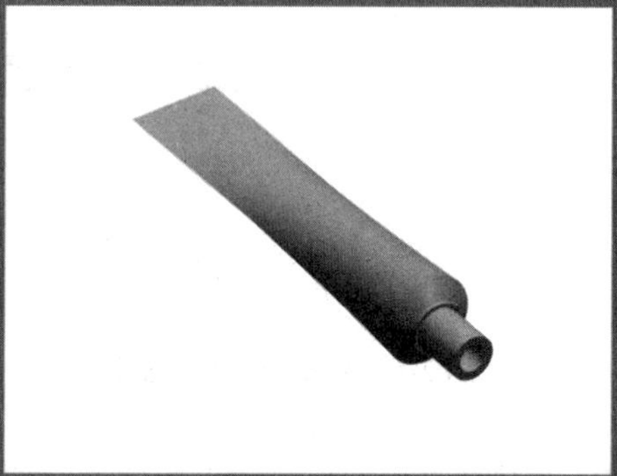

任务 1 新建与打开项目文件

如果需要在 UG NX 10.0 中创建模型，必须先新建项目文件；如果需要编辑已经保存在计算机中的项目文件，需要打开该文件。本节主要介绍新建与打开项目文件的操作方法，以帮助读者掌握软件的基本操作。

2.1.1 新建 UG 项目文件

在 UG NX 10.0 中，新建项目文件有以下 5 种方法。

（1）在工作界面上方的功能区中，执行“文件” | “新建”命令。

（2）执行边框条中的“菜单” | “文件” | “新建”命令。

（3）单击快速访问工具条中的“新建”按钮。

（4）单击功能区“主页”选项卡中的“新建”按钮，如图 2-1 所示。

（5）按【Ctrl + N】组合键。

使用以上任意一种方法，都可以弹出“新建”对话框，如图 2-2 所示，单击“确定”按钮，即可新建项目文件。

在“新建”对话框中，各主要选项区的含义如下。

- **“模板”选项区：** 该选项区主要用于选择新建文件的模板，包括“模型”“装配”“空白”等。“过滤器”主要用于设置新建文件的单位，包括“毫米”“英寸”“全部”3 个选项。
- **“预览”选项区：** 在该选项区中可以预览新建的文件。
- **“属性”选项区：** 在该选项区中显示了新建文件的名称、类型、单位、上次修改时间及描述等信息。
- **“新文件名”选项区：** 该选项区主要用于设置新建文件的文件名和保存路径，可以直接输入内容或单击右侧的按钮，在弹出的对话框中设置文件名和保存路径。
- **“要引用的部件”选项区：** 该选项区用于设置新建项目文件时需要引用的部件文件。

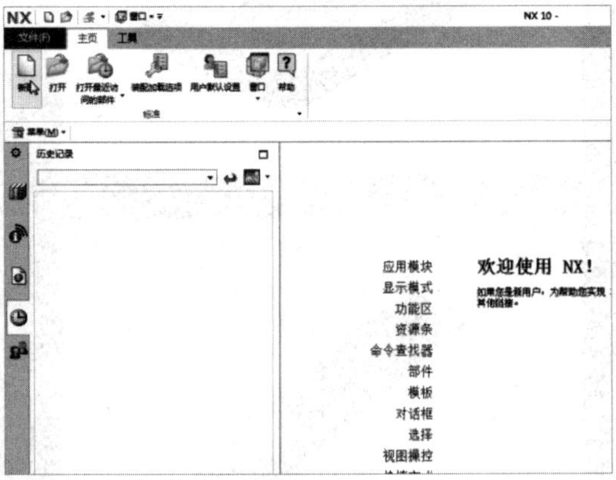

图 2-1 单击“新建”按钮

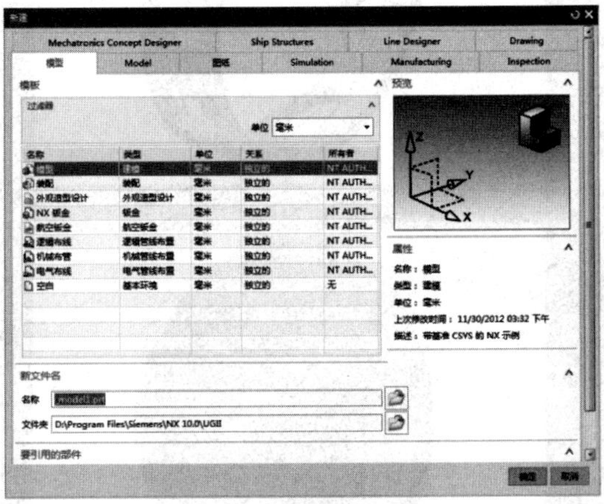

图 2-2 “新建”对话框

▶ 专家指点

UG NX 10.0 中的文件操作与其他软件略有不同，在新建文件时必须先对文件进行命名保存，然后才能新建文件。

2.1.2　打开 UG 项目文件

可以打开已创建的项目文件，重新对其进行编辑或浏览。在 UG NX 10.0 中，打开项目文件有以下 5 种方法。

（1）在功能区中执行“文件” | “打开”命令。

（2）单击快速访问工具条中的“打开”按钮。

（3）按【Ctrl + O】组合键。

（4）单击功能区“主页”选项卡中的“打开”按钮。

（5）执行边框条中的“菜单” | “文件” | “打开”命令。

下面介绍打开项目文件的操作方法。

Step 01 在功能区中执行“文件” | “打开”命令，如图 2-3 所示。

Step 02 弹出“打开”对话框，选择需要打开的项目文件（素材\项目 2\2.1.2.prt），单击“OK”按钮，如图 2-4 所示。

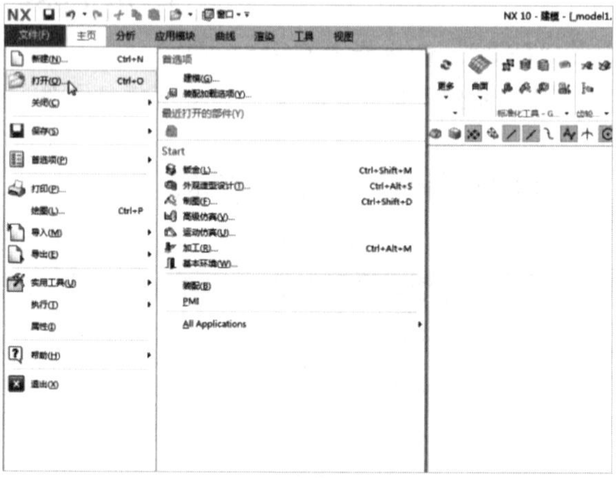

图 2-3　执行“打开”命令

图 2-4　选择需要打开的文件

Step 03 执行操作后，即可打开项目文件，效果如图 2-5 所示。

▶ 专家指点

在“打开”对话框中，各主要选项的含义如下：

- **“仅加载结构”复选框：** 选中该复选框，在打开文件时，仅加载文件的结构。
- **“使用部分加载”复选框：** 选中该复选框，在打开文件时，可以部分加载文件。
- **“预览”复选框：** 选中该复选框，可显示所选文件中的内容。

图 2-5　打开项目文件

任务 2　导入与导出项目文件

使用“导入”命令，可以将已经存在的 UG NX 项目文件中的所有模型数据导入内存；使用“导出”命令，可以将现有的模型导出为 UG NX 10.0 支持的其他类型的文件，还可以将其直接导出为图片格式文件。本节主要介绍导入与导出项目文件的操作方法。

2.2.1　导入 UG 项目文件

下面介绍如何通过“导入”命令子菜单中的“CGM”命令导入 CGM 文件。

Step 01 在工作界面上方的功能区中执行“文件”｜“新建”命令，新建一个空白项目文件，如图 2-6 所示。

Step 02 在功能区中执行“文件”｜“导入”｜“CGM”命令，如图 2-7 所示。

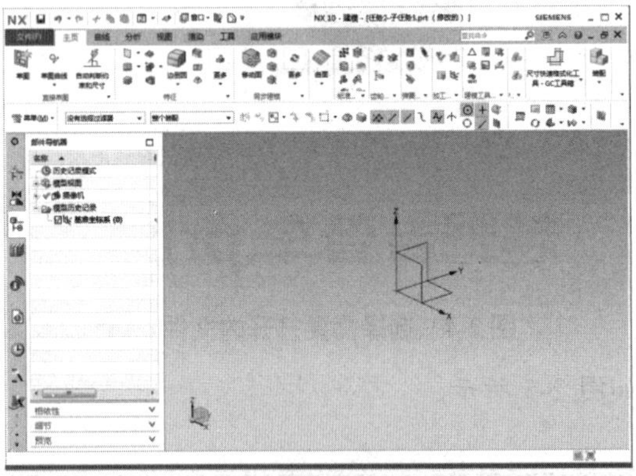

图 2-6　新建一个空白项目文件

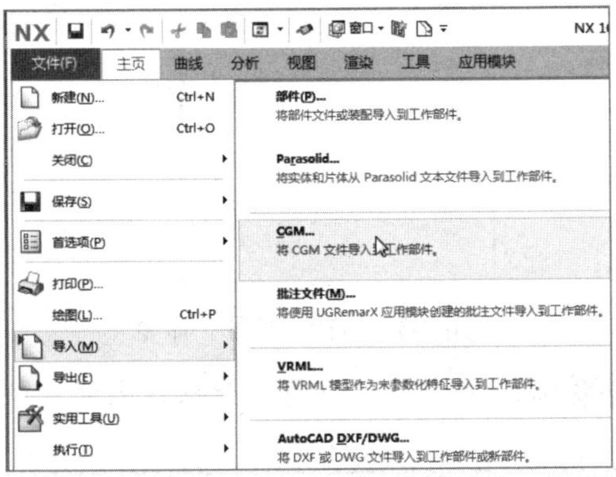

图 2-7　执行“CGM”命令

▶ 专家指点

在 UG NX 10.0 中，导入项目文件有以下两种方法。

（1）执行功能区中的“文件”｜“导入”命令中的子命令。

（2）执行边框条中的“菜单”｜“文件”｜“导入”命令中的子命令。

Step 03 执行操作后，弹出“导入 CGM 文件”对话框，如图 2-8 所示，选择需要导入的文件（素材\项目 2\2.2.1.cgm），单击“OK”按钮。

Step 04 执行操作后，即可导入 CGM 文件到绘图区中，效果如图 2-9 所示。

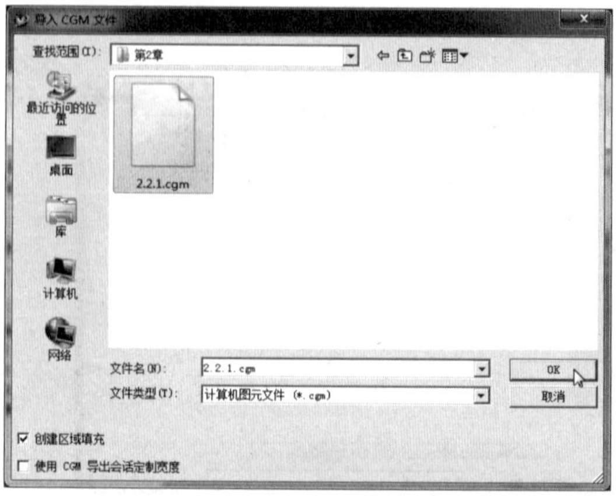

图 2-8　选择需要导入的文件

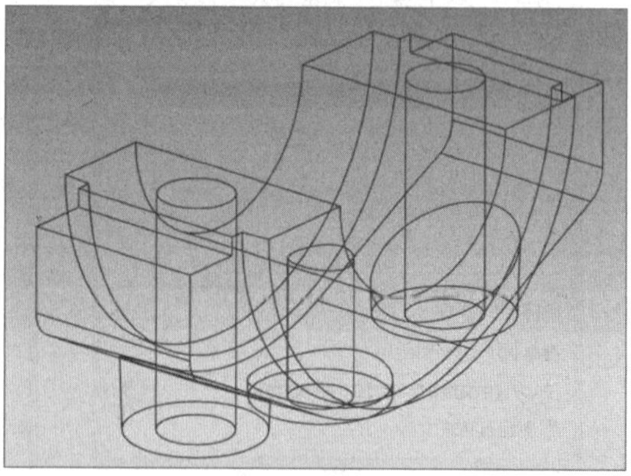

图 2-9　导入 CGM 文件

▶ 专家指点

在 UG NX 10.0 中，可以根据需要导入各种类型的文件，如部件、批注文件等。在导入项目文件时，导入的项目文件的尺寸单位必须与当前项目文件的尺寸单位一致，否则会导入失败。

2.2.2　导出 UG 项目文件

下面介绍如何通过“导出”命令子菜单中的“PDF”命令导出 PDF 文件。

Step 01 在功能区中执行“文件”｜“打开”命令，打开素材模型（素材\项目 2\2.2.2.prt），如图 2-10 所示。

Step 02 在功能区中执行“文件”｜“导出”｜“PDF”命令，如图 2-11 所示。

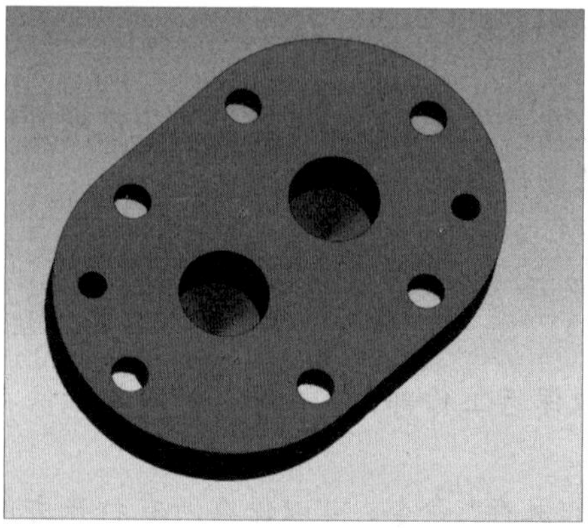

图 2-10　打开素材模型

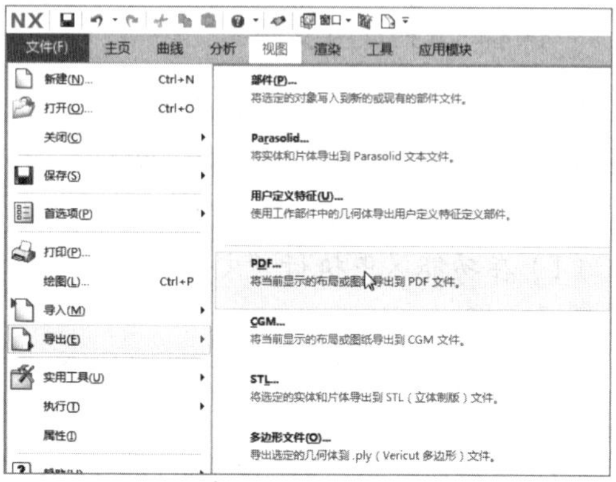

图 2-11　执行相应的命令

Step 03 执行操作后，弹出“导出 PDF”对话框，单击“浏览”按钮，如图 2-12 所示。

Step04 弹出“PDF 文件名”对话框，设置文件名和保存路径，单击“OK”按钮，如图 2-13 所示，执行操作后，返回“导出 PDF”对话框，单击“确定”按钮，执行操作后，即可导出文件。

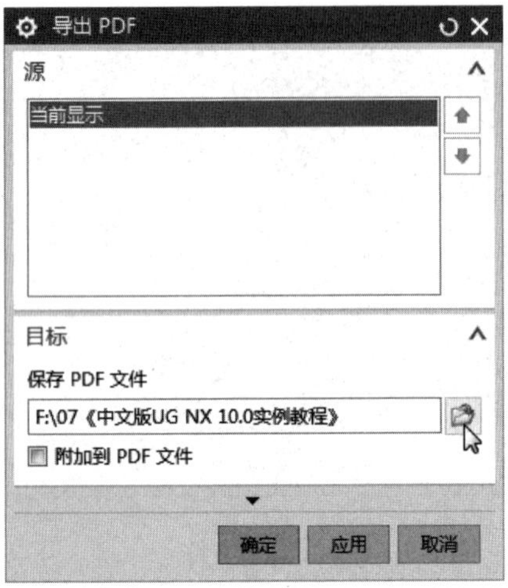

图 2-12　单击“浏览”按钮

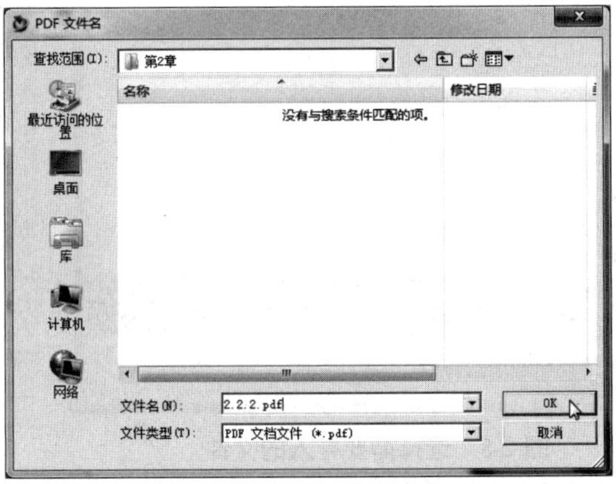

图 2-13　设置文件名和保存路径

▶ 专家指点

在“导出 PDF”对话框中，如果不需要导出 PDF 文件了，可以单击对话框右上角的“关闭”按钮，或者单击对话框下方的“取消”按钮，取消文件的导出操作。

任务 3　保存与关闭项目文件

当用户设计好项目文件后，可以对文件进行保存；如果用户不再需要使用该项目文件，可以对其进行关闭。本节主要介绍保存与关闭项目文件的操作方法。

2.3.1　保存 UG 项目文件

在 UG NX 10.0 中，用户可以在新建文件之前保存文件或另存文件，以便在建模过程中可以对文件及时进行保存。下面介绍保存项目文件的操作方法。

在 UG NX 10.0 中，保存文件有以下 8 种方法。

（1）在功能区中执行“文件”|“保存”|“保存”命令，如图 2-14 所示，可以直接保存项目文件。

（2）在功能区中执行“文件”|“保存”|“仅保存工作部件”命令，可以单独保存工作部件文件。

（3）在功能区中执行“文件”|“保存”|“全部保存”命令，可以保存所有打开文件。

（4）在功能区中执行“文件”|“保存”|“保存书签”命令，可以将文件保存为 PLMXML 格式。

（5）执行边框条中“菜单”｜“文件”命令中相应的子命令。

（6）按【Ctrl + S】组合键。

（7）按【Ctrl + Shift + S】组合键。

（8）单击快速访问工具条中的“保存”按钮。

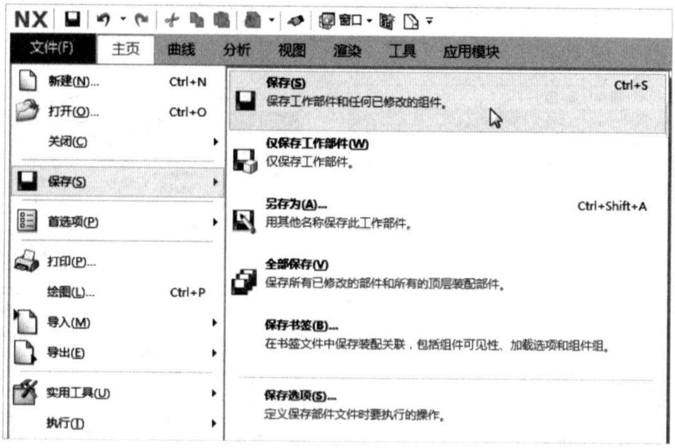

图 2-14 执行“保存”命令

在 UG NX 10.0 中，若文件从未进行过保存，在执行相应的保存命令时，会弹出“命名部件”对话框，如图 2-15 所示，在其中可以对部件进行命名。若对文件进行另存为操作，会弹出“另存为”对话框，如图 2-16 所示，在其中可以设置文件名和保存路径。

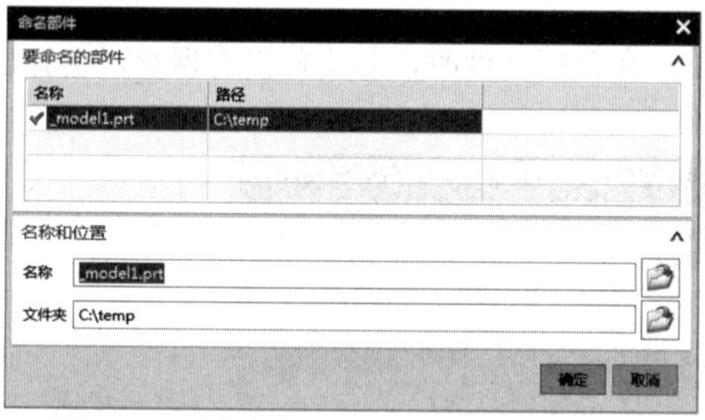

图 2-15 “命名部件”对话框

图 2-16 “另存为”对话框

2.3.2 关闭 UG 项目文件

在 UG NX 10.0 中，当编辑好当前项目文件后，可以将其关闭，以节省磁盘运行空间，提高计算机的运行速度。下面主要介绍关闭暂时不需要使用的项目文件的操作方法。关闭项目文件的方法主要有以下 9 种。

（1）在功能区中执行“文件”｜“关闭”｜“选定的部件”命令，如图 2-17 所示，可以关闭当前选择的部件。

（2）在功能区中执行“文件”｜“关闭”｜“所有部件”命令，可以关闭所有的部件。

（3）在功能区中执行“文件”｜“关闭”｜“保存并关闭”命令，可以对文件进行保存并关闭。

（4）执行“文件”｜“关闭”｜“另存并关闭”命令，可以对文件进行重命名并关闭。

（5）在功能区中执行“文件”｜“关闭”｜“全部保存并关闭”命令，可以将当前打开的所有文件一起保存并关闭，但不退出软件。

（6）在功能区中执行“文件”｜“关闭”｜“全部保存并退出”命令，可以将当前打开的所有文件进行保存，并退出 UG NX 10.0。

（7）在功能区中执行边框条中“菜单”｜“文件”｜“关闭”命令中的子命令，如图 2-18 所示，也可以关闭文件。

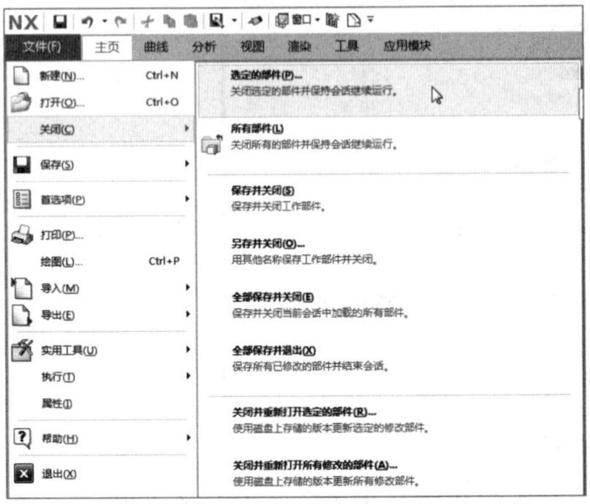

图 2-17　执行“选定的部件”命令

图 2-18　“关闭”命令中的子命令

（8）单击功能区最右侧的“关闭”按钮，可以关闭当前文件。

（9）按【Ctrl + F4】组合键。

使用任意一种方法均可对文件进行关闭，在关闭文件时，若文件没有保存，会弹出信息提示框，如图 2-19 所示，提示是否保存文件。

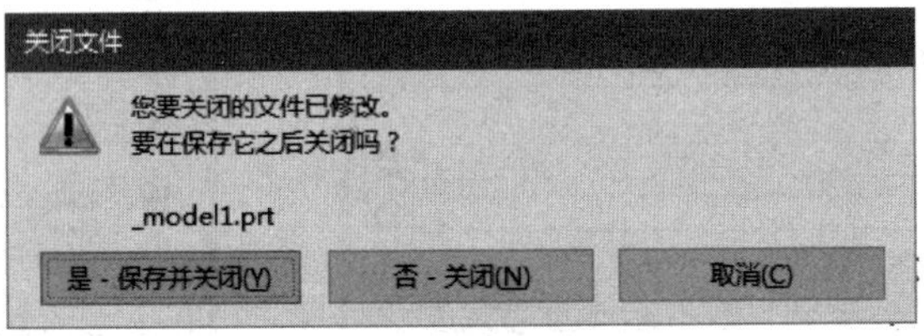

图 2-19　信息提示框

任务 4　简单操作 UG 对象

在使用 UG NX 10.0 建模的过程中，在绘图区中对点、线、实体、特征、线型、颜色及网格线等对象的编辑或修改被统称为“对象的操作”。本节将介绍查看对象、选择对象、隐藏和显示对象、删除与恢复对象、移动对象及新建截面的操作等内容。

2.4.1　查看对象的方式

在 UG NX 10.0 中，可以使用不同的显示方式查看对象，以方便地了解对象的各种状态信息。在 UG NX 10.0 中，可以通过以下 4 种方式观察对象显示。

（1）在快速访问工具条中单击“渲染样式”命令下拉按钮，如图 2-20 所示，在弹出的下拉菜单中执行相应的命令。

（2）在功能区“视图”选项卡的“样式”选项区中单击相应的按钮。

（3）在绘图区中右击，在弹出的快捷菜单中选择“渲染样式”子菜单中相应的命令，如图 2-21 所示。

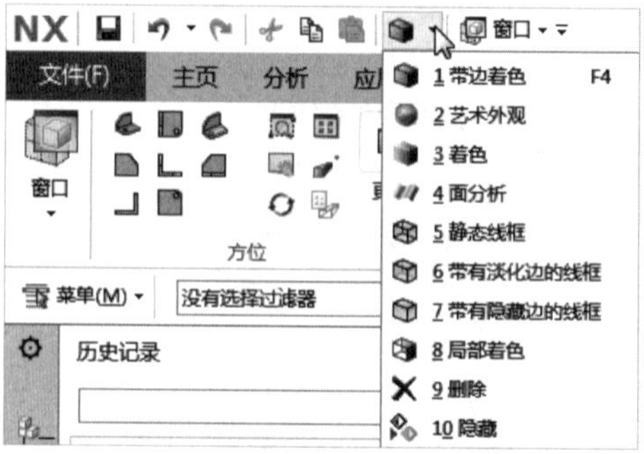

图 2-20　单击相应的按钮

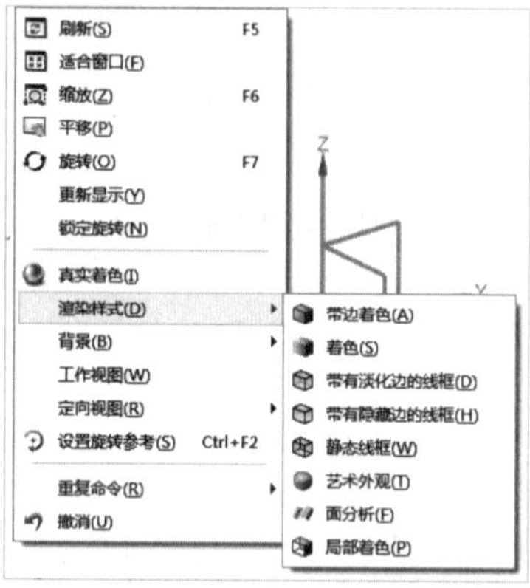

图 2-21　“渲染样式”子菜单

（4）单击边框条中的“渲染样式”下拉按钮，在弹出的下拉菜单中选择相应的命令，如图 2-22 所示。

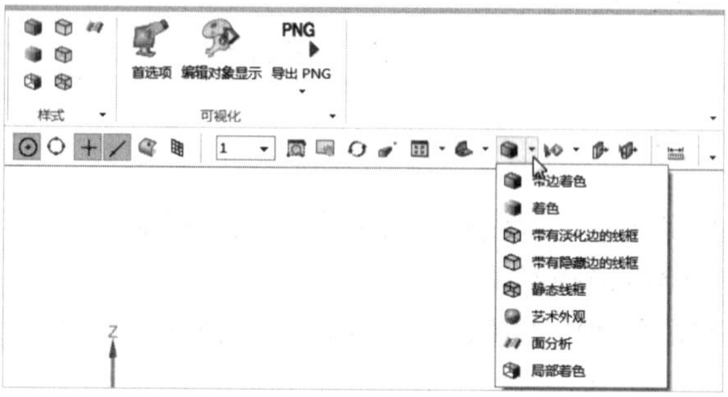

图 2-22　“渲染样式”下拉菜单

在 UG NX 10.0 中，提供了带边着色、着色、局部着色、带有隐藏边的线框、带有淡化边的线框和静态线框 6 种样式，其效果分别如图 2-23 所示。

带边着色

着色

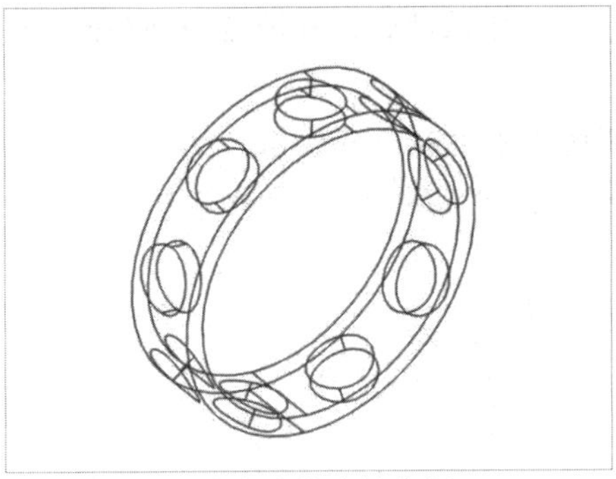

带有淡化边的线框

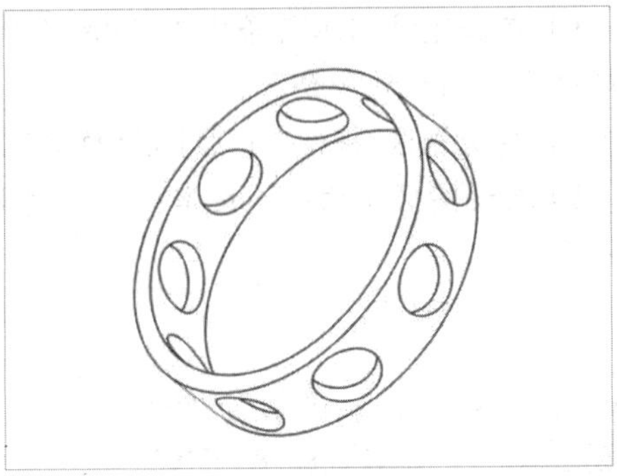

带有隐藏边的线框

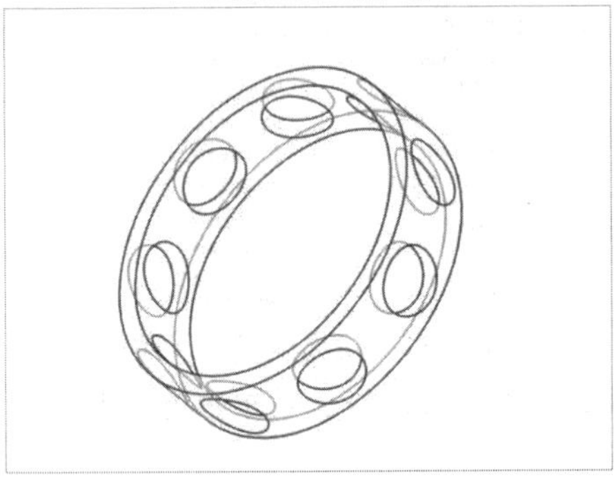

静态线框

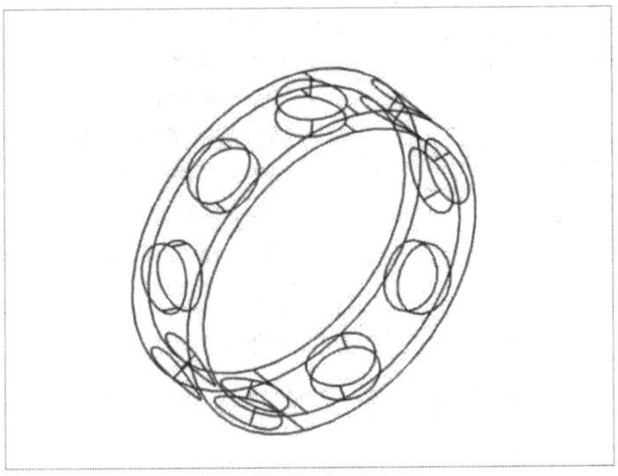

局部着色

图 2-23 对象显示

2.4.2 选择对象的方法

当需要对对象进行操作时，首先要选择对象。在选择对象时，可以使用鼠标指针直接选择对象，也可以在导航器中选择对象。

在绘图区以外的空白界面中右击，即可弹出“选择条”工具栏，如图 2-24 所示。

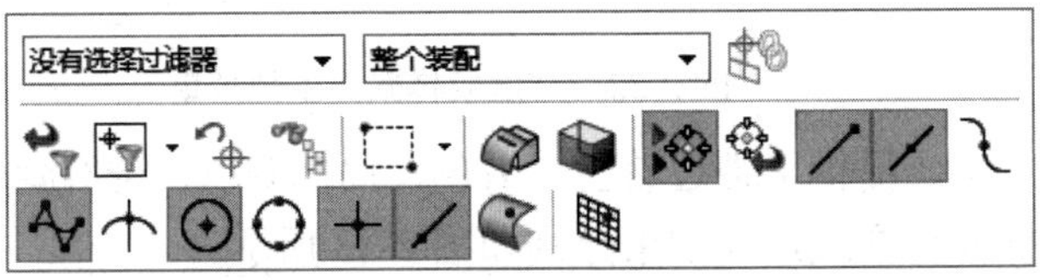

图 2-24 “选择条”工具栏

在该工具栏中，各主要选项的含义如下。

- **“类型过滤器”下拉列表框**：在其中可以选择过滤的条件。
- **“重置过滤器”按钮**：单击该按钮，可以将所有的过滤器选项重置为它们的原始状态。
- **“矩形”按钮**：单击该按钮，可以绘制矩形选区进行多选。
- **“允许选择隐藏线框”按钮**：单击该按钮，可以选择隐藏的曲线和边。
- **“高亮显示隐藏边”按钮**：高亮显示隐藏对象，使它们可见。
- **“启用捕捉点”按钮**：启用捕捉点，从而可以捕捉对象上的点。
- **“曲线上的点”按钮**：单击该按钮，可以允许选择曲线上最接近光标中心的点。

除了在绘图区右击外，还可以直接在边框条上单击相应的按钮进行选择。在选择对象时，可以直接在对象上单击来进行选择，也可以通过拖出矩形区域来进行选择，这两种方法只适用于在对象很少时。

2.4.3　隐藏和显示对象

对象的隐藏与显示是一项重要的操作，如果在视图中存在许多对象，则在对对象进行编辑时会显得非常杂乱，可以将某些成型的对象隐藏，在需要时再将其恢复显示。在边框条中执行“菜单”｜“编辑”｜“显示和隐藏”命令，会展开“显示和隐藏”子菜单，如图 2-25 所示。

在“显示和隐藏”子菜单中选择相应的命令，可以控制对象的不同隐藏方式，其中各命令的含义如下。

- **“显示和隐藏”命令：**选择该命令，可以根据类型显示和隐藏对象。
- **“立即隐藏”命令：**选择该命令，一旦选定对象就隐藏它们。
- **“隐藏”命令：**选择该命令，可以使选定的对象在显示中不可见。
- **“显示”命令：**选择该命令，可以使选定的对象在显示中可见。
- **“显示所有此类型的”命令：**选择该命令，可以显示指定类型的所有对象。
- **“全部显示”命令：**选择该命令，可以显示可选图层的所有对象。
- **“反转显示和隐藏”命令：**选择该命令，可以反转可选对象的所有显示或隐藏状态。

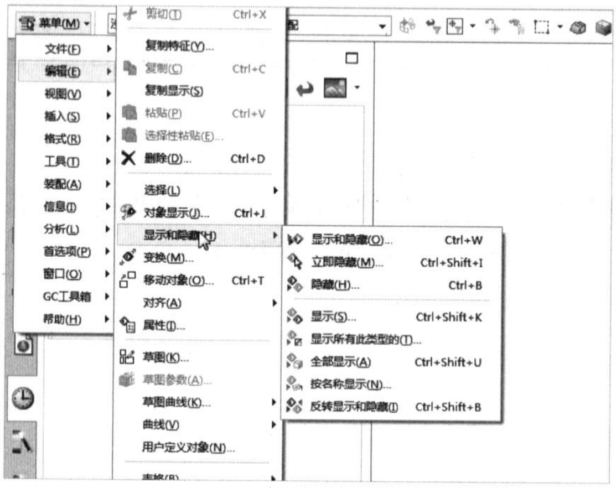

图 2-25　“显示和隐藏”子菜单

2.4.4　删除与恢复对象

在操作过程中，可能需要对某些对象进行删除操作，有时也会对删除的对象进行恢复。此时，可以使用 UG NX 10.0 中的删除与恢复功能。

1．删除对象

在 UG NX 10.0 中，要删除对象可以使用以下 4 种方法。

（1）在边框条中执行“菜单”｜“编辑”｜“删除”命令。

（2）按【Ctrl + D】组合键。

（3）按【Delete】键。

（4）选择要删除的对象，单击鼠标右键，在弹出的快捷菜单中选择“删除”命令，如图 2-26 所示。

使用以上任意一种方法即可删除对象。

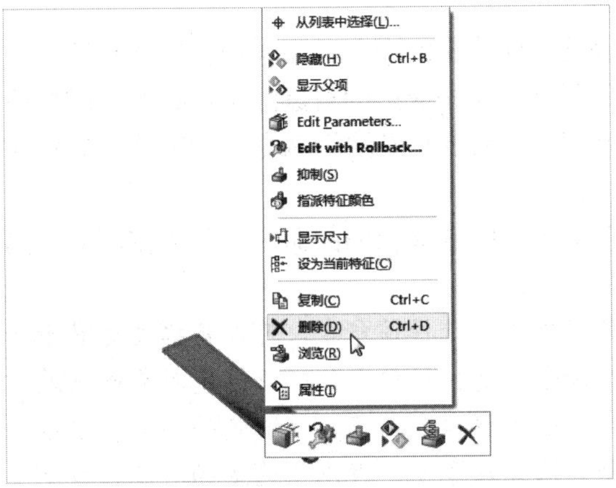

图 2-26 选择“删除”命令

▶ 专家指点

如果将对象删除后执行了保存操作，则删除的对象将不能恢复；对对象执行删除操作只能删除非相关对象，不能对相关对象进行删除，如特征、实体边缘线及实体表面等。

2．恢复对象

在 UG NX 10.0 中，恢复对象可以使用以下 4 种方法。

（1）在执行了删除操作后，在绘图区中右击，在弹出的快捷菜单中选择“撤销”命令。

（2）单击快速访问工具条中的“撤销”按钮 ↶。

（3）按【Ctrl + Z】组合键。

（4）在边框条中执行“菜单”｜“编辑”｜“撤销列表”｜“撤销上一操作”命令，如图 2-27 所示（图中显示为“更改显示部件”）。

使用以上任意一种方法即可恢复之前执行的操作。

图 2-27 执行相应的命令

2.4.5　移动对象的操作

在 UG NX 10.0 中，可对对象进行平移操作。移动对象有以下两种方法。

（1）按【Ctrl + T】组合键。

（2）执行边框条中的“菜单”｜“编辑”｜“移动对象”命令。

下面介绍移动对象的操作方法。

Step 01 按【Ctrl + O】组合键，打开素材模型（素材\项目 2\2.4.5.prt），如图 2-28 所示。

Step 02 选择需要移动的对象，在边框条中执行“菜单”｜“编辑”｜“移动对象”命令，如图 2-29 所示。

Step 03 弹出“移动对象”对话框，选择需要移动的对象，在坐标系的平移原点上单击，如图 2-30 所示。

Step 04 弹出文本框，在其中设置“X”为 50、“Y”为 0、“Z”为 98，在“移动对象”对话框中单击“确定”按钮，如图 2-31 所示。

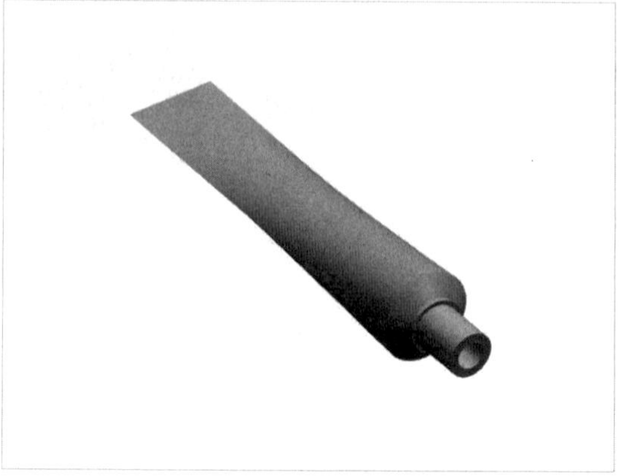

图 2-28　打开素材模型

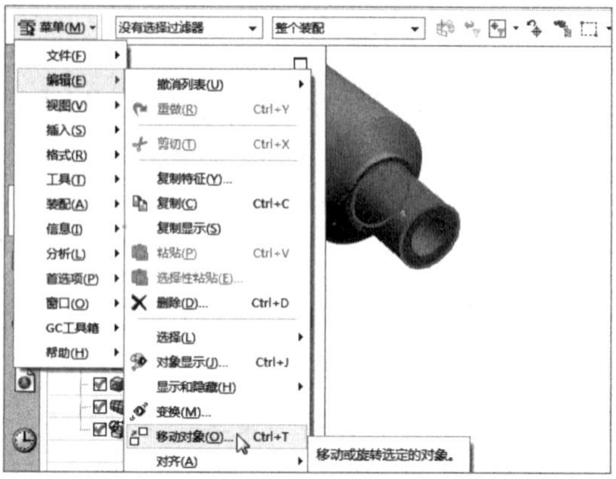

图 2-29　执行相应的命令

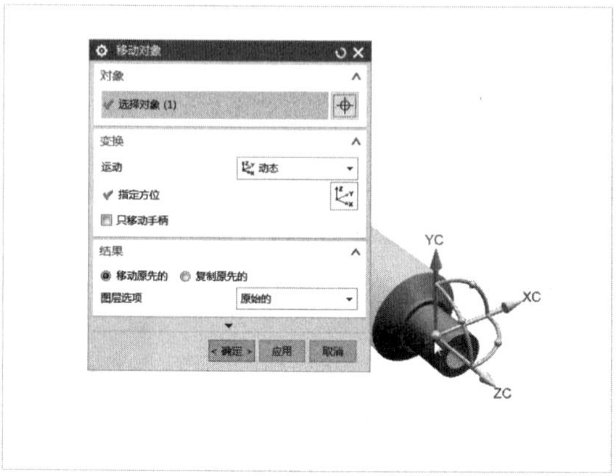

图 2-30　在平移原点上单击

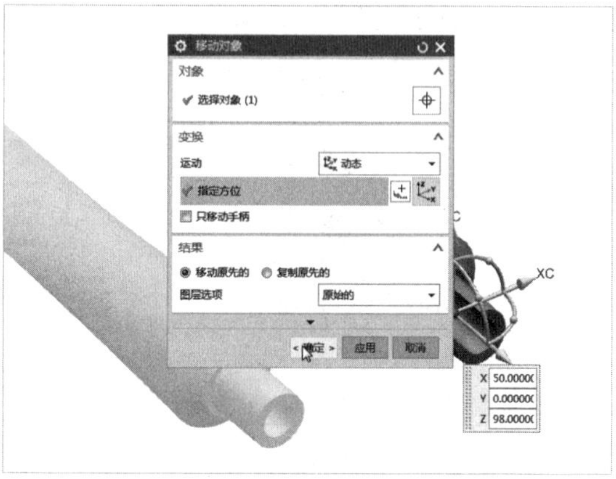

图 2-31　单击“确定”按钮

Step 05 执行操作后，即可移动对象，如图 2-32 所示。

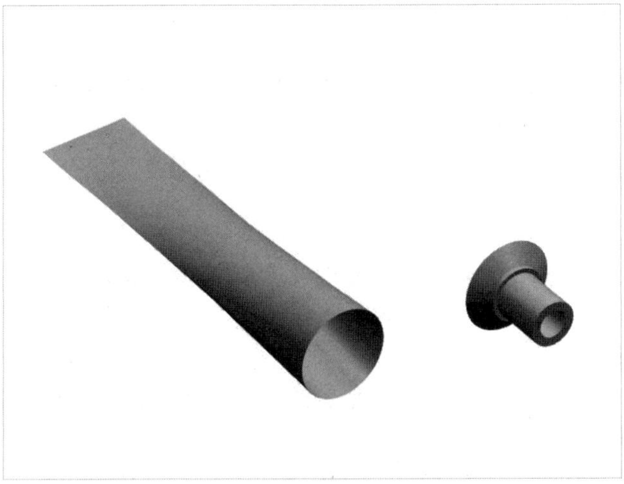

图 2-32 移动对象

2.4.6 新建截面的操作

在 UG NX 10.0 中，通过创建截面可以更好地观察复杂零件的内部构造。可以通过以下两种方法新建截面。

（1）按【Ctrl + H】组合键。

（2）执行边框条中的“菜单”|“视图”|“截面”|“新建截面”命令。

下面介绍新建截面的操作方法。

Step 01 按【Ctrl + O】组合键，打开素材模型（素材\项目 2\2.4.6.prt），如图 2-33 示。

Step 02 在边框条中，执行“菜单”|“视图”|“截面”|“新建截面”命令，如图 2-34 所示。

图 2-33 打开素材模型

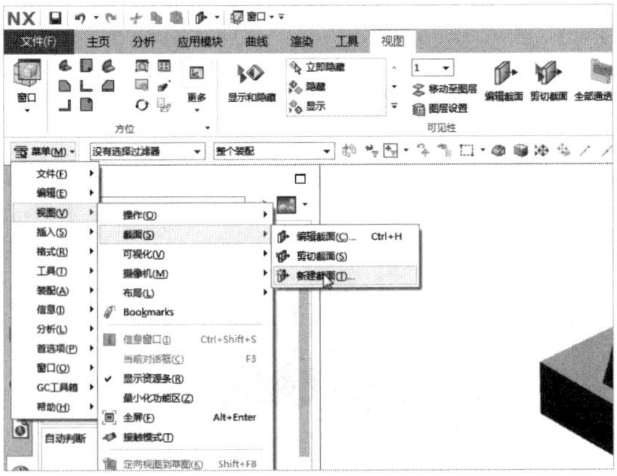

图 2-34 执行相应的命令

Step 03 弹出“视图截面”对话框，在绘图区中选择合适的面，如图 2-35 所示。

Step 04 单击“确定”按钮，即可创建截面，如图 2-36 所示。

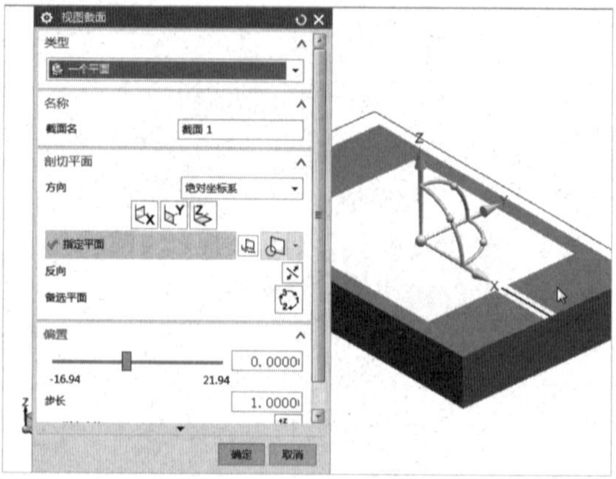

图 2-35　选择合适的面

图 2-36　创建截面

项目小结

本项目主要学习了项目文件的基本操作，如项目文件的新建、打开、导入、导出、保存及关闭等。熟练掌握这些基本操作，有助于更好地管理项目文件。此外，本项目还介绍了简单操作对象的方法，如查看对象、选择对象、隐藏和显示对象、删除与恢复对象、移动对象及新建截面等。

通过对本项目的学习，读者可以熟练地掌握项目文件的基本操作及对象的基本编辑，为制作大型机械模型奠定良好的基础。

项目训练

鉴于本项目知识的重要性，为了帮助读者更好地掌握所学知识，下面将通过上机习题帮助读者进行简单的知识回顾和补充。

本习题需要掌握移动对象的操作，素材文件与效果文件如图 2-37 所示。

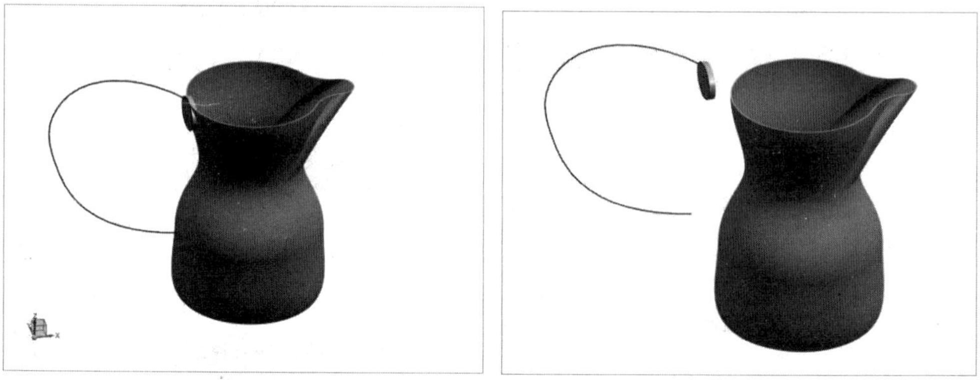

图 2-37　素材文件与效果文件

项目 3　环境管理：设置个性化操作界面

本项目主要介绍设置 UG NX 10.0 操作界面的各种方式，如创建用户坐标系、创建与编辑图层对象以及设置首选项参数等内容，用户还可以根据实际需要设置个性化的工作界面，使操作界面的样式符合用户的操作习惯，提升模型的设计效率。

本项目重点

- 熟悉 UG NX 10.0 坐标系
- 创建与编辑图层对象
- 设置首选项参数与工作界面

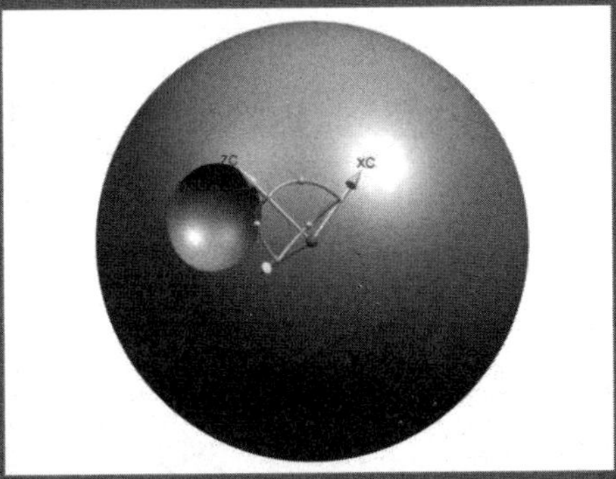

任务 1　熟悉 UG NX 10.0 坐标系

在 UG NX 中，常用坐标系有两种形式，分别是世界坐标系（WCS）和绝对坐标系。其中，WCS 是系统提供给用户的坐标系，用户可以根据需要任意地移动或旋转坐标系，也可以隐藏坐标系；绝对坐标系是系统默认的坐标系，用户不能对其进行更改。

3.1.1　创建用户坐标系

在 UG NX 10.0 中，可以创建自定义的坐标系，即 WCS。下面介绍通过“原点”和“显示”命令创建 WCS 的操作方法。

Step 01 按【Ctrl + O】组合键，打开素材模型（素材\项目 3\3.1.1.prt），如图 3-1 所示。

Step 02 在边框条中执行“菜单”｜“格式”｜“WCS”｜“原点”命令，如图 3-2 所示。

图 3-1　打开素材模型

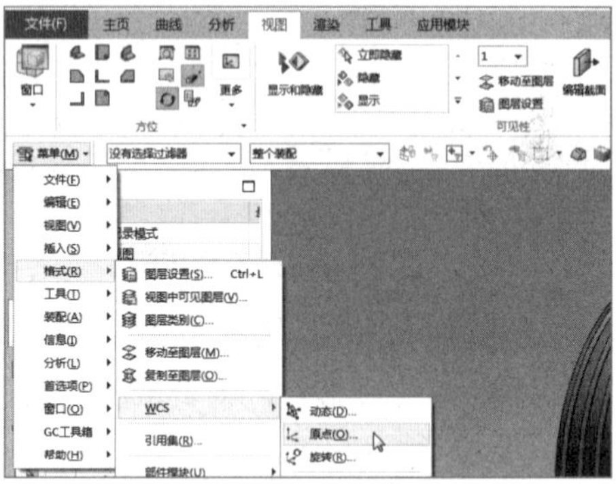

图 3-2　执行相应的命令

Step 03 弹出“点”对话框，在绘图区中的圆心点上单击，如图 3-3 所示。

Step 04 在“点”对话框中单击“确定”按钮，即可创建坐标系，然后在边框条中执行“菜单”｜“格式”｜“WCS”｜“显示”命令，执行操作后，即可显示创建的坐标系，如图 3-4 所示。

图 3-3　在圆心点上单击

图 3-4　显示创建的坐标系

3.1.2 平移坐标系

“平移坐标系”是指在 *xc*、*yc* 和 *zc* 三个方向上移动坐标系。下面介绍通过“动态”命令平移坐标系的操作方法。

Step 01 按【Ctrl + O】组合键，打开素材模型（素材\项目 3\3.1.2.prt），如图 3-5 所示。

Step 02 在边框条中执行“菜单”｜“格式”｜“WCS”｜“动态”命令，如图 3-6 所示。

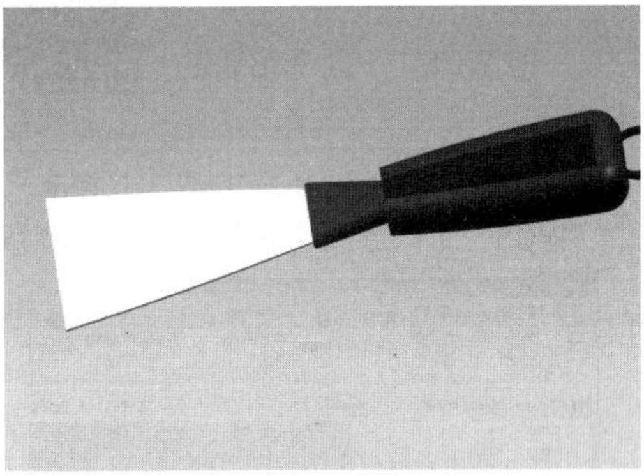

图 3-5 打开素材模型

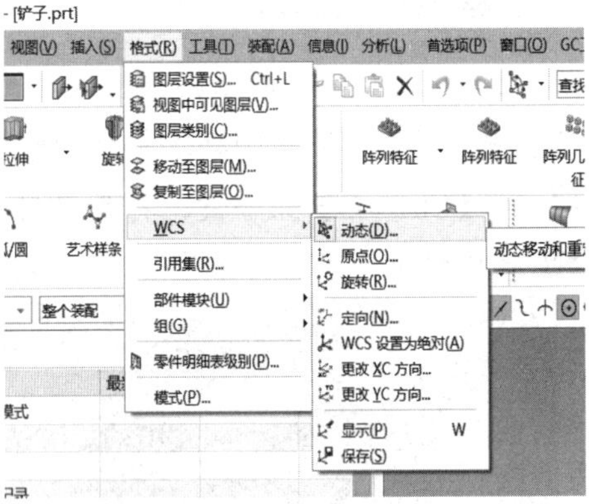

图 3-6 执行“动态”命令

Step 03 执行操作后，可以显示动态坐标系，如图 3-7 所示。

Step 04 选择坐标系的原点，单击鼠标左键并拖动鼠标指针，可以对坐标系进行平移操作，如图 3-8 所示。

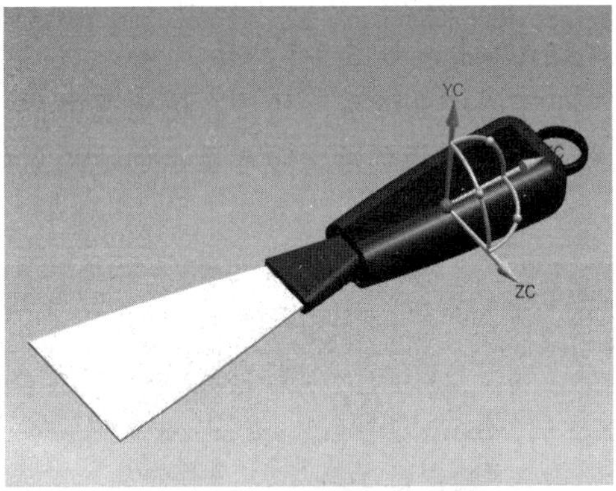

图 3-7 显示动态坐标系

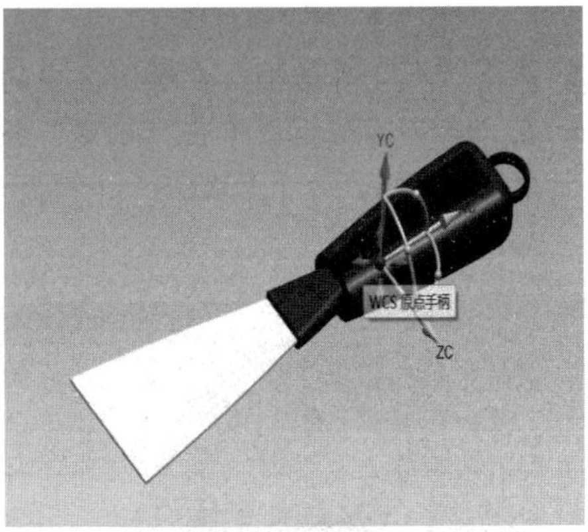

图 3-8 平移坐标系

Step 05 如果选择移动柄，则会显示动态输入框，如图 3-9 所示。

Step 06 可以在“距离”文本框中设置移动距离，在“捕捉”文本框中设置捕捉单位，按【Enter】键，即可平移坐标系，效果如图 3-10 所示。

> **▶ 专家指点**
>
> 在动态输入框的“捕捉”文本框中输入相应的数值，表示在多少个单位内捕捉一次。例如，输入“4.0”，表示每隔 4 个单位捕捉一次。

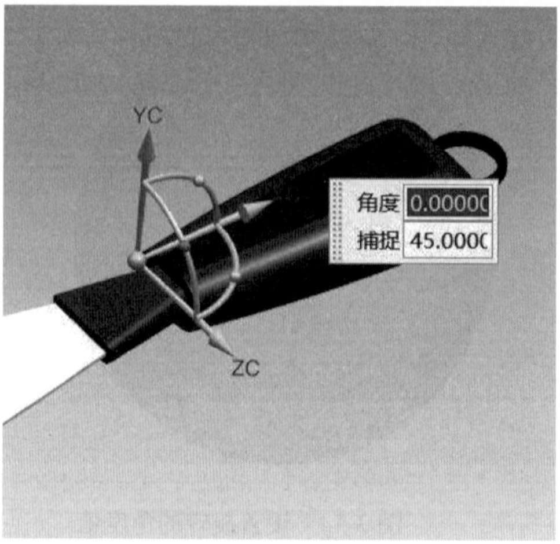

图 3-9　显示动态输入框

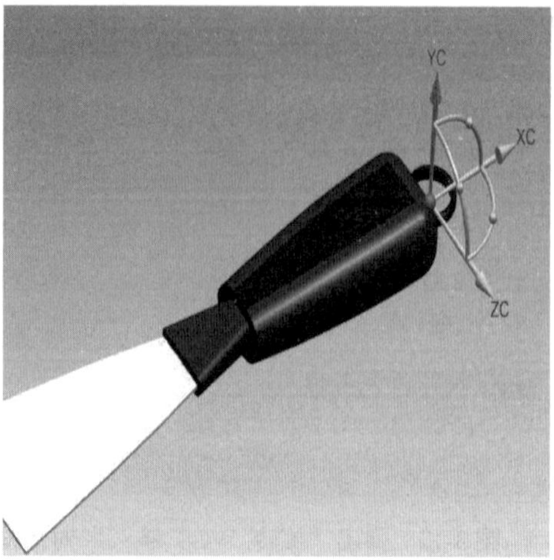

图 3-10　平移坐标系

3.1.3　定角旋转模型

“定角旋转坐标系”是指通过指定旋转方向和旋转角度来定义坐标系的旋转效果。下面介绍通过“旋转”命令旋转坐标系的操作方法。

Step 01 按【Ctrl + O】组合键，打开素材模型（素材\项目 3\3.1.3.prt），如图 3-11 所示。

Step 02 在边框条中执行“菜单”｜“格式”｜“WCS”｜“旋转”命令，如图 3-12 所示。

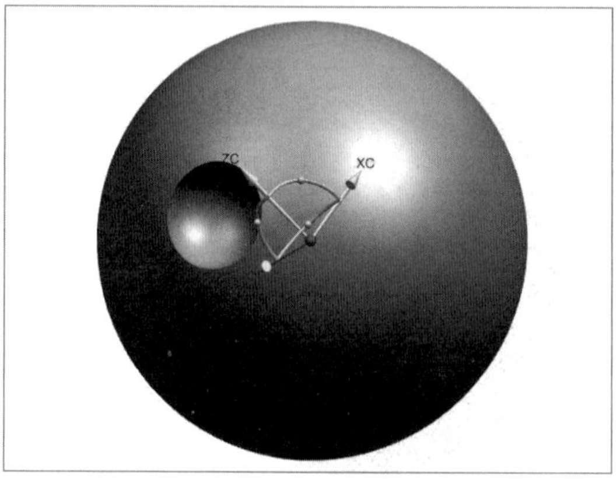

图 3-11　打开素材模型

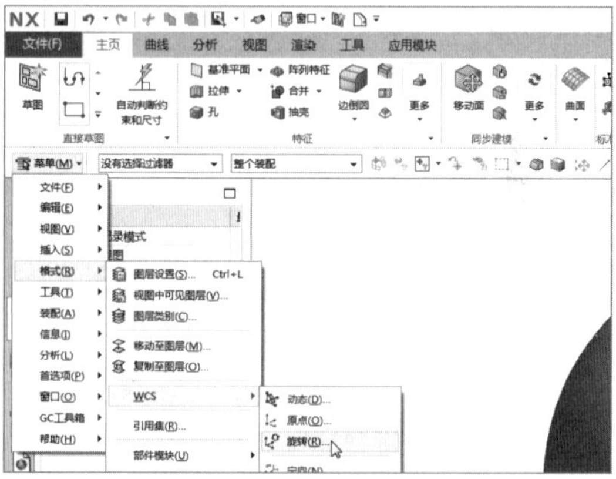

图 3-12　执行“旋转”命令

Step 03 执行操作后，弹出“旋转 WCS 绕...”对话框，如图 3-13 所示。

Step 04 在该对话框中可以选择任意一个旋转轴作为坐标系的旋转方向，在“角度”文本框中可以设置旋转的角度值，在此输入“120”，单击“确定”按钮，即可将坐标系旋转到指定的位置，如图 3-14 所示。

▶ 专家指点

在“旋转 WCS 绕...”对话框中，可以根据需要选择一个任意的旋转轴作为坐标系的旋转方向，然后在下方设置“角度”参数，再单击“确定”按钮。

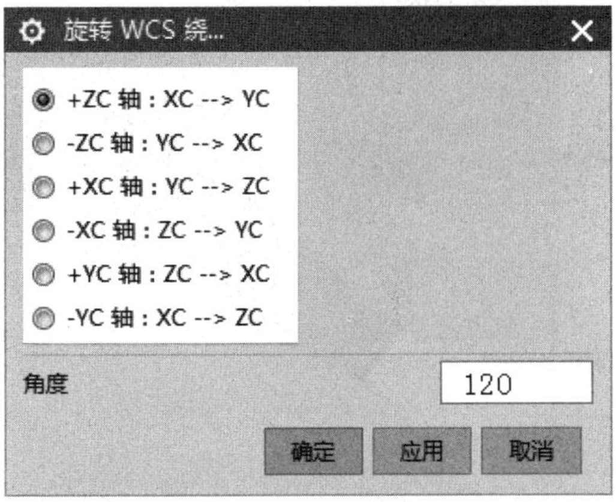

图 3-13　弹出“旋转 WCS 绕...”对话框

图 3-14　设置旋转的角度值

3.1.4　动态旋转模型

在 UG NX 10.0 工作界面中，动态旋转坐标系与动态平移坐标系的操作相似。下面介绍动态旋转坐标系的操作方法。

在边框条中执行“菜单”｜“格式”｜“WCS”｜“动态”命令，如图 3-15 所示，此时在视图中会显示动态坐标系。选择坐标系旋转柄，则会显示动态输入框，如图 3-16 所示。在“角度”文本框中设置坐标系的旋转角度，在“捕捉”文本框中输入捕捉的单位角度，按【Enter】键确认，即可完成动态旋转坐标系的操作。

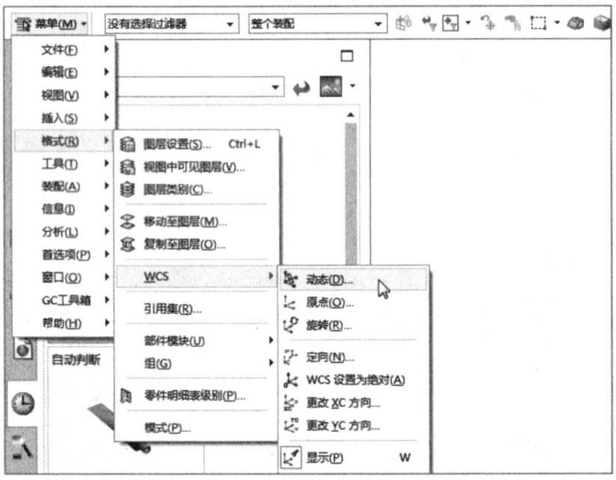

图 3-15　执行相应的命令

图 3-16　动态输入框

任务 2　创建与编辑图层对象

在空间中可以使用不同的图层来放置几何体，相当于传统设计者使用的透明图纸。图层的基本操作包括创建和编辑图层组、设置图层的属性、更改图层的视图可见性、移动对象到图层和复制对象到图层等操作。

3.2.1　创建与编辑图层组

在 UG NX 10.0 中，用户可以将图层组合成组，以便对其进行管理。下面介绍创建和编辑图层组的操作方法。

Step 01 按【Ctrl + O】组合键，打开素材模型（素材\项目 3\3.2.1.prt），如图 3-17 所示。

Step 02 在边框条中执行“菜单”｜“格式”｜“图层类别”命令，如图 3-18 所示。

图 3-17　打开素材模型

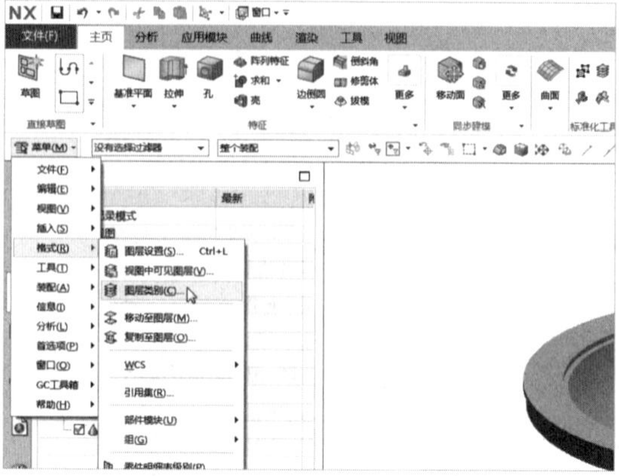

图 3-18　执行相应的命令

Step 03 弹出“图层类别”对话框，在“类别”文本框中输入相应的名称，单击“创建/编辑”按钮，如图 3-19 所示。

Step 04 弹出“图层类别”对话框的下一级界面，在“过滤器”列表框中选择“ALL”选项，单击“添加”按钮，如图 3-20 所示。

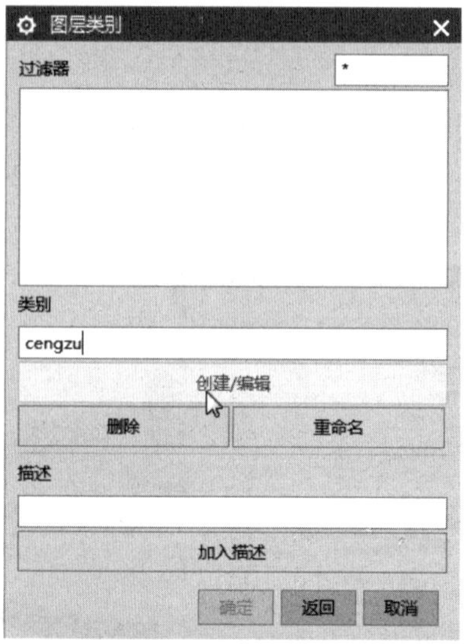

图 3-19　单击相应的按钮

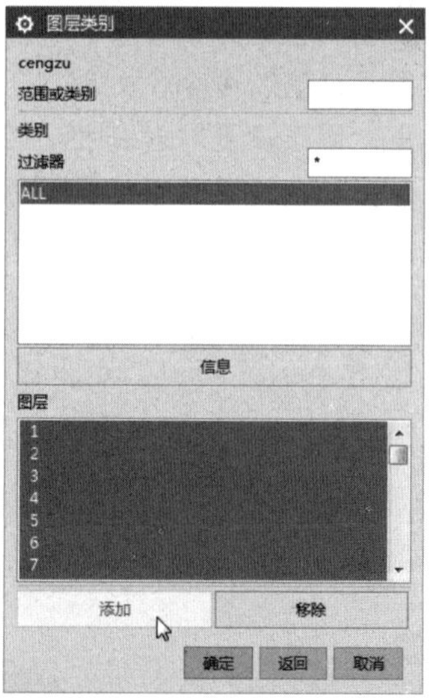

图 3-20　单击“添加”按钮

Step 05 单击“确定”按钮，返回“图层类别”对话框的上一级界面，即可创建图层组，如图 3-21 所示。

Step 06 在“过滤器”列表框中选择新创建的图层组，单击“创建/编辑”按钮，弹出“图层类别”对话框的下一级界面，在“过滤器”列表框中选择“cengzu”选项，在“图层”列表框中选择合适的选项，如图 3-22 所示。

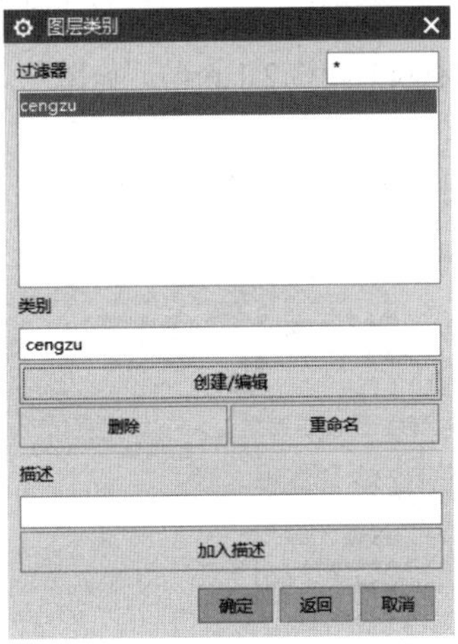

图 3-21　创建图层组

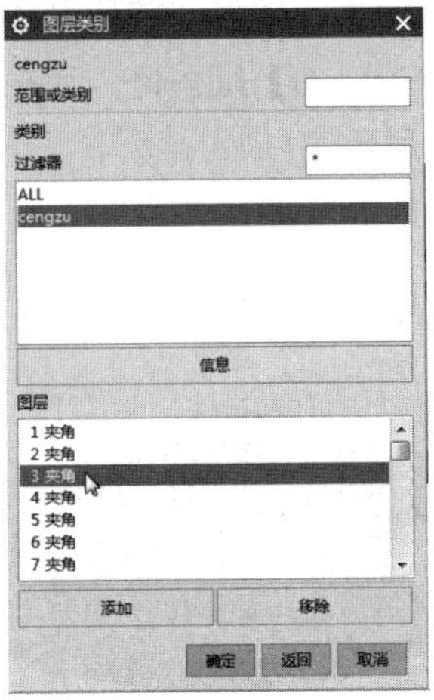

图 3-22　选择合适的选项

Step 07 依次单击“移除”和“确定”按钮，返回“图层类别”对话框的上一级界面，单击“确定”按钮，即可编辑图层组。

3.2.2　设置图层的属性

图层操作是在 UG NX 中建模时，为方便区分各个实体及建立实体而制作辅助图线、面、实体等所采用的操作。一个图层类似于一个透明覆盖层，不同的是，在图层中可以表示三维图形。下面介绍设置图层属性的操作方法。

Step 01 以上例的素材为例（素材\项目 3\3.2.2.prt），在边框条中执行“菜单”|“格式”|“图层设置”命令，如图 3-23 所示。

Step 02 弹出“图层设置”对话框，在“名称”列表框中选择相应的选项，单击鼠标右键，在弹出的快捷菜单中选择“添加到类别”|“新建类别”命令，如图 3-24 所示，执行操作后，即可设置图层。

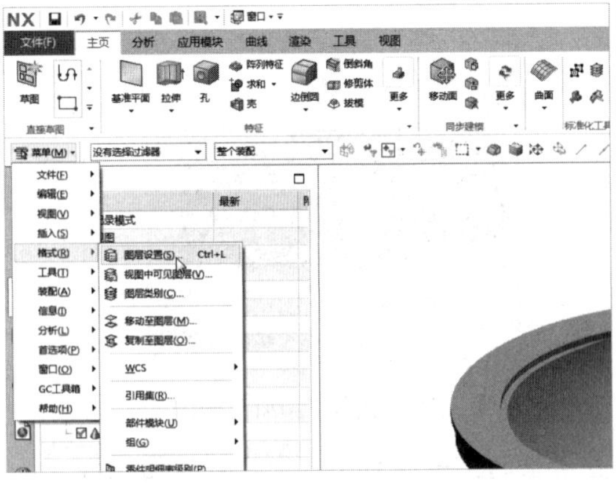

图 3-23　执行相应的命令

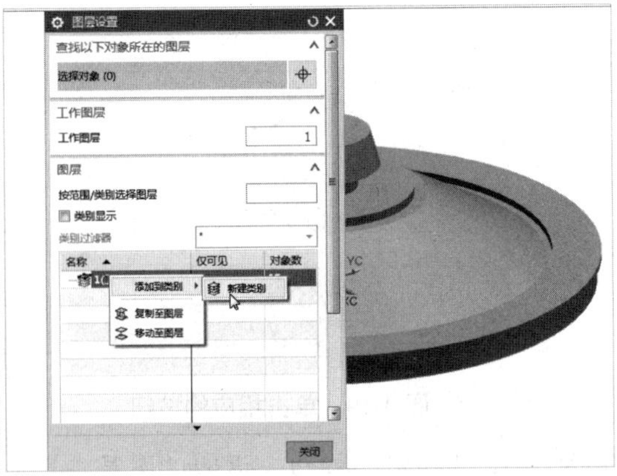

图 3-24　选择相应的命令

3.2.3　设置图层可见性

在 UG NX 10.0 的工作界面中制作项目文件时，可以对图层的可见性进行设置。下面介绍设置基本图层的图层可见性的方法，包括显示与隐藏图层对象。

执行“菜单”|“格式”|“视图中可见图层”命令，弹出“视图中可见图层”对话框，如图 3-25 所示。可以在列表框中选择目标图层，单击“确定”按钮，此时系统会弹出“视图中可见图层”对话框的下一级界面，如图 3-26 所示。在“图层”列表框中选择目标图层，单击“可见”或“不可见”按钮，即可将图层设置为可见或不可见。

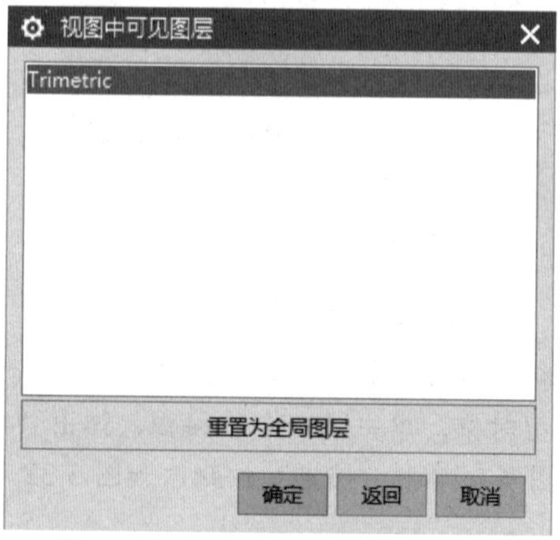

图 3-25　“视图中可见图层”对话框

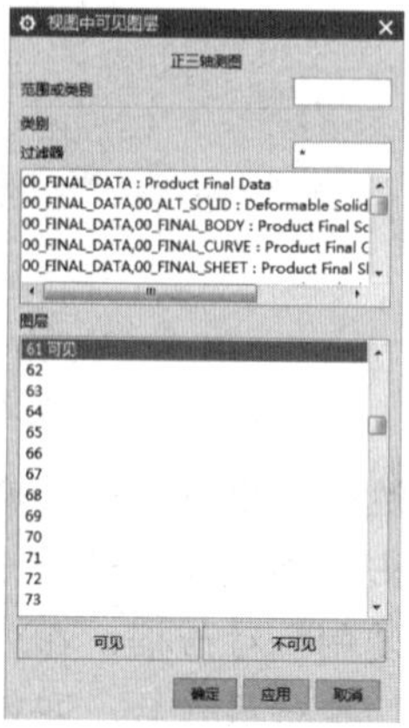

图 3-26　“视图中可见图层”对话框的下一级界面

3.2.4　移动和复制图层

“移动图层”是指将选定的对象从原图层中移动到指定的图层中，原图层中不再包含这些对象。“复制图层”是指将选定的对象从原图层中复制一个副本到指定的图层中，原图层和目标图层中都包含这些对象。下面介绍移动和复制图层的操作方法。

Step 01 按【Ctrl + O】组合键，打开素材模型（素材\项目 3\3.2.4.prt），如图 3-27 所示。

Step 02 在边框条中执行“菜单”|“格式”|“移动至图层”命令，如图 3-28 所示。

图 3-27　打开素材模型

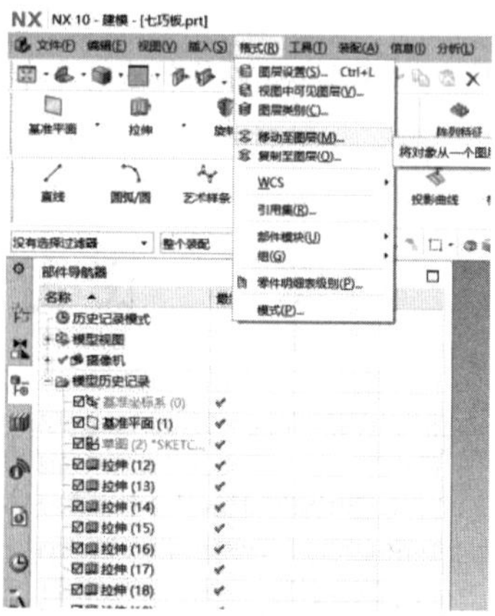

图 3-28　执行相应的命令

Step03 弹出“类选择”对话框，在绘图区中选择模型对象，如图 3-29 所示。

Step04 单击“确定”按钮，弹出“图层移动”对话框，在“图层”列表框中选择图层，单击“确定”按钮，如图 3-30 所示。执行操作后，即可移动图层对象。

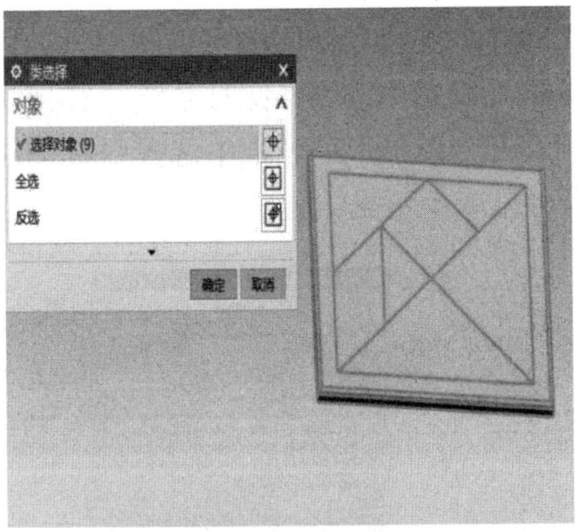

图 3-29　选择模型对象

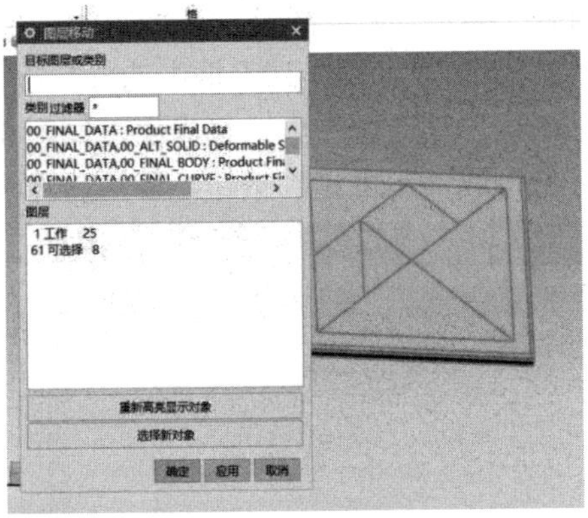

图 3-30　选择图层

Step05 在边框条中执行“菜单”｜“格式”｜“复制至图层”命令，如图 3-31 所示。

Step06 弹出“类选择”对话框，在绘图区中选择模型对象，单击“确定”按钮，弹出“图层复制”对话框，在“图层”列表框中选择图层，单击“确定”按钮，如图 3-32 所示。执行操作后，即可复制图层对象。

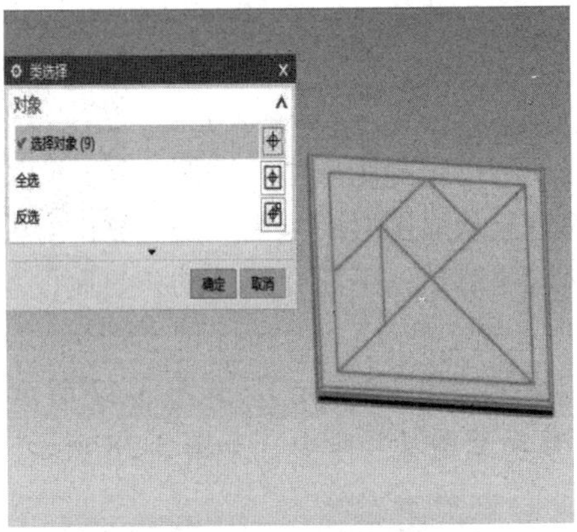

图 3-31　执行相应的命令

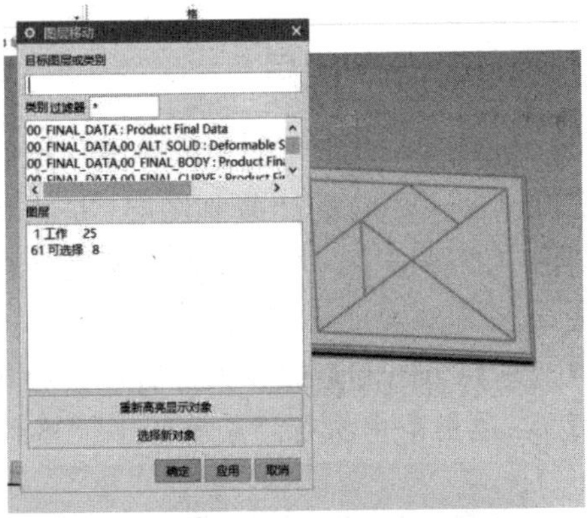

图 3-32　选择图层

任务 3　设置首选项参数与工作界面

第一次进入 UG NX 10.0 建模时，会发现界面中有许多功能并不需要，而需要的功能在菜单和工具栏里却找不到。UG NX 10.0 的功能强大，一个用户不可能使用到所有功能，在默认界面中列出的仅是一般实体建模用户常用的功能。因此，在使用 UG NX 之前，有必要根据自己的需要对工具栏和菜单进行用户化定制，以便日后使用。

3.3.1 工作界面的定制

工作界面是用户与 UG NX 系统的交流平台，如何能够简易、快速地定制可操作性强的工作界面以及如何能够熟练地执行相关操作，是很多初级用户面临的问题。

在边框条中执行“菜单”｜“工具”｜“定制”命令，弹出“定制”对话框，如图 3-33 至图 3-35 所示，在其中进行相应的设置即可定制工作界面。在“定制”对话框中单击“键盘…”按钮，弹出“定制键盘”对话框，如图 3-36 所示，在其中可以定制快捷键。

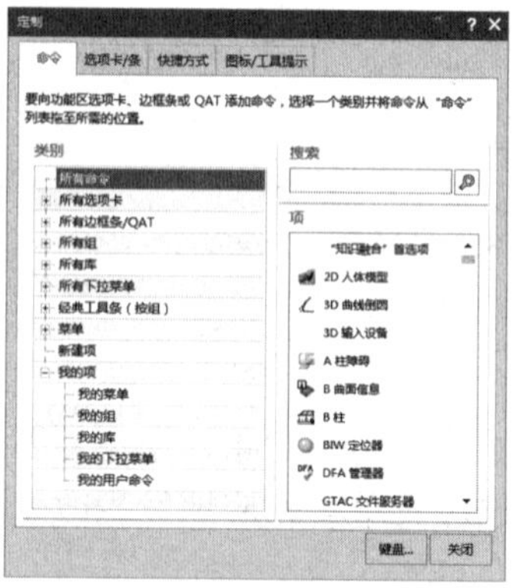

图 3-33 “定制”对话框

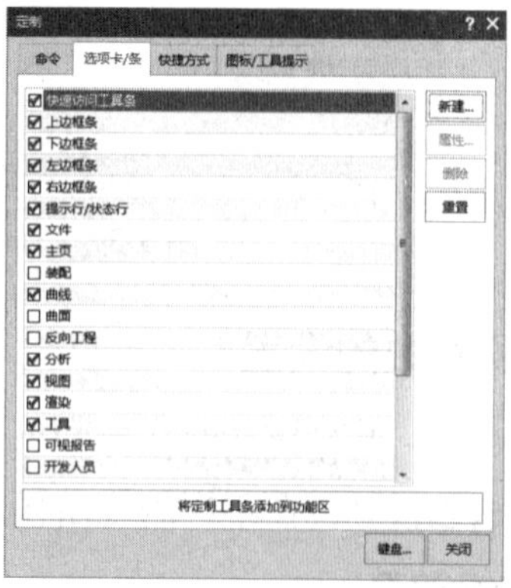

图 3-34 “定制”对话框

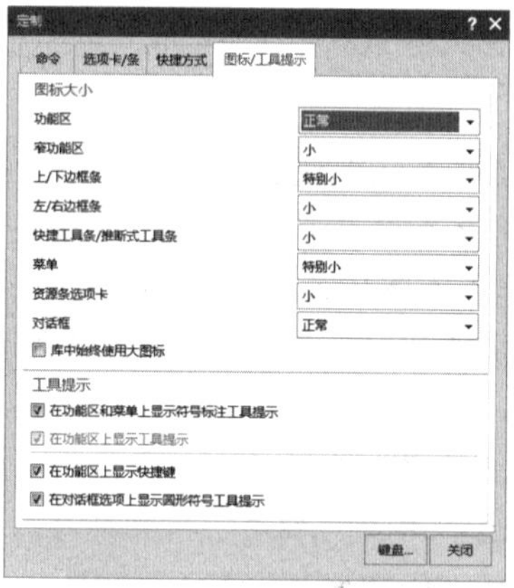

图 3-35 “定制”对话框

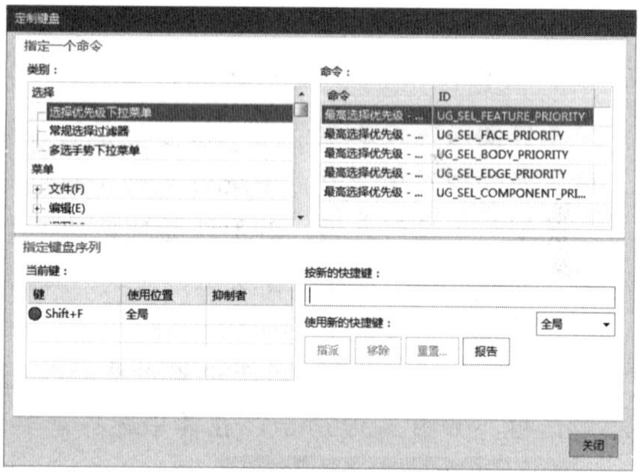

图 3-36 “定制键盘”对话框

3.3.2 基本环境参数的设置

基本环境参数的设置包括常规选项、用户界面、对象、对象显示、工作平面、导航器、基本光源等的设置。UG NX 提供了两处用于定义环境控制参数的命令，分别是“用户默认设置”对话框和“首选项”菜单中的命令，不同的命令具有不同的优先权及控制范围。“用户默认设置”对话框对各部件文件均有效，但其偏重于基本环境的设置。“首选项”菜单中的命令绝大多数只对当前进程有效，在退出软件后会恢复到默认设置。

在边框条中执行“菜单”｜“文件”｜“实用工具”｜“用户默认设置”命令，弹出“用户默认设置”对话框，如图 3-37 所示，该对话框中包含了基本环境和各应用模块的各类参数设置。

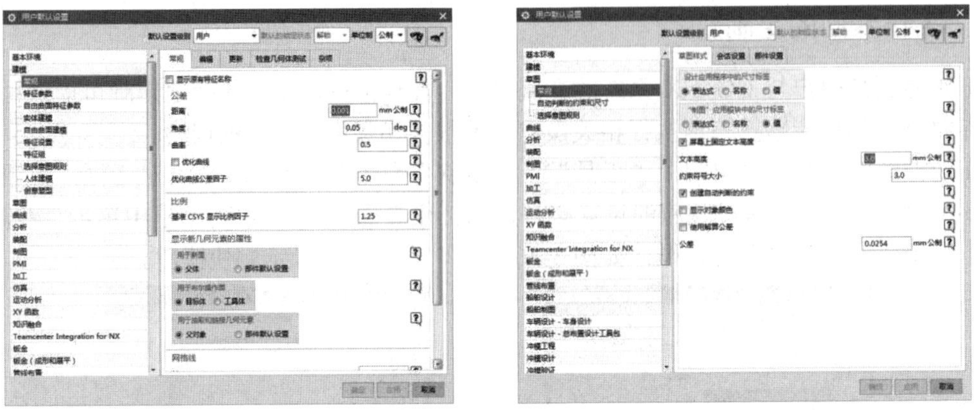

图 3-37　“用户默认设置”对话框

3.3.3　首选项参数的设置

首选项用来对一些模块的默认控制参数进行设置，如定义对象、用户界面、资源板、选择、可视化、调色板等。在不同的应用模块下，首选项菜单会相应地发生改变。

1．对象参数设置

在边框条中执行“菜单”|“首选项”|“对象”命令，弹出“对象首选项”对话框，如图 3-38 所示，在其中可以预设置对象的类型及颜色等相关参数。

在“对象首选项”对话框中，各主要选项的含义如下。

- **“工作图层”文本框：**用于设置对象的存储图层，系统默认的工作图层是“1”。当输入新的图层序号时，系统会自动将新创建的对象存储在新图层中。
- **“类型”下拉列表框：**用于设置对象的类型。单击右侧的下拉按钮 ▼，会弹出“类型”下拉列表，里面包含默认、直线、圆弧、二次曲线、样条、实体及片体等类型，用户可根据需要选取不同的类型。
- **“颜色”下拉列表框：**用于设置对象的颜色。单击右侧的颜色图标，会弹出“颜色”对话框，如图 3-39 所示，在其中选择需要的颜色，单击“确定”按钮即可。

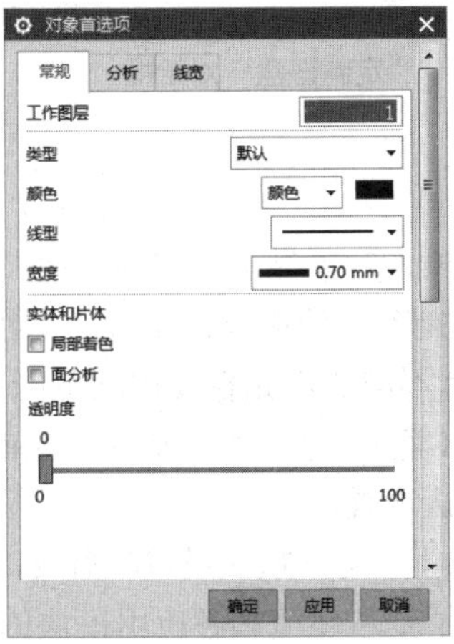

图 3-38　“对象首选项”对话框

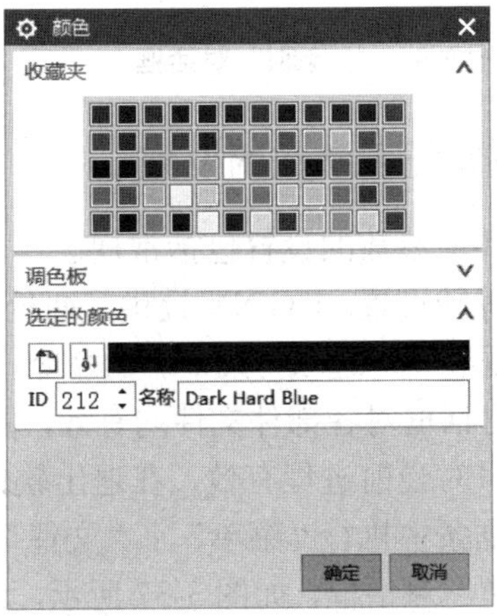

图 3-39　“颜色”对话框

- **“线型”下拉列表框：**用于设置对象的线型。单击右侧的下拉按钮 ▼，弹出“线型”下拉列表，里面包含实体、虚线、双点划线、中心线、点线、长划线和点划线，用户可以根据需要选取线型。
- **“宽度”下拉列表框：**用于设置对象的线宽。单击右侧的下拉按钮 ▼，弹出“宽度”下拉列表，其中包含细线宽度、正常宽度及粗线宽度等，用户可以根据需要选取不同的线宽。

2．用户界面设置

在边框条中执行“菜单”｜“首选项”｜“用户界面”命令，弹出“用户界面首选项”对话框，如图 3-40 所示，其中包含 7 个选项卡：布局、主题、资源条、接触、角色、选项和工具。

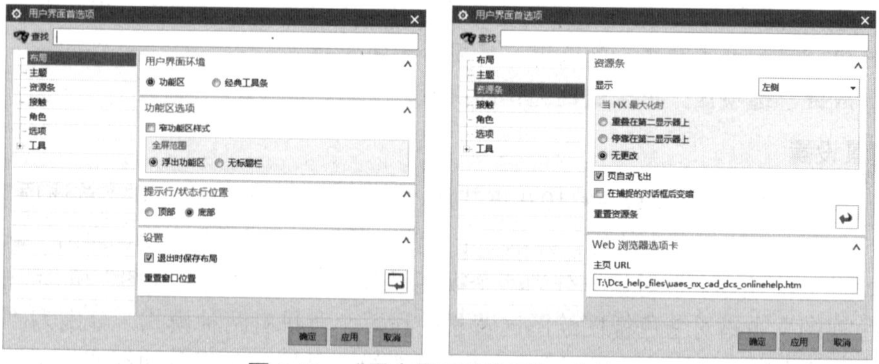

图 3-40　“用户界面首选项”对话框

> **▶ 专家指点**
>
> 除了使用以上方法可以对首选项进行设置，还可以在功能区中执行“文件”｜“首选项”命令的子命令进行设置。

3．选择设置

在边框条中执行“菜单”｜“首选项”｜“选择”命令，弹出“选择首选项”对话框，如图 3-41 所示。

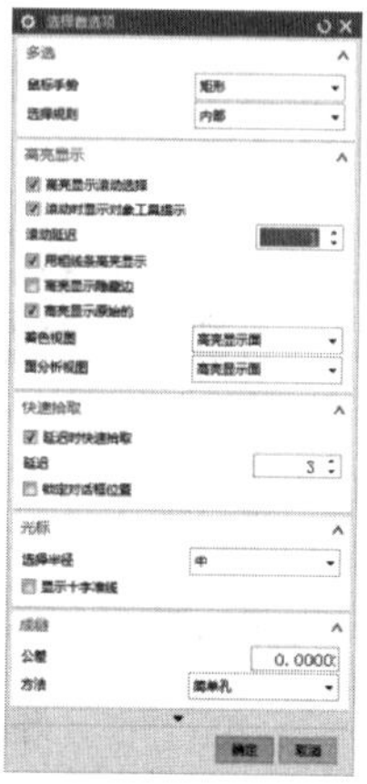

图 3-41　“选择首选项”对话框

在“选择首选项”对话框中，各选项区的含义如下。

- **“多选”选项区：**“鼠标手势”表示指定框选时是用矩形还是用多边形；“选择规则”表示指定框选时哪部分对象将被选中。
- **“高亮显示”选项区：**“高亮显示滚动选择”设置是否高亮显示滚动选择；“滚动延迟”用于设定延长时间；“用粗线条高亮显示”设置是否用粗线高亮显示对象；“高亮显示隐藏边”设置是否高亮显示隐藏边；“着色视图”指定使用着色视图时是高亮显示面还是高亮显示边；“面分析视图”指定分析显示时是高亮显示面还是高亮显示边。
- **“快速拾取”选项区：**“延迟时快速拾取”决定鼠标延长选择时是否进行快速选择；“延迟”设定延长多长时间进行快速选择。
- **“光标”选项区：**“选择半径”设置选择球的半径大小，分为大、中、小 3 个等级；选中“显示十字准线”复选框，将显示十字光标。
- **“成链”选项区：**用于成链选择的设置。

4．背景设置

背景设置经常会用到，UG NX 10.0 将其从“可视化”选项中独立到“首选项”菜单中，以便于用户使用。在边框条中执行“菜单”|“首选项”|“背景”命令，弹出“编辑背景”对话框，如图 3-42 所示。该对话框分为两个视图设置，分别是“着色视图”和“线框视图”。

“着色视图”是指对着色视图绘图区背景的设置，背景有两种模式，分别为“纯色”和“渐变”。“纯色”模式是用单色显示背景，“渐变”模式是用两种颜色的渐变显示背景。当单击“渐变”单选按钮后，“顶部”和“底部”选项会被激活，单击“顶部”或“底部”右侧的颜色图标，会弹出“颜色”对话框，在其中可以选择颜色来设置顶部或底部的颜色。

“线框视图”是指对线框视图绘图区背景的设置，背景也有两种模式，分别为“纯色”和“渐变”。此外，在“普通颜色”选项区中单击最右侧的颜色图标，也可弹出“颜色”对话框，如图 3-43 所示，在其中可以设置不是渐变的普通背景颜色。在对话框的最下方，单击“默认渐变颜色”按钮，可以将背景的着色视图和线框视图设置为默认的渐变颜色，即在浅蓝色和白色间渐变的颜色。

图 3-42　“编辑背景”对话框

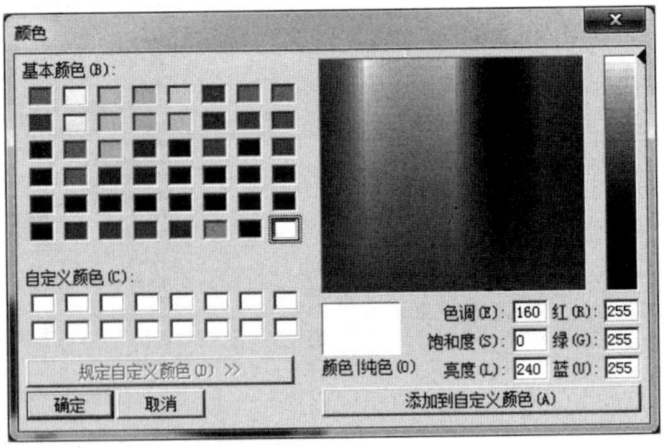

图 3-43　“颜色”对话框

▶ 专家指点

为方便读者阅读，在本书中软件的“着色视图”和“线框视图”全部设置为“纯色”，且“普通颜色”设置为白色。

项目小结

本项目主要学习了在 UG NX 10.0 中对坐标系进行创建、平移和旋转的方法；在本项目后面部分的内容中，还讲解了图层的创建、编辑、设置、移动和复制等操作，以便于更好地编辑项目文件；最后对软件的个性化定制、基本环境参数的设置、首选项参数的设置进行了简单介绍。通过对本项目的学习，读者可以在制作项目文件的过程中更加灵活地使用工作界面中的各项功能，以提高制图效率。

项目训练

鉴于本项目知识的重要性，为了帮助读者更好地掌握所学知识，下面将通过上机习题帮助读者进行简单的知识回顾和补充。

本习题需要掌握创建用户坐标系的方法，素材文件与效果文件如图 3-44 所示。

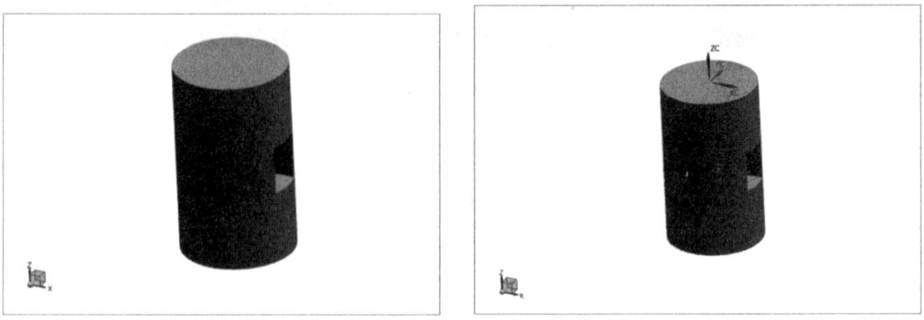

图 3-44　素材文件与效果文件

项目 4　二维创建：绘制与编辑曲线对象

在 UG NX 10.0 中，曲线是建立模型的基础，曲线的绘制主要是创建点、圆、直线、圆弧、圆角及点集等，单纯使用曲线绘图工具只能绘制一些基本的曲线对象。为了绘制出复杂的图形，很多情况下必须借助曲线编辑命令来进行操作。本章主要介绍绘制与编辑曲线对象的操作方法。

本项目重点

- 绘制常用曲线对象
- 绘制多边形曲线对象
- 曲线对象的基本操作

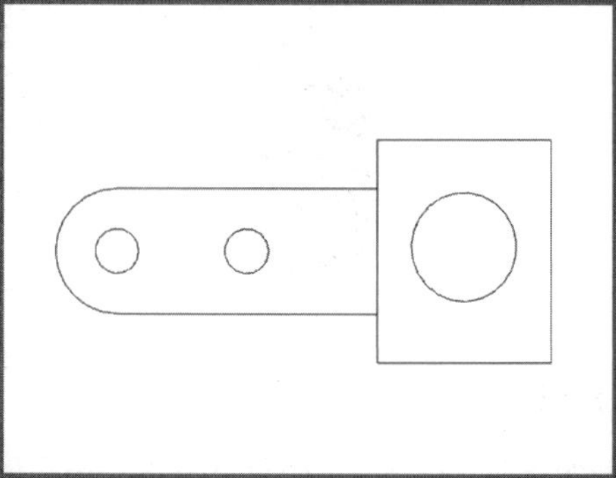

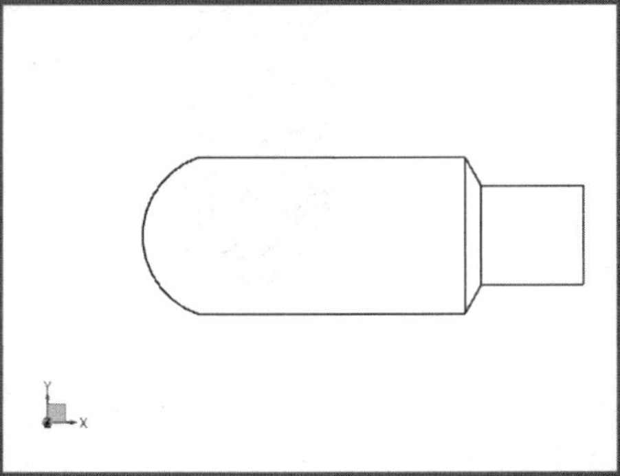

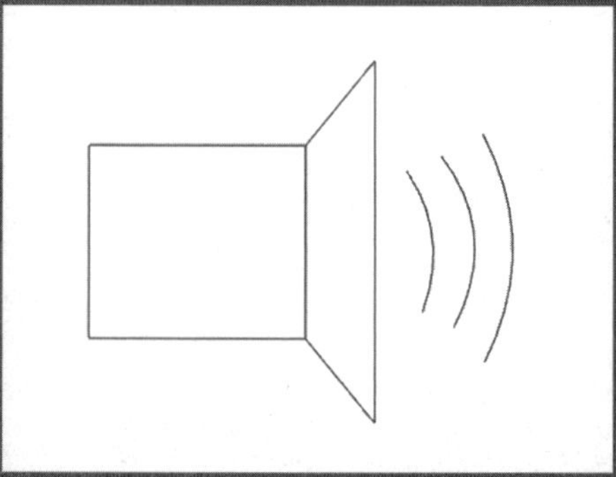

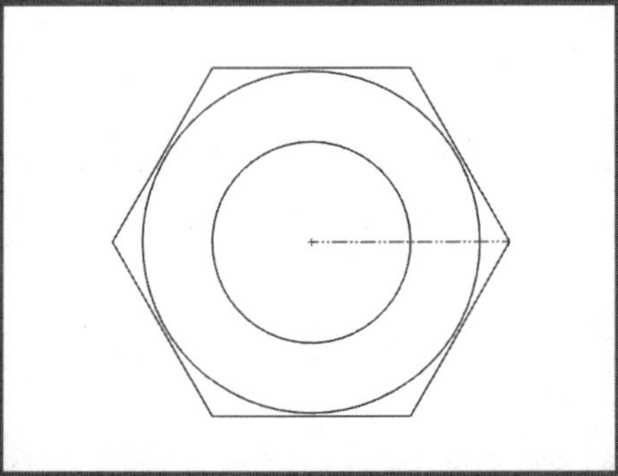

任务 1　绘制常用曲线对象

UG NX 10.0 中的基本曲线包括点和点集、直线、圆、圆弧和圆角，可以通过 UG NX 10.0 中的绘图工具在绘图区中绘制图形。

4.1.1　绘制点对象

在 UG NX 10.0 中，作为节点或参照几何图形的点对象对于对象捕捉和相对偏移是非常有用的。下面介绍绘制点对象的操作方法。

Step01 按【Ctrl + O】组合键，打开素材模型（素材\项目 4\4.1.1.prt），如图 4-1 所示。

Step02 在功能区"主页"选项卡的"特征"选项板中单击"基准平面"下方的下拉按钮，在弹出的下拉面板中单击"点"按钮 +，如图 4-2 所示。

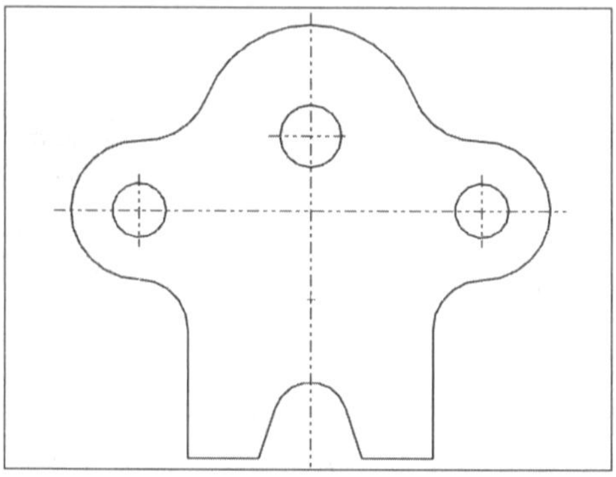

图 4-1　打开素材模型

图 4-2　单击"点"按钮

Step03 弹出"点"对话框，设置"X"为 20 mm、"Y"为 20 mm、"Z"为 0 mm，如图 4-3 所示，执行操作后，单击"确定"按钮，即可绘制点对象。

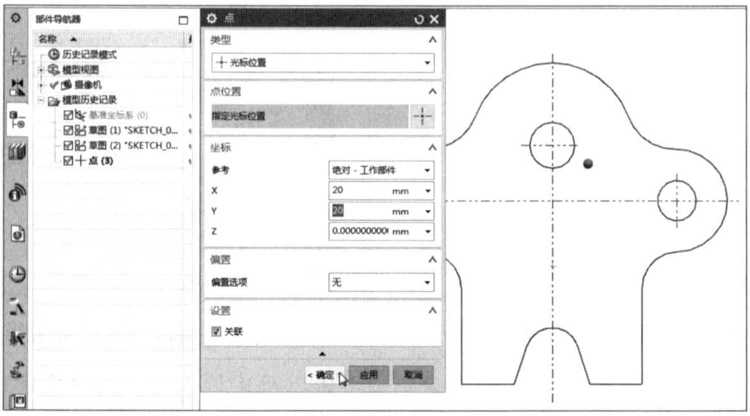

图 4-3　绘制点对象

在 UG NX 10.0 中，还可以通过以下两种方法在图形中绘制点对象。

（1）在边框条中执行"菜单"｜"插入"｜"基准/点"｜"点"命令，如图 4-4 所示。

（2）在功能区“曲线”选项卡的“曲线”选项板中单击“点”按钮＋，如图 4-5 所示。

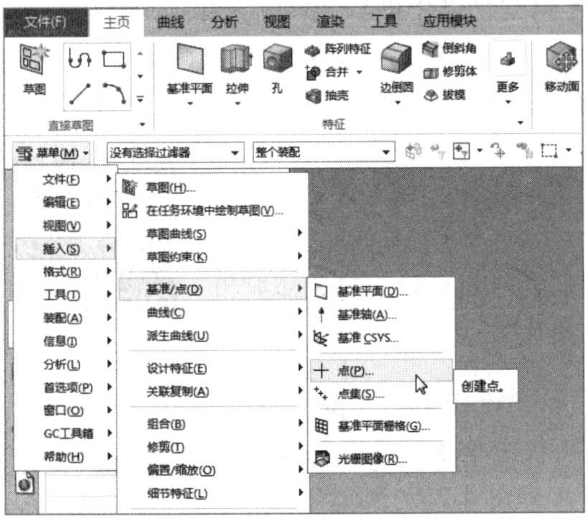

图 4-4　执行“点”命令

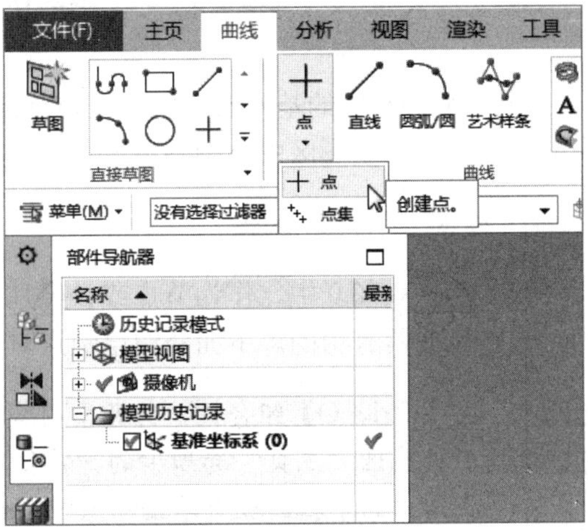

图 4-5　单击“点”按钮

4.1.2　绘制圆对象

在 UG NX 10.0 中，只要指定圆心和圆上的一点或圆心和半径，即可绘制圆对象。下面介绍绘制圆对象的操作方法。

Step 01 按【Ctrl + O】组合键，打开素材模型（素材\项目 4\4.1.2.prt），如图 4-6 所示。

Step 02 在功能区“曲线”选项卡的“直接草图”选项板中单击“圆”按钮○，弹出“圆”面板，在“圆方法”选项区中单击“圆心和直径定圆”按钮⊙，如图 4-7 所示。

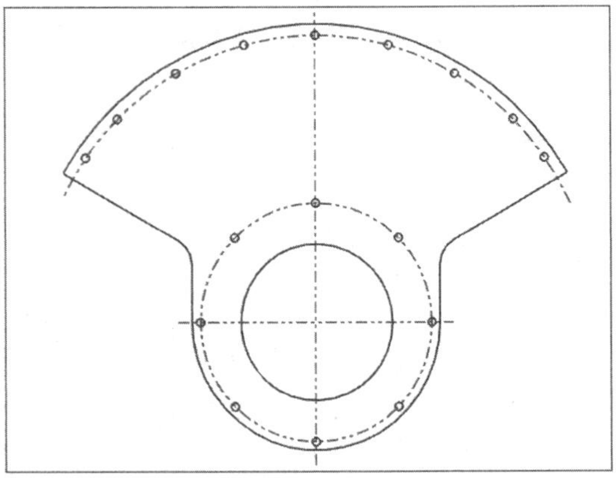

图 4-6　打开素材模型

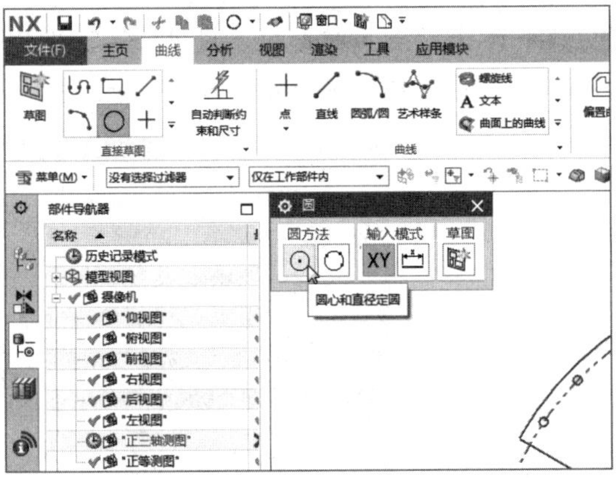

图 4-7　单击“圆心和直径定圆”按钮

Step 03 执行操作后，在绘图区中的圆心点上单击以确定圆心点，然后拖动鼠标指针，在“直径”文本框中输入“80”，按【Enter】键确认，如图 4-8 所示。

Step 04 执行操作后，单击“完成草图”按钮，即可绘制圆对象，如图 4-9 所示。

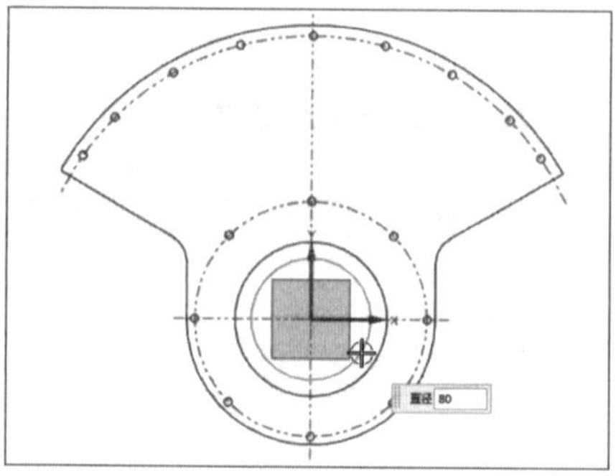

图 4-8　设置参数

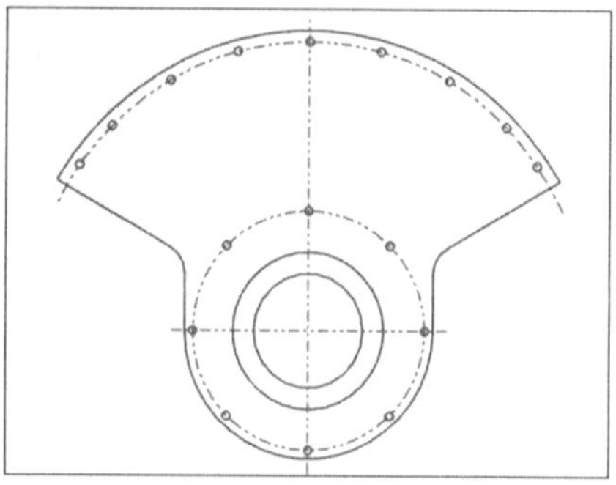

图 4-9　绘制圆对象

在 UG NX 10.0 中，绘制圆对象还有以下 8 种方法。

（1）在边框条中执行“菜单”｜“插入”｜“曲线”｜“直线和圆弧”｜“圆（点-点-点）”命令。

（2）在边框条中执行“菜单”｜“插入”｜“曲线”｜“直线和圆弧”｜“圆（点-点-相切）”命令。

（3）在边框条中执行“菜单”｜“插入”｜“曲线”｜“直线和圆弧”｜“圆（相切-相切-相切）”命令。

（4）在边框条中执行“菜单”｜“插入”｜“曲线”｜“直线和圆弧”｜“圆（相切-相切-半径）”命令。

（5）在边框条中执行“菜单”｜“插入”｜“曲线”｜“直线和圆弧”｜“圆（圆心-半径）”命令。

（6）在边框条中执行“菜单”｜“插入”｜“曲线”｜“直线和圆弧”｜“圆（圆心-相切）”命令。

（7）在边框条中执行“菜单”｜“插入”｜“曲线”｜“直线和圆弧”｜“圆（圆心-点）”命令。

（8）在功能区“曲线”选项卡的“曲线”选项板中，单击“圆”按钮○。

4.1.3　绘制直线对象

直线是各种绘图中最常用、最简单的一类图形对象，只要指定了起点和终点，即可绘制一条直线。下面介绍绘制直线对象的操作方法。

Step 01 按【Ctrl + O】组合键，打开素材模型（素材\项目 4\4.1.3.prt），如图 4-10 所示。

Step 02 在功能区“曲线”选项卡的“曲线”选项板中单击“直线”按钮／，弹出“直线”对话框，在绘图区中相应的点上单击，如图 4-11 所示。

Step 03 执行操作后，向下拖动鼠标指针，至合适的点上再次单击，如图 4-12 所示。

Step 04 在“直线”对话框中单击“确定”按钮，即可绘制直线对象，并调整颜色为黑色，如图 4-13 所示。

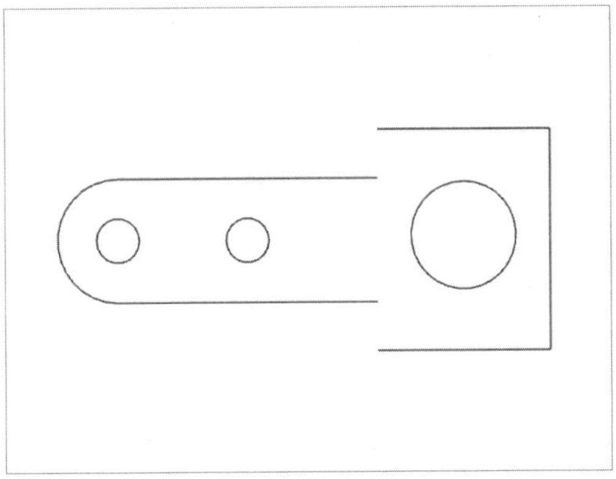

图 4-10 打开素材模型

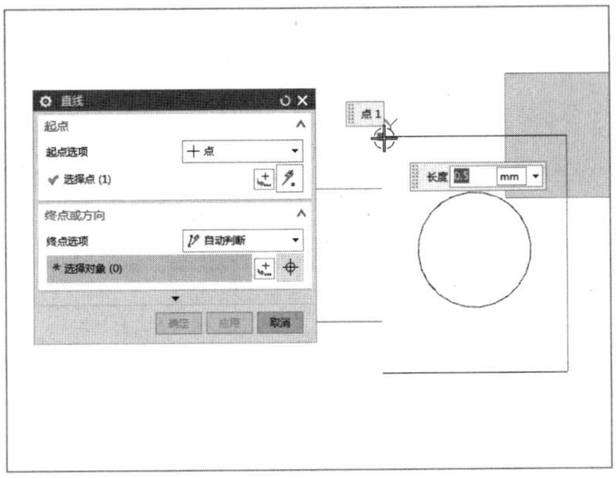

图 4-11 单击绘图区中的相应点

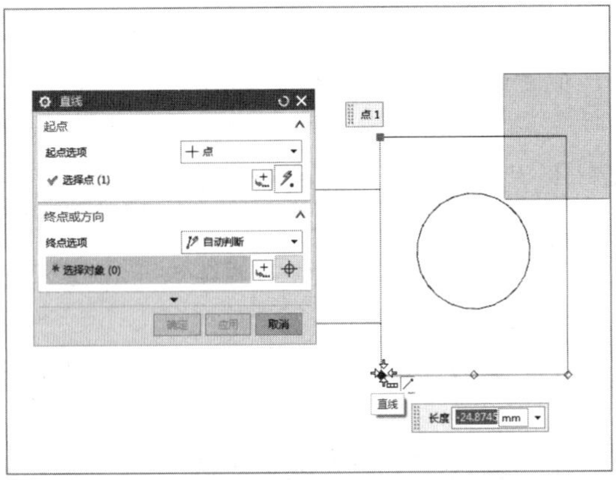

图 4-12 至合适的点上再次单击

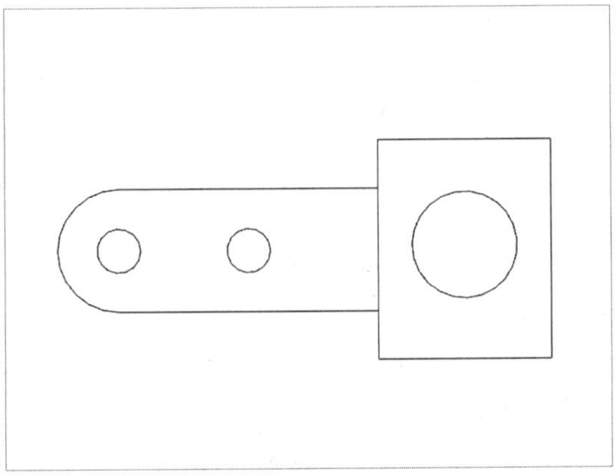

图 4-13 绘制直线对象

> ▶ 专家指点
>
> 在绘制直线对象的过程中，绘图区中会出现显示直线长度、点坐标的文本框。

4.1.4 绘制圆弧对象

圆弧是圆的一部分，也是一种简单图形。与绘制圆相比，绘制圆弧相对要困难一些，除了圆心和半径外，绘制圆弧还需指定起点和终点。下面介绍绘制圆弧对象的操作方法。

Step01 按【Ctrl + O】组合键，打开素材模型（素材\项目 4\4.1.4.prt），如图 4-14 所示。

Step02 在功能区“曲线”选项卡的“曲线”选项板中单击“圆弧/圆”按钮，如图 4-15 所示。

Step03 弹出“圆弧/圆”对话框，在绘图区中相应的点上单击，如图 4-16 所示。

Step04 指定圆弧的起点后，向下拖动鼠标指针，至合适位置再次单击，指定圆弧的终点，然后向左拖动鼠标指针，并在“圆弧/圆”对话框中设置“半径”为 7 mm，如图 4-17 所示，单击“确定”按钮。

图 4-14　打开素材模型

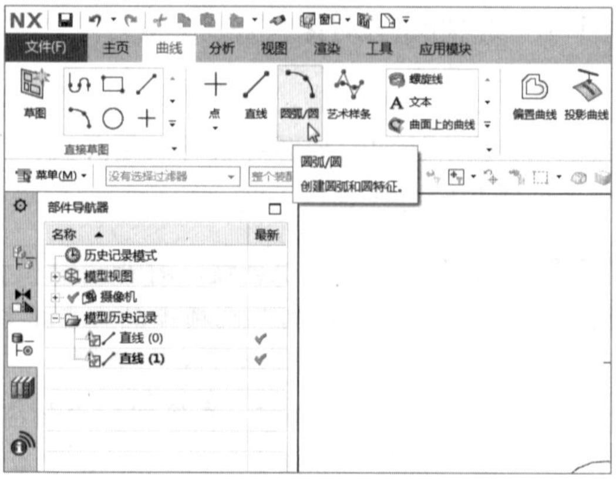

图 4-15　单击“圆弧/圆”按钮

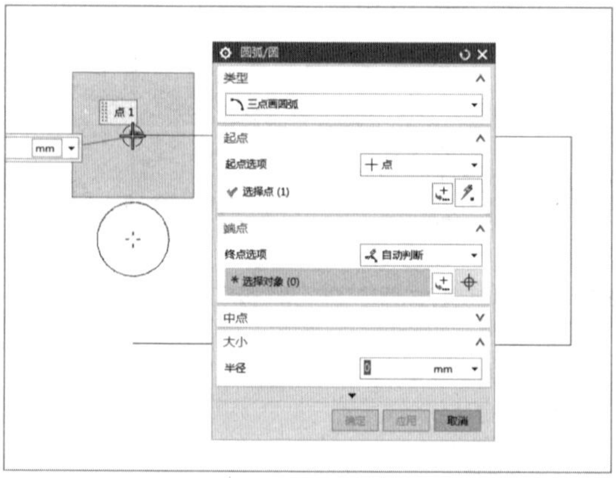

图 4-16　在相应的点上单击

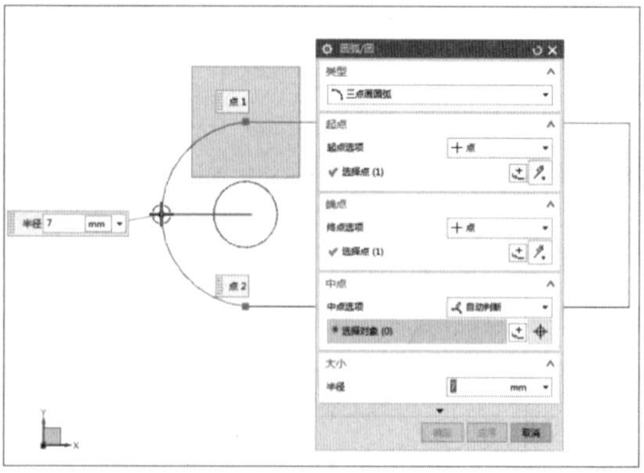

图 4-17　设置半径

Step 05 执行操作后，即可绘制圆弧对象，如图 4-18 所示。

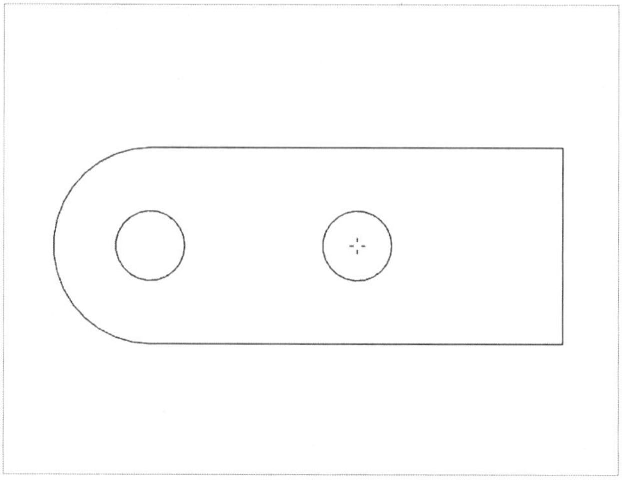

图 4-18　绘制圆弧对象

4.1.5 绘制圆角对象

在 UG NX 10.0 中，使用“圆角”命令可以在两个对象或多段线之间形成圆角，圆角处理的图形对象可以是圆弧、圆、椭圆、直线、多段线、射线、样条曲线和构造线等。下面介绍绘制圆角对象的操作方法。

Step 01 按【Ctrl + O】组合键，打开素材模型（素材\项目 4\4.1.5.prt），如图 4-19 所示。

Step 02 在功能区“曲线”选项卡的“直接草图”选项板中单击“直线”按钮 ／，如图 4-20 所示。

Step 03 弹出“直线”面板，在绘图区中相应的点上单击，向右拖动鼠标指针，设置“长度”和“角度”分别为 55 和 0，如图 4-21 所示。

Step 04 单击鼠标左键即可绘制直线，然后在直线的右端点上单击，并向下拖动鼠标指针，至合适的点上再次单击，绘制第二条直线，如图 4-22 所示。

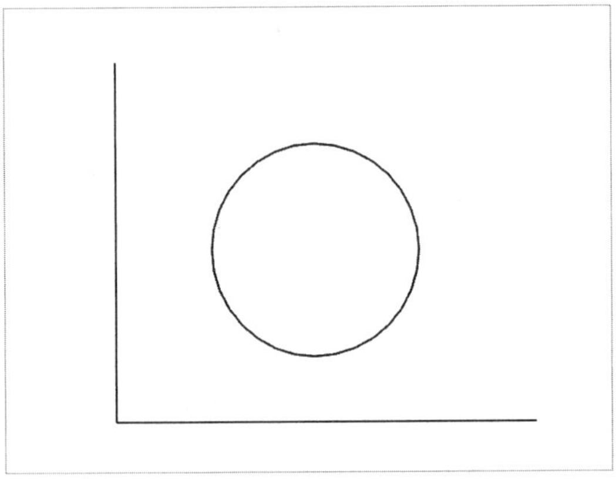

图 4-19 打开素材模型

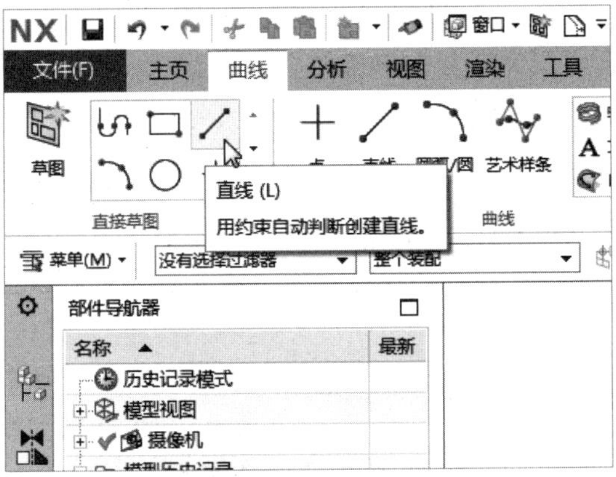

图 4-20 单击“直线”按钮

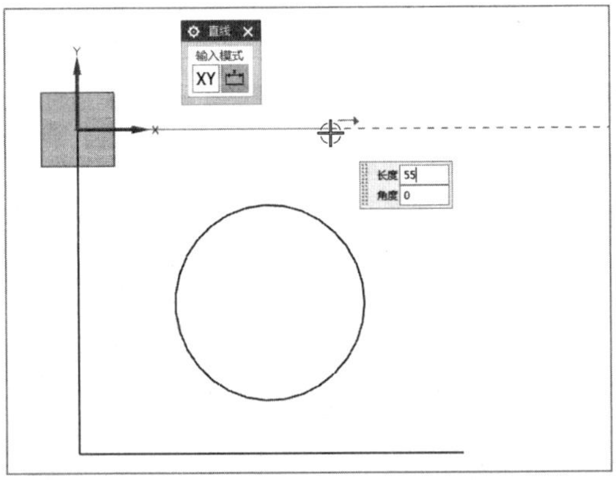

图 4-21 设置参数

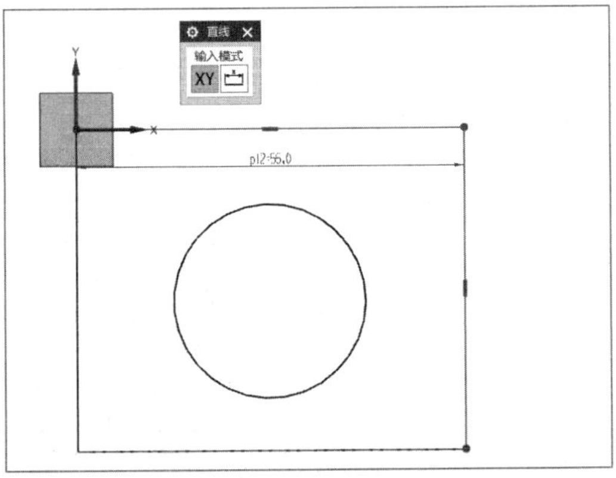

图 4-22 绘制直线

Step 05 在功能区“曲线”选项卡的“直接草图”选项板中单击“圆角”按钮 ⌝，如图 4-23 所示。

Step 06 弹出“圆角”面板和“半径”文本框，在绘图区中依次选择新绘制的两条直线，并在“半径”文本框中输入“28”，按【Enter】键确认，如图 4-24 所示。

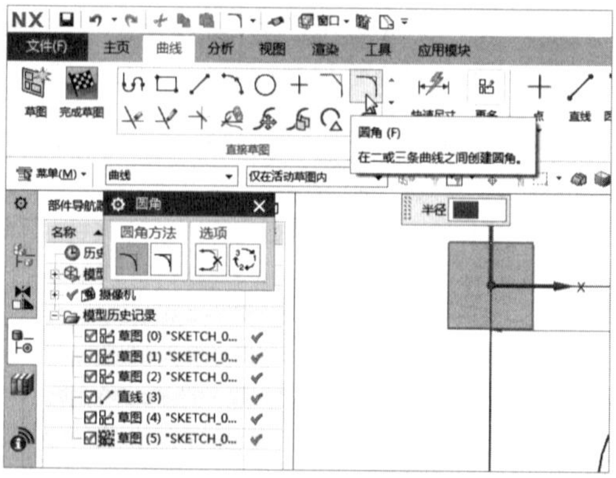

图 4-23　单击“圆角”按钮

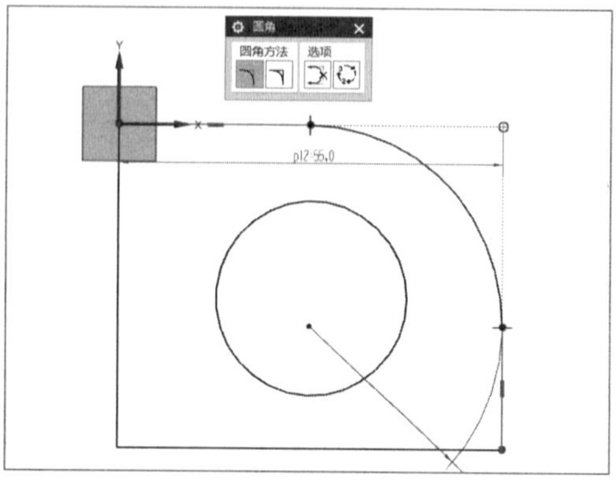

图 4-24　绘制圆角对象

Step07　在功能区“曲线”选项卡的“直接草图”选项板中单击“完成草图”按钮，如图 4-25 所示。

Step08　执行操作后，即可绘制圆角对象，如图 4-26 所示。

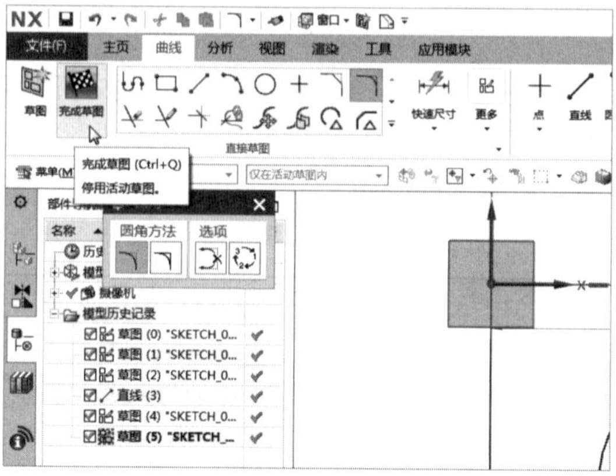

图 4-25　单击“完成草图”按钮

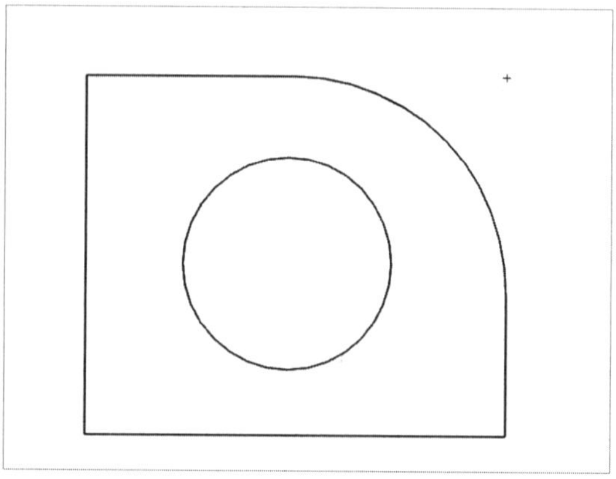

图 4-26　完成绘制

4.1.6　绘制点集对象

在 UG NX 10.0 中，使用“点集”命令可以创建具有多个面的对象。下面介绍绘制点集对象的操作方法。

Step01　按【Ctrl + O】组合键，打开素材模型（素材\项目 4\4.1.6.prt），如图 4-27 所示。

Step02　在功能区“曲线”选项卡的“曲线”选项板中单击“点”下方的下拉按钮，在弹出的下拉面板中单击“点集”按钮，如图 4-28 所示。

Step03　弹出“点集”对话框，在“基本几何体”选项区中单击“曲线”按钮，如图 4-29 所示。

Step04　选择绘图区中的曲线对象，并在“点数”文本框中输入“7”，单击“确定”按钮，即可绘制点集对象，如图 4-30 所示。

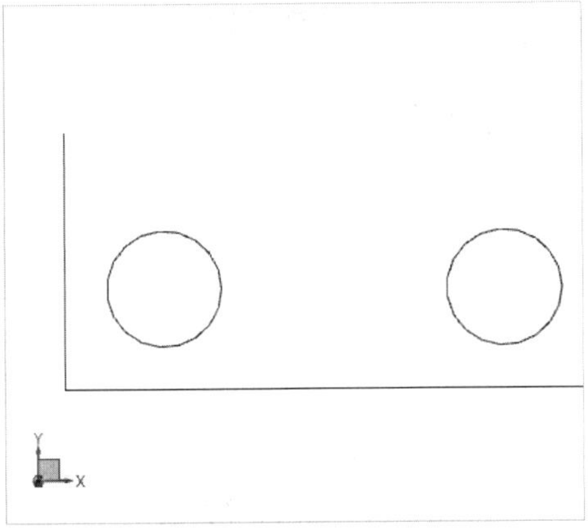

图 4-27　打开素材模型

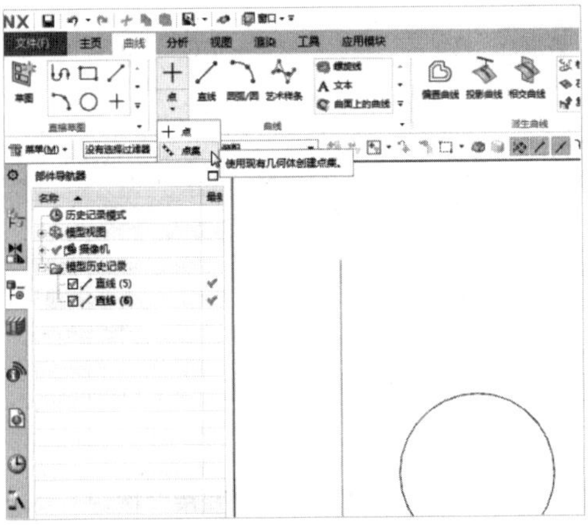

图 4-28　单击“点集”按钮

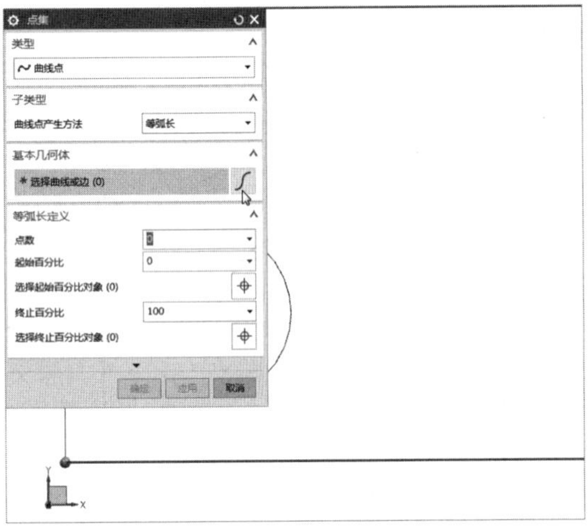

图 4-29　设置参数

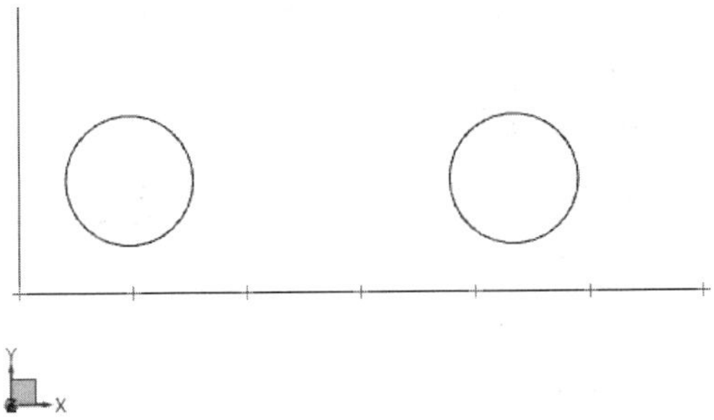

图 4-30　绘制点集对象

任务 2　绘制多边形曲线对象

在 UG NX 10.0 中，矩形、倒角和多边形是最常用的创建多边形曲线的方式，可以使用这 3 种方式创建任意的多边形曲线。

4.2.1　绘制矩形对象

矩形是绘制平面图形时常用的简单图形，也是构成复杂图形的基本图形元素，在各种图形中都可作为组成元素。下面介绍绘制矩形对象的操作方法。

Step 01 按【Ctrl + O】组合键，打开素材模型（素材\项目 4\4.2.1.prt），如图 4-31 所示。

Step 02 在“曲线”选项卡的“直接草图”选项板中单击“矩形”按钮，如图 4-32 所示。

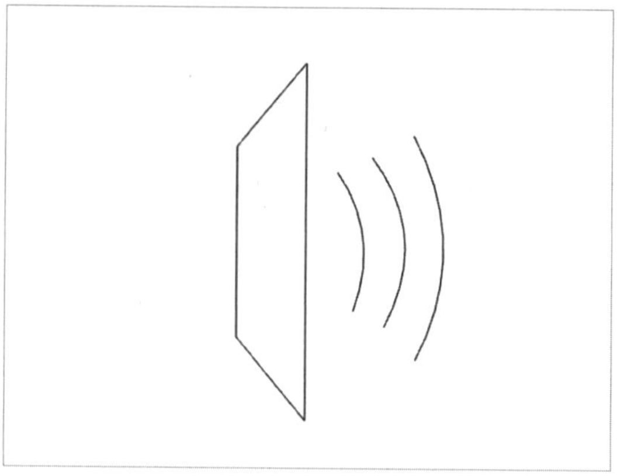

图 4-31　打开素材模型

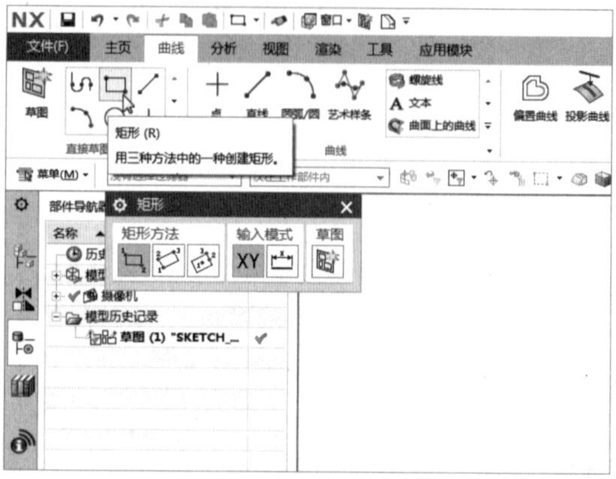

图 4-32　单击“矩形”按钮

Step 03 弹出“矩形”面板，在绘图区中左上方合适的端点上单击，并向左下方拖动鼠标指针，然后设置“宽度”和“高度”分别为 6 和 5.25，如图 4-33 所示。

Step 04 执行操作后，在“直接草图”选项板中单击“完成草图”按钮，即可绘制矩形对象，如图 4-34 所示。

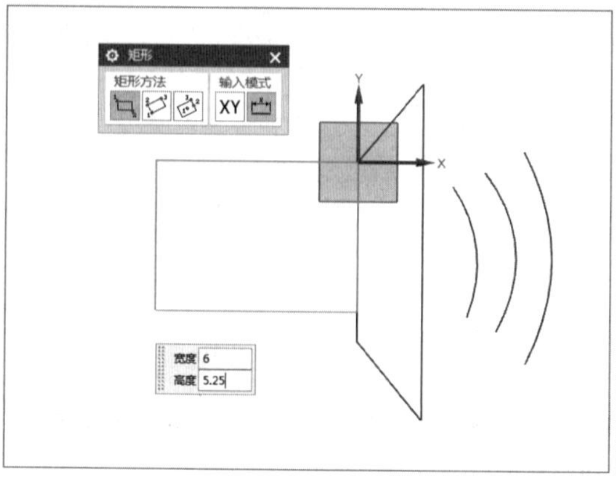

图 4-33　设置参数

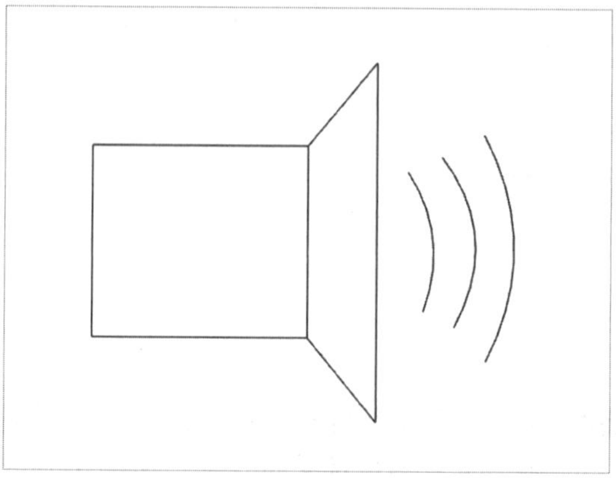

图 4-34　绘制矩形对象

4.2.2　绘制倒角对象

在 UG NX 10.0 中，使用“倒角”命令可以使两条直线之间形成一个斜角，在 UG NX 中制图时经常会在直线之间进行倒角操作。下面介绍绘制倒角对象的操作方法。

Step 01 按【Ctrl + O】组合键，打开素材模型（素材\项目 4\4.2.2.prt），如图 4-35 所示。

Step 02 在功能区“曲线”选项卡的“直接草图”选项板中单击“直线”按钮，弹出“直线”面板，在绘图区中左上方的端点和左下方的端点上依次单击，绘制两条相互垂直的直线，如图 4-36 所示。

Step 03 在功能区“曲线”选项卡的“直接草图”选项板中单击“倒斜角”按钮，如图 4-37 所示。

Step 04 弹出“倒斜角”对话框，在绘图区中依次选择新绘制的两条直线，并设置“距离”为 9 mm，如图 4-38 所示。

图 4-35　打开素材模型

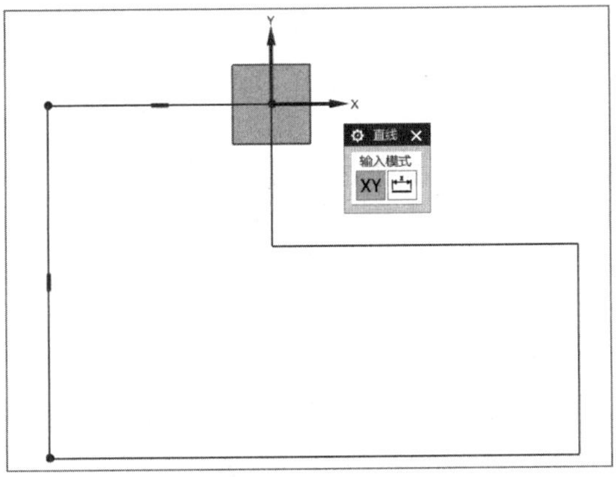

图 4-36　绘制直线

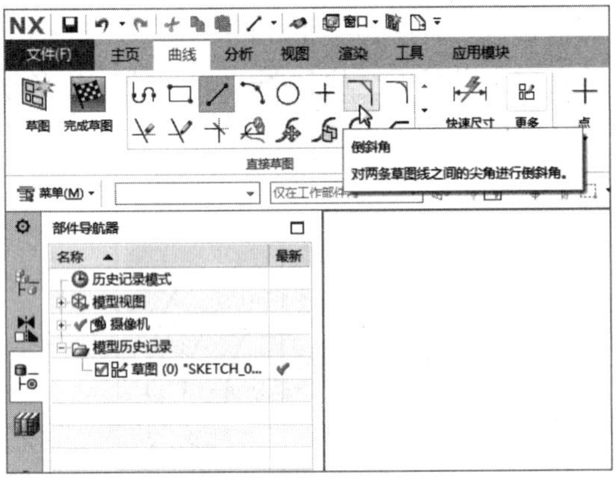

图 4-37　单击“倒斜角”按钮

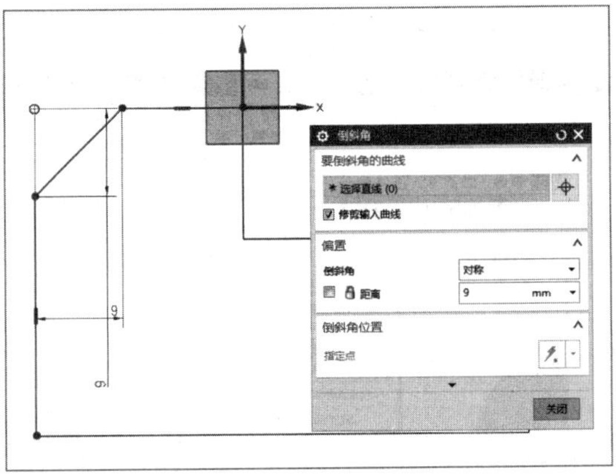

图 4-38　设置参数

Step 05 在“倒斜角”对话框中单击“关闭”按钮，即可绘制倒角对象，按【Ctrl + Q】组合键，完成倒角对象的绘制，如图 4-39 所示。

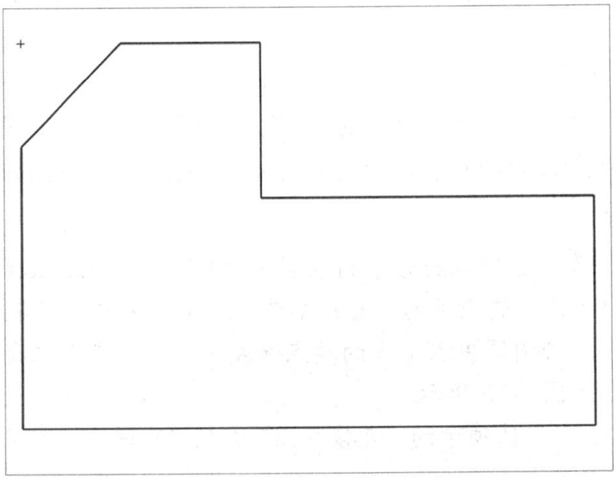

图 4-39　绘制倒角对象

4.2.3　绘制多边形对象

正多边形是在绘图中常用的一种简单图形，可以使用其外接圆与内切圆来进行绘制，并可以规定边数为 3～1 024。

在 UG NX 10.0 中，可以通过以下 3 种方式绘制多边形。

（1）在边框条中执行“菜单”|“插入”|“曲线”|“多边形”命令。

（2）在功能区“曲线”选项卡的“直接草图”选项板中单击“多边形”按钮⊙。

（3）在功能区“主页”选项卡的“直接草图”选项板中单击“多边形”按钮⊙。

下面介绍绘制多边形对象的操作方法。

Step01 按【Ctrl＋O】组合键，打开素材模型（素材\项目 4\4.2.3.prt），如图 4-40 所示。

Step02 在功能区“曲线”选项卡的“直接草图”选项板中单击“多边形”按钮⊙，如图 4-41 所示。

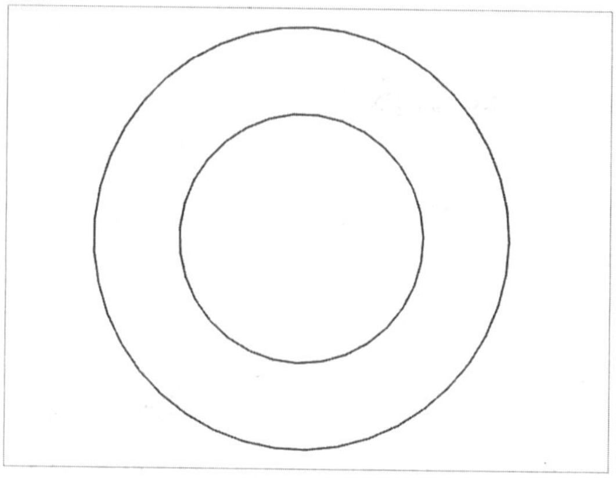

图 4-40　打开素材模型

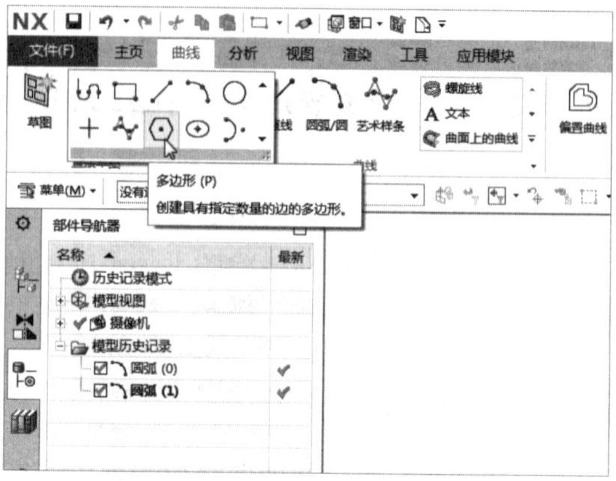

图 4-41　单击“多边形”按钮

Step03 弹出“多边形”对话框，单击“大小”右侧的下拉按钮，在弹出的下拉列表中选择“外接圆半径”选项，如图 4-42 所示。

Step04 在绘图区中的圆心点上单击，设置“半径”为 10 mm、“旋转”为 0 deg，如图 4-43 所示。

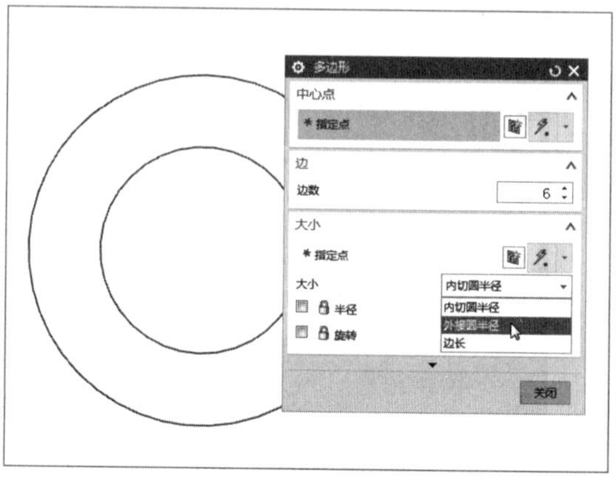

图 4-42　选择相应的选项

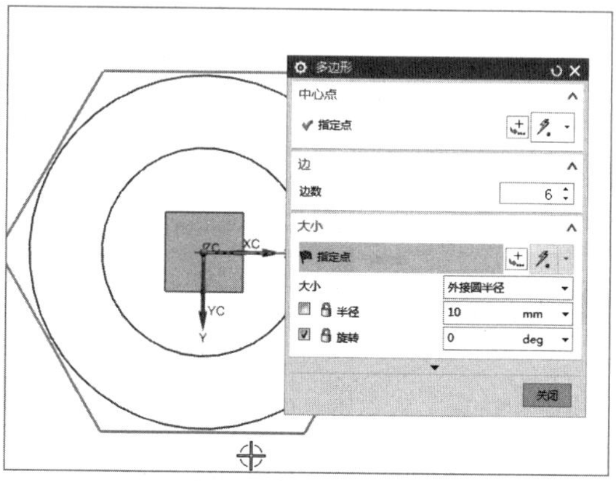

图 4-43　设置参数

Step 05 执行操作后，单击“关闭”按钮，并按【Ctrl + Q】组合键，完成多边形对象的绘制，如图 4-44 所示。

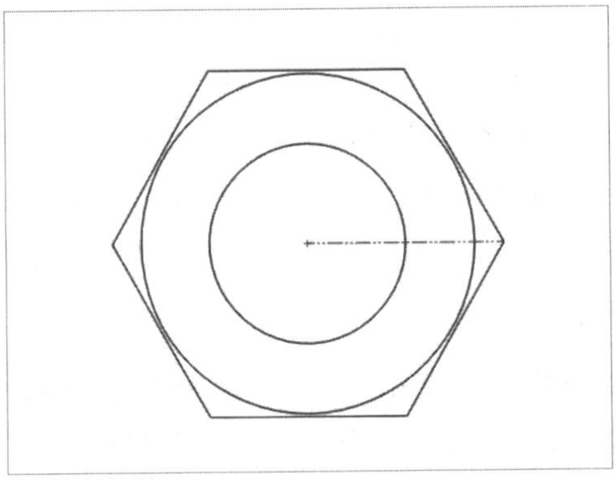

图 4-44　绘制多边形对象

任务 3　曲线对象的基本操作

在绘制曲线的过程中，大多数曲线属于非参数性自由曲线，所以空间中具有比较大的随意性和不确定性。当利用曲线绘图工具不能绘制出符合设计要求的曲线时，就需要对曲线进行编辑。本节主要介绍偏置、桥接、投影、抽取、镜像、分割等编辑曲线对象的方法。

4.3.1　偏置曲线对象

偏置曲线用于对已存在的曲线以一定的方式进行偏置以得到新的曲线。新的曲线与原曲线是相关的，即当原曲线发生改变时，新的曲线也会随之改变。下面介绍偏置曲线对象的操作方法。

Step 01 按【Ctrl + O】组合键，打开素材模型（素材\项目 4\4.3.1.prt），如图 4-45 所示。

Step 02 在功能区“曲线”选项卡的“派生曲线”选项板中单击“偏置曲线”按钮，弹出“偏置曲线”对话框，在绘图区中选择相应的曲线，如图 4-46 所示。

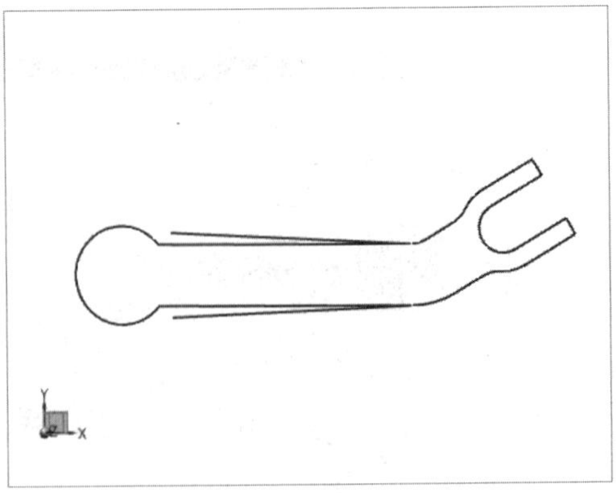

图 4-45　打开素材模型

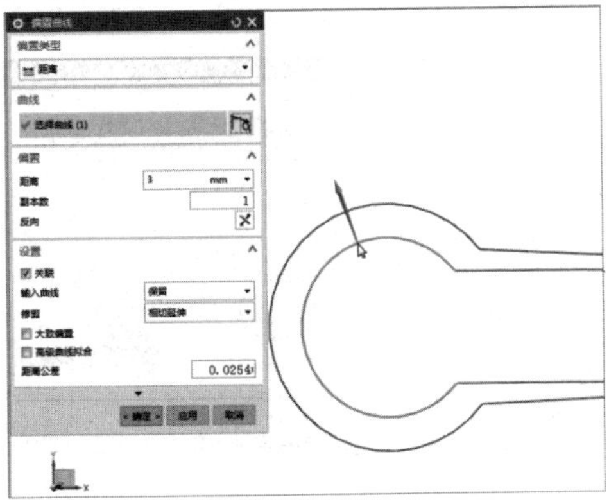

图 4-46　选择曲线

Step 03 在“偏置曲线”对话框的“偏置”选项区中设置“距离”为 3 mm，单击“确定”按钮，如图 4-47 所示。

Step 04 执行操作后，即可偏置曲线对象，如图 4-48 所示。

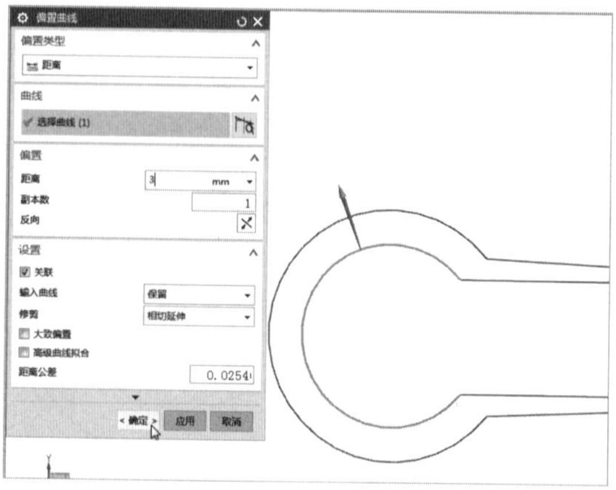

图 4-47　设置参数

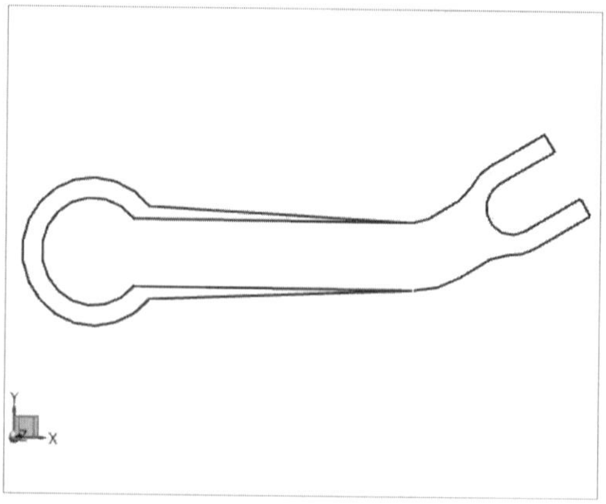

图 4-48　偏置曲线对象

在 UG NX 10.0 中，可以通过以下 3 种方法偏置曲线。

（1）在功能区“曲线”选项卡的“派生曲线”选项板中单击“偏置曲线”按钮。

（2）在边框条中执行“菜单”｜“插入”｜“派生曲线”｜“偏置”命令。

（3）在“曲线”工具栏中单击“偏置曲线”按钮。

4.3.2　桥接曲线对象

在 UG NX 10.0 中，桥接曲线用于连接两条分离的曲线、实体或曲面的边缘。下面介绍桥接曲线对象的操作方法。

Step 01 按【Ctrl + O】组合键，打开素材模型（素材\项目 4\4.3.2.prt），如图 4-49 所示。

Step 02 在功能区“曲线”选项卡的“派生曲线”选项板中单击“桥接曲线”按钮，弹出“桥接曲线”对话框，在绘图区中选择合适的曲线，如图 4-50 所示。

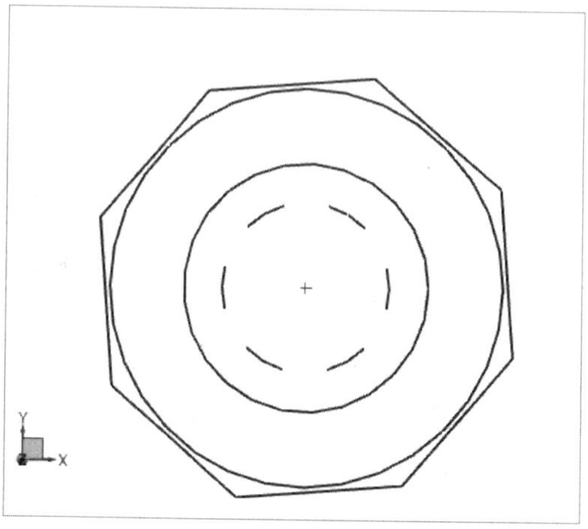

图 4-49　打开素材模型

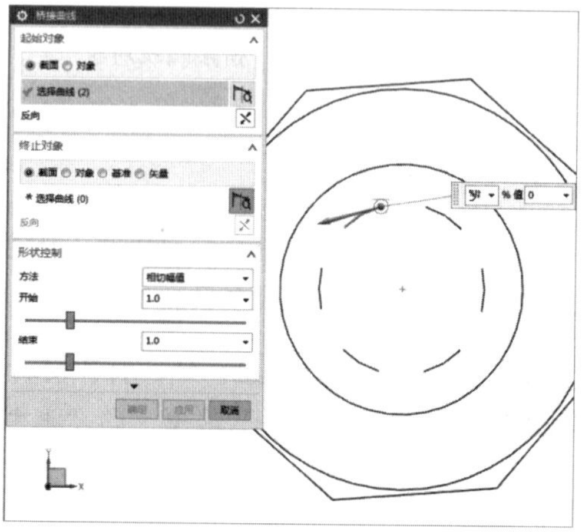

图 4-50　选择曲线

Step 03 在“桥接曲线”对话框中的“终止对象”选项区中单击“选择曲线”按钮，在绘图区中选择合适的曲线，如图 4-51 所示。

Step 04 执行操作后，在“桥接曲线”对话框中单击“确定”按钮，如图 4-52 所示。

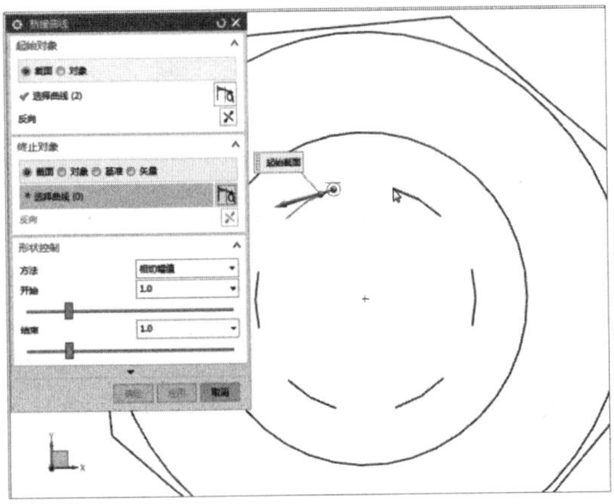

图 4-51　选择曲线

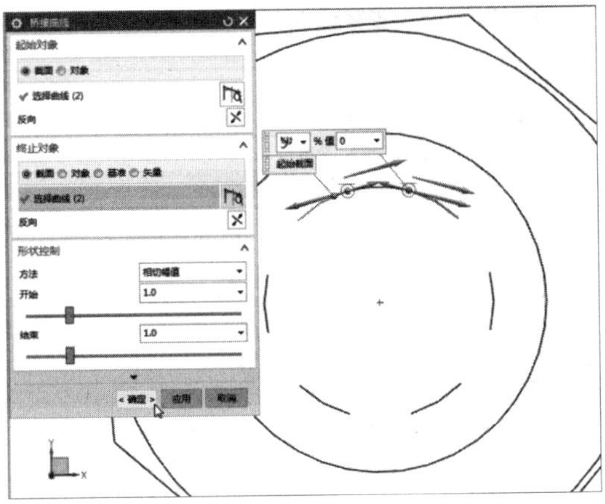

图 4-52　单击“确定”按钮

Step 05 执行操作后，即可桥接曲线对象，如图 4-53 所示。

Step 06 使用与上述同样的方法，对其他曲线对象进行桥接，如图 4-54 所示。

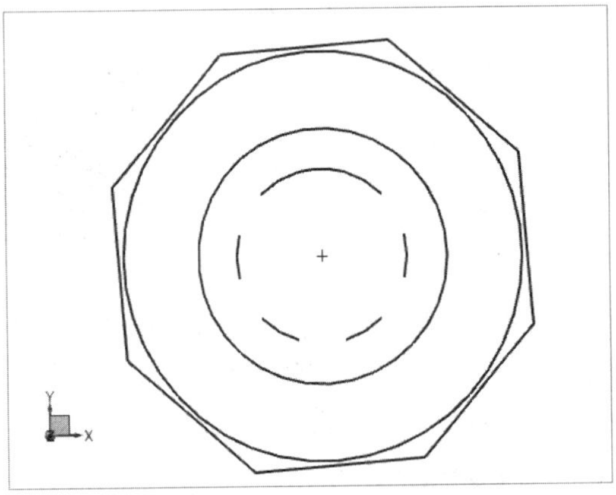

图 4-53　桥接曲线对象

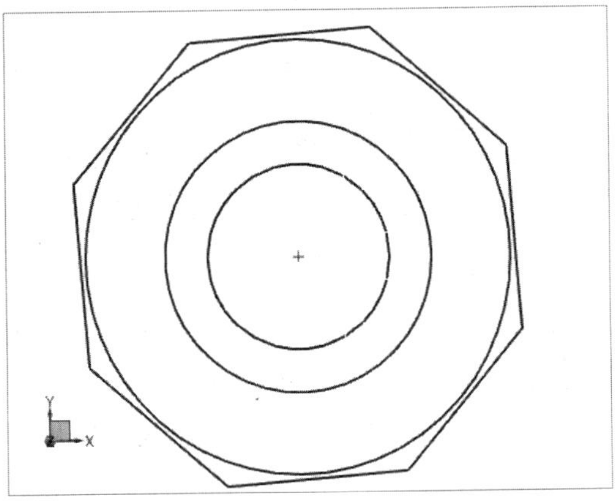

图 4-54　桥接其他曲线对象

4.3.3　投影曲线对象

使用“投影曲线”命令，可以将一组曲线沿指定方向向指定表面投影，在投影表面上生成一条或多条新的曲线。下面介绍投影曲线对象的操作方法。

Step 01 按【Ctrl + O】组合键，打开素材模型（素材\项目 4\4.3.3.prt），如图 4-55 所示。

Step 02 在功能区“曲线”选项卡的“派生曲线”选项板中单击“投影曲线”按钮，弹出“投影曲线”对话框，在绘图区中选择上方的曲线为投影对象，如图 4-56 所示。

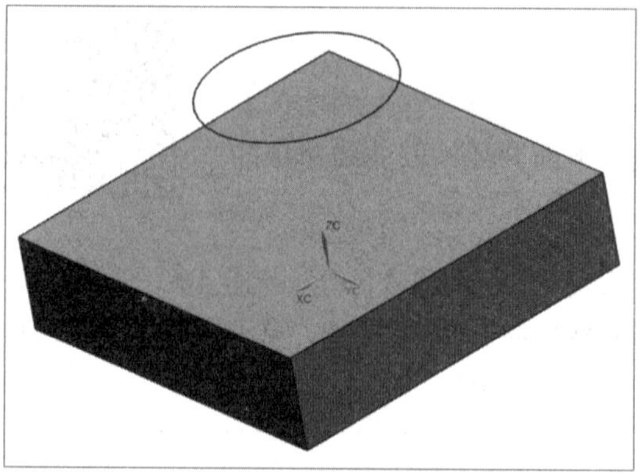

图 4-55　打开素材模型

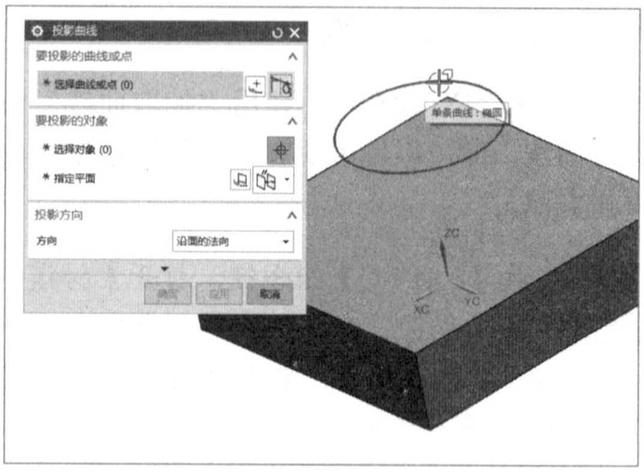

图 4-56　选择投影对象

Step 03 在“投影曲线”对话框中的“要投影的对象”选项区中单击“平面对话框”按钮，如图 4-57 所示。

Step 04 弹出“刨”对话框，选择最上方的表面为创建对象，如图 4-58 所示。

Step 05 执行操作后，单击“确定”按钮，如图 4-59 所示。

Step 06 返回“投影曲线”对话框，单击“确定”按钮，执行操作后，即可投影曲线对象，如图 4-60 所示。

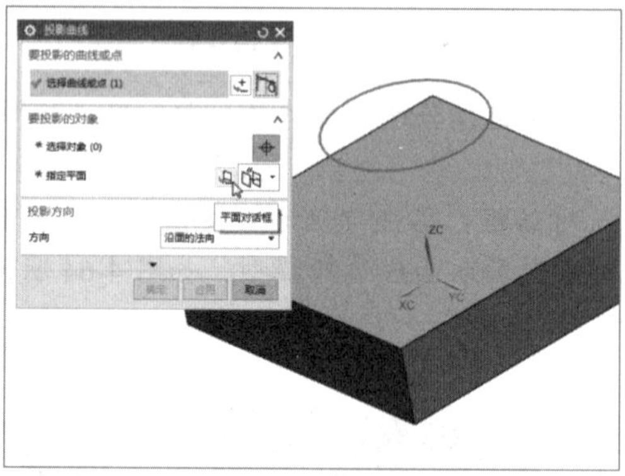

图 4-57　单击相应的按钮

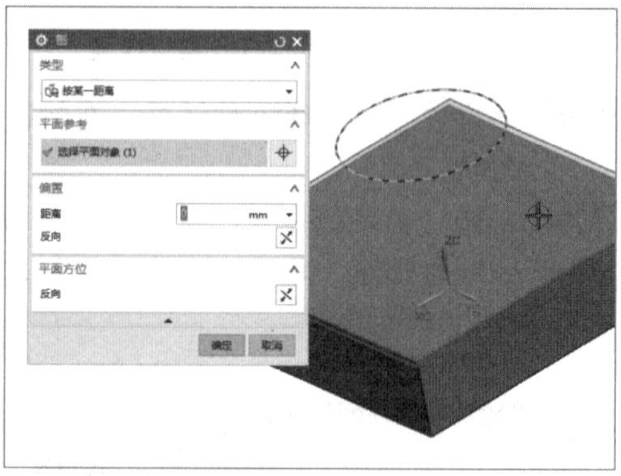

图 4-58　选择表面

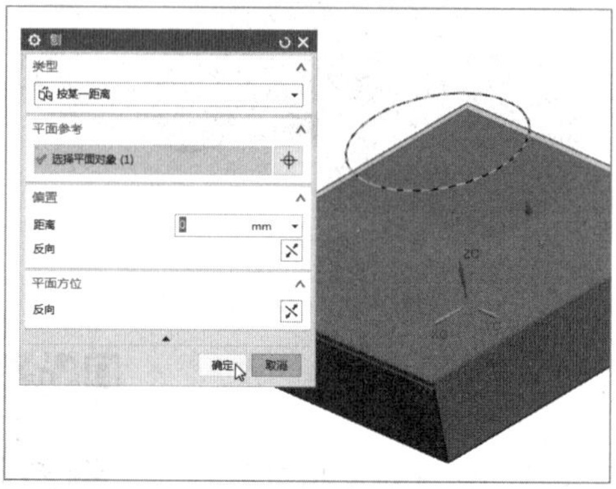

图 4-59　单击“确定”按钮

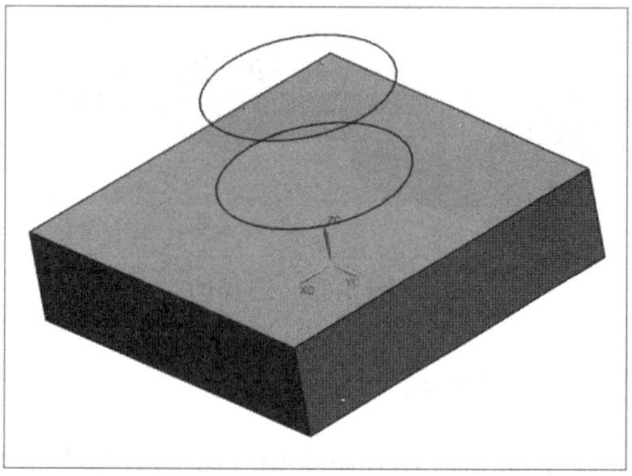

图 4-60　投影曲线对象

4.3.4　抽取曲线对象

在 UG NX 10.0 中，使用“抽取曲线”命令，可以在已经存在的实体上提取曲线，即可以使用现有的实体快速生成曲线。下面介绍抽取曲线对象的操作方法。

Step 01 按【Ctrl + O】组合键，打开素材模型（素材\项目 4\4.3.4.prt），如图 4-61 所示。

Step 02 在功能区“曲线”选项卡中单击“抽取曲线”按钮，弹出“抽取曲线”对话框，保持默认设置，单击“确定”按钮，如图 4-62 所示。

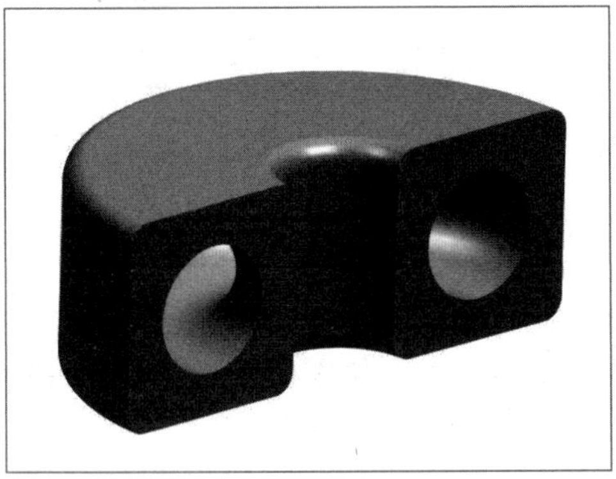

图 4-61　打开素材模型

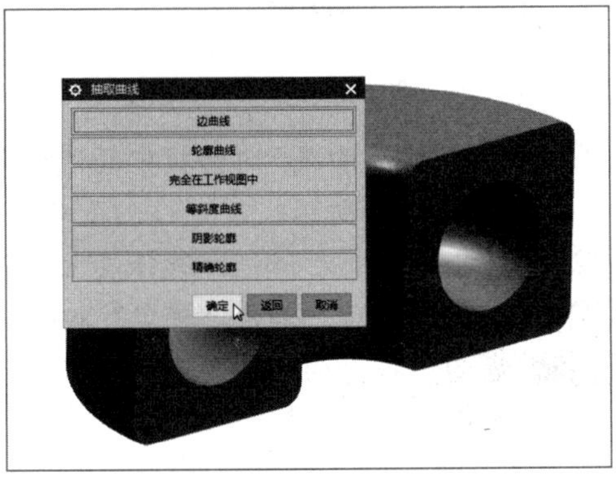

图 4-62　保持默认设置

Step 03 弹出“单边曲线”对话框，在绘图区中依次选择合适的边作为抽取对象，如图 4-63 所示。

Step 04 单击“确定”按钮，返回“抽取曲线”对话框，单击“确定”按钮，弹出“单边曲线”对话框，单击“取消”按钮，即可通过抽取曲线编辑模型，如图 4-64 所示。

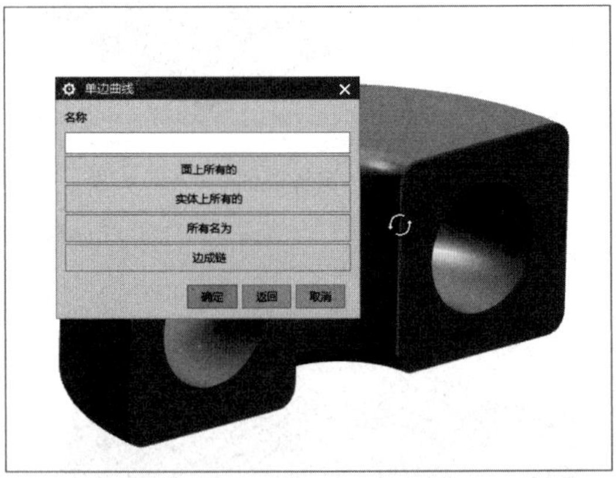

图 4-63　选择边

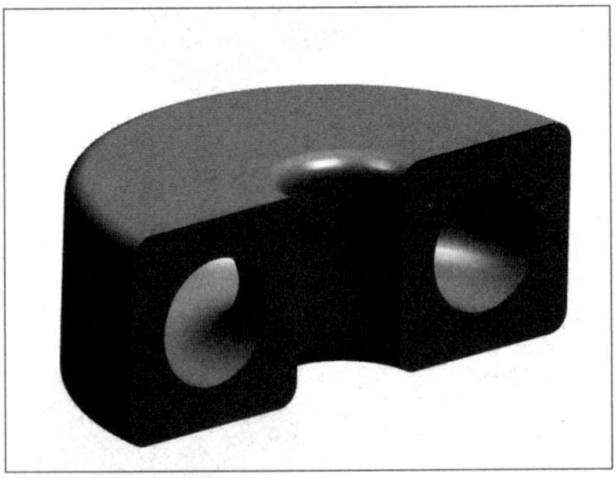

图 4-64　抽取曲线对象

4.3.5　镜像曲线对象

在 UG NX 10.0 中，镜像曲线对象主要用于生成与所选对象相对称的图形。下面介绍镜像曲线对象的操作方法。

Step 01 按【Ctrl + O】组合键，打开素材模型（素材\项目 4\4.3.5.prt），如图 4-65 所示。

Step 02 在功能区“曲线”选项卡的“派生曲线”选项板中单击“镜像曲线”按钮，弹出“镜像曲线”对话框，在绘图区中选择需要镜像的曲线，如图 4-66 所示。

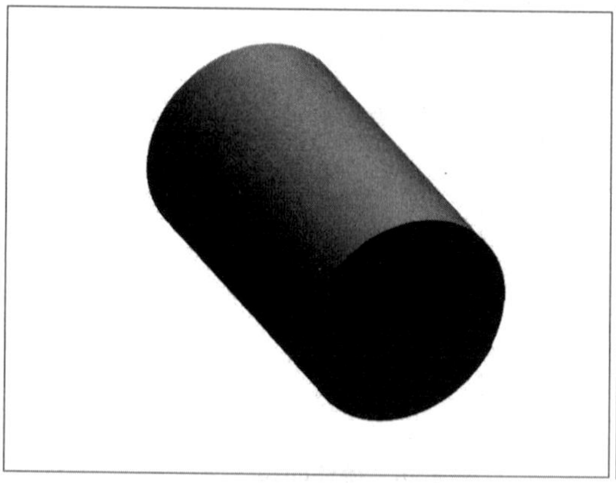
图 4-65　打开素材模型

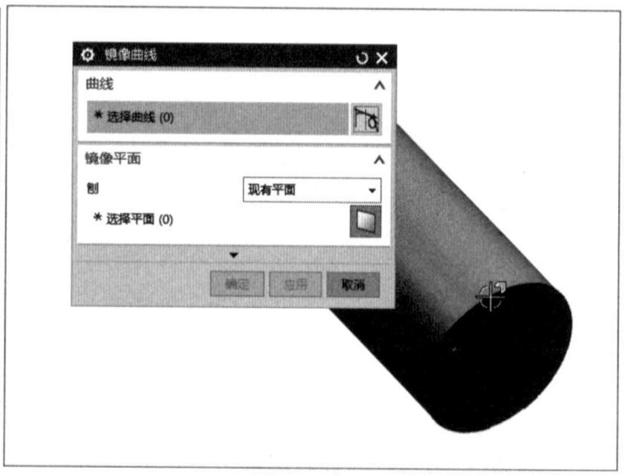

图 4-66　选择曲线

> ▶ 专家指点
>
> 执行“菜单”｜“插入”｜“派生曲线”｜“镜像”命令，也可以镜像曲线对象。

Step 03 在“镜像曲线”对话框的“镜像平面”选项区中单击“选择平面”按钮，在绘图区中选择合适的平面，如图 4-67 所示。

Step 04 单击“确定”按钮，即可镜像曲线对象，如图 4-68 所示。

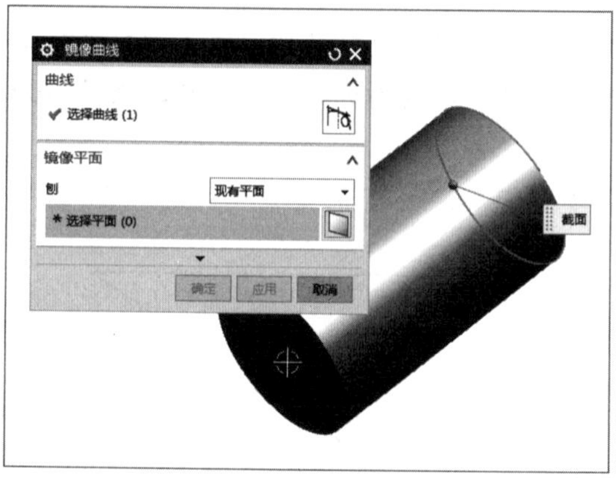

图 4-67　选择平面

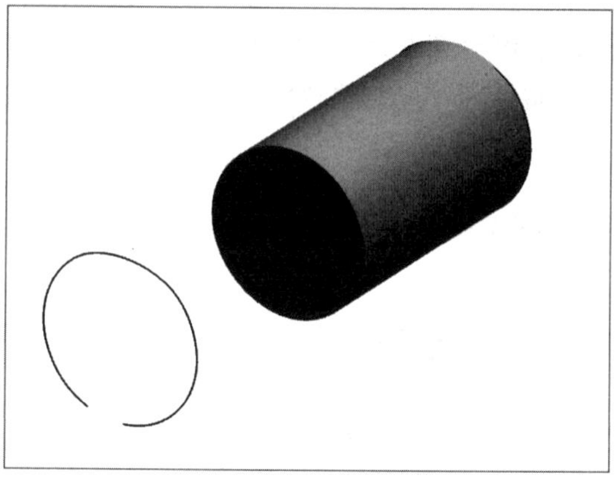
图 4-68　镜像曲线对象

4.3.6　分割曲线对象

在 UG NX 10.0 中，使用“分割”命令可以对曲线进行分割，使一段曲线变成多段曲线。下面介绍分割曲线对象的操作方法。

Step 01 按【Ctrl + O】组合键，打开素材模型（素材\项目 4\4.3.6.prt），如图 4-69 所示。

Step02 在功能区的“曲线”选项卡中单击“分割曲线”按钮，弹出“分割曲线”对话框，在绘图区中选择合适的曲线作为分割对象，如图 4-70 所示。

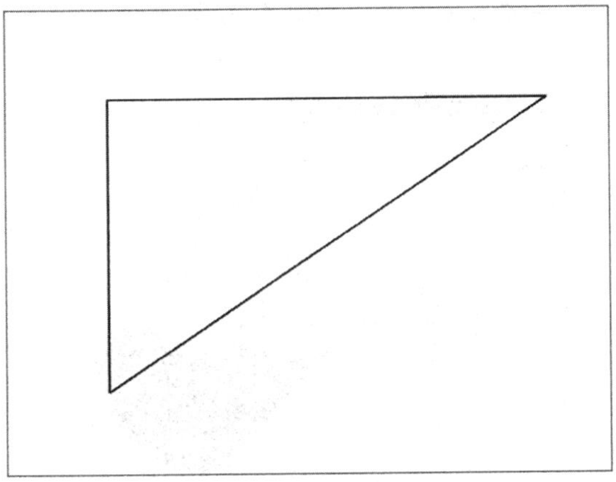

图 4-69 打开素材模型

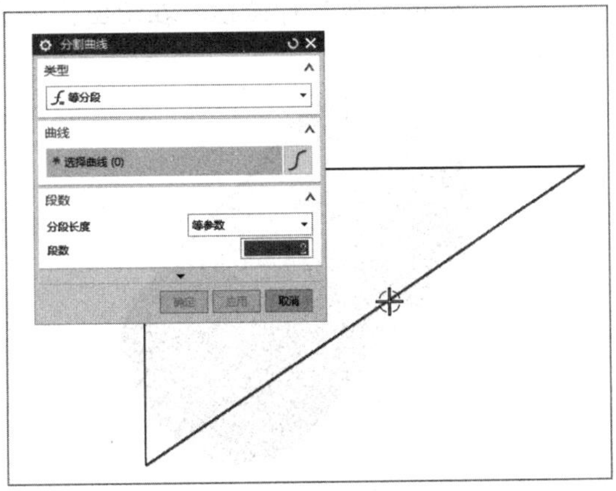

图 4-70 选择曲线

▶ 专家指点

在“分割曲线”对话框中，各主要选项的含义如下。

➢ **“类型”下拉列表框：**其中包含“等分段”“按边界对象”“弧长段数”等多种类型。

➢ **“分段长度”下拉列表框：**其中包含“等参数”和“等弧长”两种类型。

➢ **“段数”文本框：**用于设置分割曲线的段数。

Step03 弹出信息提示框，单击“是”按钮，如图 4-71 所示。

Step04 在“分割曲线”对话框中的“段数”选项区中设置“段数”为 2，单击“确定”按钮，即可分割曲线对象，在分割的曲线对象上单击，查看分割曲线对象的效果，如图 4-72 所示。

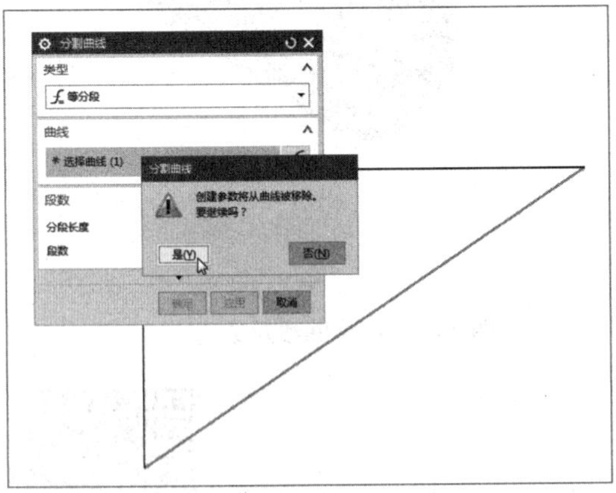

图 4-71 单击“是”按钮

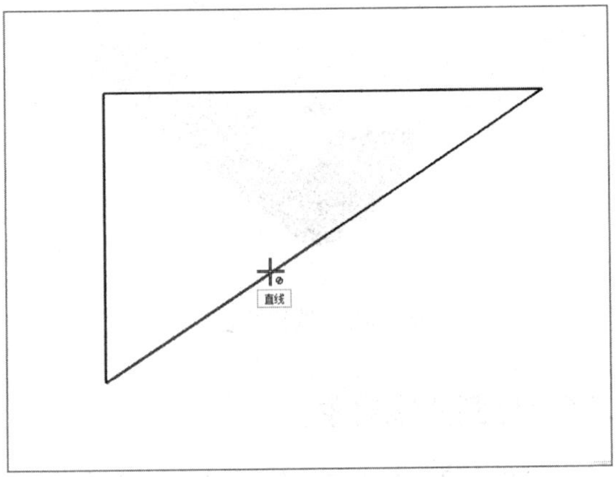

图 4-72 查看分割效果

4.3.7　拉长曲线对象

拉长曲线操作可以移动对象，还可以对所选曲线进行拉伸和收缩。如果在操作时选择了对象的端点，则为拉伸对象，否则是移动对象。下面介绍拉长曲线对象的操作方法。

Step01 按【Ctrl + O】组合键，打开素材模型（素材\项目 4\4.3.7.prt），如图 4-73 所示。

Step02 在功能区的"曲线"选项卡中单击"拉长曲线"按钮，弹出"拉长曲线"对话框，设置"XC 增量"为 10、"YC 增量"为－8、"ZC 增量"为－3，在绘图区中选择左上方的圆为拉长对象，如图 4-74 所示。

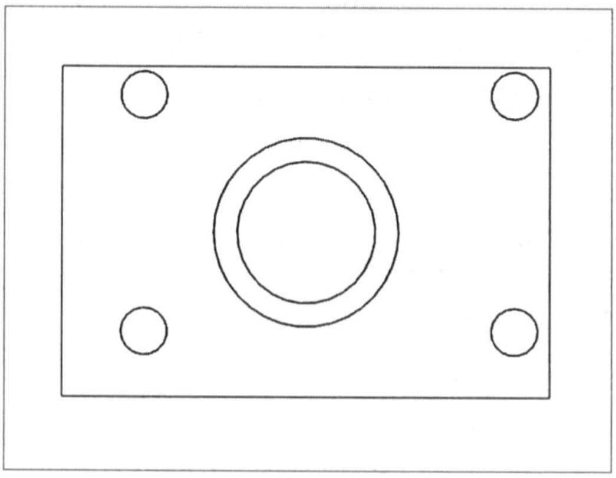

图 4-73　打开素材模型

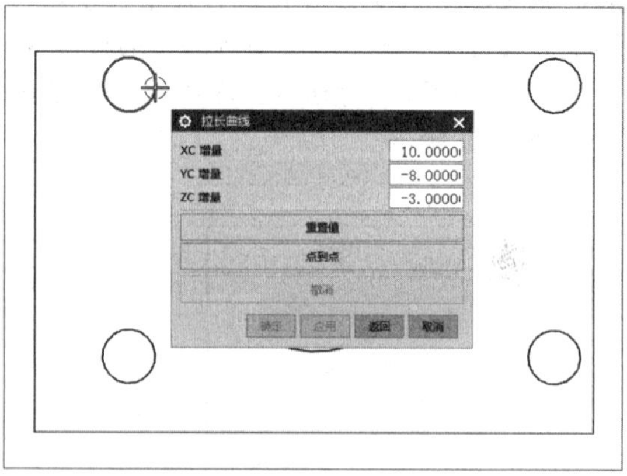

图 4-74　选择曲线

Step03 单击"确定"按钮，执行操作后，弹出信息提示框，单击"变换父级"按钮，如图 4-75 所示。

Step04 执行操作后，即可拉长曲线对象，如图 4-76 所示。

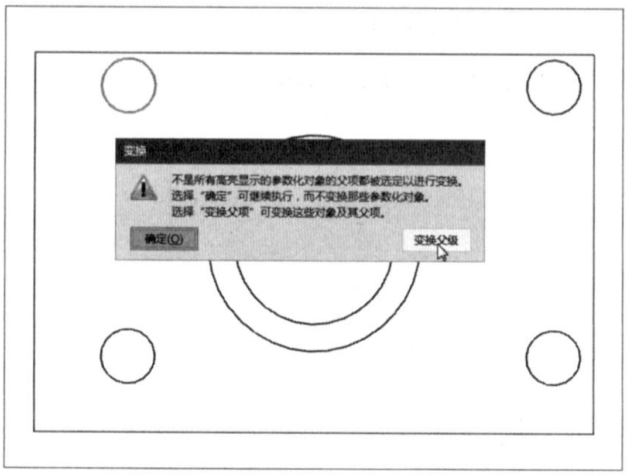

图 4-75　单击相应的按钮

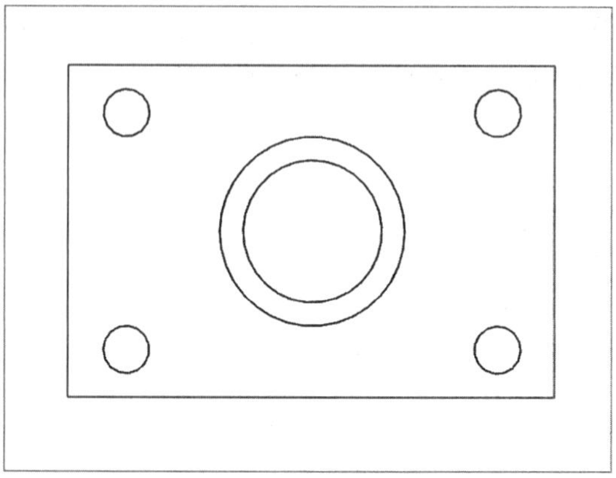

图 4-76　拉长曲线对象

在"拉长曲线"对话框中，各主要选项的含义如下。

- **"XC 增量"文本框**：用于设置拉伸曲线在 *xc* 方向上的增量值。
- **"YC 增量"文本框**：用于设置拉伸曲线在 *yc* 方向上的增量值。

- **"ZC 增量"文本框：** 用于设置拉伸曲线在 *zc* 方向上的增量值。
- **"重置值"按钮：** 单击该按钮，可以重置"XC 增量""YC 增量"和"ZC 增量"的参数值。
- **"点到点"按钮：** 单击该按钮，可以将被拉伸的曲线从参考点移动到目标点。

4.3.8 修剪曲线对象

在 UG NX 10.0 中，使用"修剪"命令可以将曲线修剪到任意方向上最近的实际交点或虚拟交点处。下面介绍修剪曲线对象的操作方法。

Step 01 按【Ctrl + O】组合键，打开素材模型（素材\项目 4\4.3.8.prt），如图 4-77 所示。

Step 02 在功能区"曲线"选项卡的"编辑曲线"选项板中单击"修剪曲线"按钮 ✂，弹出"修剪曲线"对话框，在绘图区中圆与圆弧的中间位置单击，选择第一个对象，如图 4-78 所示。

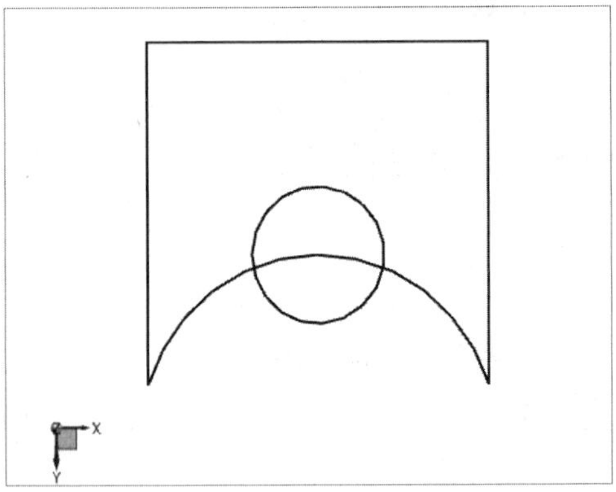

图 4-77　打开素材模型

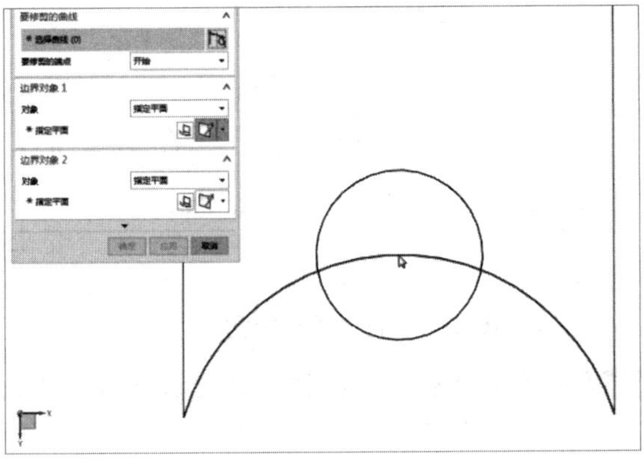

图 4-78　选择对象

Step 03 在绘图区中的圆上单击，选择第二个对象，如图 4-79 所示。

Step 04 单击"确定"按钮，删除多出的曲线，即可修剪曲线对象，如图 4-80 所示。

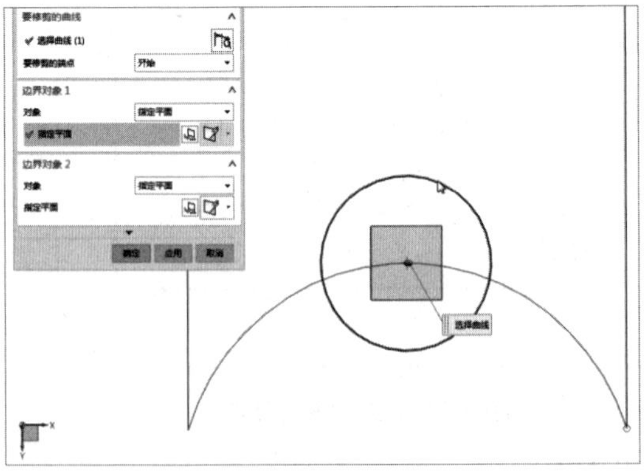

图 4-79　选择对象

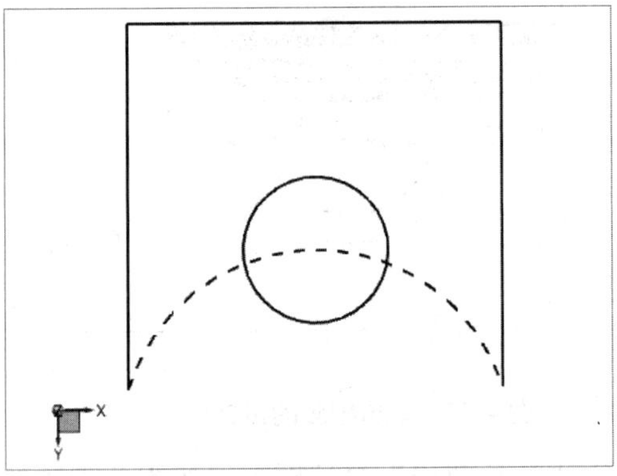

图 4-80　修剪曲线对象

项目小结

本项目主要学习了绘制常用曲线对象、绘制多边形曲线对象及曲线对象的基本操作等内容。通过对本项目的学习，读者可以掌握创建点、圆、直线、圆弧、圆角、点集、矩形、倒角及多边形等的方法，并对曲线的偏置、桥接、投影、抽取、镜像、分割、拉长及修剪等操作有所熟练，希望读者可以举一反三，绘制出更多专业的二维模型。

项目训练

鉴于本项目知识的重要性，为了帮助读者更好地掌握所学知识，下面将通过上机习题帮助读者进行简单的知识回顾和补充。

本习题需要掌握绘制圆角的方法，素材文件与效果文件如图 4-81 所示。

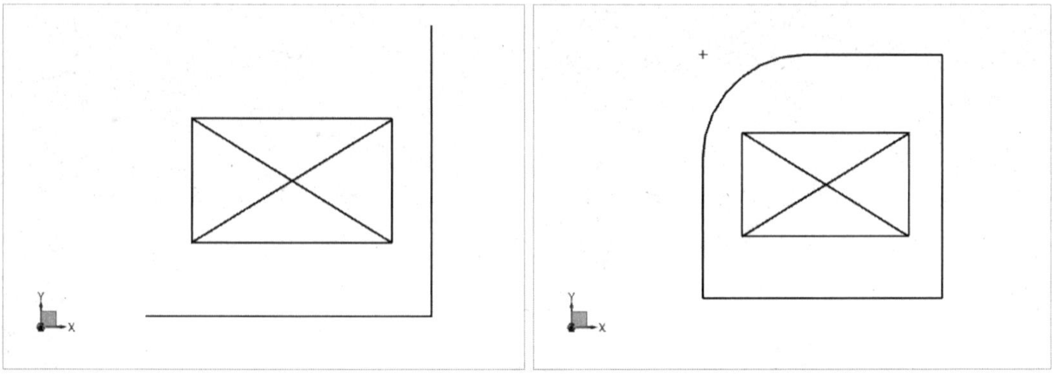

图 4-81 素材文件与效果文件

项目 5　图纸设计：创建与编辑草图对象

草图是与实体模型相关联的 2D 图形，一般可以作为 3D 实体模型的基础。草图的应用主要包括草绘平面的选取、草绘的方法、草图约束和草图操作等，这部分内容是实体建模和曲面造型的基础。本项目主要介绍创建与编辑草图对象的操作方法，为用户以后的学习打下坚实的基础。

本项目重点

- 创建草图对象
- 约束草图对象
- 简单处理草图对象

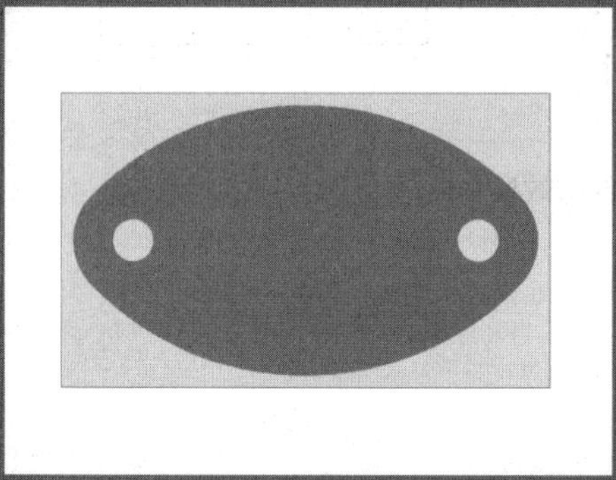
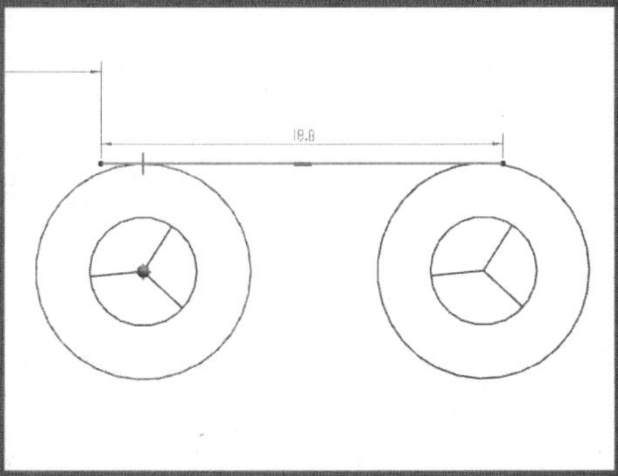
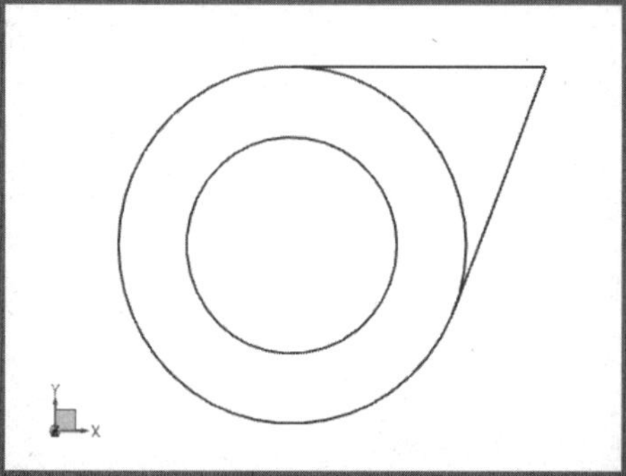

任务 1 创建草图对象

草图是位于指定平面上的曲线和点的集合。当要对构成特征的曲线进行参数化控制时，使用草图会非常方便。建模工具可以对绘制好的草图进行拉伸、旋转、扫描等操作，以创建出各种复杂、丰富的实体模型。

5.1.1 设置草图环境

在 UG NX 10.0 中，草图环境的设置主要包括设置草图中的显示参数和草图对象的默认名称前缀等。在 UG NX 10.0 中，可以通过以下两种方法设置草图环境。

（1）在功能区中执行“文件”｜“首选项”｜“草图”命令，如图 5-1 所示。

（2）在边框条中执行“菜单”｜“首选项”｜“草图”命令，如图 5-2 所示。

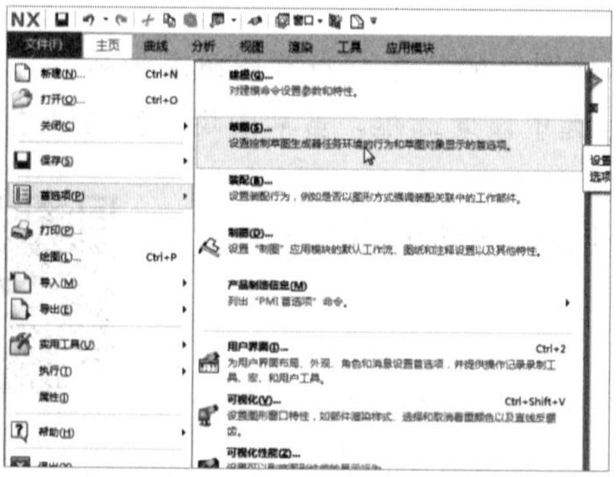

图 5-1 执行“草图”命令

图 5-2 执行“草图”命令

在功能区中执行“文件”｜“首选项”｜“草图”命令，弹出“草图首选项”对话框，其中包括“草图设置”“会话设置”“部件设置”选项卡，如图 5-3 所示。

图 5-3 “草图首选项”对话框

在“草图首选项”对话框中，各主要选项的含义如下。

“草图设置”选项卡：

- ➢ **“尺寸标签”下拉列表框：** 用于设置尺寸的文本内容，其中包含“表达式”“名称”“值”3 个选项。

- **“屏幕上固定文本高度”复选框：**选中该复选框，可设置固定尺寸文本的高度。
- **“创建自动判断约束”复选框：**选中该复选框，可以创建草图的判断约束对象。
- **“连续自动标注尺寸”复选框：**选中该复选框，可以连续标注尺寸对象。
- **“显示对象颜色”复选框：**选中该复选框，可以显示出草图对象的颜色。

“会话设置”选项卡：

- **“捕捉角”文本框：**用于设置捕捉角度，可以控制不采取捕捉方式绘制直线时是否自动为水平或垂直直线。如果所绘直线与草图平面 *xc* 轴或 *yc* 轴的夹角小于或等于该参数值，则所绘直线会自动为水平或垂直直线。
- **“显示自由度箭头”复选框：**用于控制自由度箭头的显示状态。选中该复选框，则草图中未约束的自由度会用箭头显示出来。
- **“动态草图显示”复选框：**用于控制草图是否动态显示。
- **“更改视图方向”复选框：**选中该复选框，可以控制草图退出激活状态时，工作视图是否回到原来的方向。
- **“保持图层状态”复选框：**用于控制工作图层的状态。当草图被激活后，它所在的工作图层被自动称为“当前工作图层”。选中该复选框，当草图退出激活状态时，草图工作图层会回到激活前的工作图层。

“部件设置”选项卡主要用来设置草图中不同对象类型的颜色属性。

5.1.2 创建草图平面

在 UG NX 10.0 中可以根据需要创建草图平面。下面介绍创建草图平面的操作方法。

Step01 按【Ctrl + O】组合键，打开素材模型（素材\项目 5\5.1.2.prt），如图 5-4 所示。

Step02 在功能区“主页”选项卡的“直接草图”选项板中单击“草图”按钮，进入草图环境，弹出“创建草图”对话框，在“草图平面”选项区中单击“平面方法”右侧的下拉按钮，在弹出的下拉列表中选择“创建平面”选项，如图 5-5 所示。

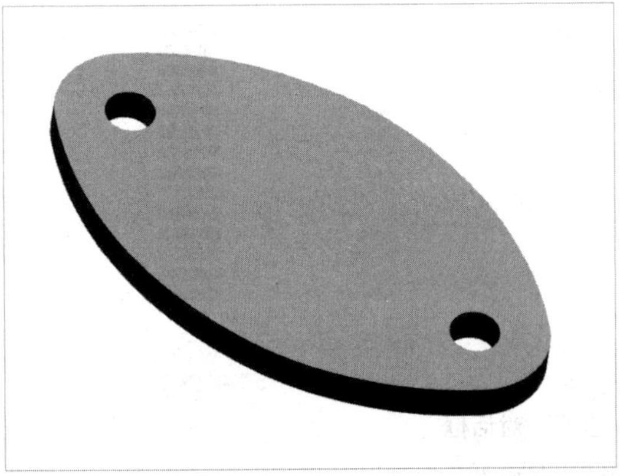

图 5-4　打开素材模型

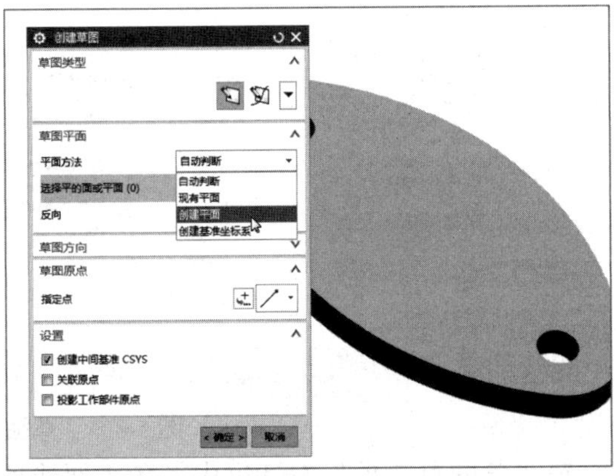

图 5-5　选择相应的选项

在“创建草图”对话框中，各主要选项的含义如下。

- **“草图类型”列表框：**用于创建草图类型，主要有“在平面上”和“基于路径”

两种类型。

➢ **“平面方法”下拉列表框：** 选择“现有平面”选项后，在绘图区中选择一个平面作为草图平面，同时系统在所选平面创建坐标系；选择“创建平面”选项后，单击对话框中的“平面对话框”按钮，弹出“平面”对话框，可以从中选择“自动判断”“点和方向”“距离”“成一角度”“固定基准”等方式创建草图平面；选择“创建基准坐标系”选项后，单击“创建基准坐标系”按钮，弹出“基准 CSYS”对话框，可以通过参考“WCS”“绝对”“选定 CSYS”确定用户坐标系。

Step03 移动鼠标指针至绘图区中最上方的表面上，单击鼠标左键，选择平面对象，单击“确定”按钮，如图 5-6 所示。

Step04 执行操作后，单击“完成草图”按钮，即可创建草图平面，如图 5-7 所示。

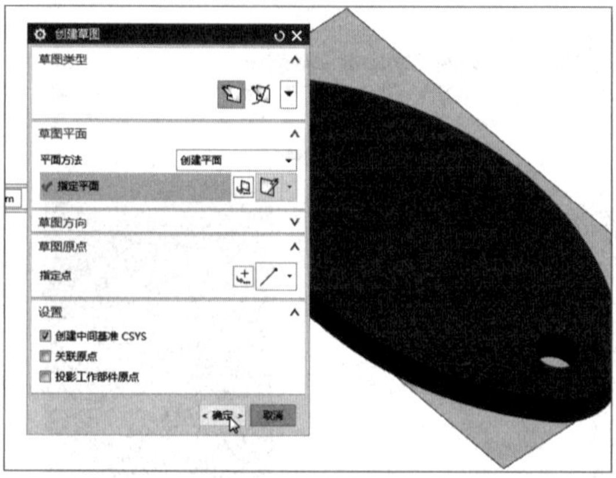

图 5-6　选择平面对象

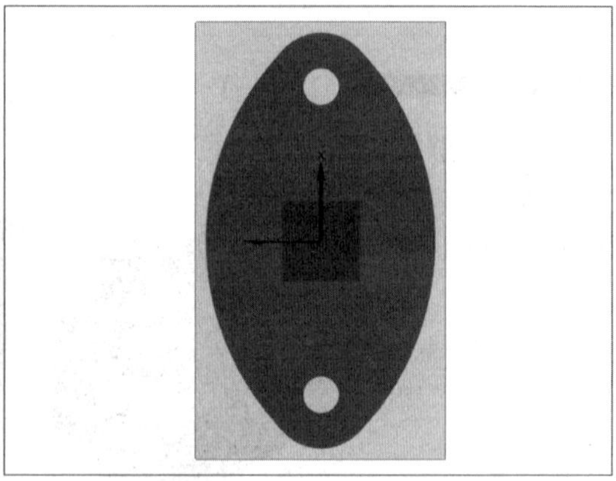
图 5-7　创建草图平面

5.1.3　创建草图对象

“草图对象”是指草图中的曲线和点，创建草图平面后，可以在草图平面上创建草图对象。在 UG NX 10.0 中，创建草图对象的方法有以下 3 种。

（1）可以在草图中直接绘制曲线或点。

（2）可以通过功能区的一些功能操作，添加绘图区域存在的曲线或点到草图中。

（3）可以从实体或片体上抽取对象到草图中。

下面介绍创建草图对象的操作方法。

Step01 按【Ctrl + O】组合键，打开素材模型（素材\项目 5\5.1.3.prt），如图 5-8 所示。

Step02 在功能区“主页”选项卡的“直接草图”选项板中单击“草图”按钮，如图 5-9 所示。

Step03 进入草图环境，弹出“创建草图”对话框，在绘图区中合适的表面上单击，选择平面对象，如图 5-10 所示。

Step04 单击“确定”按钮，在功能区“主页”选项卡的“直接草图”选项板中单击“圆”按钮，如图 5-11 所示。

图 5-8　打开素材模型

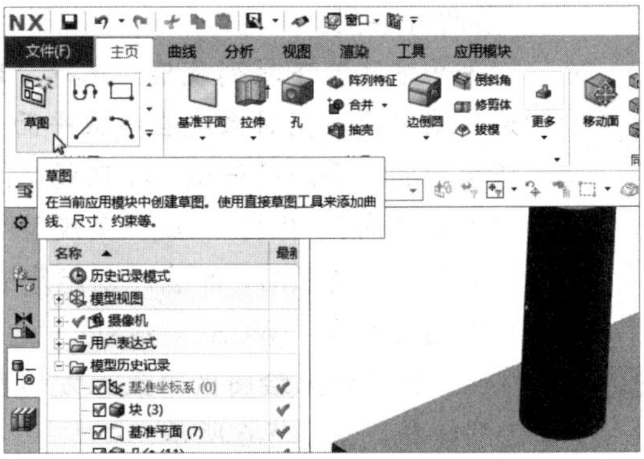

图 5-9　单击“草图”按钮

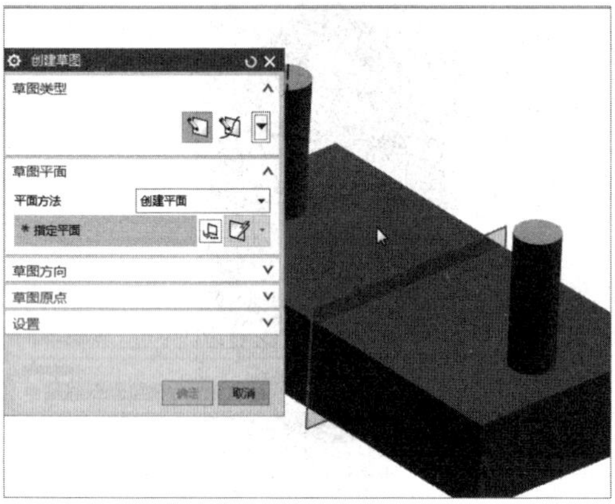

图 5-10　选择平面对象

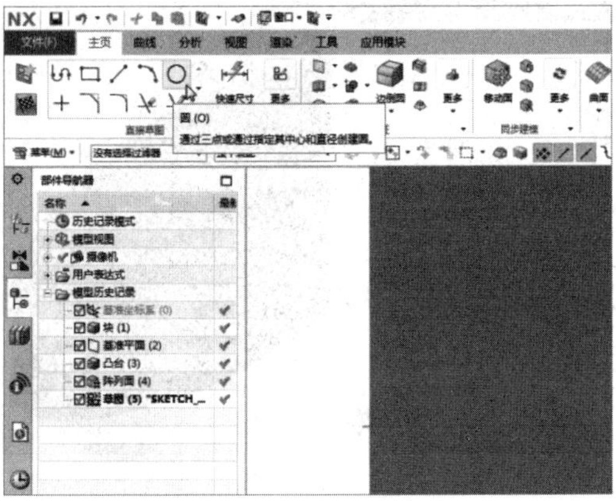

图 5-11　单击“圆”按钮

Step05 弹出“圆”面板，在绘图区中的圆心处单击，在“直径”文本框中输入“24”，如图 5-12 所示。

Step06 按【Enter】键确认，然后单击“完成草图”按钮，即可创建草图对象，如图 5-13 所示。

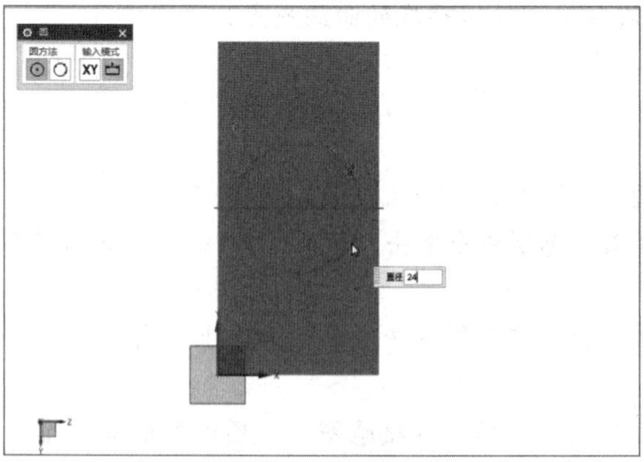

图 5-12　设置参数

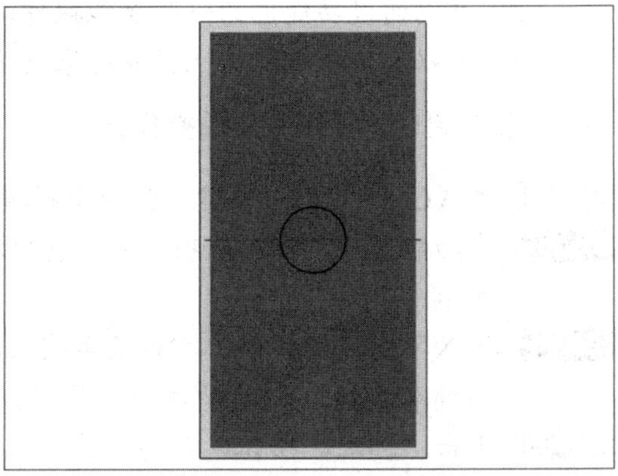

图 5-13　创建草图对象

> ▶ 专家指点
>
> 除了使用上述方法可以打开“创建草图”对话框以外，还可以单击“特征”工具栏中的“草图”按钮，打开“创建草图”对话框。

任务 2　约束草图对象

在草图中创建曲线后，有时需要对其进行约束或定位。草图约束主要包括几何约束、尺寸约束和定位约束等，其功能各不相同。

在 UG NX 10.0 中，可以通过以下两种方法打开“几何约束”对话框。

（1）在功能区“曲线”或者“主页”选项卡的“直接草图”选项板中单击“更多”下方的下拉按钮，在弹出的下拉面板中单击“几何约束”按钮，如图 5-14 所示。

（2）在边框条中执行“菜单”｜“插入”｜“草图约束”｜“几何约束”命令，如图 5-15 所示。

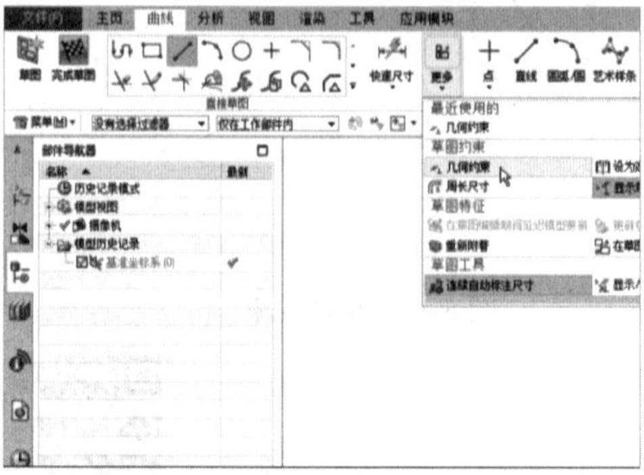

图 5-14　单击“几何约束”按钮

图 5-15　执行“几何约束”命令

5.2.1　对象的相切约束

使用相切约束，可以指定两个对象相切。下面介绍相切约束的操作方法。

Step01 按【Ctrl + O】组合键，打开素材模型（素材\项目 5\5.2.1.prt），如图 5-16 所示。

Step02 在功能区“曲线”选项卡的“直接草图”选项板中单击“直线”按钮，在绘图区中绘制直线，如图 5-17 所示。

Step03 在功能区“主页”选项卡的“直接草图”选项板中单击“更多”下方的下拉按钮，在弹出的下拉面板中单击“几何约束”按钮，弹出“几何约束”对话框，在“约束”选项区中单击“相切”按钮，如图 5-18 所示。

Step04 在绘图区中选择最上方的直线，在“几何约束”对话框中单击“要约束到的对象”按钮，在绘图区中选择左下方的圆，单击“关闭”按钮，执行操作过后，单击“完成草图”按钮，即可相切约束草图，如图 5-19 所示。

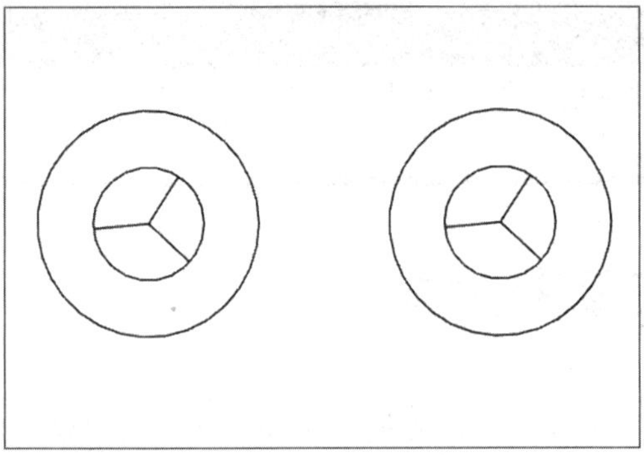

图 5-16　打开素材模型

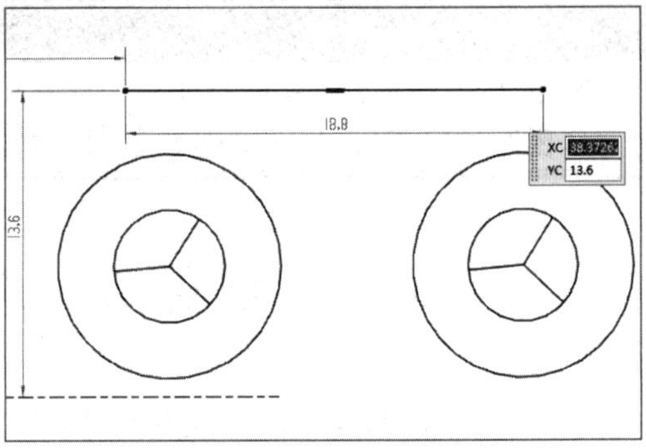

图 5-17　绘制直线

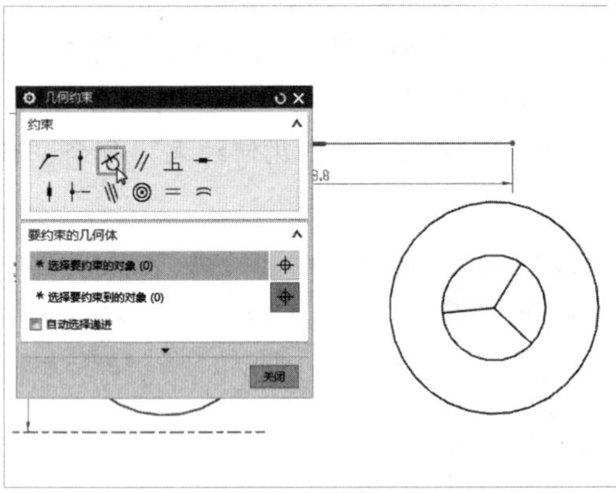

图 5-18　单击相应的按钮

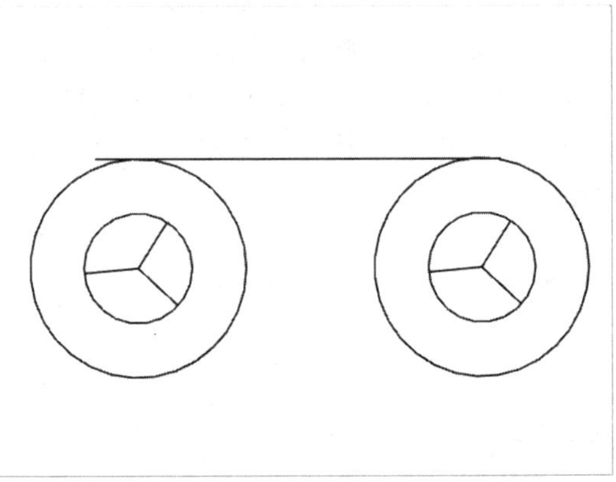

图 5-19　相切约束

5.2.2　直线的垂直约束

在 UG NX 10.0 中，使用垂直约束，可以使两条直线相互垂直。下面介绍垂直约束的操作方法。

Step 01 按【Ctrl + O】组合键，打开素材模型（素材\项目 5\5.2.2.prt），如图 5-20 所示。

Step 02 在功能区“曲线”选项卡的“直接草图”选项板中单击“直线”按钮，在绘图区中绘制直线，如图 5-21 所示。

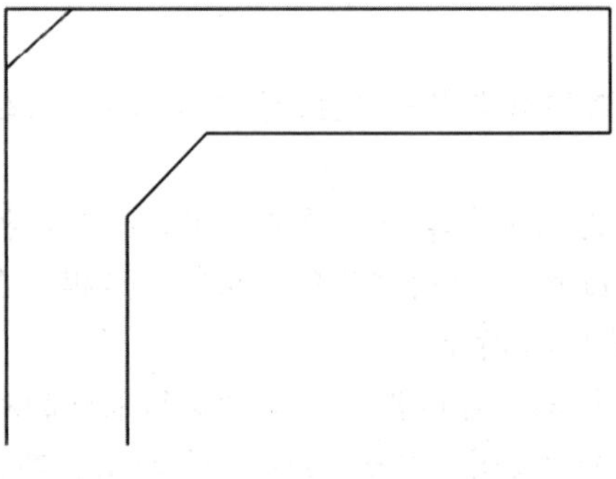

图 5-20　打开素材模型

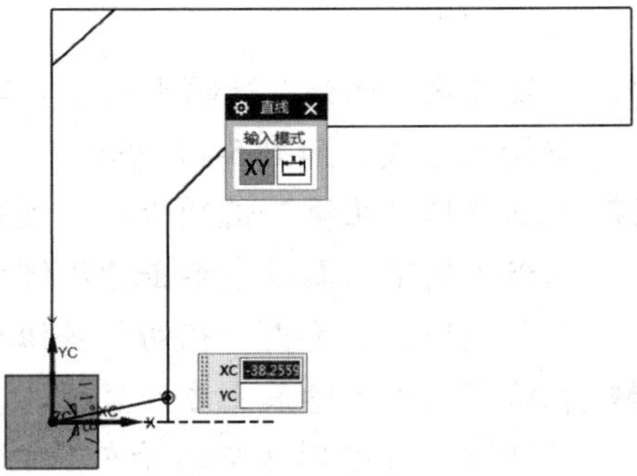

图 5-21　绘制直线

Step 03 在功能区“主页”选项卡的“直接草图”选项板中单击“更多”下方的下拉按钮，在弹出的下拉面板中单击“几何约束”按钮，弹出“几何约束”对话框，在“约束”选项区中单击“垂直”按钮，如图 5-22 所示。

Step 04 在绘图区中选择绘制的直线，在“几何约束”对话框中单击“要约束到的对象”按钮，在绘图区中选择相应的直线，单击“关闭”按钮，执行操作后，单击“完成草图”按钮，即可垂直约束草图，如图 5-23 所示。

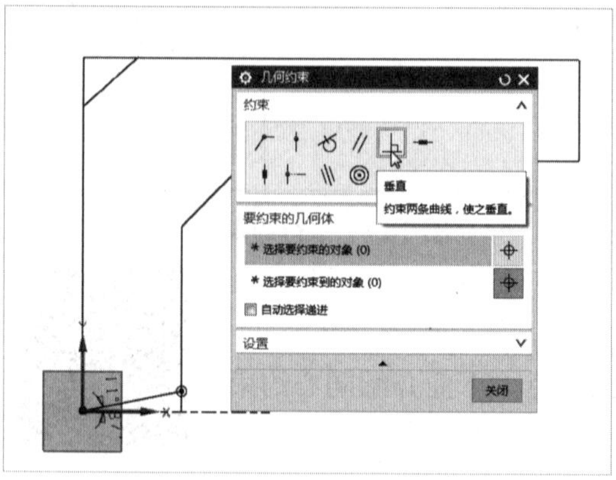

图 5-22　单击相应的按钮

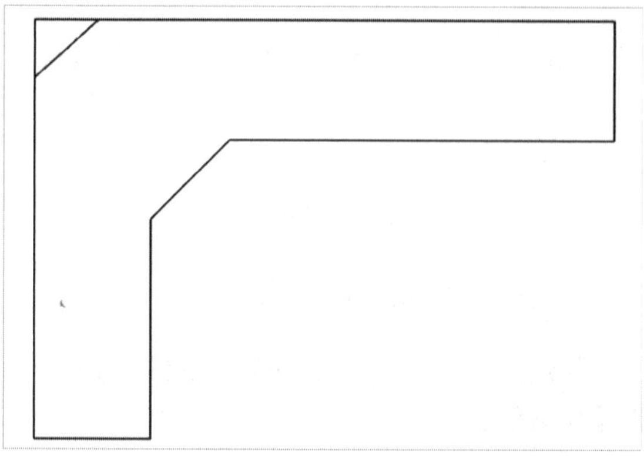

图 5-23　垂直约束

5.2.3　直线的平行约束

在 UG NX 10.0 中，使用平行约束，可以使两条直线相互平行。下面介绍平行约束的操作方法。

Step 01 按【Ctrl + O】组合键，打开素材模型（素材\项目 5\5.2.3.prt），如图 5-24 所示。

Step 02 在功能区“曲线”选项卡的“直接草图”选项板中单击“直线”按钮，在绘图区中绘制直线，如图 5-25 所示。

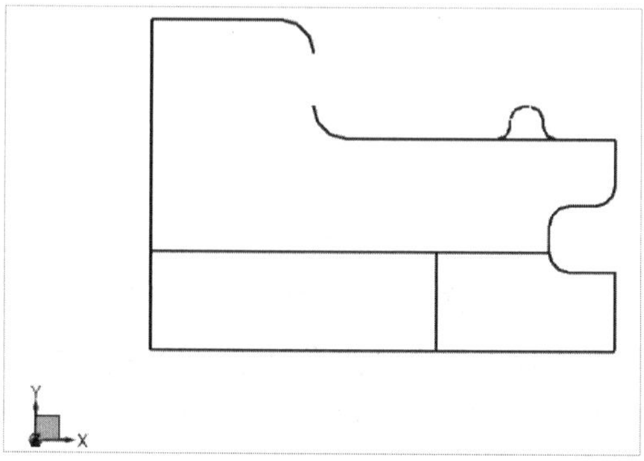

图 5-24　打开素材模型

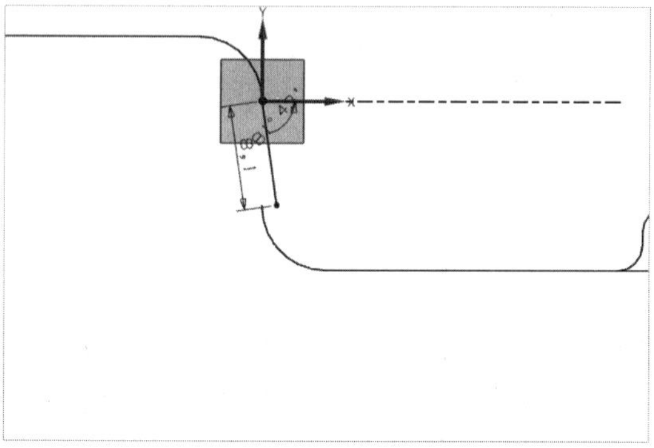

图 5-25　绘制直线

Step 03 在功能区“主页”选项卡的“直接草图”选项板中单击“更多”下方的下拉按钮，在弹出的下拉面板中单击“几何约束”按钮，如图 5-26 所示。

Step 04 弹出“几何约束”对话框，在“约束”选项区中单击“平行”按钮，在绘图区中选择绘制的直线，在“几何约束”对话框中单击“要约束到的对象”按钮，在绘图区中选择最左侧的直线，单击“关闭”按钮，执行操作后，单击“完成草图”按钮，即可平行约束草图，如图 5-27 所示。

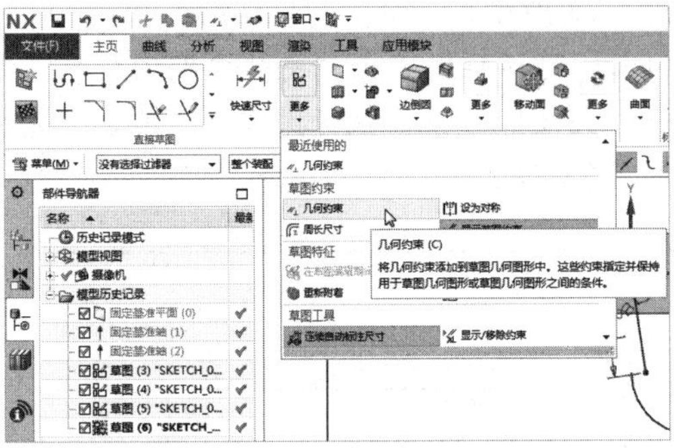

图 5-26　单击相应的按钮

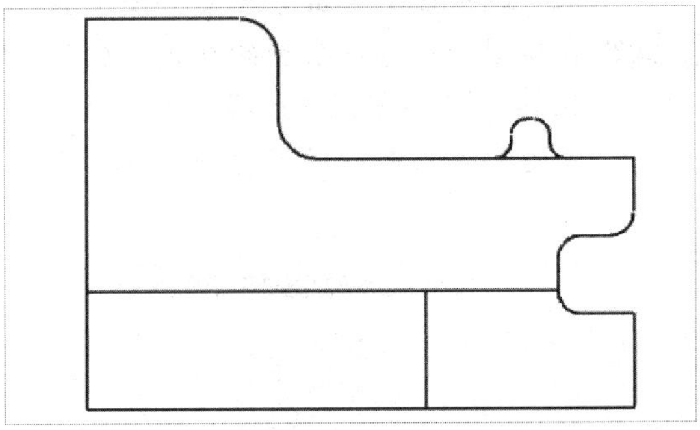

图 5-27　平行约束

5.2.4　圆对象的同心约束

使用同心约束，可以将两个圆约束到同一个中心点。下面介绍同心约束的操作方法。

Step01 按【Ctrl + O】组合键，打开素材模型（素材\项目 5\5.2.4.prt），如图 5-28 所示。

Step02 在绘图区中选择相应的图形，单击鼠标右键，在弹出的快捷菜单中选择“编辑”命令，如图 5-29 所示。

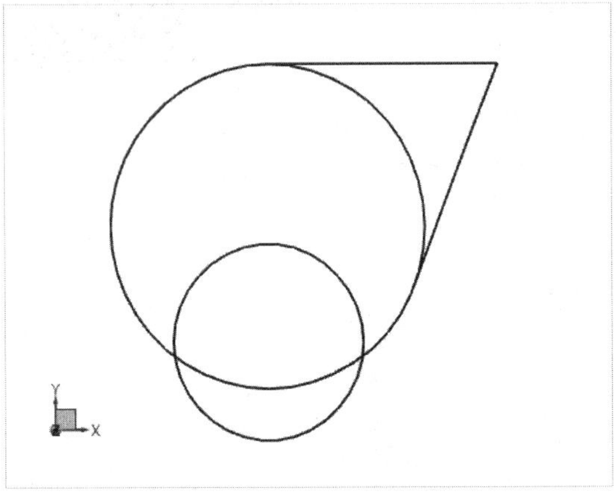

图 5-28　打开素材模型

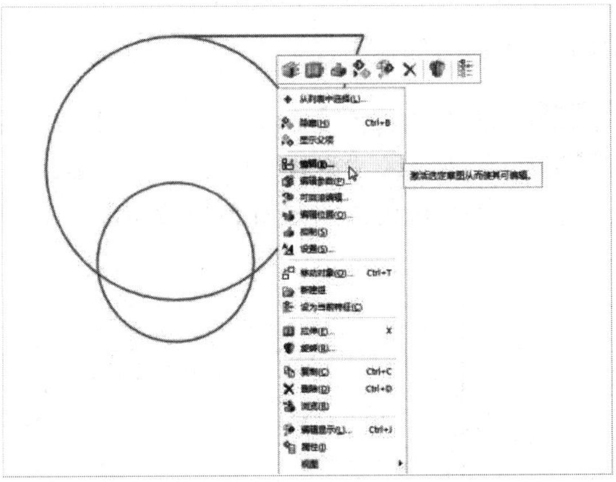

图 5-29　选择“编辑”命令

Step03 在功能区“主页”选项卡的“直接草图”选项板中单击“更多”下方的下拉按钮，在弹出的下拉面板中单击“几何约束”按钮，弹出“几何约束”对话框，在“约束”选项区中单击“同心”按钮，如图 5-30 所示。

Step04 在绘图区中选择小圆，在“几何约束”对话框中单击“要约束到的对象”按钮，在绘图区中选择大圆，单击“关闭”按钮，然后单击“完成草图”按钮，即可同心约束草图，如图 5-31 所示。

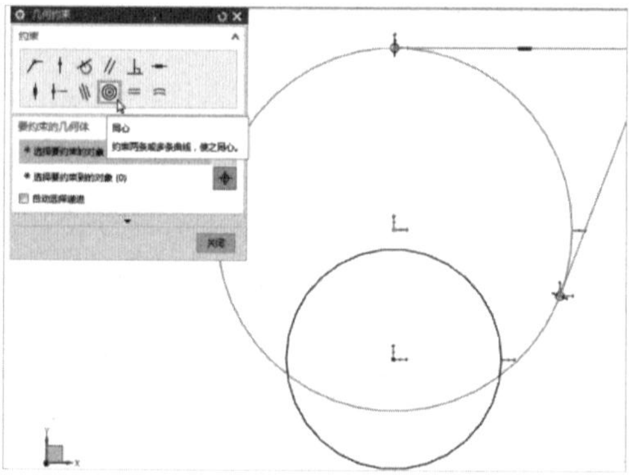

图 5-30　单击相应的按钮

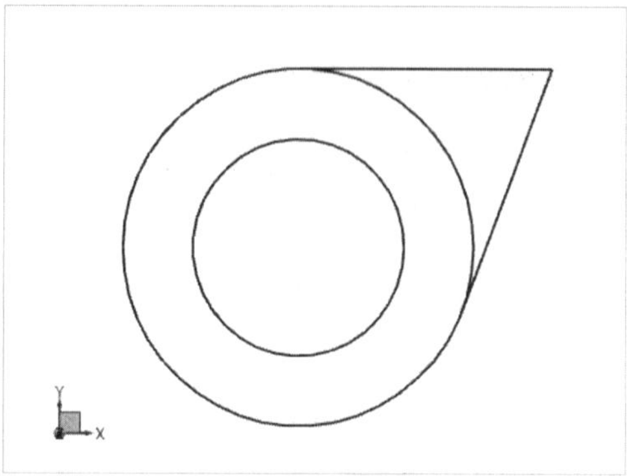

图 5-31　同心约束

5.2.5　圆弧的等半径约束

在 UG NX 10.0 中，使用等半径约束，可以定义两条或两条以上的圆弧半径相等。下面介绍等半径约束的操作方法。

Step01 按【Ctrl + O】组合键，打开素材模型（素材\项目 5\5.2.5.prt），如图 5-32 所示。

Step02 在功能区“曲线”选项卡的“直接草图”选项板中单击“圆弧”按钮，在绘图区中绘制圆弧，如图 5-33 所示。

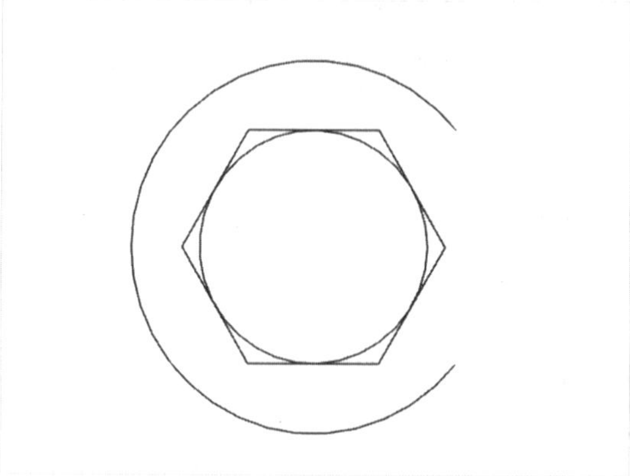

图 5-32　打开素材模型

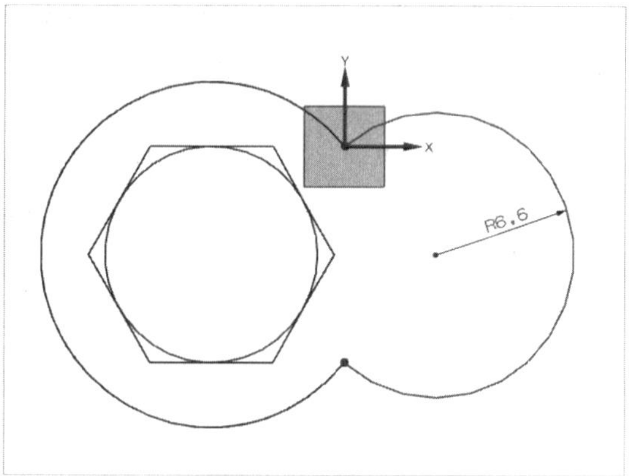

图 5-33　绘制圆弧

Step03 在功能区“主页”选项卡的“直接草图”选项板中单击“更多”下方的下拉按钮，在弹出的下拉面板中单击“几何约束”按钮，弹出“几何约束”对话框，在“约束”选项区中单击“等半径”按钮，如图 5-34 所示。

Step04 在绘图区中选择刚绘制的圆弧，在“几何约束”对话框中单击“要约束到的对象”按钮，在绘图区中选择大圆弧，单击“关闭”按钮，然后单击“完成草图”按钮，即可等半径约束草图，效果如图 5-35 所示。

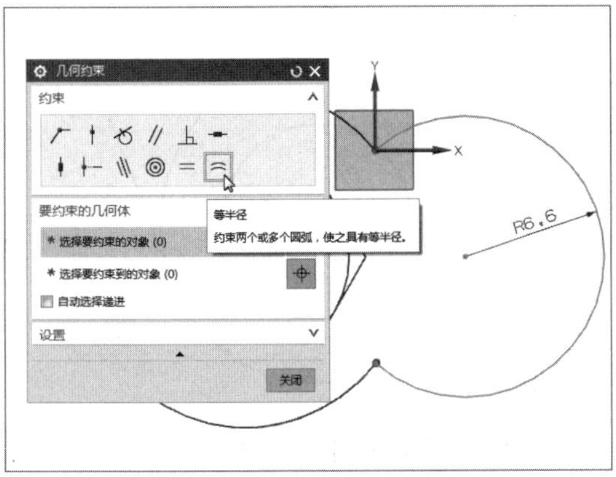

图 5-34　单击相应的按钮

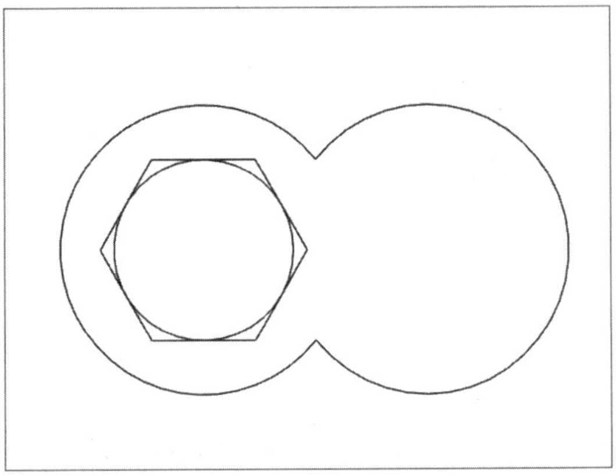

图 5-35　等半径约束

5.2.6　直线的等长约束

在 UG NX 10.0 中，使用等长约束，可以定义两条或两条以上的直线等长度。下面介绍等长约束的操作方法。

Step01 按【Ctrl + O】组合键，打开素材模型（素材\项目 5\5.2.6.prt），如图 5-36 所示。

Step02 在绘图区中最短的直线上双击，进入草图环境，在功能区“主页”选项卡的“直接草图”选项板中单击“更多”下方的下拉按钮，在弹出的下拉面板中单击“几何约束”按钮，弹出“几何约束”对话框，在“约束”选项区中单击“等长”按钮，如图 5-37 所示。

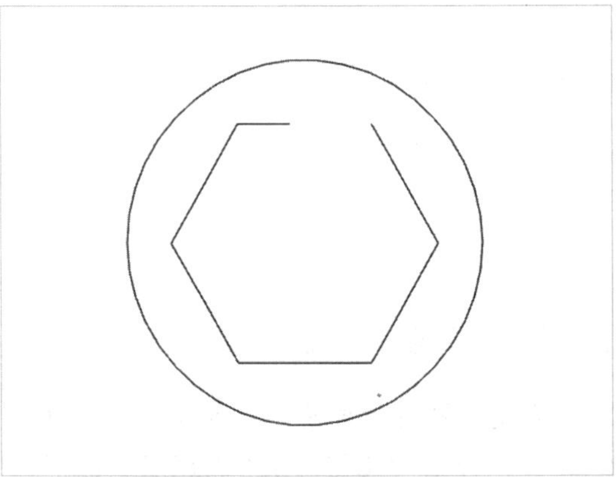

图 5-36　打开素材模型

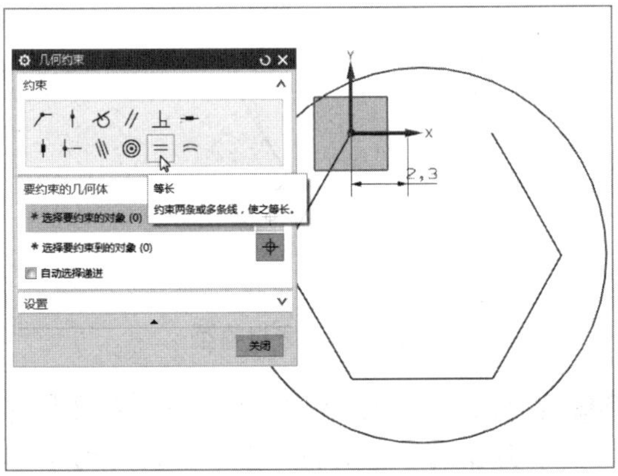

图 5-37　单击“等长”按钮

Step03 在绘图区中选择最上方的直线，在“几何约束”对话框中单击“选择要约束到的对象”按钮，在绘图区中选择合适的直线，如图 5-38 所示。

Step04 单击“关闭”按钮，然后单击“完成草图”按钮，即可等长约束草图，如图 5-39 所示。

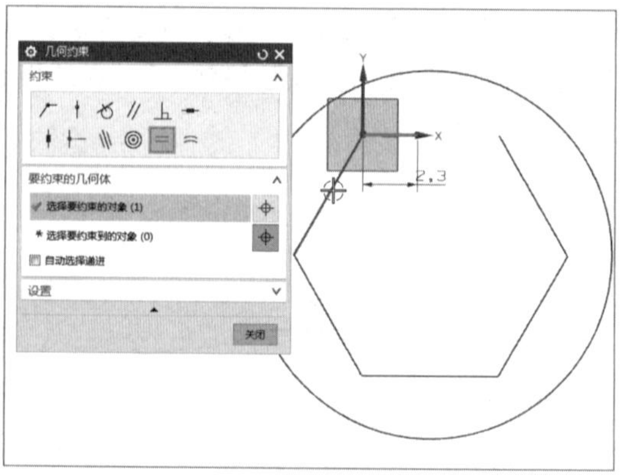

图 5-38　选择相应的直线

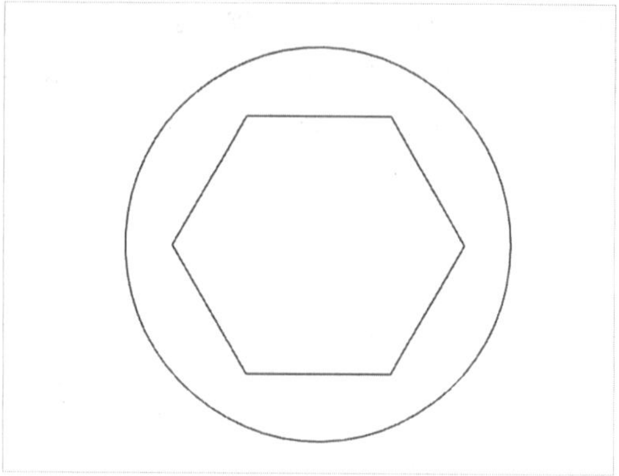
图 5-39　等长约束

任务 3　简单处理草图对象

UG 提供的草图对象的编辑功能包括镜像曲线、派生直线、创建交点以及添加现有曲线等。本节主要介绍这些处理草图对象的操作方法。

5.3.1　镜像曲线

镜像曲线是以一条直线为中心线，对已经建立的一半对象对称复制，以生成新的对象。生成的新对象与原对象构成一个整体，并且保持相关性，这样可以快速地绘制图形。在 UG NX 10.0 中，可以通过以下 3 种方式镜像曲线。

（1）在边框条中执行“菜单”|“插入”|“草图曲线”|“镜像曲线”命令，如图 5-40 所示。

（2）在功能区“主页”选项卡的“直接草图”选项板中单击“镜像曲线”按钮 。

（3）在功能区“曲线”选项卡的“直接草图”选项板中，单击“草图曲线”下方的下拉按钮，在弹出的下拉面板中单击“镜像曲线”按钮 ，如图 5-41 所示。

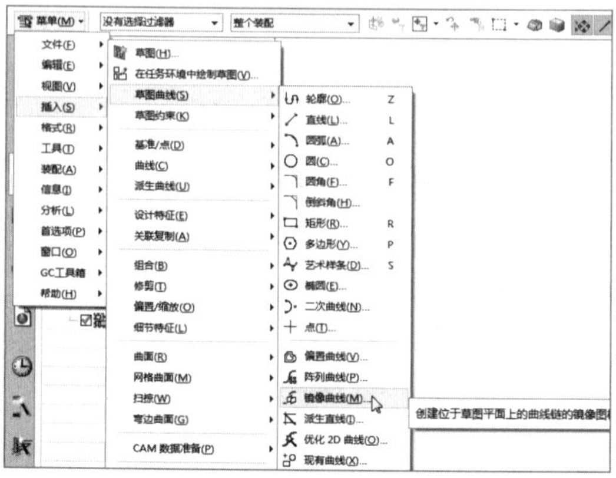

图 5-40　执行“镜像曲线”命令

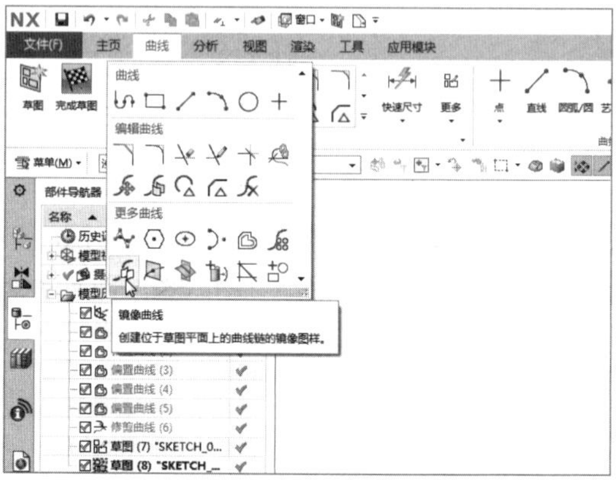

图 5-41　单击“镜像曲线”按钮

下面介绍镜像曲线的操作方法。

Step 01 按【Ctrl + O】组合键，打开素材模型（素材\项目 5\5.3.1.prt），如图 5-42 所示。

Step 02 在功能区“曲线”选项卡的“直接草图”选项板中单击“直线”按钮，在绘图区中绘制直线，如图 5-43 所示。

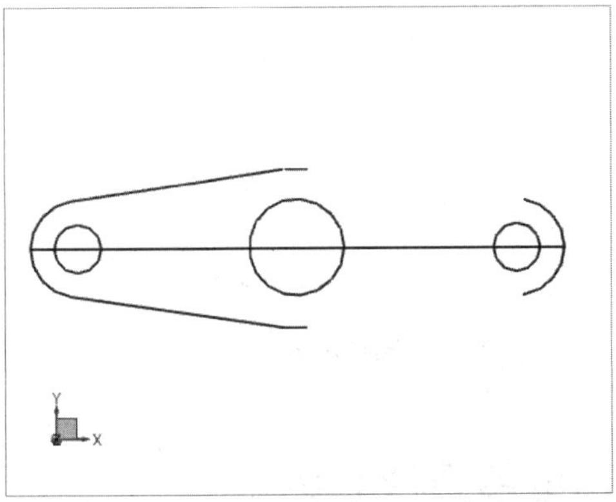

图 5-42 打开素材模型

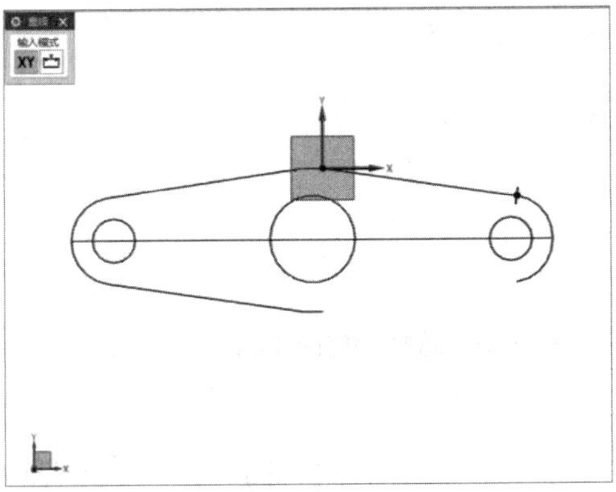

图 5-43 绘制直线

Step 03 在功能区“主页”选项卡的“直接草图”选项板中单击“镜像曲线”按钮，如图 5-44 所示。

Step 04 弹出“镜像曲线”对话框，在绘图区中选择刚绘制的直线，在“镜像曲线”对话框中单击“中心线”按钮，在绘图区中选择合适的曲线，如图 5-45 所示。

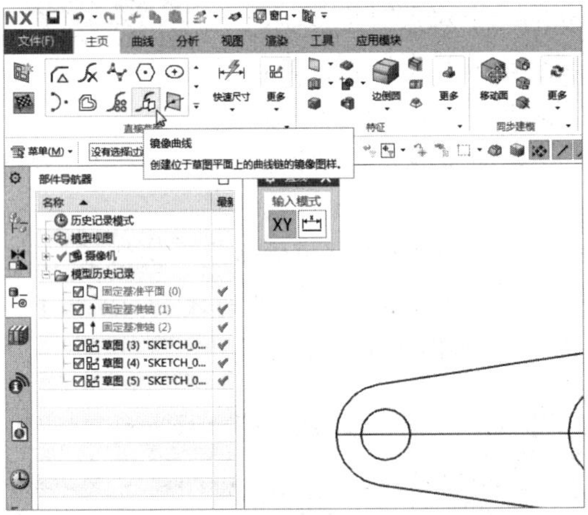

图 5-44 单击相应的按钮

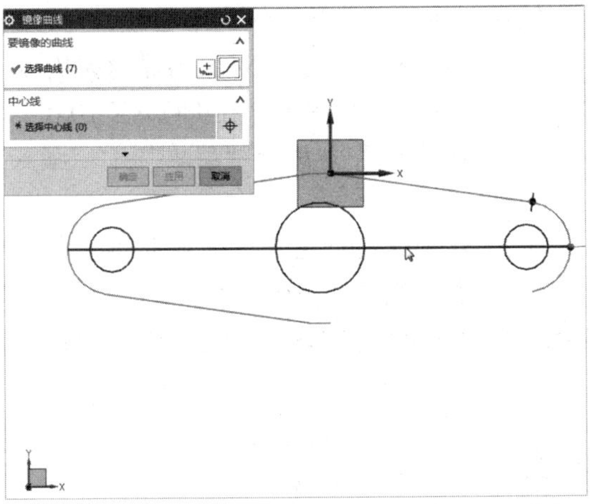

图 5-45 选择曲线

Step 05 执行操作后，单击“确定”按钮，如图 5-46 所示。

Step 06 单击“完成草图”按钮，即可镜像曲线，如图 5-47 所示。

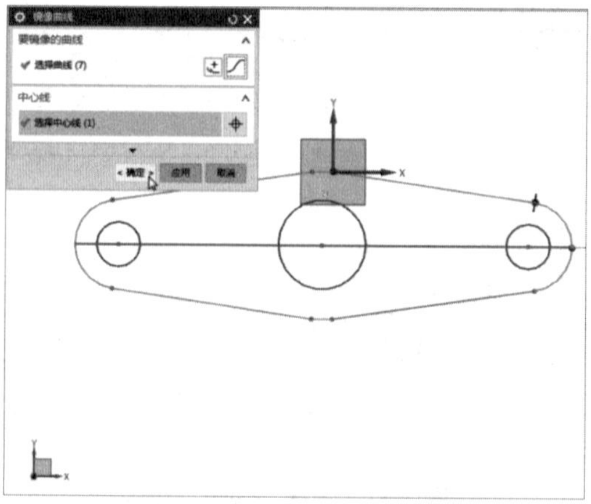

图 5-46　单击“确定”按钮

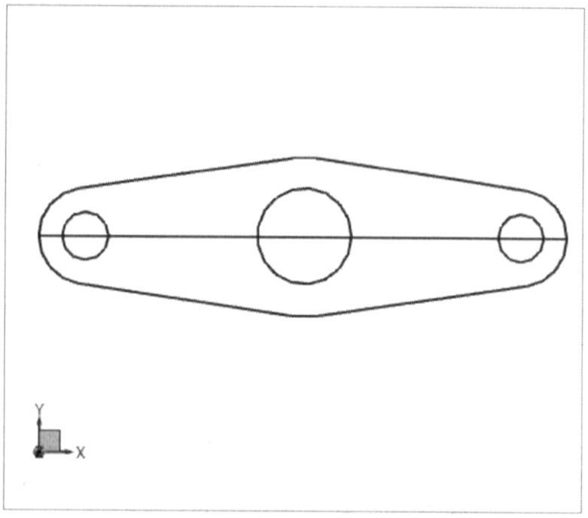

图 5-47　镜像曲线

5.3.2　派生直线

在 UG NX 10.0 中，使用派生直线，可以在两条平行直线中间创建一条与另一条直线平行的直线。在 UG NX 10.0 中，派生直线有以下 3 种方法。

（1）在功能区“曲线”选项卡的“直接草图”选项板中单击“草图曲线”下拉按钮，在弹出的下拉面板中单击“派生直线”按钮，如图 5-48 所示。

（2）在边框条中执行“菜单”｜“插入”｜“草图曲线”｜“派生直线”命令，如图 5-49 所示。

（3）在功能区“主页”选项卡的“直接草图”选项板中单击“草图曲线”下拉按钮，在弹出的下拉面板中单击“派生直线”按钮。

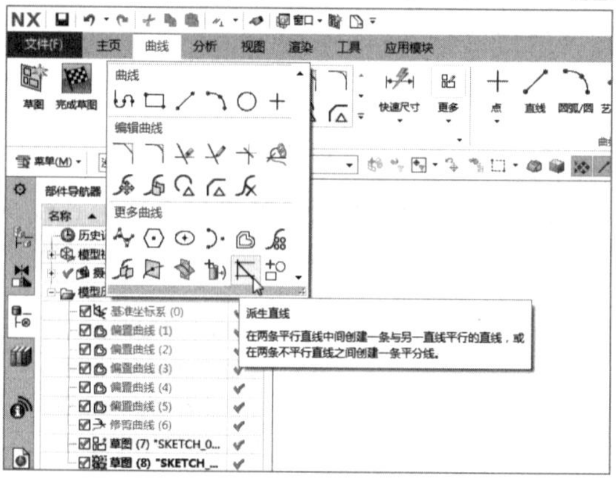

图 5-48　单击“派生直线”按钮

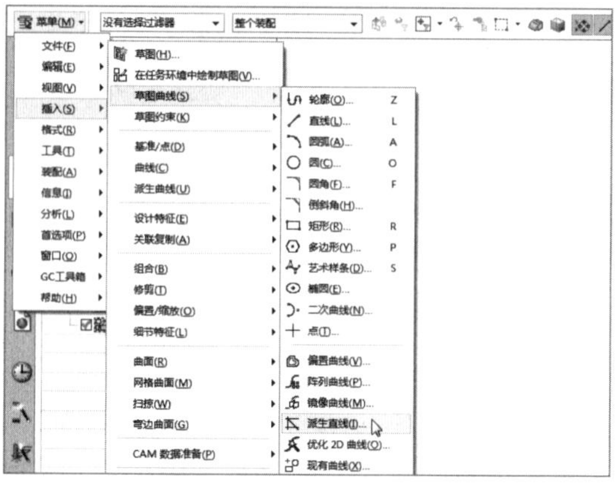

图 5-49　执行“派生直线”命令

下面介绍创建派生曲线的操作方法。

Step 01 按【Ctrl + O】组合键，打开素材模型（素材\项目 5\5.3.2.prt），如图 5-50 所示。

Step 02 在“部件导航器”中选择相应的选项，单击鼠标右键，在弹出的快捷菜单中选择“编辑”命令，如图 5-51 所示。

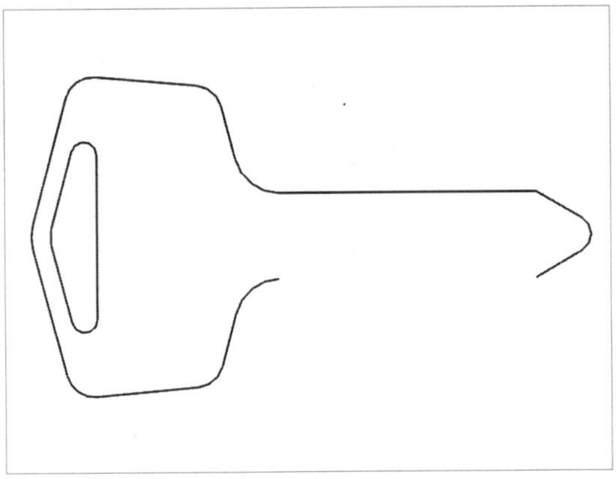

图 5-50　打开素材模型

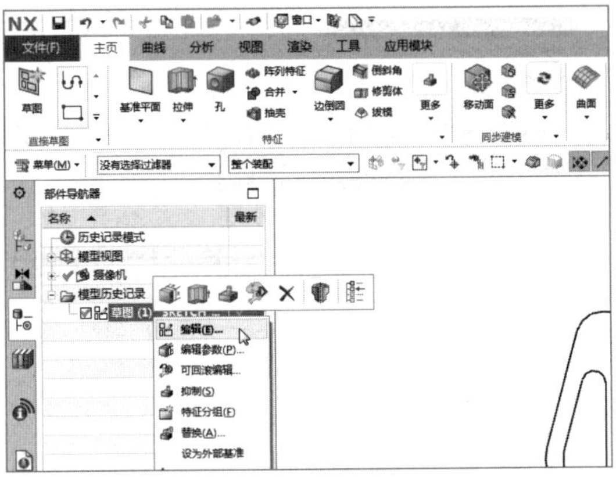

图 5-51　选择“编辑”命令

Step03 进入草图环境，在功能区“曲线”选项卡的“直接草图”选项板中单击“草图曲线”下方的下拉按钮，在弹出的下拉面板中单击“派生直线”按钮，如图 5-52 所示。

Step04 在绘图区中选择模型上方的水平直线作为派生对象，如图 5-53 所示。

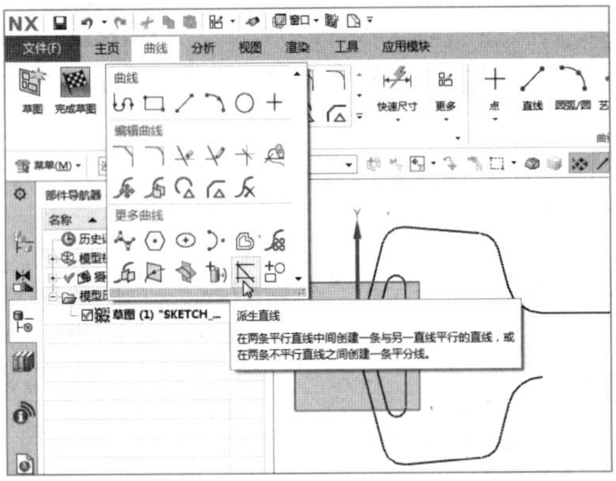

图 5-52　单击“派生直线”按钮

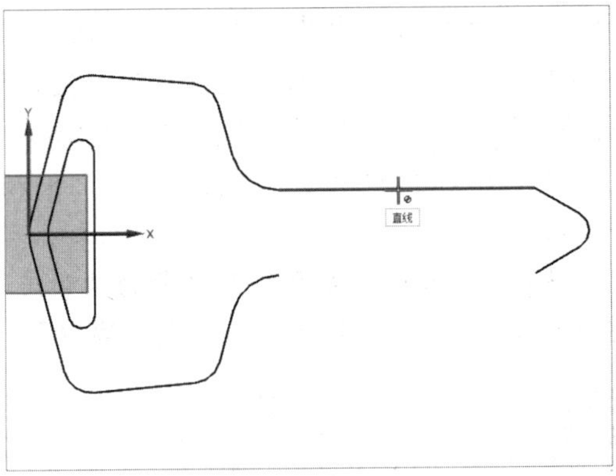

图 5-53　选择派生对象

Step05 在绘图区中合适的端点上单击，然后单击“完成草图”按钮，即可创建派生直线，如图 5-54 所示。

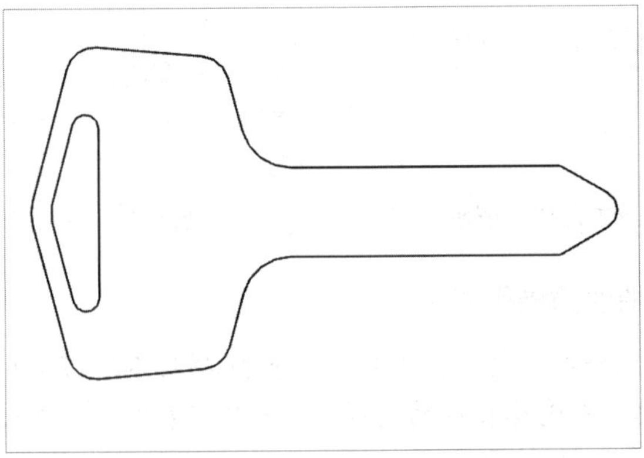

图 5-54　创建派生直线

5.3.3　创建交点

在 UG NX 10.0 中，使用“交点”命令，可以在曲线和草图平面之间创建一个交点。

在 UG NX 10.0 中，可以通过以下 3 种方式创建交点。

（1）在功能区“曲线”选项卡的“直接草图”选项板中单击“草图曲线”下方的下拉按钮，在弹出的下拉面板中单击“交点”按钮，如图 5-55 所示。

（2）执行“菜单”|“插入”|“草图曲线”|“交点”命令，如图 5-56 所示。

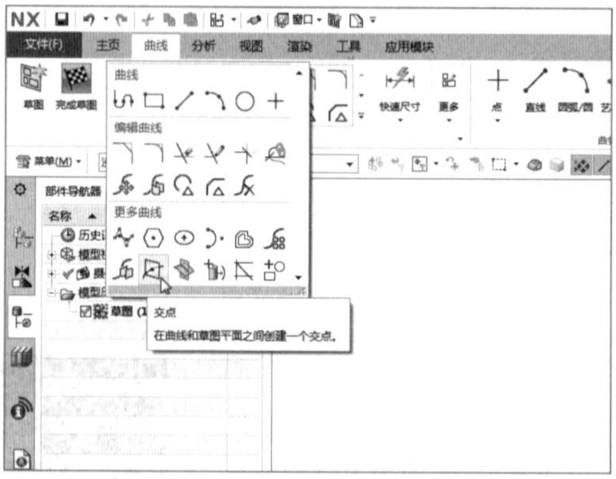

图 5-55　单击“交点”按钮

图 5-56　执行“交点”命令

（3）在功能区“主页”选项卡的“直接草图”选项板中单击“草图曲线”下方的下拉按钮，在弹出的下拉面板中单击“交点”按钮。

下面介绍创建交点的操作方法。

Step 01 按【Ctrl + O】组合键，打开素材模型（素材\项目 5\5.3.3.prt），如图 5-57 所示。

Step 02 在功能区“主页”选项卡的“直接草图”选项板中单击“草图”按钮，进入草图环境，弹出“创建草图”对话框，单击“确定”按钮，完成草图平面的创建；在功能区“主页”选项卡的“直接草图”选项板中单击“草图曲线”下方的下拉按钮，在弹出的下拉面板中单击“交点”按钮，如图 5-58 所示。

图 5-57　打开素材模型

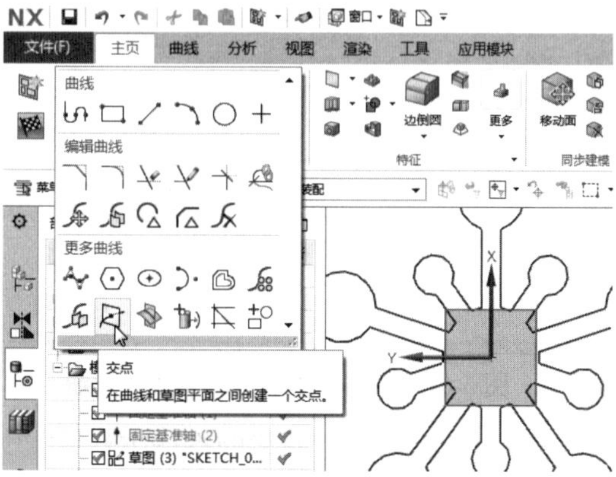

图 5-58　单击“交点”按钮

Step03 弹出“交点”对话框，在绘图区中选择合适的曲线，如图 5-59 所示。

Step04 在“交点”对话框中单击“确定”按钮，然后单击“完成草图”按钮，即可创建交点，如图 5-60 所示。

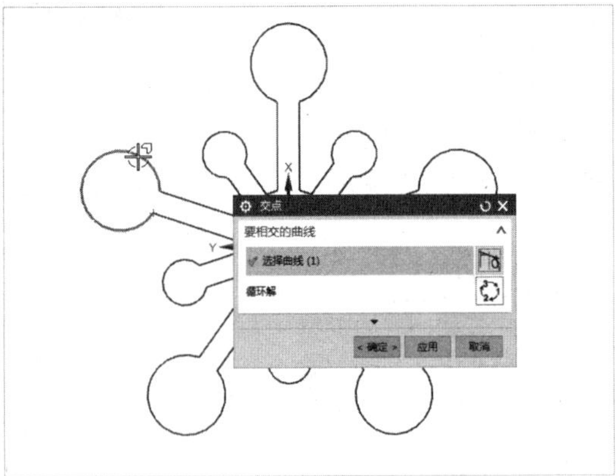

图 5-59　选择曲线

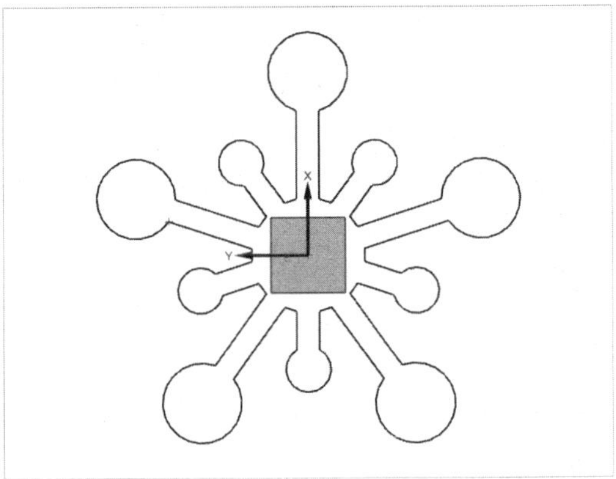

图 5-60　创建交点

5.3.4　添加现有曲线

添加现有曲线可以将草图以外的已经存在的对象以某种方式或通过某种变化添加到草图中，从而成为草图对象。在 UG NX 10.0 中，可通过以下 3 种方式添加现有曲线。

（1）在功能区“曲线”选项卡的“直接草图”选项板中单击“草图曲线”下方的下拉按钮，在弹出的下拉面板中单击“添加现有曲线”按钮，如图 5-61 所示。

（2）执行“菜单”｜“插入”｜“草图曲线”｜“现有曲线”命令，如图 5-62 所示。

（3）在功能区“主页”选项卡的“直接草图”选项板中单击“草图曲线”下方的下拉按钮，在弹出的下拉面板中单击“添加现有曲线”按钮。

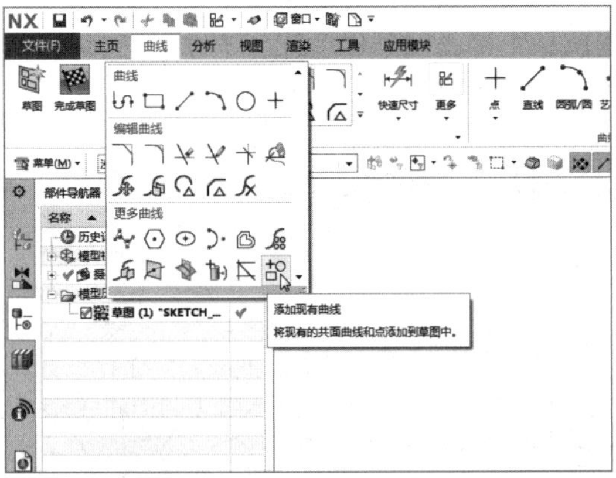

图 5-61　单击“添加现有曲线”按钮

图 5-62　执行“现有曲线”命令

下面介绍添加现有曲线的操作方法。

Step01 按【Ctrl + O】组合键，打开素材模型（素材\项目 5\5.3.4.prt），如图 5-63 所示。

Step02 在功能区“主页”选项卡的“直接草图”选项板中单击“草图”按钮，进入草图环境，弹出“创建草图”对话框，单击“确定”按钮，完成草图平面的创建；在功能区“曲线”选项卡的“直接草图”选项板中单击“草图曲线”下方的下拉按钮，在弹出的下拉面板中单击“添加现有曲线”按钮，如图 5-64 所示。

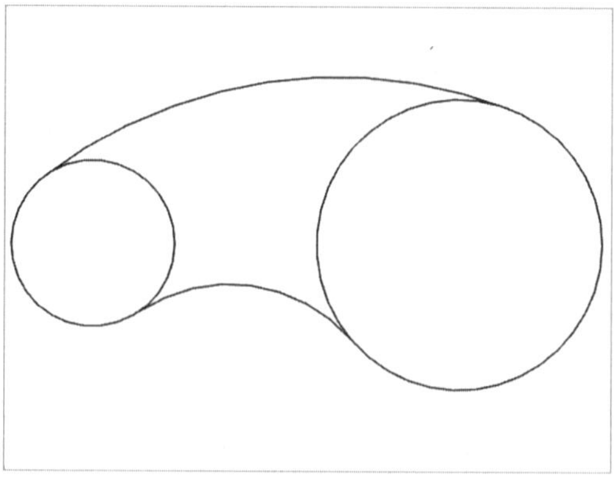

图 5-63　打开素材模型

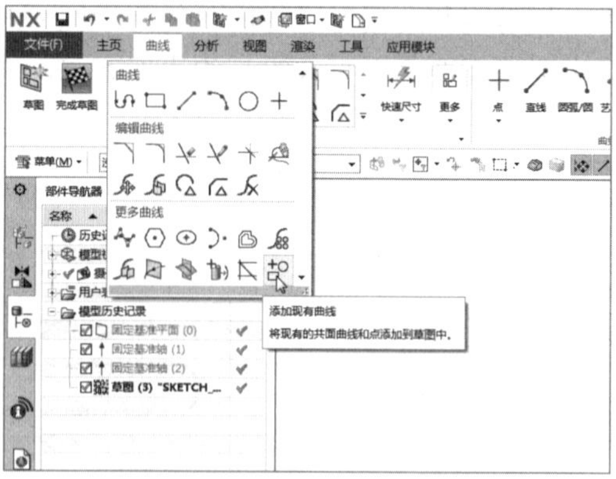

图 5-64　单击相应的按钮

Step03 弹出“添加曲线”对话框，在绘图区中依次选择上、下的两个圆弧，单击“确定”按钮，如图 5-65 所示。

Step04 执行操作后，即可添加现有曲线，如图 5-66 所示，单击“完成草图”按钮，完成现有曲线的添加。

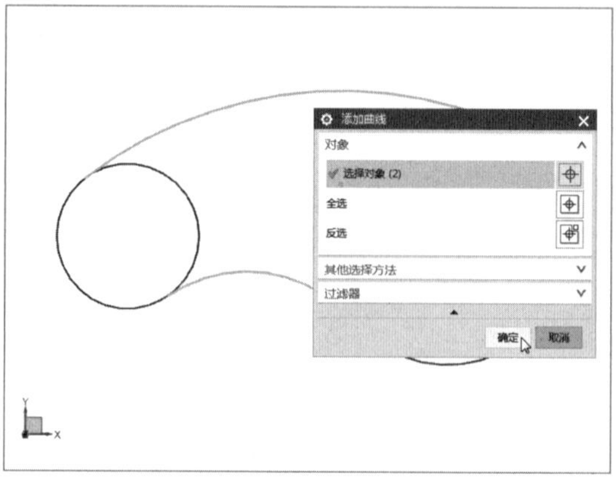

图 5-65　选择圆弧

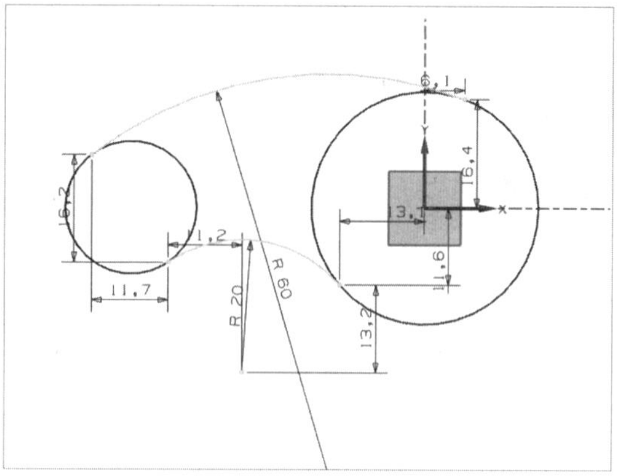

图 5-66　添加现有曲线

项目小结

本项目主要学习了创建草图对象、约束草图对象及简单处理草图对象的方法。通过对本项目的学习，读者应该对创建草图平面、创建草图对象、相切约束、垂直约束、平行约束、同心约束及等半径约束等有较好的掌握，并能熟练地创建与编辑草图对象。希望读者熟练掌握本项目内容，为以后的学习打下坚实的基础。

项目训练

鉴于本项目知识的重要性，为了帮助读者更好地掌握所学知识，下面将通过上机习题帮助读者进行简单的知识回顾和补充。

本习题需要掌握直线等长约束的方法，素材文件与效果文件如图 5-67 所示。

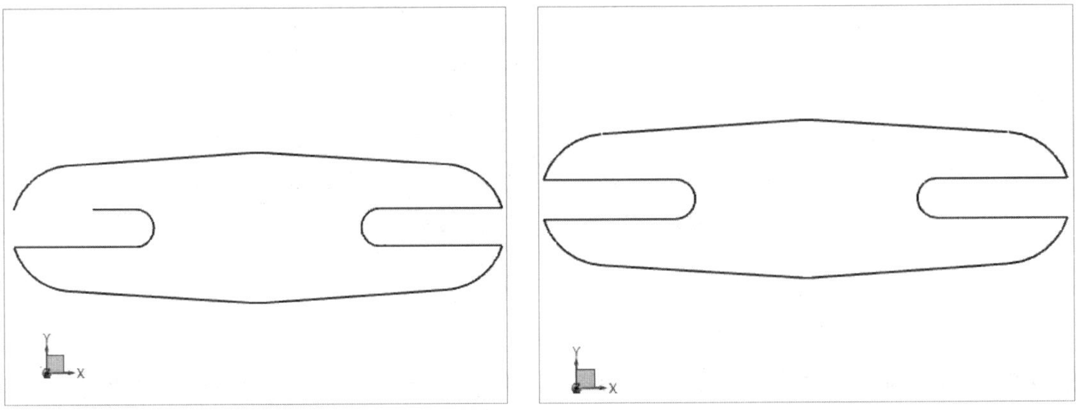

图 5-67 素材文件与效果文件

项目 6 三维建模：创建 UG 实体特征

UG 基本特征是基于特征的参数化系统，具有交互创建和编辑复杂实体模型的能力。应用 UG 的建模功能，可以创建基本实体。本项目主要介绍创建基准特征对象、创建基本实体对象、创建实体特征对象等内容，希望读者用心学习本项目内容，学完以后可以举一反三，制作出更多专业的 UG 模型效果。

本项目重点

- 创建基准特征对象
- 创建基本实体对象
- 设计实体特征对象

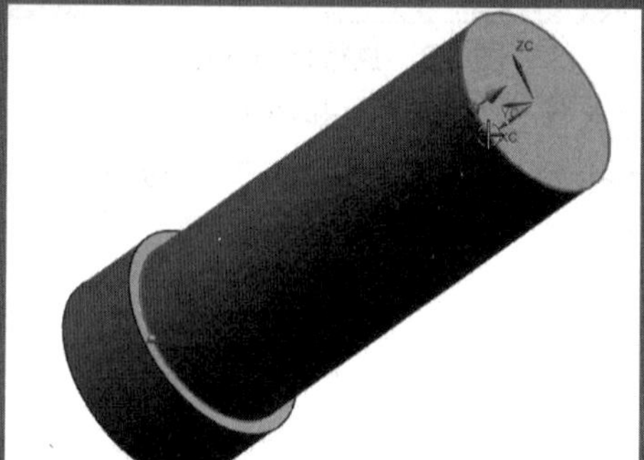

任务 1　创建基准特征对象

在 UG NX 的建模过程中，常常需要借助辅助的点、线、面等来完成产品的造型，这些辅助的点、线、面等虽然不直接构成模型的一部分，却是造型过程中必不可少的。本节主要介绍创建基准点、基准平面及基准 CSYS 的操作方法。

6.1.1　创建基准点

在 UG NX 10.0 中，可以根据需要在模型中创建基准点。下面介绍通过“点”命令创建基准点的操作方法。

Step 01 按【Ctrl + O】组合键，打开素材模型（素材\项目 6\6.1.1.prt），如图 6-1 所示。

Step 02 执行“菜单”|“插入”|“基准/点”|“点”命令，如图 6-2 所示。

图 6-1　打开素材模型

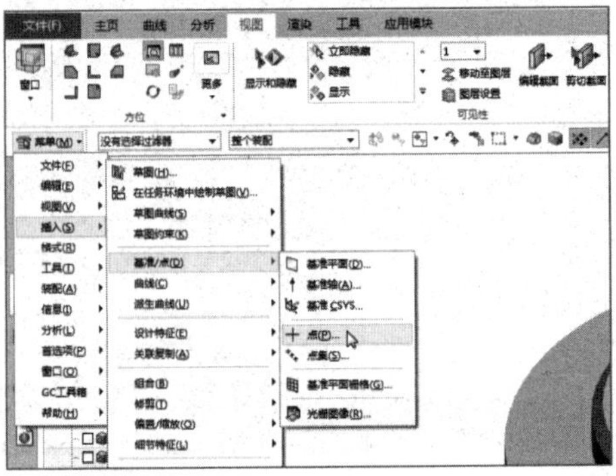

图 6-2　执行合适的命令

Step 03 执行操作后，弹出“点”对话框，单击“点位置”按钮，如图 6-3 所示。

Step 04 在绘图区中模型的圆心点上单击，如图 6-4 所示，然后在“点”对话框中单击“确定”按钮，即可创建基准点。

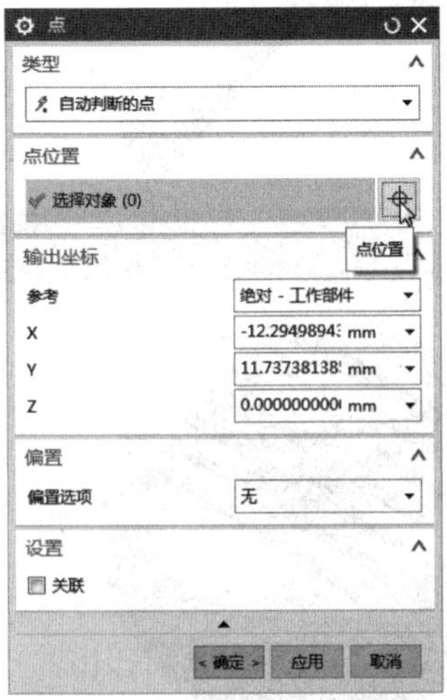

图 6-3　单击“点位置”按钮

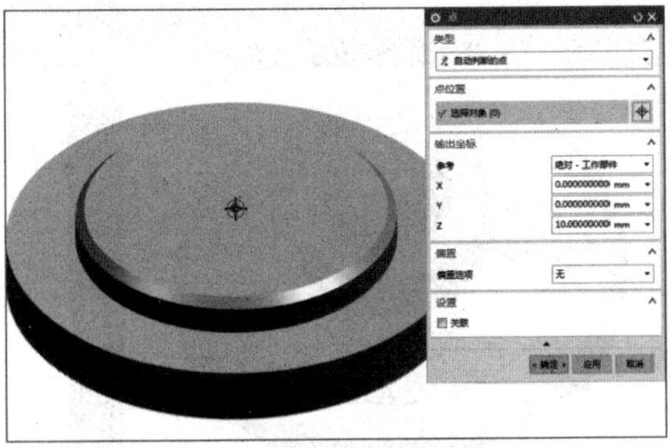

图 6-4　创建基准点

▶ 专家指点

除了使用上述方法可以创建基准点外，还可以单击“特征”工具栏中“基准平面”右侧的下拉按钮，在弹出的下拉列表中单击“点”按钮。

6.1.2　创建基准平面

基准平面的主要作用为在圆柱、圆锥、球体、回转体上辅助建立形状特征，当特征定义的平面和目标实体上的表面不平行（或不垂直）时辅助建立其他特征，或者作为实体的修剪面等。下面介绍创建基准平面的操作方法。

Step 01 按【Ctrl + O】组合键，打开素材模型（素材\项目 6\6.1.2.prt），如图 6-5 所示。

Step 02 执行“菜单”|“插入”|“基准/点”|“基准平面”命令，如图 6-6 所示。

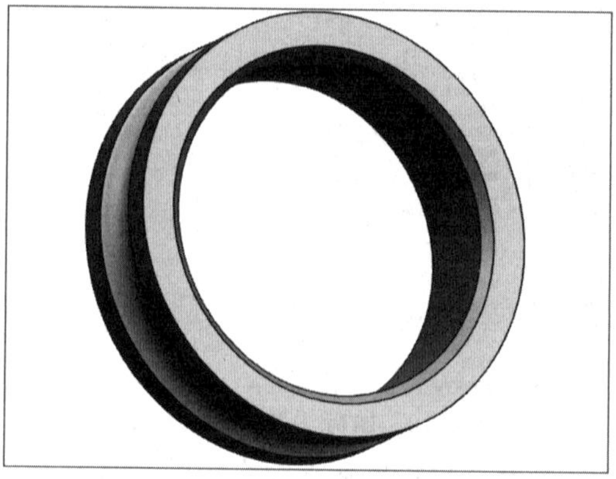

图 6-5　打开素材模型

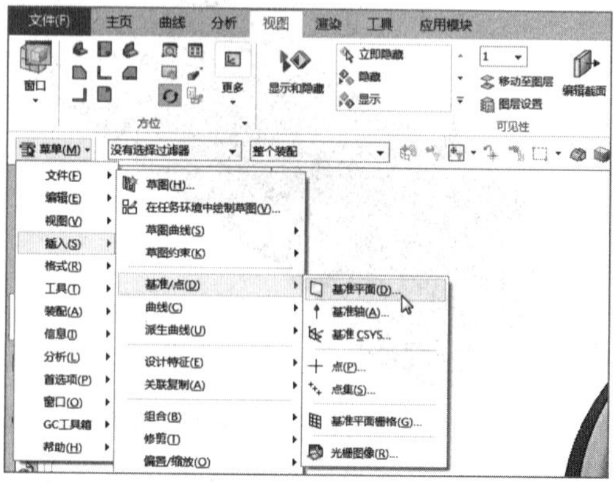

图 6-6　执行“基准平面”命令

Step 03 弹出“基准平面”对话框，单击“选择平面对象”右侧的按钮⊕，如图 6-7 所示。

Step 04 在绘图区中选择最上方的表面作为创建对象，如图 6-8 所示，单击“确定”按钮，即可创建基准平面。

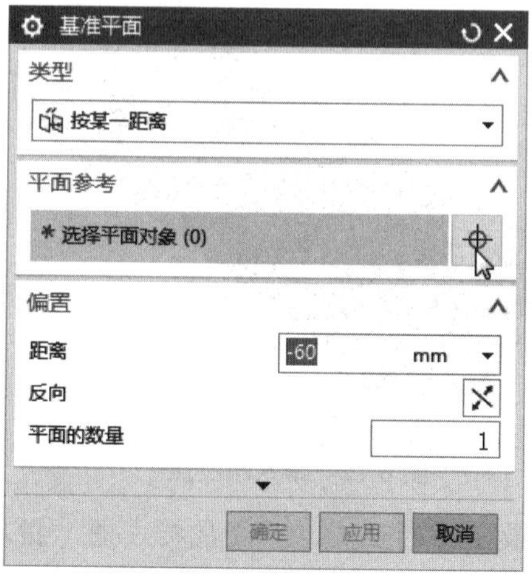

图 6-7　选择对象

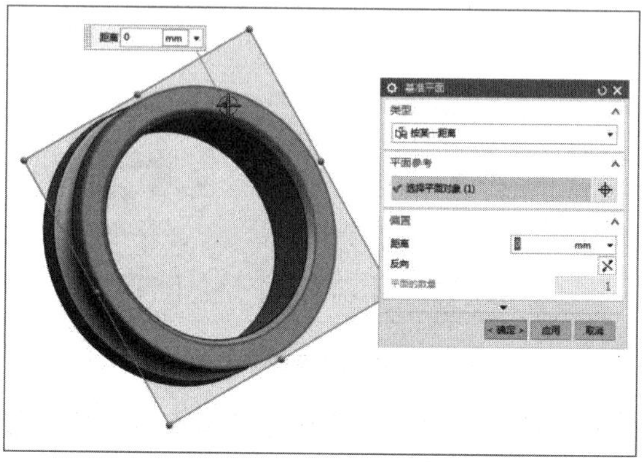

图 6-8　创建基准平面

> **▶ 专家指点**
>
> 基准平面是建模的辅助平面。之所以用到基准平面，主要是为了在非平面上方便地创建特征，或为草图提供草图平面的位置。

6.1.3 创建基准轴

基准轴可以用于旋转中心、镜像中心，也可以用于指定拉伸体和基准平面的方向。下面介绍创建基准轴的操作方法。

Step 01 按【Ctrl + O】组合键，打开素材模型（素材\项目 6\6.1.3.prt），如图 6-9 所示。

Step 02 执行“菜单”|“插入”|“基准/点”|“基准轴”命令，如图 6-10 所示。

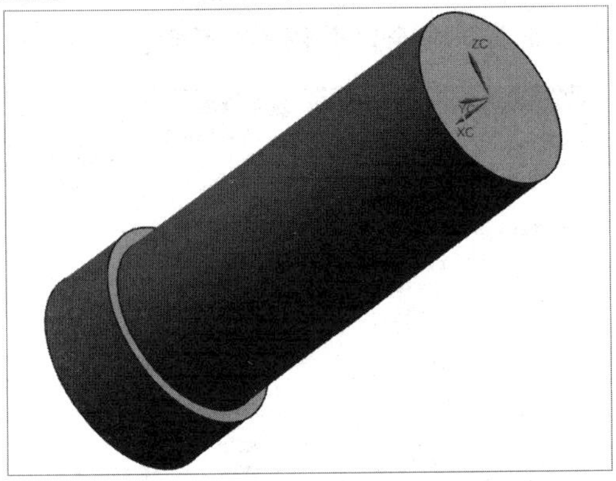

图 6-9 打开素材模型

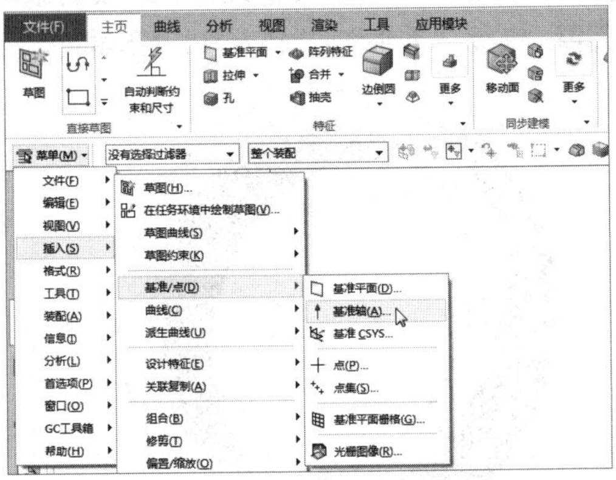

图 6-10 执行“基准轴”命令

Step 03 执行操作后，即可弹出“基准轴”对话框，单击“指定出发点”右侧的“象限点”按钮，如图 6-11 所示。

Step 04 将鼠标指针移至绘图区中模型下方合适的位置，单击鼠标左键，指定出发点，如图 6-12 所示。

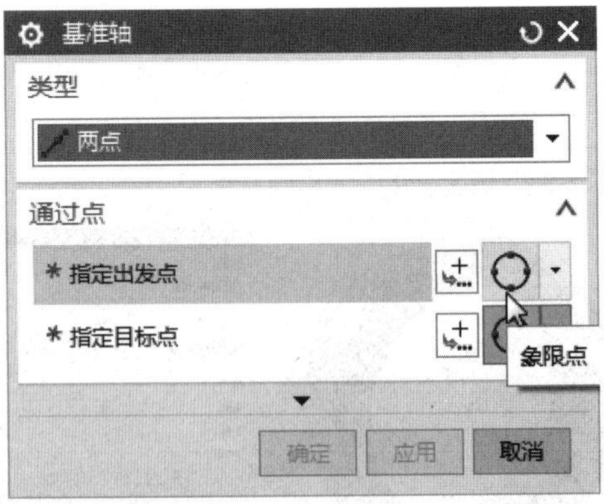

图 6-11 单击“象限点”按钮

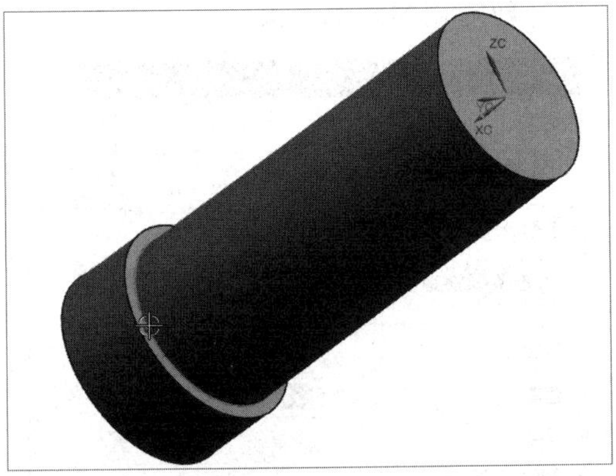

图 6-12 指定出发点

Step 05 执行操作后，将鼠标指针移至绘图区中模型最上方的位置，单击鼠标左键，指定目标点，如图 6-13 所示。

Step 06 执行操作后，即可在模型上创建基准轴，如图 6-14 所示。

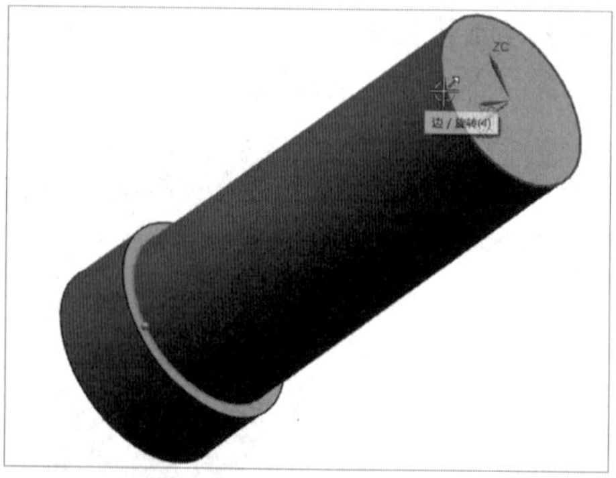

图 6-13　指定目标点

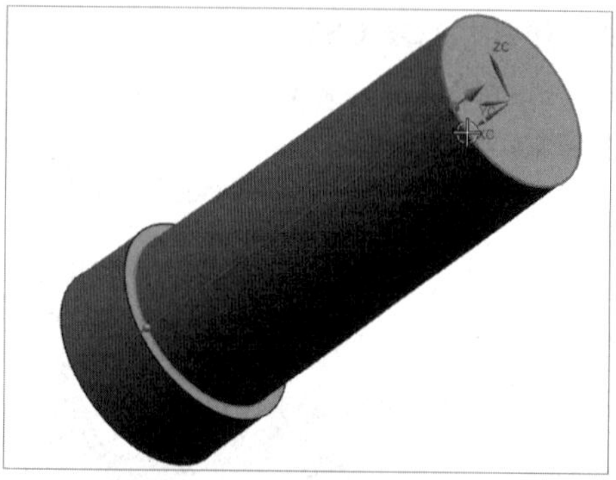

图 6-14　创建基准轴

Step 07 在“基准轴”对话框中单击“确定”按钮，即可完成基准轴的创建，如图 6-15 所示。

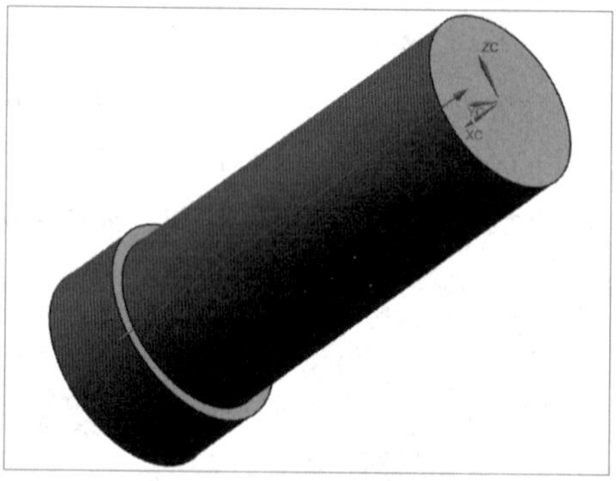

图 6-15　创建基准轴

6.1.4　创建基准 CSYS

“基准 CSYS”（基准坐标系）是指在视图中创建的一个与原点坐标系类似的新坐标系，该坐标系同样具有矢量方向等性质。下面介绍创建基准 CSYS 的操作方法。

Step 01 按【Ctrl + O】组合键，打开素材模型（素材\项目 6\6.1.4.prt），如图 6-16 所示。

Step 02 执行“菜单”|“插入”|“基准/点”|“基准 CSYS”命令，如图 6-17 所示。

图 6-16　打开素材模型

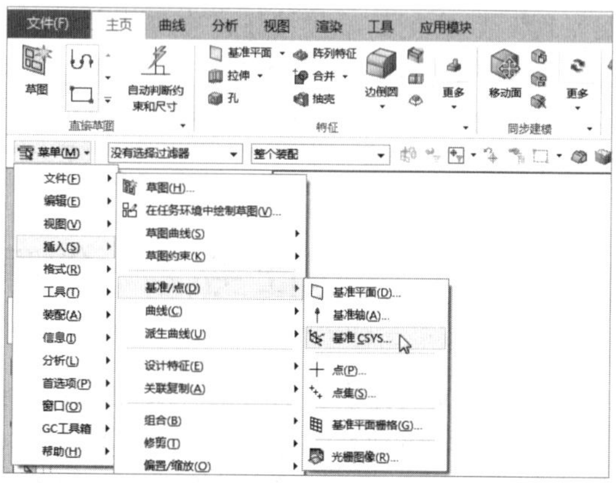

图 6-17　执行“基准 CSYS”命令

Step 03 弹出“基准 CSYS”对话框，在绘图区中合适的位置上单击，如图 6-18 所示。

Step 04 执行操作后，弹出“快速拾取”面板，选择第一个选项，如图 6-19 所示。

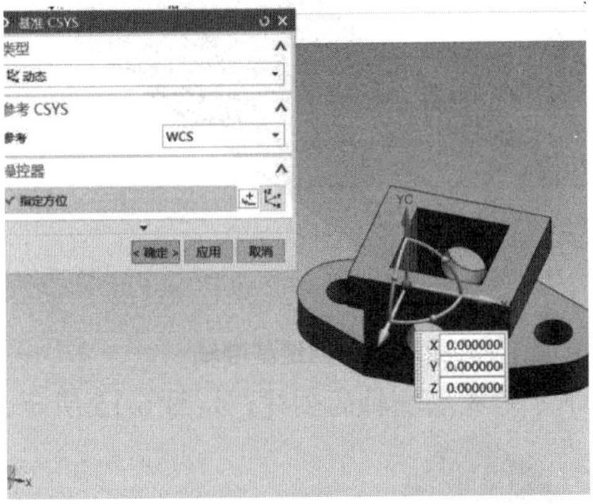

图 6-18 在合适的位置单击

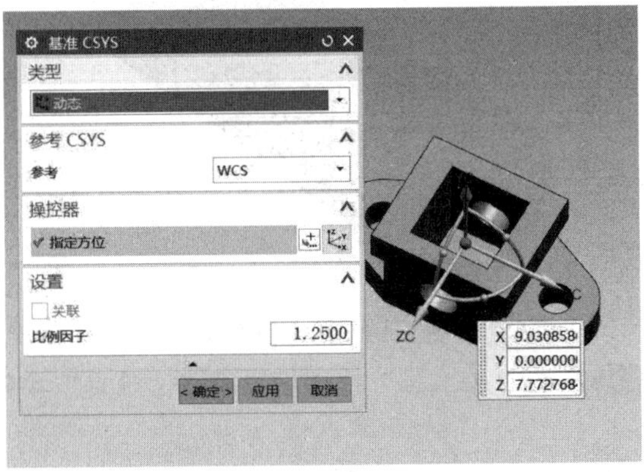

图 6-19 选择第一个选项

Step 05 确定基准 CSYS 特征的创建位置，如图 6-20 所示。

Step 06 在“基准 CSYS”对话框中单击“确定”按钮，如图 6-21 所示，即可建基准 CSYS。

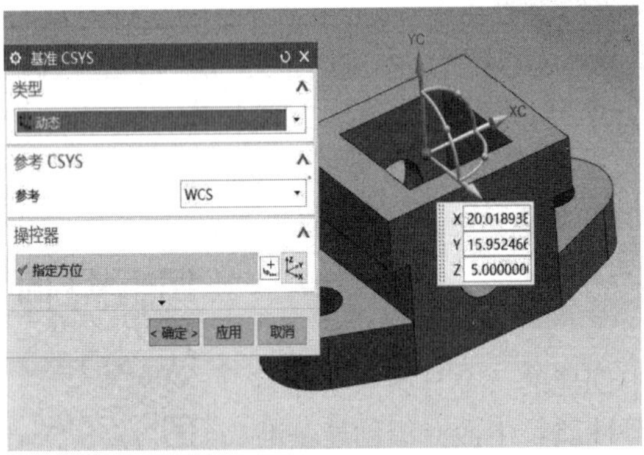

图 6-20 确定基准 CSYS 特征的创建位置

图 6-21 创建基准 CSYS

▶ 专家指点

在 UG NX 10.0 中，还可以通过在功能区“主页”选项卡的“特征”选项板中单击“基准平面”右侧的下拉按钮，在弹出的下拉面板中单击“基准 CSYS”按钮，弹出“基准 CSYS”对话框，在“类型”下拉列表框中选择类别，然后在绘图区中选择相应的对象，单击“确定”按钮，从而创建基准 CSYS。

任务 2 创建基本实体对象

直接生成实体模型的特征一般被称为“基本实体特征”，可以用于创建简单形状的对象。基本实体特征包括长方体、圆锥体、圆柱体、球体等。这些特征与其他特征不存在相关性，因此，在创建模型时一般会将绘制的基本实体特征作为第一个创建的对象。

6.2.1　创建长方体对象

在 UG NX 10.0 中，使用“块”命令，可以创建具有规则实体模型形状的长方体或正方体等实体特征。下面介绍通过“块”命令创建长方体对象的操作方法。

Step01 按【Ctrl + O】组合键，打开素材模型（素材\项目 6\6.2.1.prt），如图 6-22 所示。

Step02 在功能区“主页”选项卡的“特征”选项板中单击“拉伸”下方的下拉按钮，在弹出的下拉面板中单击“块”按钮，弹出“块”对话框，在绘图区中合适的点上单击，如图 6-23 所示。

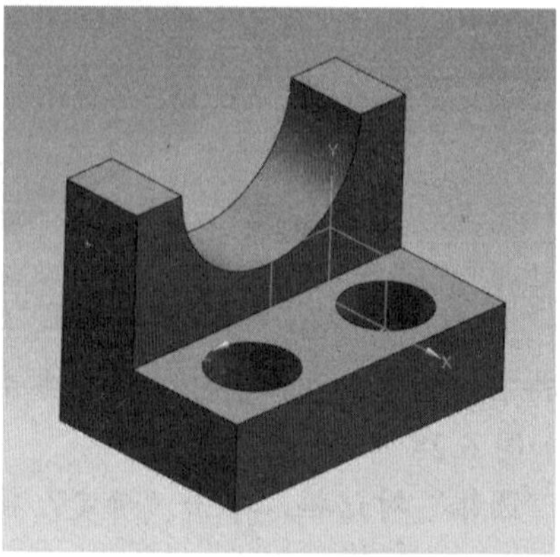

图 6-22　打开素材模型

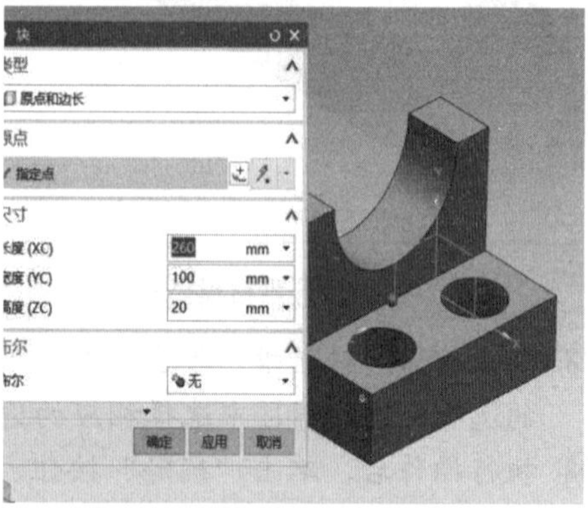

图 6-23　在合适的位置单击

Step03 在“块”对话框中的“尺寸”选项区中，设置“长度”为 10 mm、“宽度”为 10 mm、“高度”为 10 mm，单击“确定”按钮，如图 6-24 所示。

Step04 执行操作后，即可创建长方体对象，如图 6-25 所示。

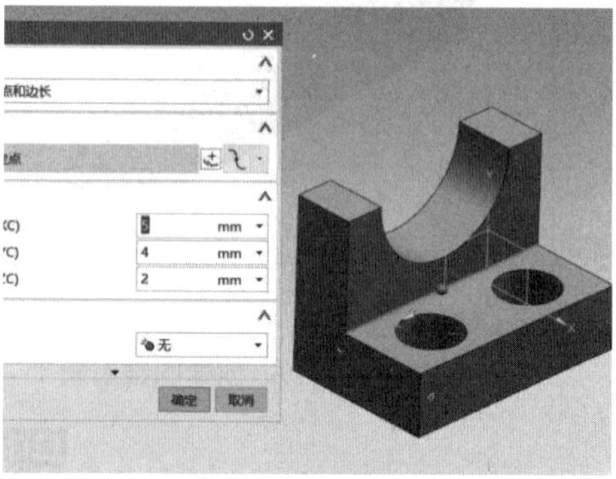

图 6-24　设置尺寸参数

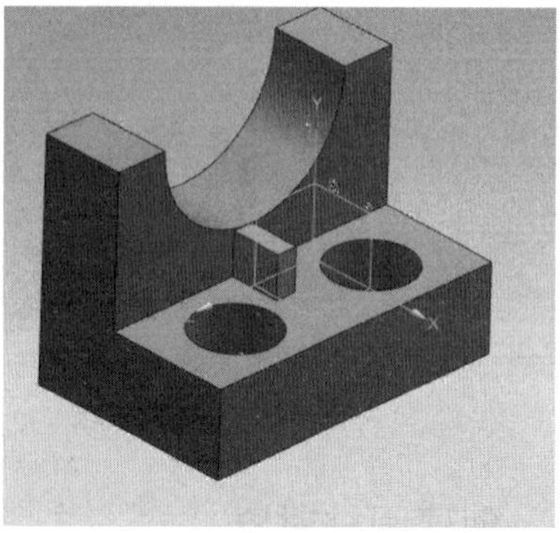

图 6-25　创建长方体对象

6.2.2　创建圆锥对象

圆锥体也是经常使用的基本实体特征，它的创建方法与长方体的创建方法类似。下面介绍创建圆锥对象的操作方法。

Step01 按【Ctrl + O】组合键，打开素材模型（素材\项目 6\6.2.2.prt），如图 6-26 所示。

Step 02 在功能区“主页”选项卡的“特征”选项板中单击“拉伸”下方的下拉按钮，在弹出的下拉面板中单击“圆锥”按钮，弹出“圆锥”对话框，在“尺寸”选项区中设置“底部直径”为 0.9 in、“顶部直径”为 0.5 in、“高度”为 0.5 in，在“轴”选项区中单击“点对话框”按钮，如图 6-27 所示。

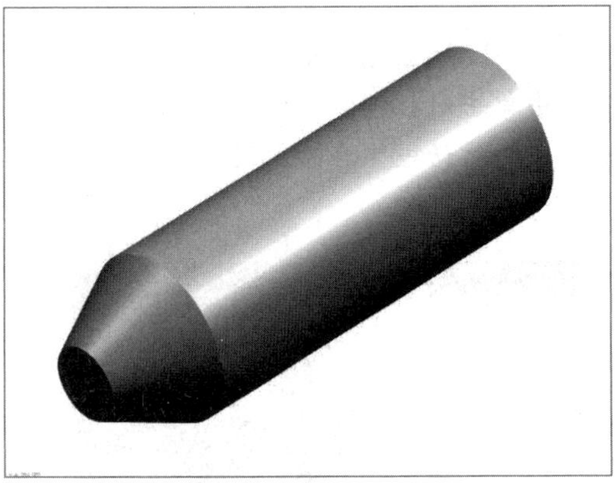

图 6-26 打开素材模型

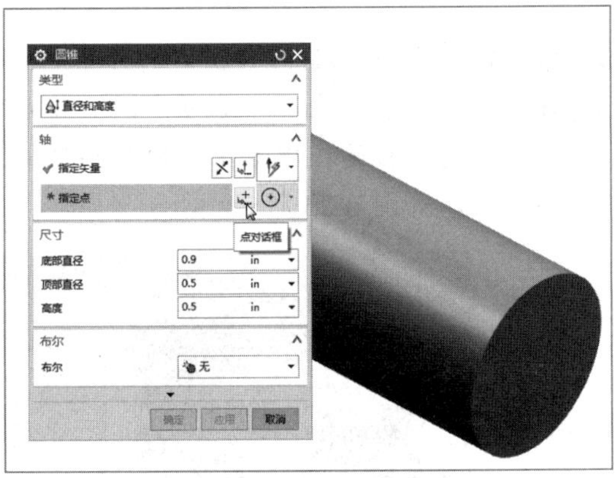

图 6-27 单击“点对话框”按钮

Step 03 弹出“点”对话框，单击“类型”右侧的下拉按钮，在弹出的下拉列表中选择相应的选项，在绘图区中选择相应的边线，如图 6-28 所示。

Step 04 执行操作后，单击“确定”按钮，返回“圆锥”对话框，单击“确定”按钮，即可创建圆锥对象，如图 6-29 所示。

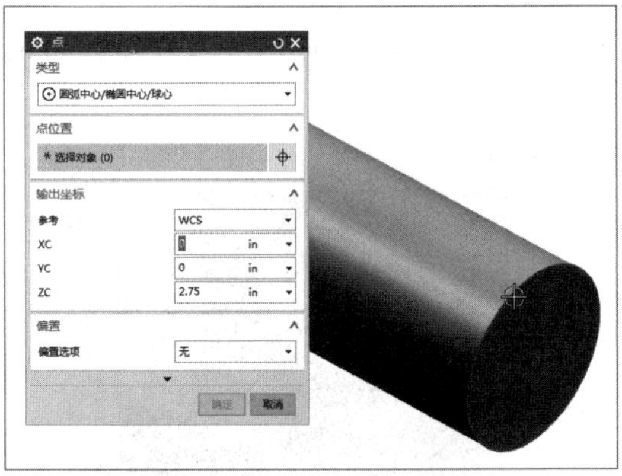

图 6-28 选择边线

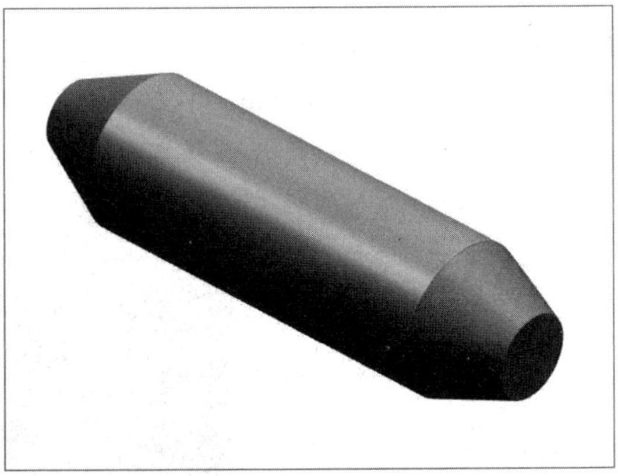

图 6-29 创建圆锥对象

6.2.3 创建圆柱对象

在 UG NX 10.0 中，圆柱体是建模中经常使用的基本实体特征，影响其性质的参数分别为直径和高度（或高度和弧）。下面介绍创建圆柱对象的操作方法。

Step 01 按【Ctrl + O】组合键，打开素材模型（素材\项目 6\6.2.3.prt），如图 6-30 所示。

Step 02 在功能区“主页”选项卡的“特征”选项板中单击“拉伸”下方的下拉按钮，在弹出的下拉面板中单击“圆柱”按钮，弹出“圆柱”对话框，在“尺寸”选项区中设置“直径”为 1 mm、“高度”为 5 mm，在“轴”选项区中单击“点对话框”按钮，如图 6-31 所示。

图 6-30　打开素材模型

图 6-31　单击“点对话框”按钮

Step 03 弹出“点”对话框，单击“类型”右侧的下拉按钮，在弹出的下拉列表中选择相应的选项，如图 6-32 所示。

Step 04 在绘图区中选择相应的边线，如图 6-33 所示。

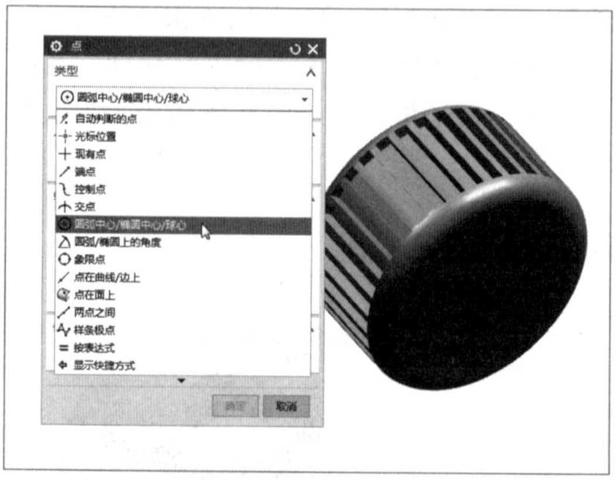

图 6-32　选择相应的选项

图 6-33　选择边线

▶ 专家指点

在“圆柱”对话框中，各主要选项的含义如下。

➢ **“类型”下拉列表框：** 其中包括两种创建圆柱对象的方式，分别为“轴、直径和高度”和“圆弧和高度”。

➢ **“直径”文本框：** 用于设置圆柱对象的直径参数。

➢ **“高度”文本框：** 用于设置圆柱对象的高度参数。

Step05 执行操作后，单击“确定”按钮，返回“圆柱”对话框，单击“确定”按钮，如图 6-34 所示。

Step06 执行操作后，即可创建圆柱对象，如图 6-35 所示。

图 6-34 “圆柱”对话框

图 6-35 创建圆柱对象

6.2.4 创建球对象

在 UG NX 10.0 中，球体是在三维空间中到一个点（即球心）距离相等的所有点的集合所形成的实体特征。下面介绍创建球对象的操作方法。

Step01 按【Ctrl + O】组合键，打开素材模型（素材\项目 6\6.2.4.prt），如图 6-36 所示。

Step02 在功能区“主页”选项卡的“特征”选项板中单击“拉伸”下方的下拉按钮，在弹出的下拉面板中单击“球”按钮，弹出“球”对话框，在绘图区中的圆心点上单击，如图 6-37 所示。

图 6-36 打开素材模型

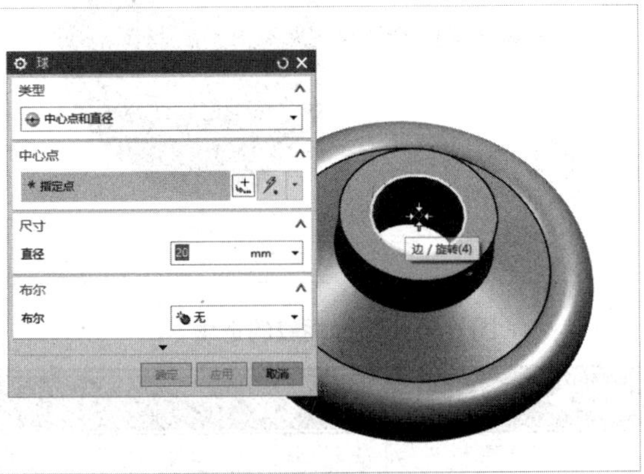

图 6-37 在圆心点上单击

Step03 执行操作后，在“球”对话框中设置“直径”为 20 mm，单击“确定”按钮，如图 6-38 所示。

Step04 执行操作后，即可创建球对象，如图 6-39 所示。

图 6-38　设置直径参数

图 6-39　创建球对象

任务 3　设计实体特征对象

设计实体特征是在已存在的实体模型上添加或移除一部分结构，从而得到的具有一定规则形状的特征。因为设计实体特征与实体模型具有相关性，所以不能够独立存在。设计实体特征主要包括孔、凸台、凸起、腔体、垫块、槽和键槽等特征。

6.3.1　创建孔对象

孔是一种特殊的拉伸与旋转特征。孔特征的横向截面为圆形，纵向截面为一种旋转中心呈对称的图形，其作用是移除实体模型上的某一部分。下面介绍创建孔特征的操作方法。

Step 01 按【Ctrl + O】组合键，打开素材模型（素材\项目 6\6.3.1.prt），如图 6-40 所示。

Step 02 在功能区“主页”选项卡的“特征”选项板中单击“孔”按钮，弹出“孔”对话框，在绘图区中的圆心点上单击，确定孔的位置，如图 6-41 所示。

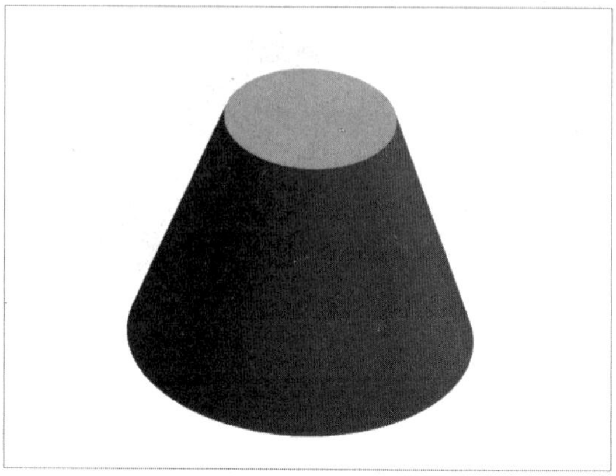

图 6-40　打开素材模型

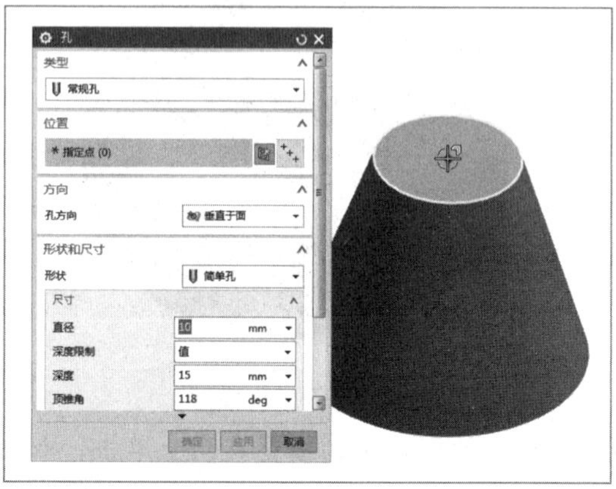

图 6-41　确定孔的位置

Step 03 设置“直径”为 10 mm、“深度”为 15 mm，单击“确定”按钮，如图 6-42 所示。

Step 04 执行操作后，即可创建孔特征，如图 6-43 所示。

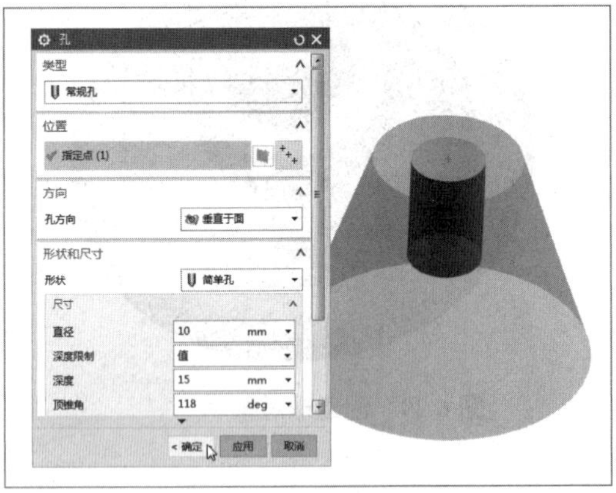

图 6-42　设置参数

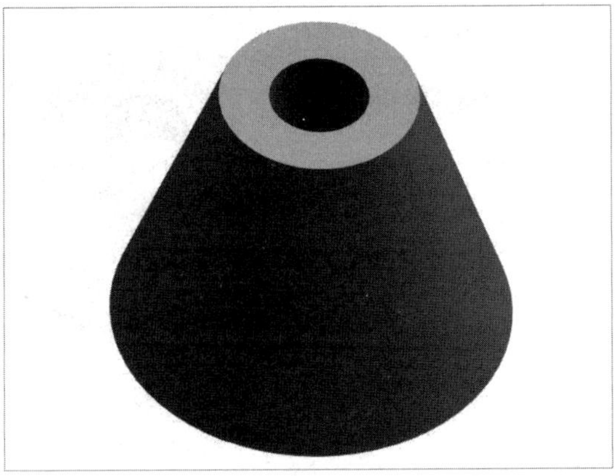

图 6-43　创建孔特征

6.3.2　创建凸台对象

在 UG NX 10.0 中，“凸台特征”是指在已存在的实体表面上创建圆柱体或圆锥体凸台。凸台特征与孔特征类似，只是凸台的生成方向与孔特征相反，其法向是指向实体的外侧。下面介绍创建凸台特征的操作方法。

Step 01 按【Ctrl + O】组合键，打开素材模型（素材\项目 6\6.3.2.prt），如图 6-44 所示。

Step 02 在功能区“主页”选项卡的“特征”选项板中单击“拉伸”下方的下拉按钮，在弹出的下拉面板中单击“凸台”按钮，弹出“凸台”对话框，设置“直径”为 10 mm、“高度”为 5 mm，单击“过滤器”右侧的下拉按钮，在弹出的下拉列表中选择“面”选项，如图 6-45 所示。

图 6-44　打开素材模型

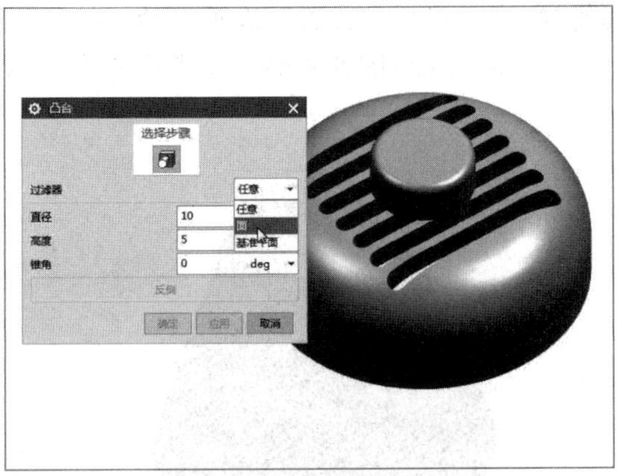

图 6-45　选择“面”选项

Step 03 在绘图区中的模型表面上单击，如图 6-46 所示。

Step 04 在“凸台”对话框中单击“确定”按钮，弹出“定位”对话框，单击“确定”按钮，如图 6-47 所示。

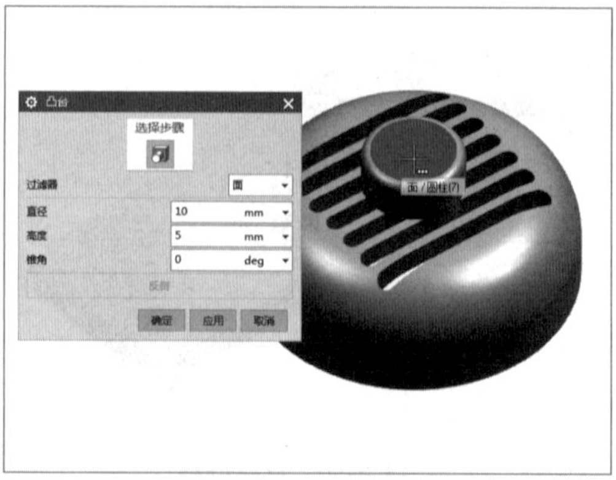

图 6-46　在模型表面上单击

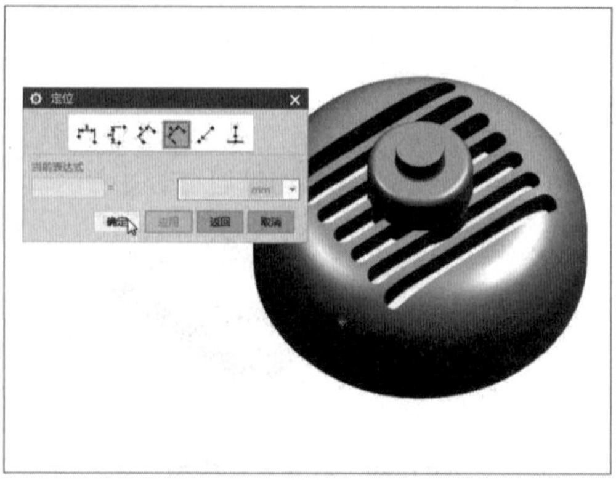

图 6-47　“定位”对话框

Step 05 执行操作后，即可创建凸台特征，如图 6-48 所示。

图 6-48　创建凸台特征

> ▶ 专家指点
>
> 在“凸台”对话框中，各主要选项的含义如下。
>
> ➢ **“直径”文本框：** 用于设置凸台的底面直径（如果未设置“锥角”参数，则底面直径与顶面直径相同）。
>
> ➢ **“高度”文本框：** 用于设置凸台的高度。
>
> ➢ **“锥角”文本框：** 用于设置凸台顶部与底部的夹角。

6.3.3　创建凸起对象

在 UG NX 10.0 中，使用“凸起”命令，可以通过沿着矢量投影截面所生成的面修改片体，并可以选择端盖位置和形状。下面介绍创建凸起特征的操作方法。

Step 01 按【Ctrl + O】组合键，打开素材模型（素材\项目 6\6.3.3.prt），如图 6-49 所示。

Step 02 在功能区“主页”选项卡的“特征”选项板中单击“拉伸”下方的下拉按钮，在弹出的下拉面板中单击“凸起”按钮，弹出“凸起”对话框，在绘图区中选择合适的曲线作为截面曲线，如图 6-50 所示。

图 6-49　打开素材模型

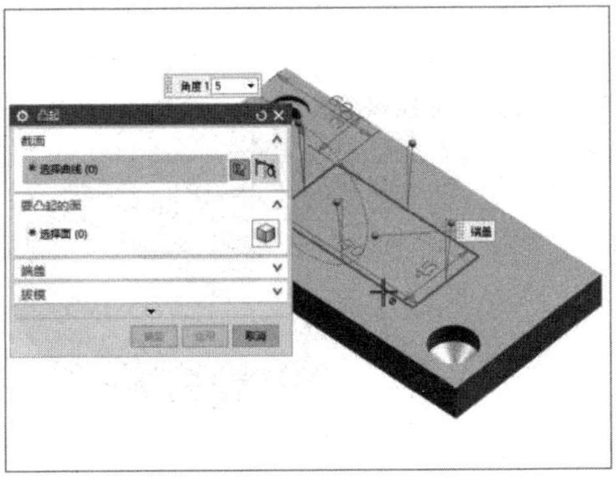

图 6-50　选择曲线

Step03 在“要凸起的面”选项区中，单击“要凸起的面”按钮，在绘图区中选择最上方的表面，如图 6-51 所示。

Step04 在“拔模”选项区中，“指定脱模方向”选项的右侧指定方向为 zc 轴，如图 6-52 所示。

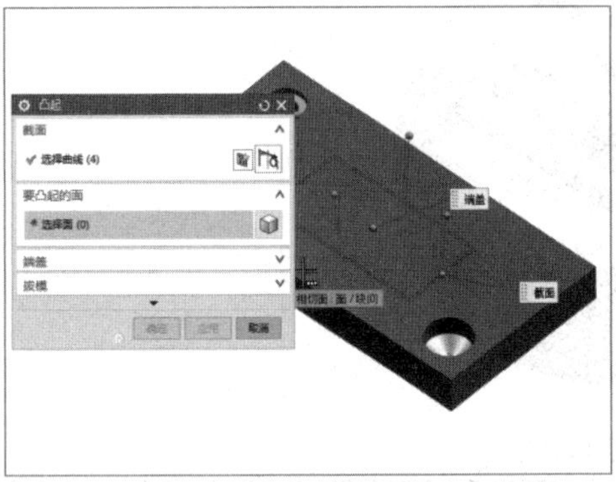

图 6-51　选择表面

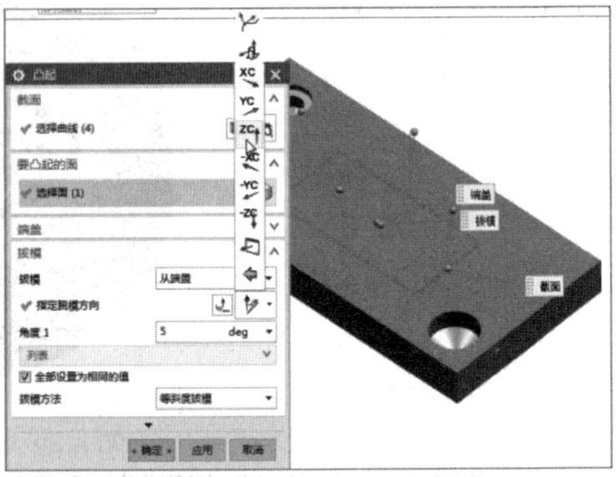

图 6-52　指定方向

Step05 在“端盖”选项区中，设置“几何体”为“凸起的面”，并在“距离”文本框中输入“15”，如图 6-53 所示。

Step06 单击“确定”按钮，执行操作后，即可创建凸起特征，如图 6-54 所示。

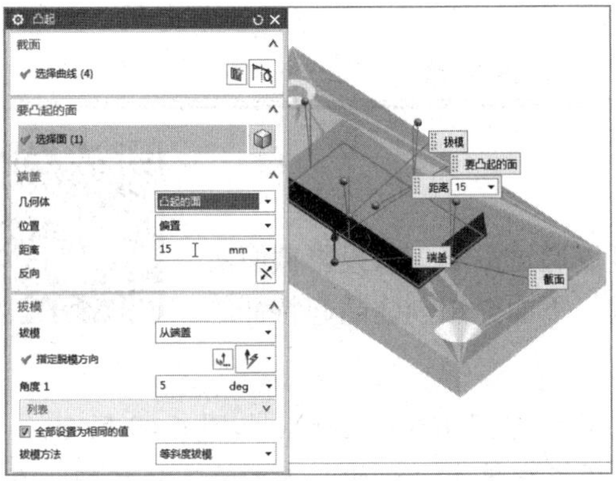

图 6-53　设置参数

图 6-54　创建凸起特征

6.3.4　创建腔体对象

在 UG NX 10.0 中使用“腔体”命令，可以从实体中移除材料，或通过沿矢量投影截面所生成的面来修改片体。下面介绍创建腔体特征的操作方法。

Step 01 按【Ctrl + O】组合键，打开素材模型（素材\项目 6\6.3.4.prt），如图 6-55 所示。

Step 02 在功能区“主页”选项卡的“特征”选项板中单击“拉伸”下方的下拉按钮，在弹出的下拉面板中单击“腔体”按钮，弹出“腔体”对话框，单击“矩形”按钮，如图 6-56 所示。

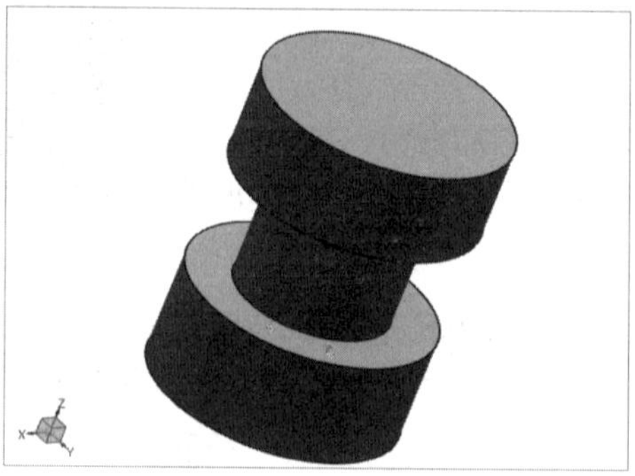

图 6-55　打开素材模型

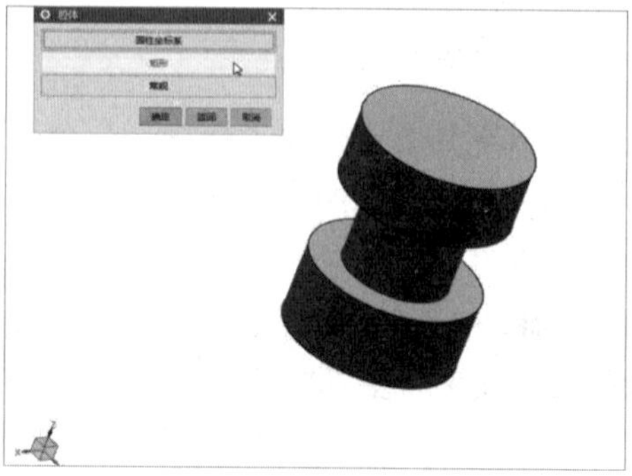

图 6-56　单击“矩形”按钮

Step 03 弹出“矩形腔体”对话框，在绘图区中选择模型的上表面，如图 6-57 所示。

Step 04 在“矩形腔体”对话框弹出的下一级界面中，设置“长度”为 25 mm、“宽度”为 25 mm、“深度”为 30 mm，如图 6-58 所示。

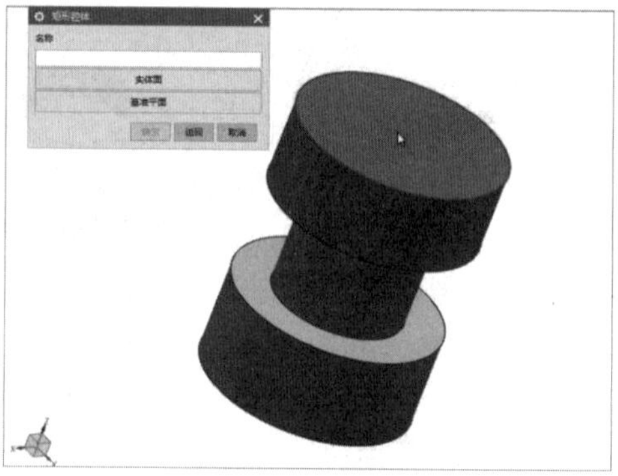

图 6-57　选择上表面

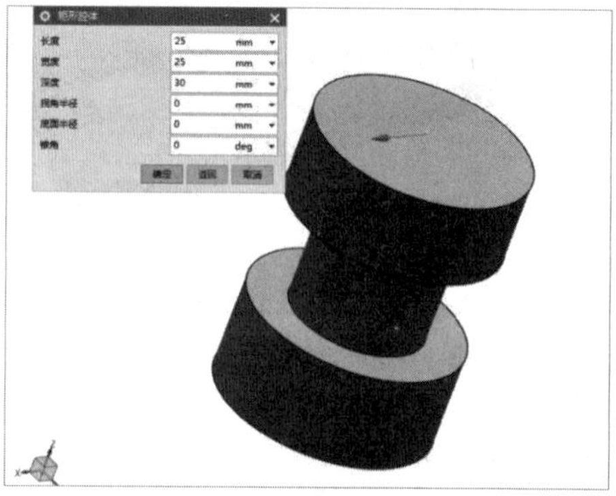

图 6-58　设置参数

▶ 专家指点

在边框条中执行“菜单”｜“插入”｜“设计特征”｜“腔体”命令，也可以创建腔体对象。

Step 05 单击“确定”按钮，弹出“定位”对话框，保持默认设置，单击“确定”按钮，如图 6-59 所示。

Step 06 执行操作后，弹出“矩形腔体”对话框，单击“取消”按钮，即可创建矩形腔体特征，如图 6-60 所示。

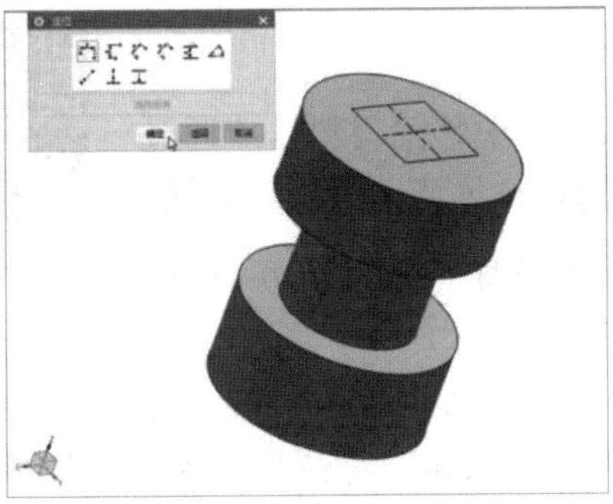

图 6-59 “定位”对话框

图 6-60 创建矩形腔体特征

6.3.5 创建垫块对象

在 UG NX 10.0 中使用“垫块”命令，可以向实体添加材料，或通过沿矢量投影截面所生成的面来修改片体。垫块特征分为矩形垫块和常规垫块两种形式。下面介绍创建垫块特征的操作方法。

Step 01 按【Ctrl + O】组合键，打开素材模型（素材\项目 6\6.3.5.prt），如图 6-61 所示。

Step 02 在功能区“主页”选项卡的“特征”选项板中单击“拉伸”下方的下拉按钮，在弹出的下拉面板中单击“垫块”按钮，弹出“垫块”对话框，单击“矩形”按钮，如图 6-62 所示。

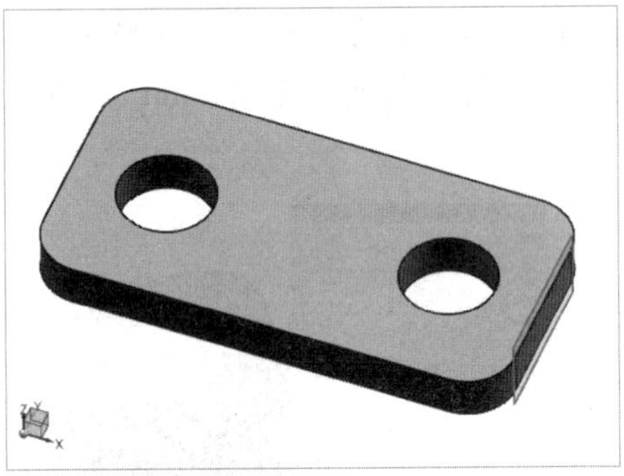

图 6-61 打开素材模型

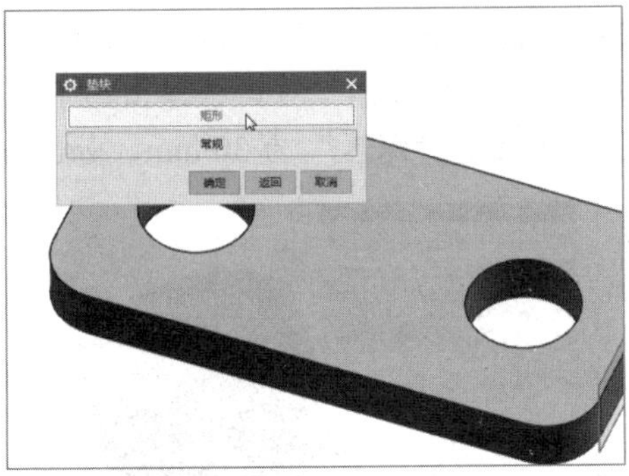

图 6-62 单击“矩形”按钮

Step 03 弹出“矩形垫块”对话框，在绘图区中选择模型的上表面，如图 6-63 所示。

Step 04 弹出“水平参考”对话框，在绘图区中选择合适的边作为水平参考，如图 6-64 所示。

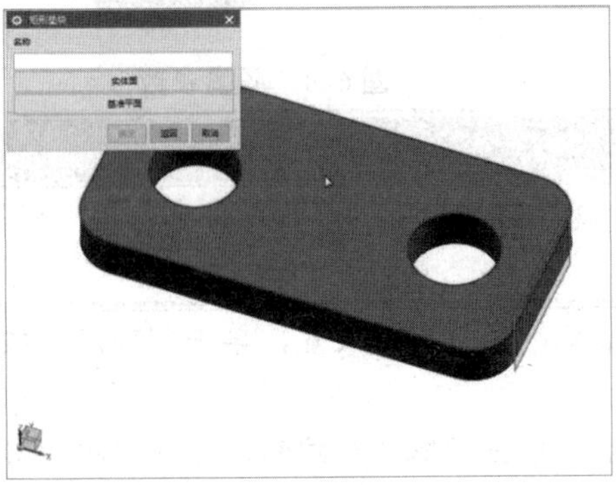

图 6-63 选择面

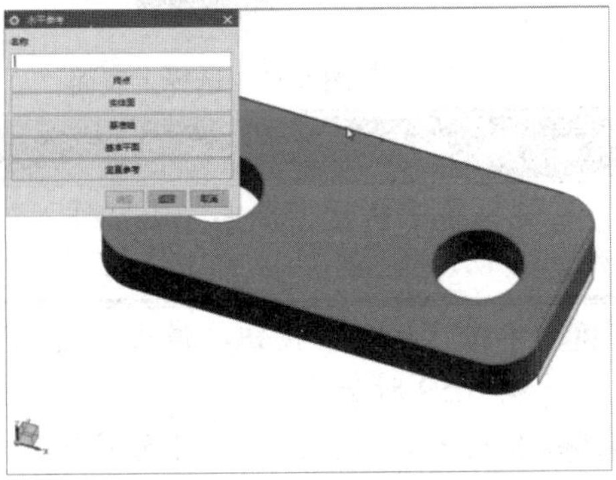

图 6-64 选择边

Step05 弹出“矩形垫块”对话框的下一级界面，设置“长度”为 30 mm、“宽度”为 5 mm、“高度”为 15 mm、“拐角半径”为 2 mm，单击“确定”按钮，如图 6-65 所示。

Step06 弹出“定位”对话框，保持默认设置，单击“确定”按钮，弹出“矩形垫块”对话框，单击“取消”按钮，即可创建垫块特征，如图 6-66 所示。

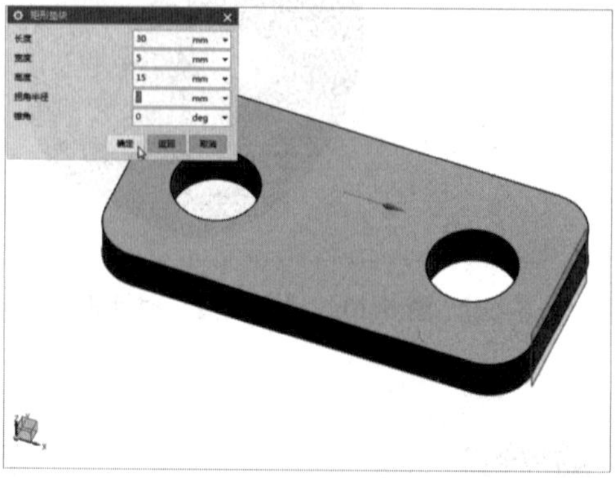

图 6-65　设置参数

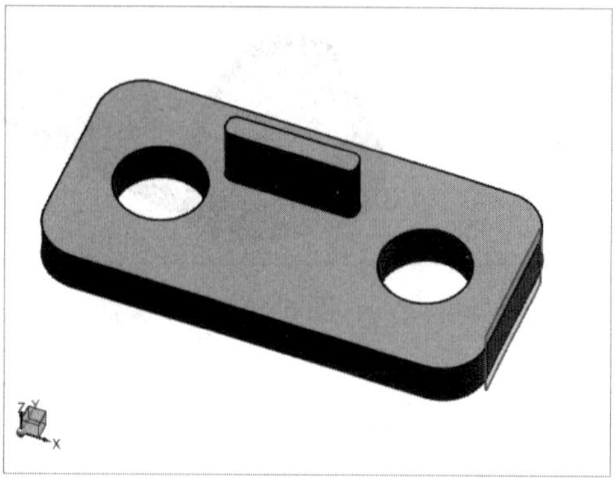

图 6-66　创建垫块特征

6.3.6　创建槽对象

在 UG NX 10.0 中使用“槽”命令，可以将一个外部或内部槽添加到实体的圆柱体或锥形体。下面介绍创建槽特征的操作方法。

Step01 按【Ctrl + O】组合键，打开素材模型（素材\项目 6\6.3.6.prt），如图 6-67 所示。

Step02 在功能区“主页”选项卡的“特征”选项板中单击“拉伸”下方的下拉按钮，在弹出的下拉面板中单击“槽”按钮，弹出“槽”对话框，在其中单击“U 形槽”按钮，如图 6-68 所示。

图 6-67　打开素材模型

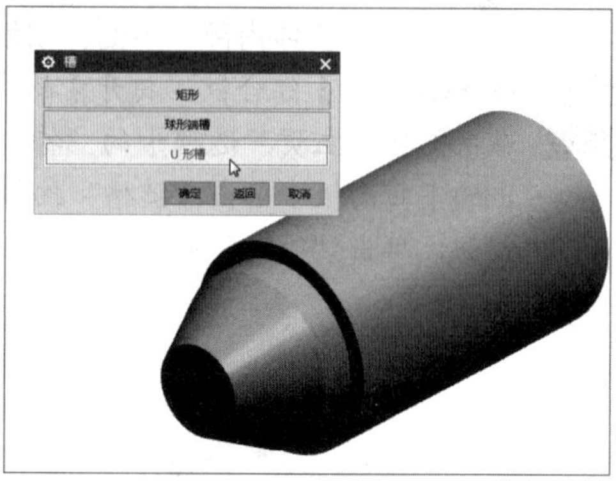

图 6-68　单击相应的按钮

Step03 弹出“U 形槽”对话框，在绘图区中选择模型的圆柱面，弹出“U 形槽”对话框的下一级界面，设置相应的参数，单击“确定”按钮，如图 6-69 所示。

Step04 弹出“定位槽”对话框，然后单击“确定”按钮，如图 6-70 所示。

Step05 弹出“U 形槽”对话框，单击“取消”按钮，执行操作后，即可创建槽特征，如图 6-71 所示。

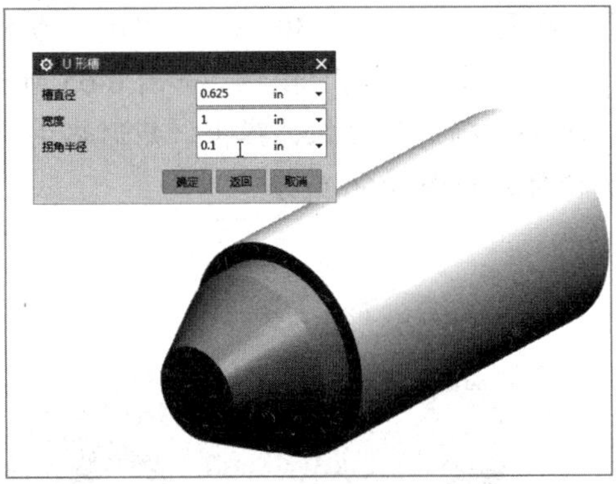

图 6-69　设置参数

图 6-70　“定位槽”对话框

图 6-71　创建槽特征

6.3.7　创建键槽对象

在 UG NX 10.0 中，使用“键槽”命令，可以以直槽形状添加一条通道，使其通过实体，或在实体内部。下面介绍创建键槽特征的操作方法。

Step 01 按【Ctrl + O】组合键，打开素材模型（素材\项目 6\6.3.7.prt），如图 6-72 所示。

Step 02 在功能区“主页”选项卡的“特征”选项板中单击“拉伸”下方的下拉按钮，在弹出的下拉面板中单击“键槽”按钮，弹出“键槽”对话框，单击“矩形槽”单选按钮，单击“确定”按钮，如图 6-73 所示。

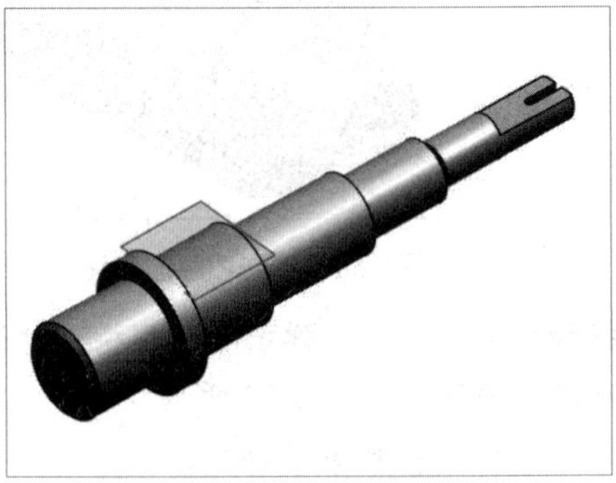

图 6-72　打开素材模型

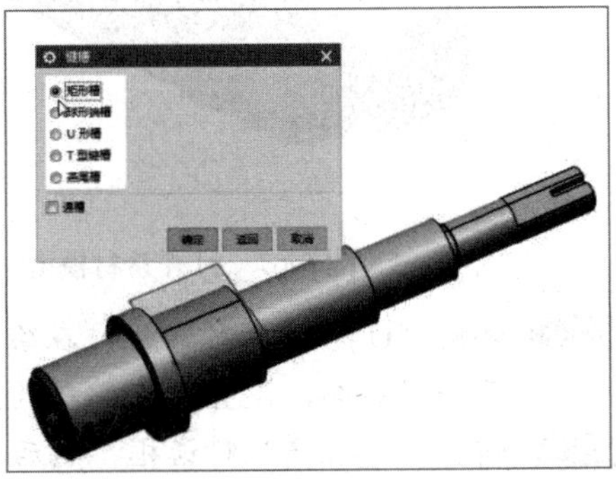

图 6-73　单击“矩形槽”单选按钮

Step 03 弹出“矩形键槽”对话框，单击“基准平面”按钮，如图 6-74 所示。

Step 04 弹出“矩形”面板，选择模型上合适的基准平面，如图 6-75 所示。

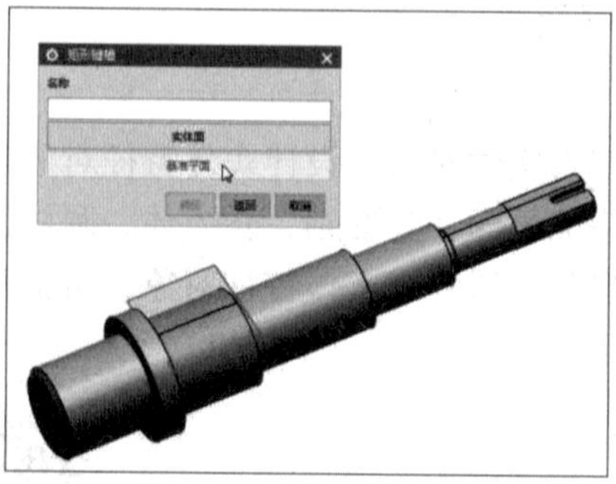

图 6-74　单击“基准平面”按钮

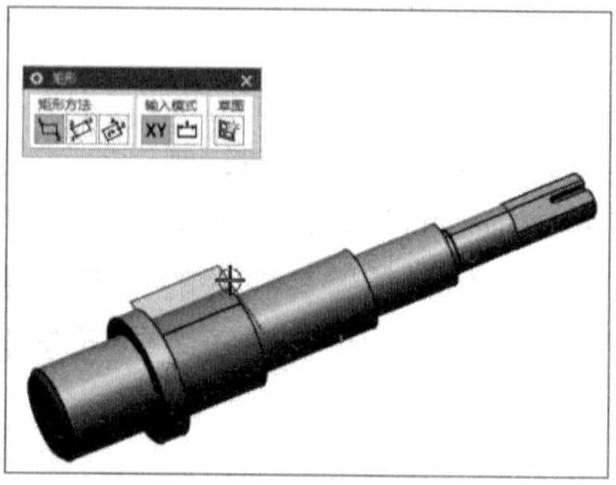

图 6-75　选择平面

Step 05 弹出信息提示框，单击“接受默认边”按钮，弹出“水平参考”对话框，单击“实体面”按钮，弹出“选择对象”对话框，在绘图区中选择合适的面，如图 6-76 所示。

Step 06 弹出“矩形键槽”对话框，设置“长度”为 25 mm、“宽度”为 10 mm、“高度”为 5 mm，单击“确定”按钮，如图 6-77 所示。

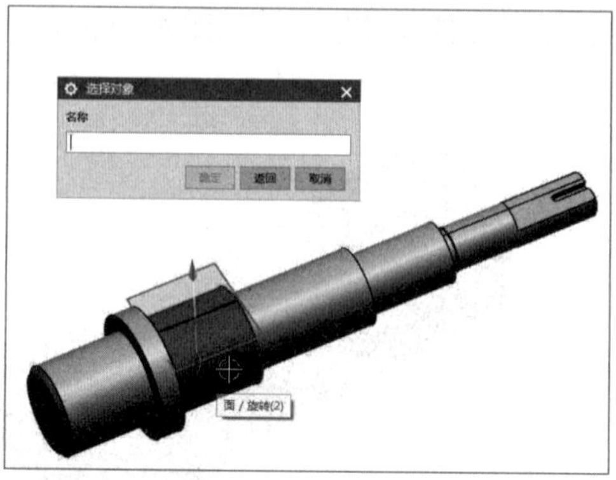

图 6-76　选择面

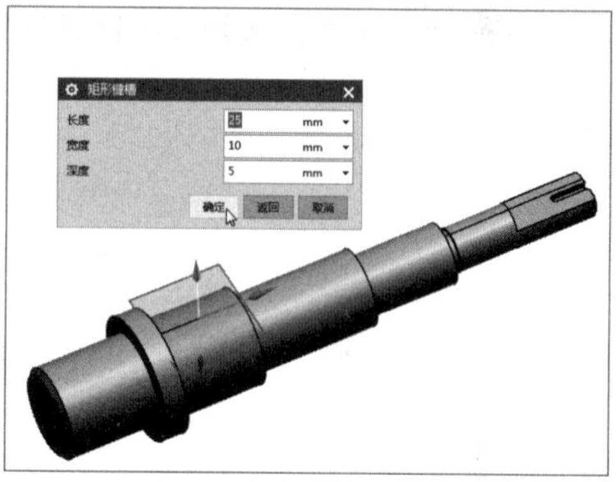

图 6-77　设置参数

Step 07 弹出“定位”对话框，单击“确定”按钮，弹出“矩形键槽”对话框，单击“取消”按钮，即可创建键槽特征，如图 6-78 所示。

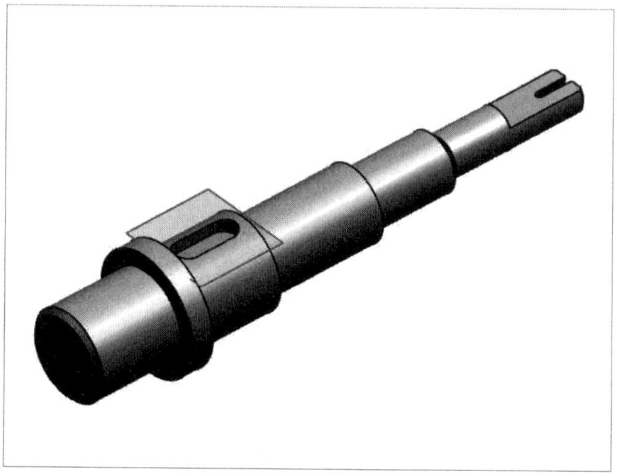

图 6-78　创建键槽特征

项目小结

本项目主要学习了创建基准特征对象、创建基本实体对象及设计实体特征对象的方法。通过对本项目的学习，读者应该对创建基准点、基准平面、基准轴、长方体、圆柱、圆锥、球、孔、腔体及槽等有较好的掌握，并能熟练创建与编辑三维实体特征对象。希望读者熟练掌握本项目内容，创建出更多、更专业的模型效果。

项目训练

鉴于本项目知识的重要性，为了帮助读者更好地掌握所学知识，下面将通过上机习题帮助读者进行简单的知识回顾和补充。

本习题需要掌握创建旋转实体特征的方法，素材文件与效果文件如图 6-79 所示。

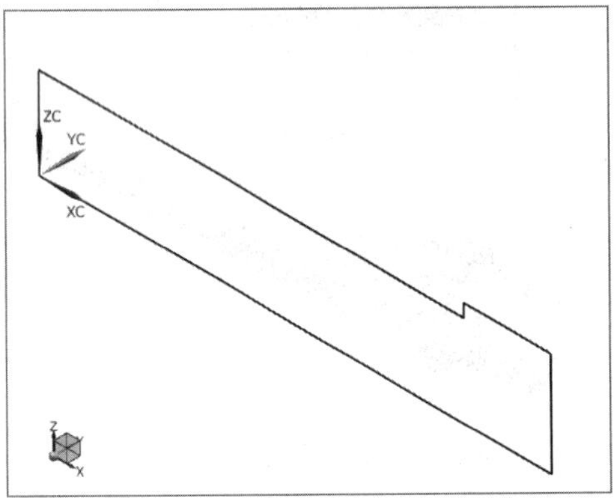

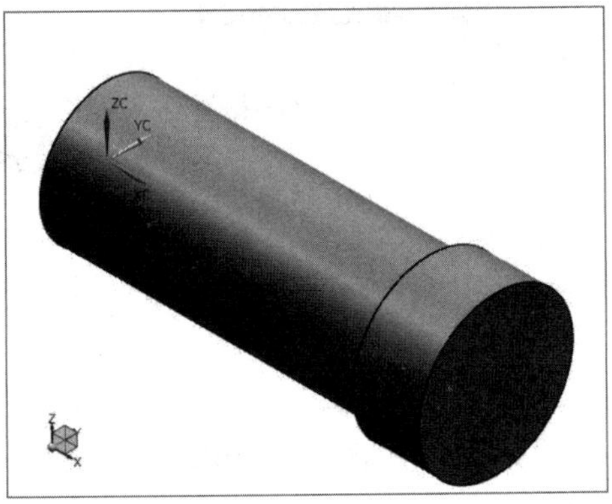

图 6-79　素材文件与效果文件

项目 7　编辑模型：处理 UG 实体特征

在完成建模后，用户可以通过局部的修改使创建的模型更加完善，并可以创建更复杂的特征。要创建更复杂的特征，可以使用 UG NX 10.0 中的各种特征操作来完成，要对建立的模型进行修改，则可以使用 UG NX 10.0 中的各种特征编辑操作来完成。

本项目重点

- 编辑模型的细节特征
- 编辑倒角和圆角特征
- 对实体进行布尔运算

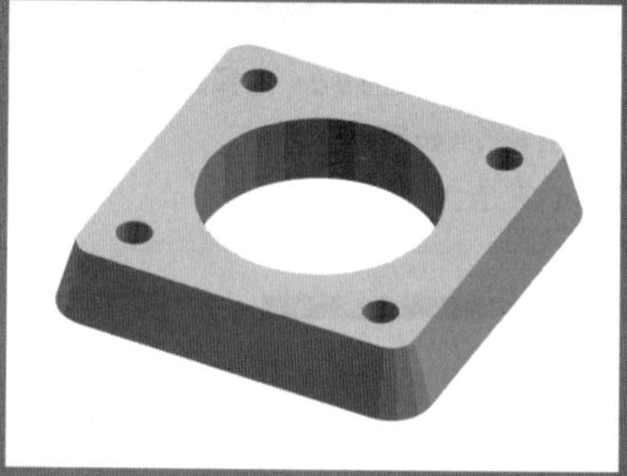

任务 1　编辑模型的细节特征

“特征操作”是指对模型进行精细加工。通过对特征操作相关命令的应用，读者可以对模型的边、面和已经创建的特征进行再加工处理或对特征进行特殊操作。

7.1.1　对模型进行拔模操作

在 UG NX 10.0 中使用“拔模”命令，可通过更改相对于脱模方向的角度来修改小平面。下面介绍对模型进行拔模操作的具体方法。

Step 01 按【Ctrl + O】组合键，打开素材模型（素材\项目 7\7.1.1.prt），如图 7-1 所示。

Step 02 在功能区“主页”选项卡的“特征”选项板中单击“拔模”按钮，弹出“拔模”对话框，在“拔模参考”选项区中单击“平面”按钮，在绘图区中选择模型的上表面，如图 7-2 所示。

图 7-1　打开素材模型

图 7-2　选择面

Step 03 在“要拔模的面”选项区中单击“面”按钮，如图 7-3 所示。

Step 04 在绘图区中选择模型右侧的平面，如图 7-4 所示。

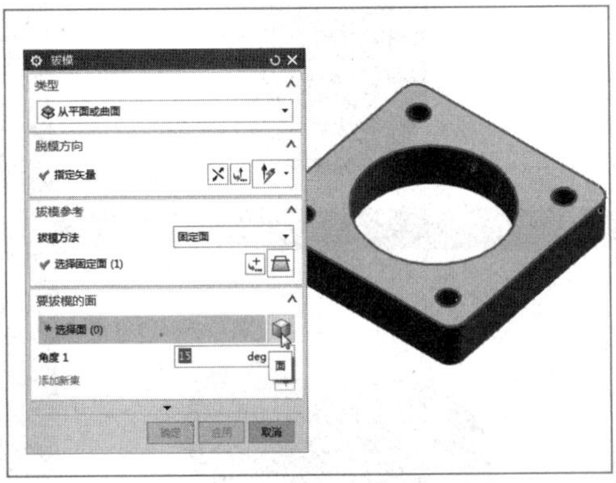

图 7-3　单击“面”按钮

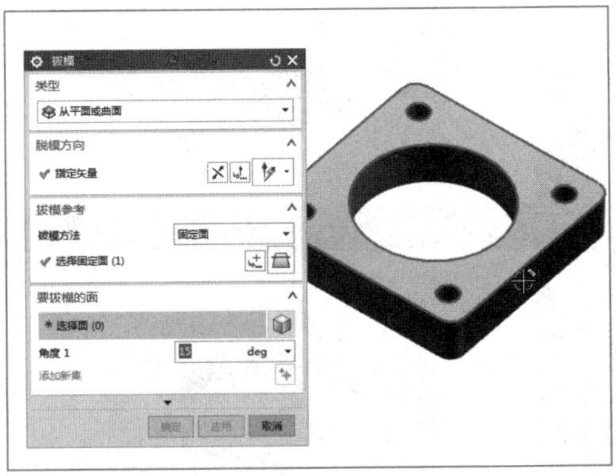

图 7-4　选择平面

Step 05 设置“角度 1”为 15 deg，单击“确定”按钮，如图 7-5 所示。

Step 06 执行操作后，即可创建拔模特征，如图 7-6 所示。

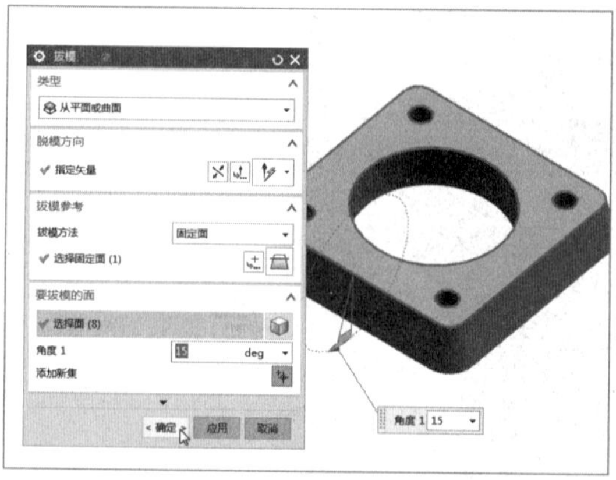

图 7-5　设置参数

图 7-6　创建拔模特征

7.1.2　对模型进行加厚操作

在 UG NX 10.0 中使用“加厚”命令，可以通过为一组面增加厚度来创建实体。在 UG NX 10.0 中，可以通过以下两种方法调用“加厚”命令。

（1）在功能区“主页”选项卡的“特征”选项板中单击“更多”下方的下拉按钮，在弹出的下拉面板中单击“加厚”按钮。

（2）在边框条中执行“菜单”｜“插入”｜“偏置/缩放”｜“加厚”命令。

下面介绍对模型进行加厚处理的操作方法。

Step 01 按【Ctrl + O】组合键，打开素材模型（素材\项目 7\7.1.2.prt），如图 7-7 所示。

Step 02 在功能区“主页”选项卡的“特征”选项板中单击“更多”下方的下拉按钮，在弹出的下拉面板中单击“加厚”按钮，弹出“加厚”对话框，在模型上选择合适的实体面，在“厚度”选项区中设置“偏置 1”为 0.1 in，单击“确定”按钮，如图 7-8 所示。

图 7-7　打开素材模型

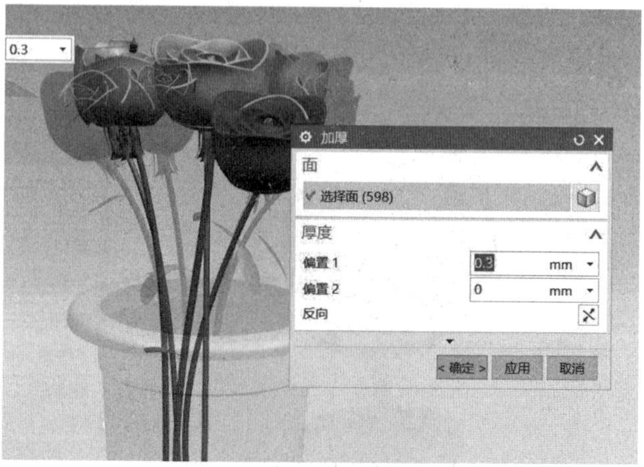

图 7-8　设置参数

Step 03 执行操作后，即可加厚片体，如图 7-9 所示。

图 7-9　加厚片体

7.1.3　对模型进行缩放操作

在 UG NX 10.0 中,“缩放特征操作”主要是指对实体进行等比例缩放，以改变对象的大小。在 UG NX 10.0 中，可以通过以下两种方法执行缩放操作。

（1）在边框条中执行“菜单”｜“插入”｜“偏置/缩放”｜“缩放体”命令。

（2）在功能区“主页”选项卡的“特征”选项板中单击“更多”下方的下拉按钮，在弹出的下拉面板中单击“缩放体”按钮。

下面介绍对模型进行缩放处理的操作方法。

Step 01 按【Ctrl + O】组合键，打开素材模型（素材\项目 7\7.1.3.prt），如图 7-10 所示。

Step 02 在功能区“主页”选项卡的“特征”选项板中单击“更多”下方的下拉按钮，在弹出的下拉面板中单击“缩放体”按钮，弹出“缩放体”对话框，在绘图区中选择实体作为缩放对象，如图 7-11 所示。

图 7-10　打开素材模型

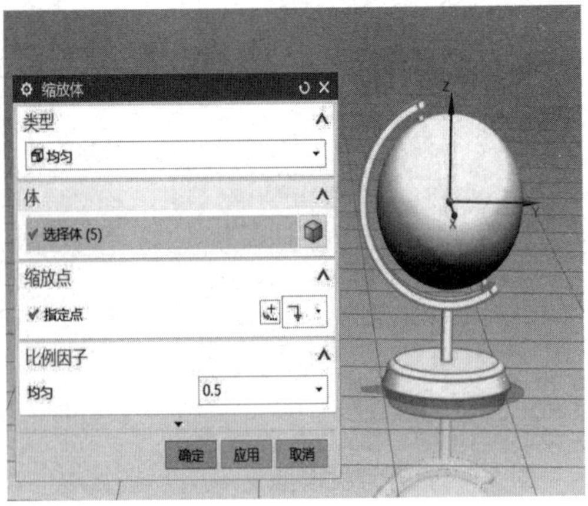

图 7-11　选择实体

Step 03 在“比例因子”选项区中设置“均匀”为 0.6，单击“确定”按钮，如图 7-12 所示。

Step 04 执行操作后，即可缩放实体，如图 7-13 所示。

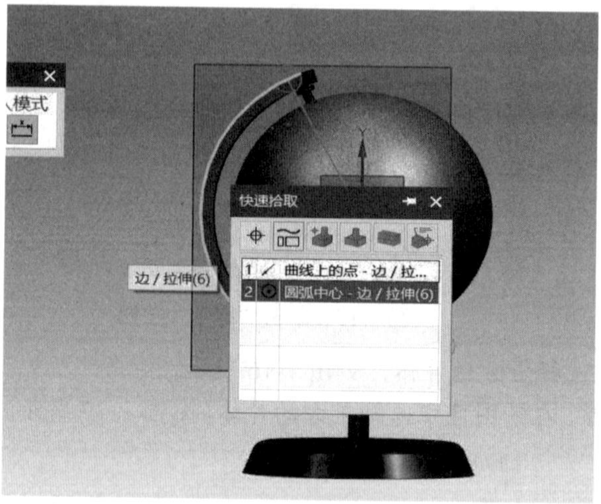

图 7-12　设置参数

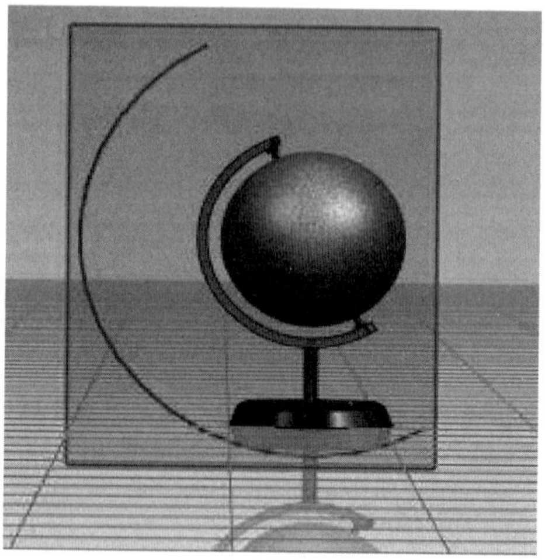

图 7-13　缩放实体

▶ 专家指点

在“缩放体”对话框中，各主要选项的含义如下。

- **“类型”选项区**：用于指定缩放方法。
- **“体”选项区**：用于选择要缩放的体。
- **“缩放点”选项区**：仅当缩放类型为“均匀”或“轴对称”时出现。
- **“缩放轴”选项区**：仅当缩放类型为“轴对称”时出现。
- **“缩放 CSYS”选项区**：仅当缩放类型设置为“常规”时显示。
- **“比例因子”选项区**：设置缩放因子以更改当前大小。可采用不同的缩放因子，具体取决于所选的缩放类型。

7.1.4　对模型进行缝合操作

在 UG NX 10.0 中，使用缝合功能可以将片体或实体面缝合在一起，即可以将多个实体缝合在一起成为实体，也可以缝合实体表面。

在 UG NX 10.0 中，可以通过以下两种方法执行缝合操作。

（1）在边框条中执行“菜单”｜“插入”｜“组合”｜“缝合”命令。

（2）在功能区“主页”选项卡的“特征”选项板中单击“合并”右侧的下拉按钮，在弹出的下拉面板中单击“缝合”按钮。

下面介绍对模型进行缝合处理的操作方法。

Step 01 按【Ctrl＋O】组合键，打开素材模型（素材\项目 7\7.1.4.prt），如图 7-14 所示。

Step 02 在功能区“主页”选项卡的“特征”选项板中单击“合并”右侧的下拉按钮，在弹出的下拉面板中单击“缝合”按钮，如图 7-15 所示。

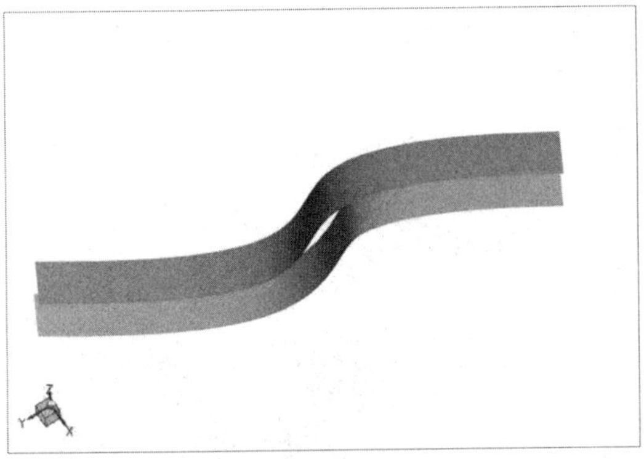

图 7-14　打开素材模型

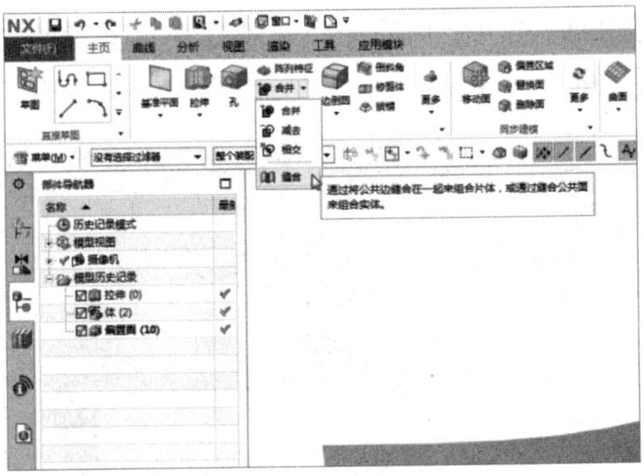

图 7-15　单击“缝合”按钮

Step 03 弹出“缝合”对话框，在绘图区中选择上方的片体，如图 7-16 所示。

Step 04 在“工具”选项区中单击相应的按钮，在绘图区中选择下方的片体，如图 7-17 所示。

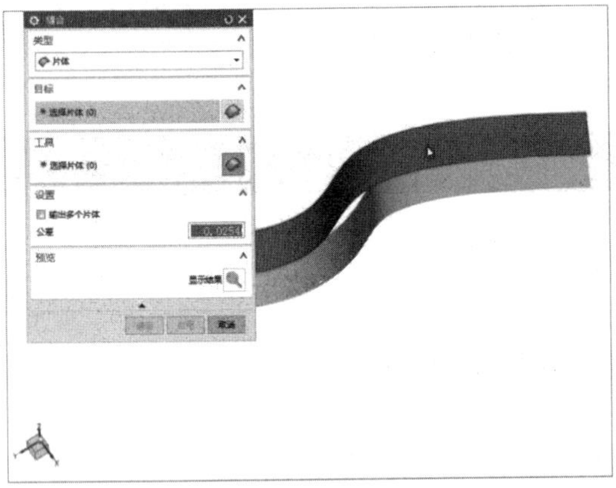

图 7-16　选择片体

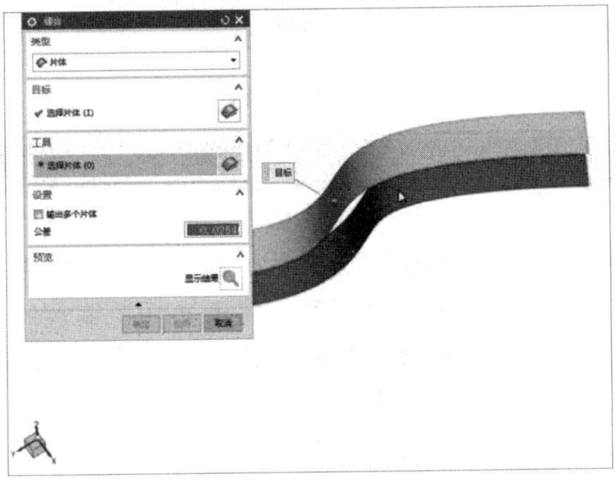

图 7-17　选择片体

Step 05 在对话框中设置“公差”为 16，单击“确定”按钮，如图 7-18 所示。

Step 06 执行操作后，即可缝合模型，如图 7-19 所示。

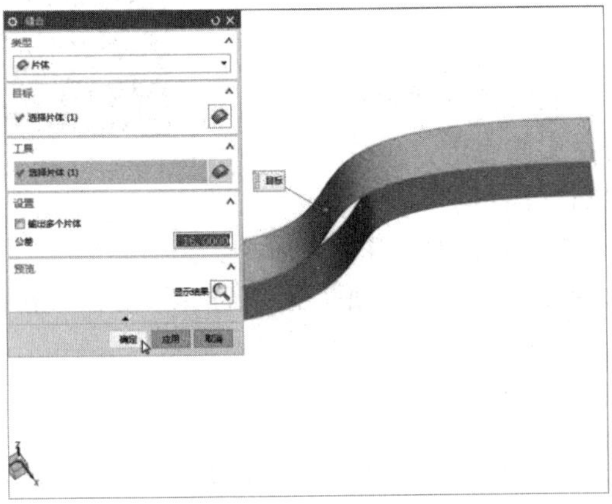

图 7-18　设置参数

图 7-19　缝合模型

> **▶ 专家指点**
>
> 在缝合模型时，公差一定要大于被缝合片体间的最大距离，否则难以缝合或者会产生不可预料的后果。

7.1.5　对模型进行补片操作

在 UG NX 10.0 中，通过补片功能可以使用一个片体来修补另一个片体或者替换实体中的一个或多个面。在 UG NX 10.0 中，可以通过以下两种方法执行补片操作。

（1）在边框条中执行“菜单” | “插入” | “组合” | “补片”命令。

（2）在功能区“主页”选项卡的“特征”选项板中单击“补片”按钮。

下面介绍对模型进行补片处理的操作方法。

Step 01 按【Ctrl + O】组合键，打开素材模型（素材\项目 7\7.1.5.prt），如图 7-20 所示。

Step 02 在功能区“主页”选项卡的“特征”选项板中单击“补片”按钮，弹出“补片”对话框，在绘图区中选择实体，如图 7-21 所示。

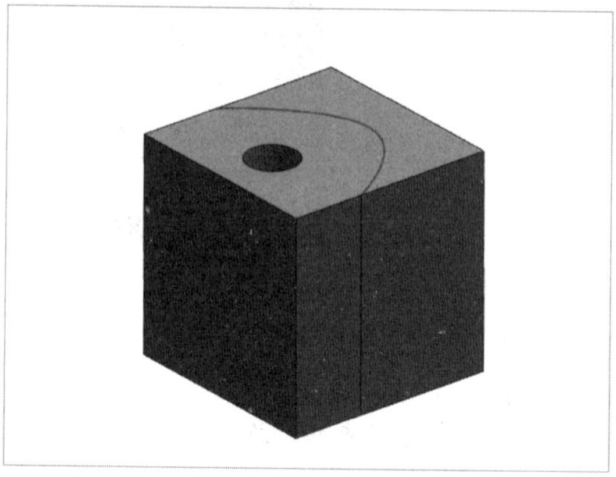

图 7-20　打开素材模型

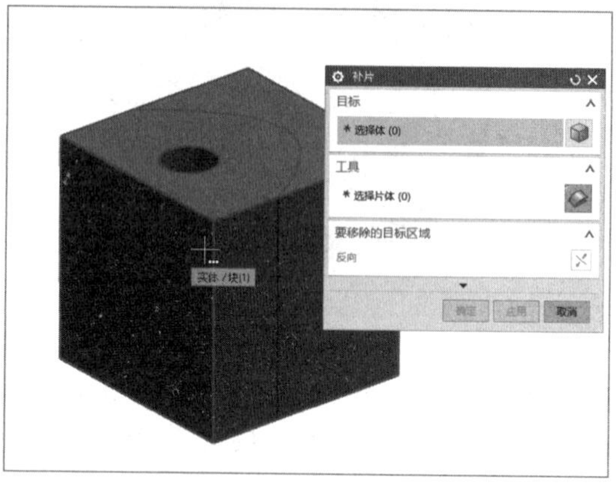

图 7-21　选择实体

Step 03 在绘图区中选择相应的曲线，如图 7-22 所示。

Step 04 执行操作后，单击“确定”按钮，即可对模型进行补片处理，如图 7-23 所示。

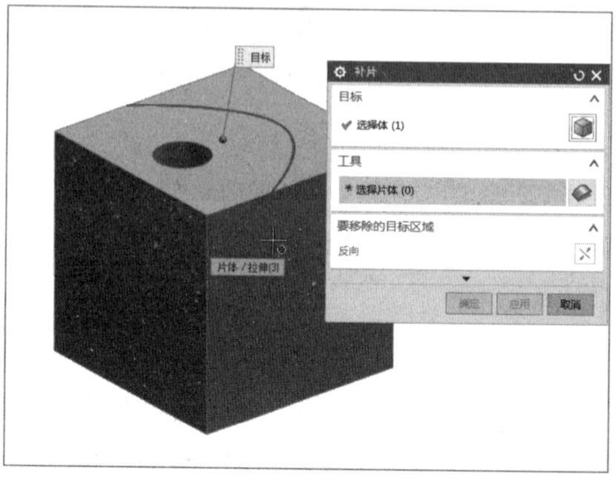

图 7-22　选择曲线

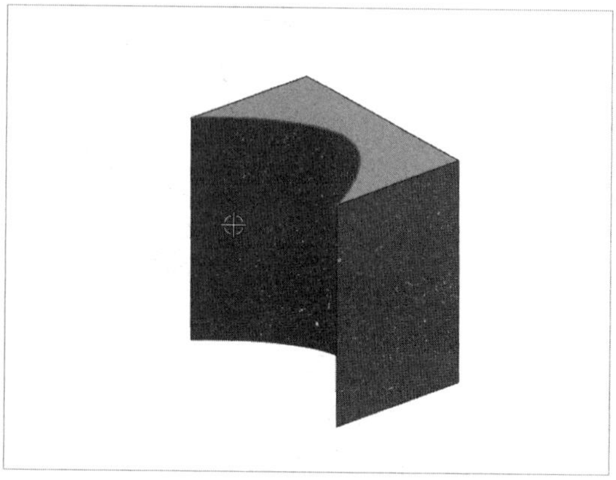

图 7-23　对模型进行补片处理

7.1.6 对模型进行阵列操作

在 UG NX 10.0 中，阵列特征可以快速创建与已有特征形状相同的呈一定规律分布的多个特征。利用该特征可以对面或体进行多个成组的镜像或者复制操作。

在 UG NX 10.0 中，可以通过以下两种方法创建阵列特征。

（1）在边框条中执行“菜单”｜“插入”｜“关联复制”｜“阵列特征”命令。

（2）在功能区“主页”选项卡的“特征”选项板中单击“阵列特征”按钮。

下面介绍对模型进行阵列操作的方法。

Step01 按【Ctrl + O】组合键，打开素材模型（素材\项目 7\7.1.6.prt），如图 7-24 所示。

Step02 在功能区“主页”选项卡的“特征”选项板中单击“阵列特征”按钮，弹出“阵列特征”对话框，在绘图区中选择孔，如图 7-25 所示。

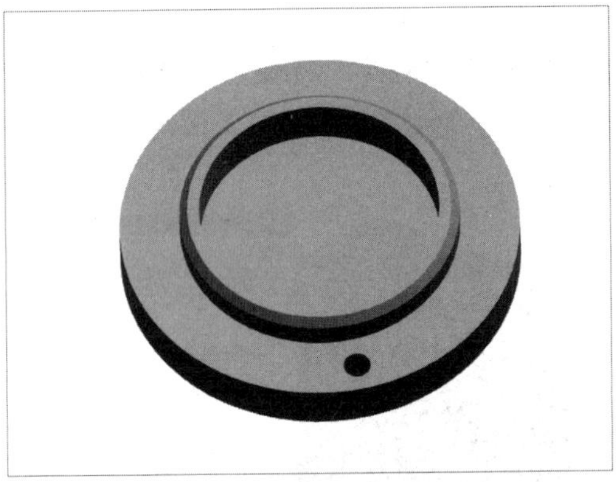

图 7-24 打开素材模型

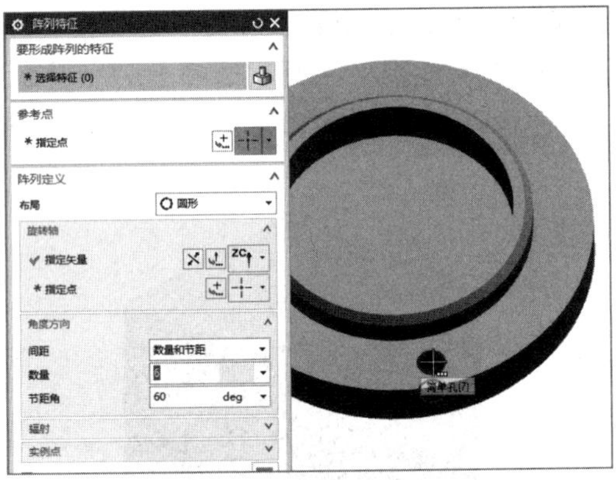

图 7-25 “阵列特征”对话框

Step03 在“旋转轴”选项区中指定矢量为 zc 轴，如图 7-26 所示。

Step04 单击“点对话框”按钮，弹出“点”对话框，设置相应的参数，单击“确定”按钮，如图 7-27 所示。

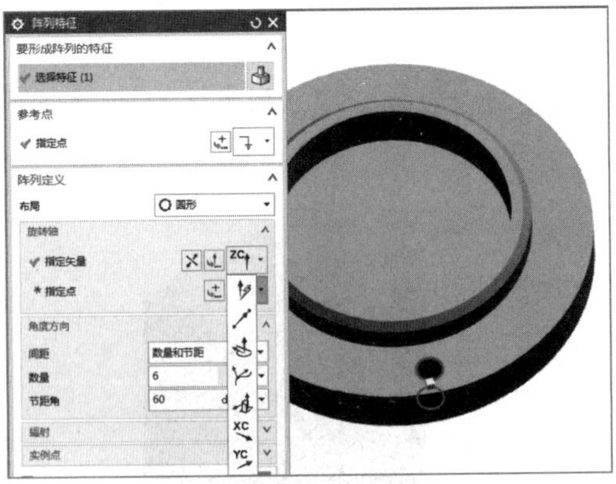

图 7-26 指定 *zc* 轴

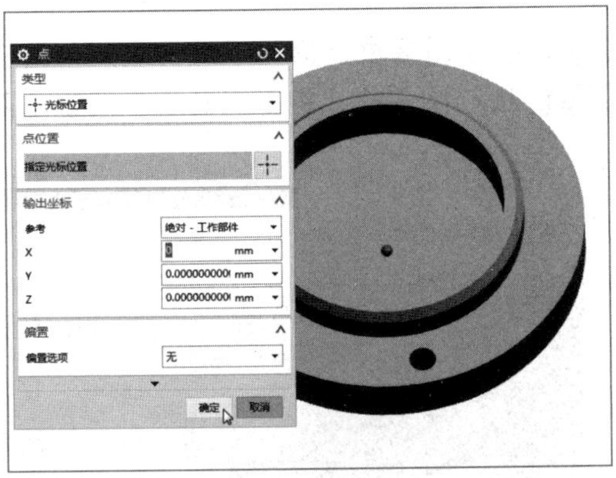

图 7-27 设置参数

Step05 返回“阵列特征”对话框，在“角度方向”选项区中设置“间距”为“数量和节距”，设置“数量”为 6、“节距角”为 60 deg，单击“确定”按钮，如图 7-28 所示。

Step06 执行操作后，即可创建阵列特征，如图 7-29 所示。

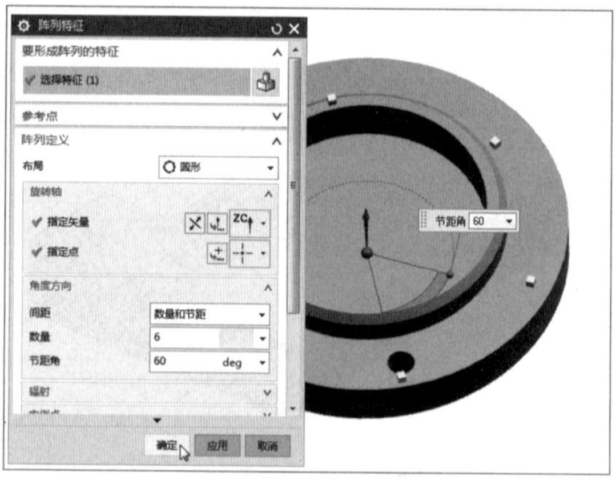

图 7-28　设置参数

图 7-29　创建阵列特征

7.1.7　对模型进行镜像操作

在 UG NX 10.0 中，镜像特征用于将选择的特征相对于一个基准平面进行镜像，镜像后的特征与原对象相关。在 UG NX 10.0 中，可以通过以下两种方法创建镜像特征。

（1）在边框条中执行“菜单”｜“插入”｜“关联复制”｜“镜像特征”命令。

（2）在功能区“主页”选项卡的“特征”选项板中单击“更多”下方的下拉按钮，在弹出的下拉面板中单击“镜像特征”按钮。

下面介绍对模型进行镜像操作的方法。

Step01 按【Ctrl + O】组合键，打开素材模型（素材\项目 7\7.1.7.prt），如图 7-30 所示。

Step02 在功能区“主页”选项卡的“特征”选项板中单击“更多”下方的按钮，在弹出的下拉面板中单击“镜像特征”按钮，弹出“镜像特征”对话框，在绘图区中选择实体，如图 7-31 所示。

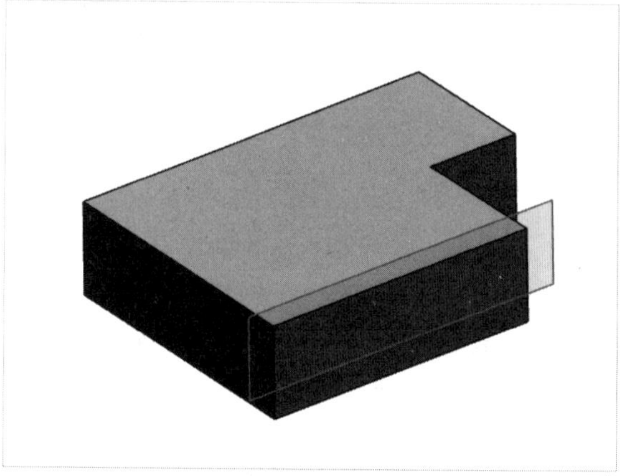

图 7-30　打开素材模型

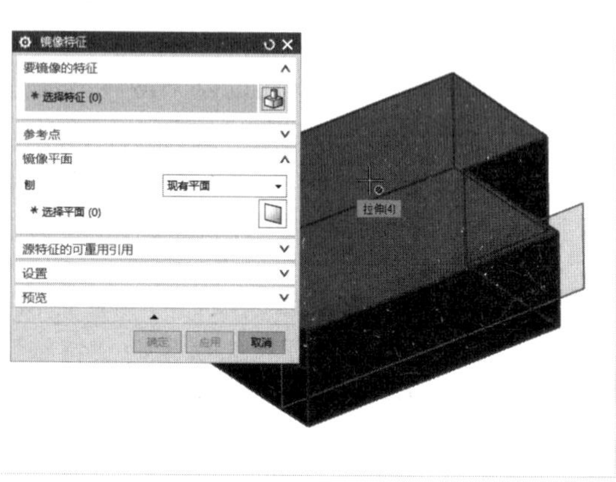

图 7-31　选择实体

Step03 单击“平面”按钮，在绘图区中选择基准平面，如图 7-32 所示。

Step 04 执行操作后，单击“确定”按钮，即可创建镜像特征，如图 7-33 所示。

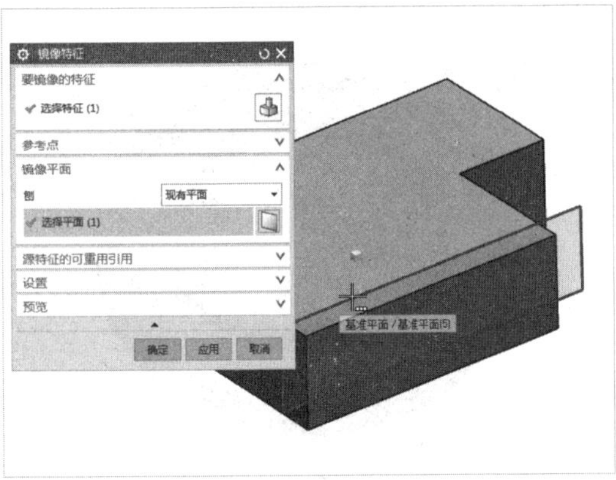

图 7-32　选择平面

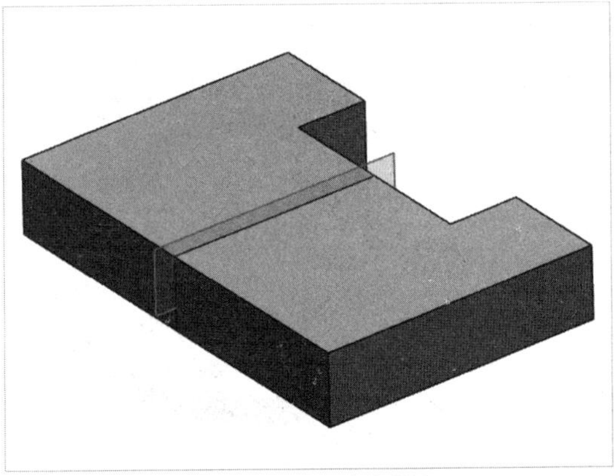

图 7-33　创建镜像特征

> ▶ 专家指点
>
> 在“镜像特征”对话框中，各主要选项区的含义如下。
>
> ➢　**“要镜像的特征”选项区：**用于选择需要进行镜像的特征对象。
>
> ➢　**“镜像平面”选项区：**“刨”下拉列表框，用于选择镜像对象的平面，主要包括“现有平面”和“新平面”两个选项；“选择平面”选项，用于选择需要进行镜像的平面对象。

任务 2　编辑倒角和圆角特征

实体特征中的倒角和圆角在 UG NX 10.0 中占有非常重要的地位。运用 UG NX 10.0 中的相应命令或按钮，可以对实体特征进行各种倒角和圆角特征操作。

7.2.1　对模型进行倒斜角操作

在 UG NX 10.0 中，使用倒斜角功能可以使实体的边缘变成多边形。在 UG NX 10.0 中，可以通过以下两种方法创建倒斜角特征。

（1）在功能区“主页”选项卡的“特征”选项板中单击“倒斜角”按钮。

（2）在边框条中执行“菜单”｜“插入”｜“细节特征”｜“倒斜角”命令。

下面介绍对模型进行倒斜角操作的方法。

Step 01 按【Ctrl + O】组合键，打开素材模型（素材\项目 7\7.2.1.prt），如图 7-34 所示。

Step 02 在功能区“主页”选项卡的“特征”选项板中单击“倒斜角”按钮，弹出“倒斜角”对话框，在绘图区中选择合适的边，如图 7-35 所示。

图 7-34　打开素材模型

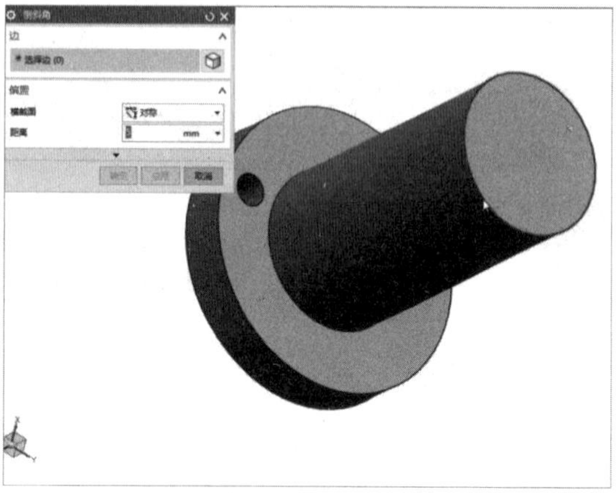

图 7-35　选择边

Step 03　设置“距离”为 3.5 mm，单击“确定”按钮，如图 7-36 所示。

Step 04　执行操作后，即可创建倒斜角特征，如图 7-37 所示。

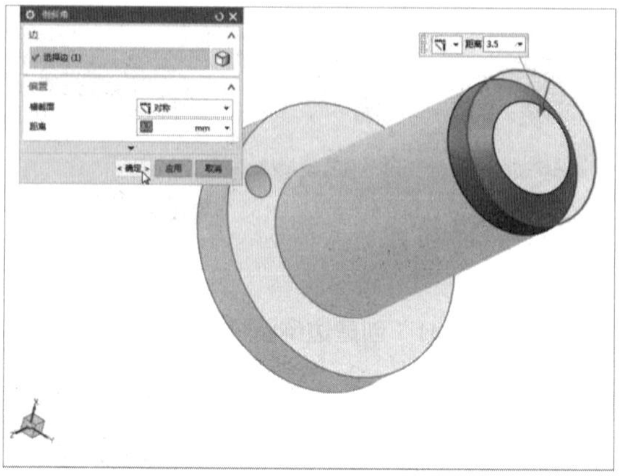

图 7-36　设置参数

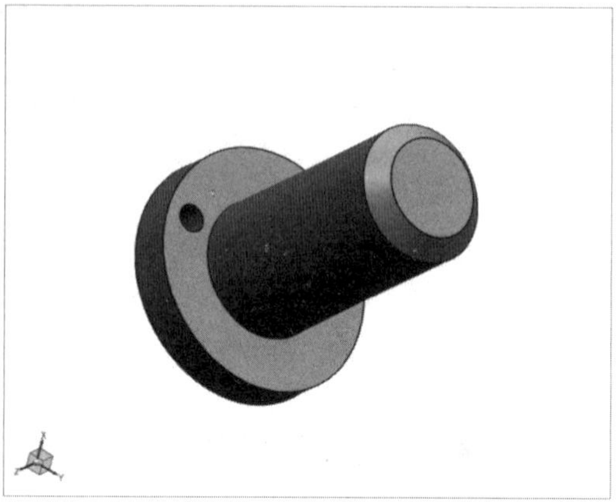

图 7-37　创建倒斜角特征

7.2.2　对模型进行边倒圆操作

在 UG NX 10.0 中，边倒圆特征在建模过程中很常用。在 UG NX 10.0 中，可以通过以下两种方法创建边倒圆特征。

（1）在功能区“主页”选项卡的“特征”选项板中单击“边倒圆”按钮。

（2）在边框条中执行“菜单”｜“插入”｜“细节特征”｜“边倒圆”命令。

下面介绍对模型进行边倒圆操作的方法。

Step 01　按【Ctrl + O】组合键，打开素材模型（素材\项目 7\7.2.2.prt），如图 7-38 所示。

Step 02　在功能区“主页”选项卡的“特征”选项板中单击“边倒圆”按钮，弹出“边倒圆”对话框，在绘图区中依次选择圆柱体最上方的圆边线，如图 7-39 所示。

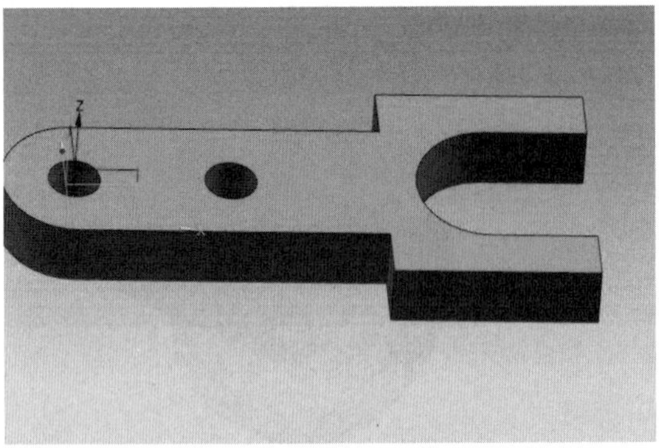

图 7-38　打开素材模型

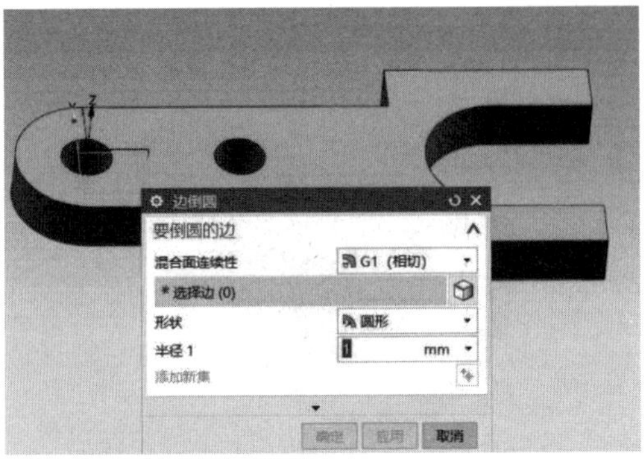

图 7-39　选择边线

Step 03 在“边倒圆”对话框中设置“半径 1”为 8 mm，单击“确定”按钮，如图 7-40 所示。

Step 04 执行操作后，即可创建边倒圆特征，如图 7-41 所示。

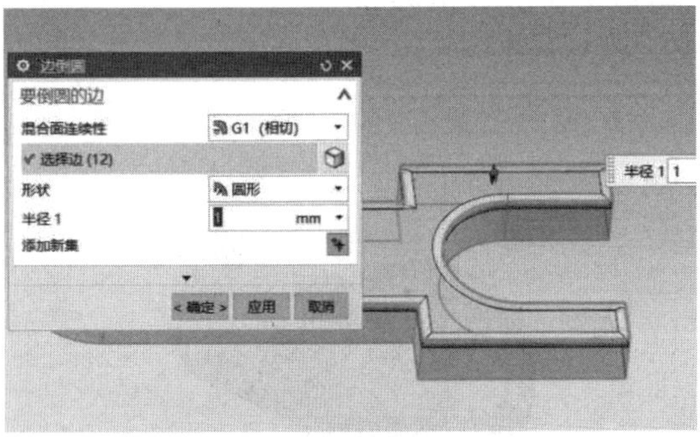

图 7-40　设置参数

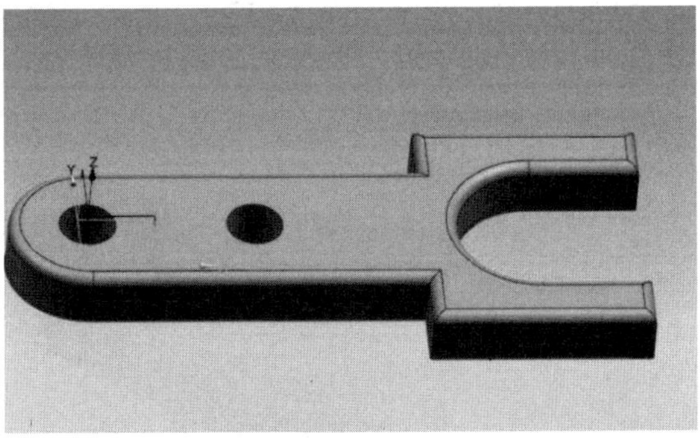

图 7-41　创建边倒圆特征

7.2.3　对模型进行面倒圆操作

在 UG NX 10.0 中，使用面倒圆功能可以在选定的面组之间添加相切圆角面，圆角形状可以是“圆形”“二次曲线”“规律控制”。在 UG NX 10.0 中，可以通过以下两种方法创建面倒圆特征。

（1）在功能区“主页”选项卡的“特征”选项板中单击“边倒圆”下方的下拉按钮，在弹出的下拉面板中单击“面倒圆”按钮。

（2）在边框条中执行“菜单”｜“插入”｜“细节特征”｜“面倒圆”命令。

下面介绍对模型进行面倒圆操作的方法。

Step 01 按【Ctrl + O】组合键，打开素材模型（素材\项目 7\7.2.3.prt），如图 7-42 所示。

Step 02 在功能区“主页”选项卡的“特征”选项板中单击“边倒圆”下方的下拉按钮，在弹出的下拉面板中单击“面倒圆”按钮，如图 7-43 所示。

Step 03 弹出“面倒圆”对话框，在绘图区中选择模型的上表面作为面链 1 对象，如图 7-44 所示。

Step 04 在“选择面链 2”右侧单击“面”按钮，选择合适的面作为面链 2 对象，如图 7-45 所示。

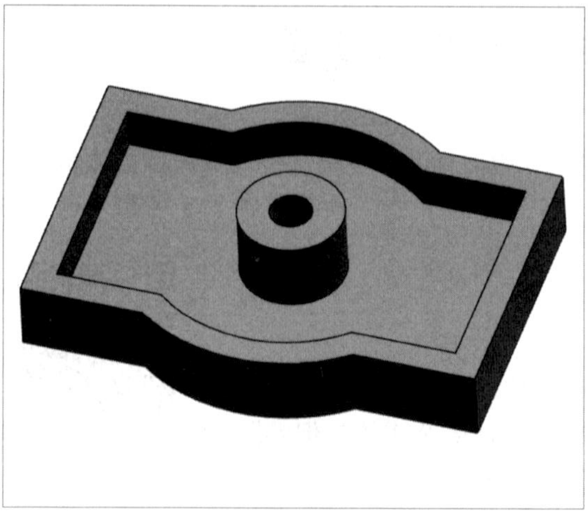

图 7-42　打开素材模型

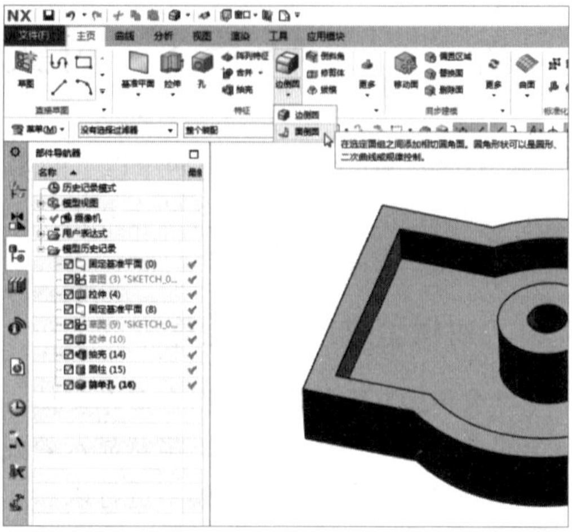

图 7-43　单击“面倒圆”按钮

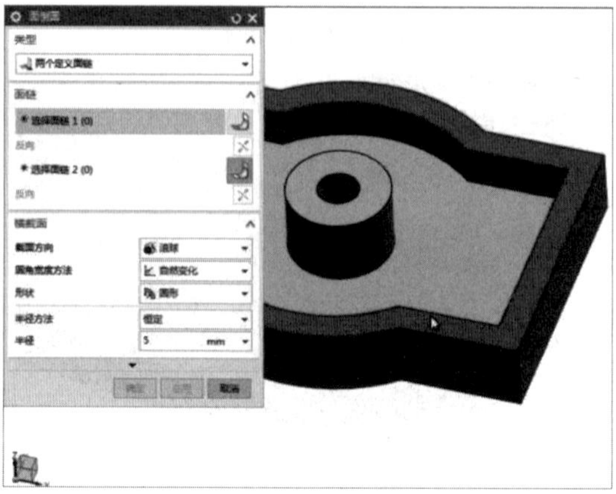

图 7-44　选择面链 1

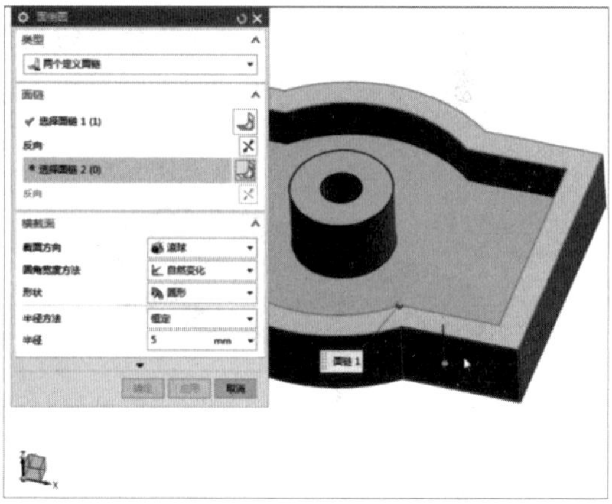

图 7-45　选择面链 2

Step05 在“半径”文本框中输入“5”，单击“确定”按钮，如图 7-46 所示。

Step06 执行操作后，即可创建面倒圆特征，效果如图 7-47 所示。

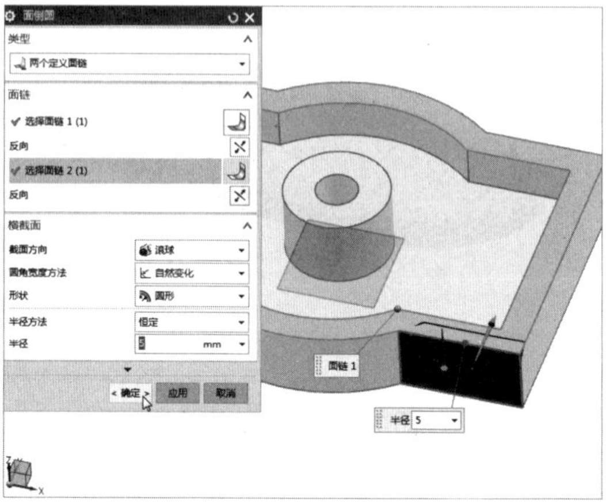

图 7-46　设置参数

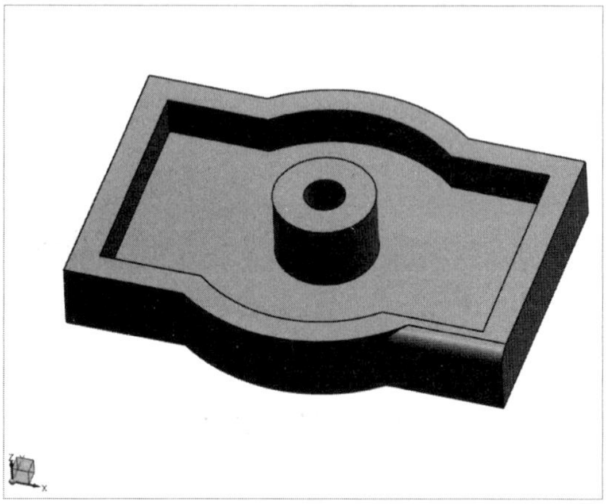

图 7-47　创建面倒圆特征

任务 3　对实体进行布尔运算

“布尔运算”是指通过对两个以上的实体进行并集、差集、交集运算，得到新实体特征，从而处理实体造型中多个实体的合并关系。在 UG NX 10.0 中，系统提供了 3 种布尔运算方式，即求和、求差和求交。

7.3.1　对模型进行求和运算

“求和运算”是指通过组合多个实体，从而生成一个新的实体。如果组合的是一些不相交的实体，虽然显示效果看起来还是多个实体，但实际却是一个对象。下面介绍对模型进行求和运算的操作方法。

Step01 按【Ctrl + O】组合键，打开素材模型（素材\项目 7\7.3.1.prt），如图 7-4 所示。

Step02 在功能区“主页”选项卡的“特征”选项板中单击“合并”按钮，弹出“合并”对话框，在绘图区中选择合适的模型作为目标对象，如图 7-49 所示。

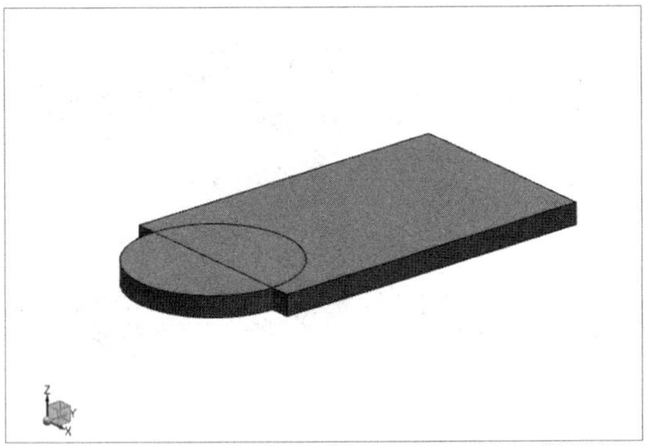

图 7-48　打开素材模型

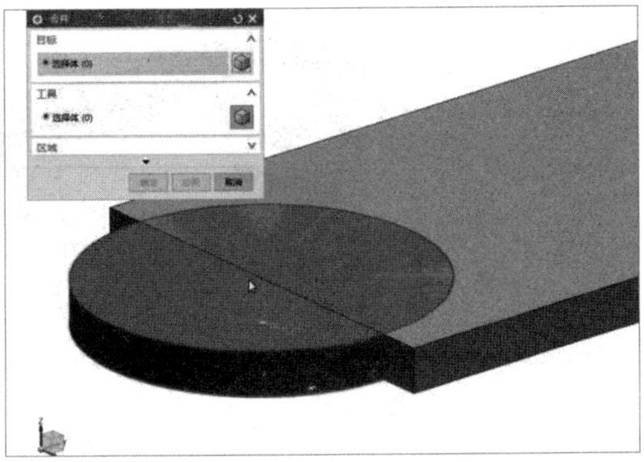

图 7-49　选择目标对象

Step03 选择相应的模型作为工具对象，如图 7-50 所示。

Step04 执行操作后，单击“确定”按钮，即可合并运算模型，如图 7-51 所示。

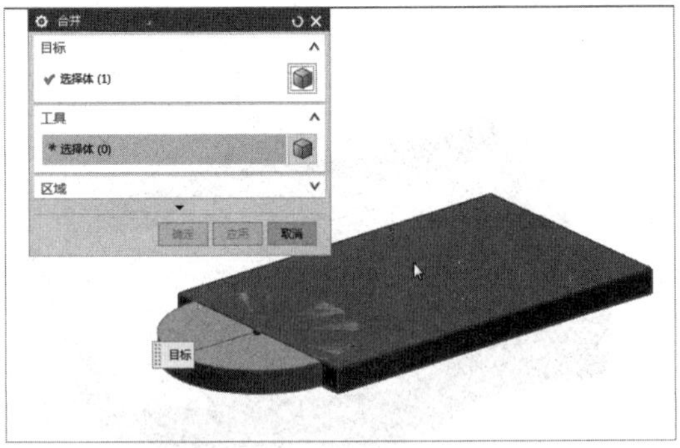

图 7-50　选择工具对象

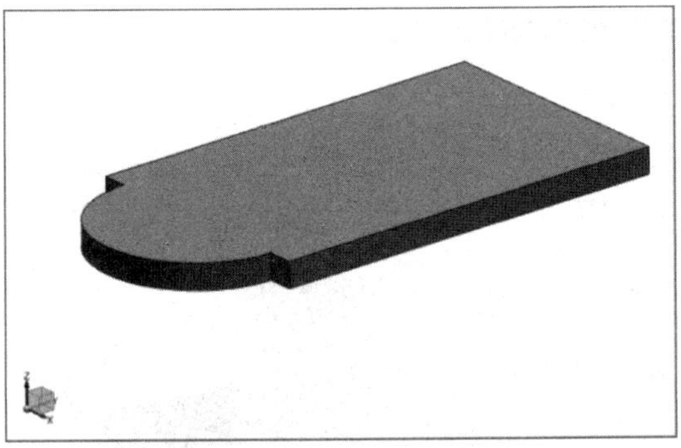

图 7-51　合并运算模型

7.3.2　对模型进行求差运算

在 UG NX 10.0 中，“求差运算”是指从所选实体特征中删除一个或多个实体，从而生成一个新的实体特征。在 UG NX 10.0 中，可通过以下两种方法对模型进行求差运算。

（1）在功能区“主页”选项卡的“特征”选项板中单击“组合”右侧的下拉按钮，在弹出的下拉面板中单击“减去”按钮。

（2）在边框条中执行“菜单”｜“插入”｜“合并”｜“减去”命令。

下面介绍对模型进行求差运算的操作方法。

Step 01 按【Ctrl + O】组合键，打开素材模型（素材\项目 7\7.3.2.prt），如图 7-52 所示。

Step 02 在功能区“主页”选项卡的“特征”选项板中单击“合并”右侧的下拉按钮，在弹出的下拉面板中单击“减去”按钮，弹出“求差”对话框，在绘图区中选择除圆柱体外的所有实体对象作为目标对象，如图 7-53 所示。

图 7-52　打开素材模型

图 7-53　选择目标对象

Step 03 在绘图区中选择圆柱体作为工具对象，如图 7-54 所示。

Step 04 单击“确定”按钮，即可对模型进行求差运算，如图 7-55 所示。

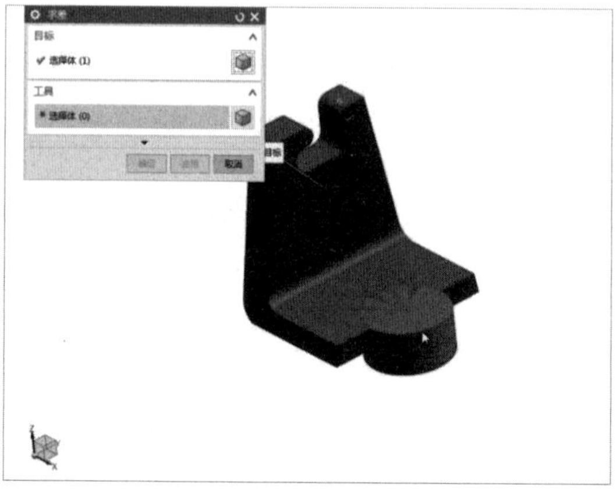

图 7-54　选择圆柱体

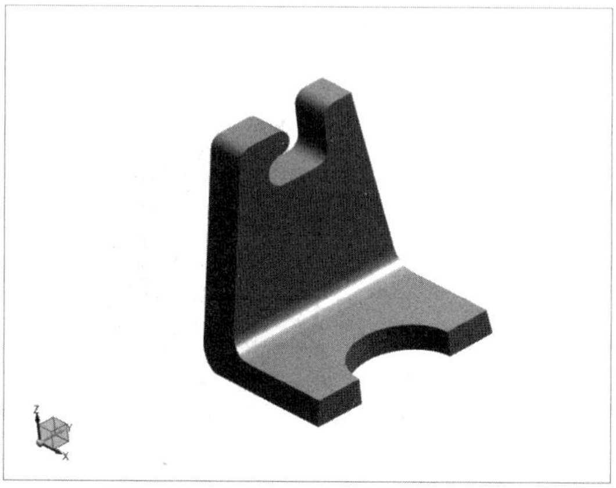

图 7-55　减去运算模型

7.3.3 对模型进行相交运算

在 UG NX 10.0 中，“求交运算”是指将两个或两个以上的实体特征对象的非公共部分删除，从而保留实体特征对象的相交部分。

在 UG NX 10.0 中，可以通过以下两种方法对模型进行求交运算。

（1）在功能区“主页”选项卡的“特征”选项板中单击“合并”右侧的下拉按钮，在弹出的下拉面板中单击“求交”按钮。

（2）在边框条中执行“菜单”|“插入”|“组合”|“相交”命令。

下面介绍对模型进行求交运算的操作方法。

Step01 按【Ctrl + O】组合键，打开素材模型（素材\项目 7\7.3.3.prt），如图 7-56 所示。

Step02 在功能区“主页”选项卡的“特征”选项板中单击“合并”右侧的下拉按钮，在弹出的下拉面板中单击“相交”按钮，弹出“求交”对话框，在绘图区中选择除长方体外的所有实体对象作为目标对象，如图 7-57 所示。

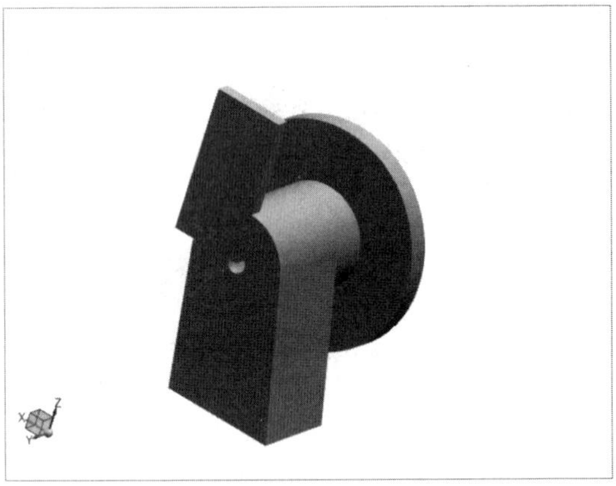

图 7-56 打开素材模型

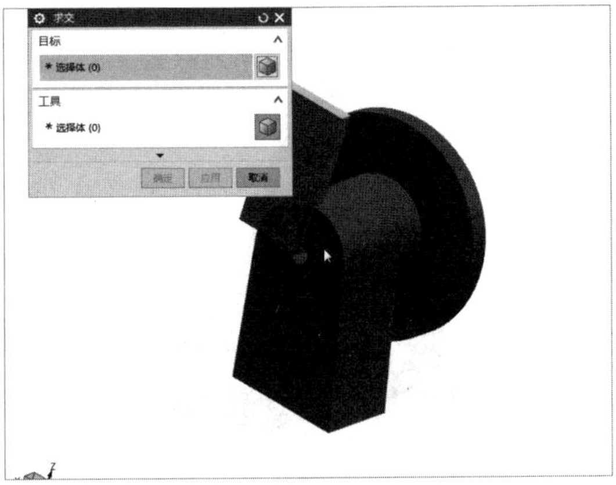

图 7-57 选择目标对象

Step03 选择长方体作为工具对象，如图 7-58 所示。

Step04 执行操作后，单击“确定”按钮，即可对模型进行求交运算，如图 7-59 所示。

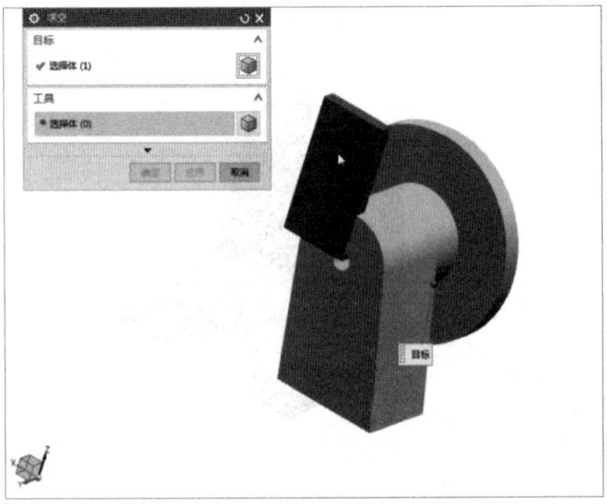

图 7-58 选择工具对象

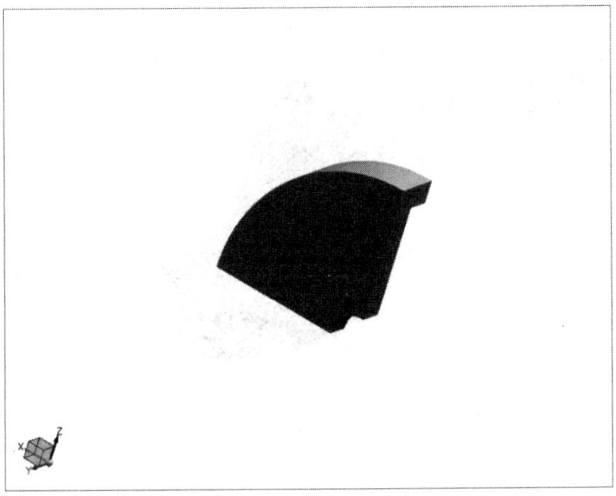

图 7-59 对模型进行求交运算

项目小结

本项目主要学习了编辑模型的细节特征、编辑倒角和圆角特征及对实体进行布尔运算的方法。通过对本项目的学习，读者应该对实体模型的拔模、加厚、缩放、缝合、补片、阵列、镜像、倒斜角、边倒圆及面倒圆有较好的掌握，并熟悉对模型进行布尔运算的方法。希望读者熟练掌握本项目内容，提高模型的创建与编辑效率。

项目训练

鉴于本项目知识的重要性，为了帮助读者更好地掌握所学知识，下面将通过上机习题帮助读者进行简单的知识回顾和补充。

本习题需要掌握抽壳特征的创建方法，素材文件与效果文件如图 7-60 所示。

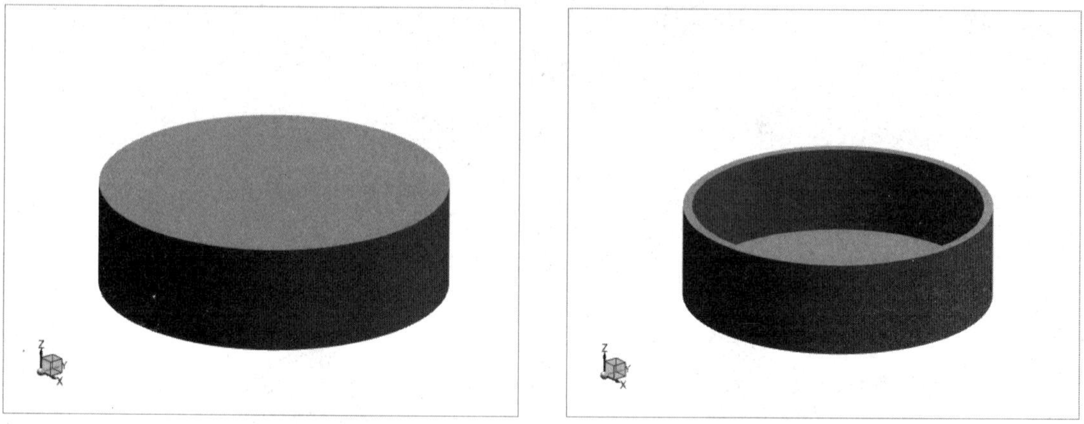

图 7-60　素材文件与效果文件

项目 8 曲面造型：创建与编辑曲面对象

在 UG NX 10.0 中，通过实体建模可以方便、迅速地创建较为规则的三维实体，但实际中许多产品都需要采用曲面造型来完成复杂形状的构建。由此可见，掌握 UG NX 曲面造型对创建产品模型来说是至关重要的，这也体现了 UG NX 的建模能力。本项目主要向读者介绍有界平面和直纹面。通过曲线组，通过曲线网格，扫掠创建曲面的操作方法，希望读者可以熟练掌握本项目内容。

本项目重点

- 通过有界平面创建曲面对象
- 通过曲面组建模
- 通过曲面组创建曲面

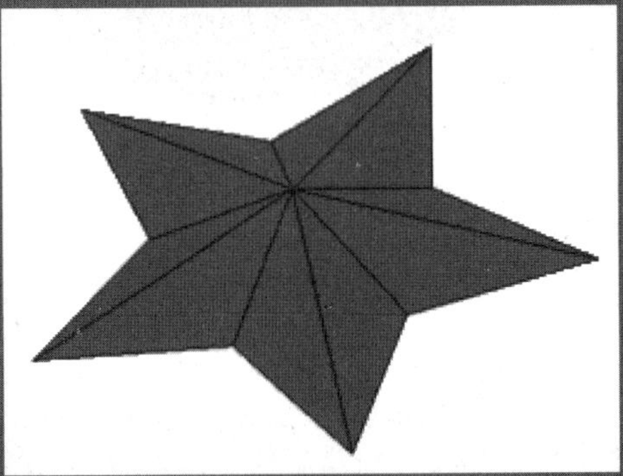

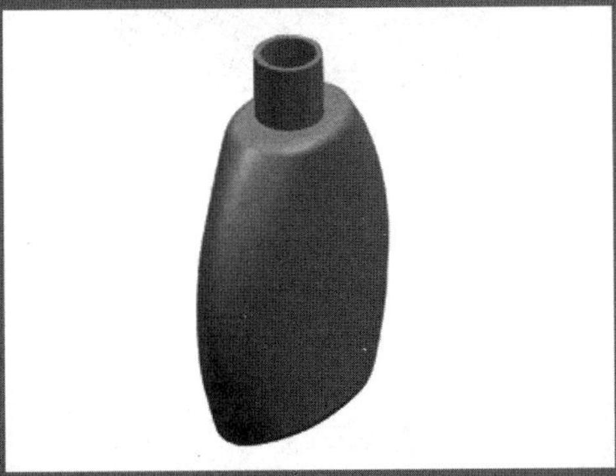

任务 1　通过有界平面创建曲面对象

在 UG NX 10.0 中，有界平面是指通过已有曲线来创建曲面，曲线可以是曲面、片体的边界线，实体表面的边或多边形的边等，但必须是封闭共面。本节主要通过五角星例题向读者介绍创建有界平面的操作方法。通过有界平面功能完成五角星实体建模效果如图 8-1 所示。

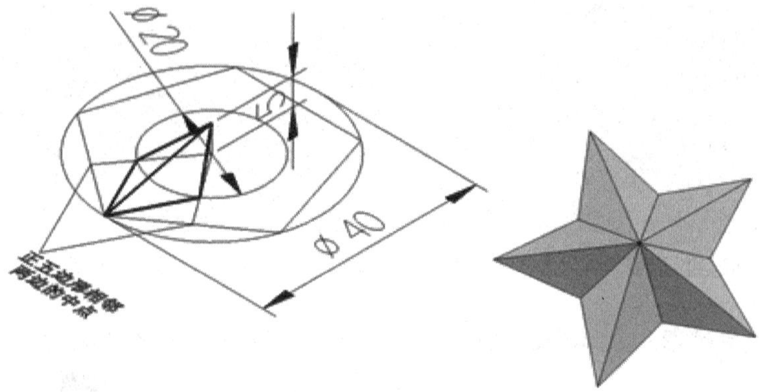

图 8-1　五角星实体建模效果

8.1.1　创建坐标与曲线

Step 01 单击“在任务环境中绘制草图”按钮，

“草图类型”选项选择“在平面上”，“平面方法”选项，选择“创建平面”，“指定平面”选择“X-Y 平面”，单击“确定”，进入草图，如图 8-2 所示。

Step 02 在草图界面中，创建以坐标（X0,Y0）点为圆心点，直径为“40”的圆，参数如图 8-3 所示。

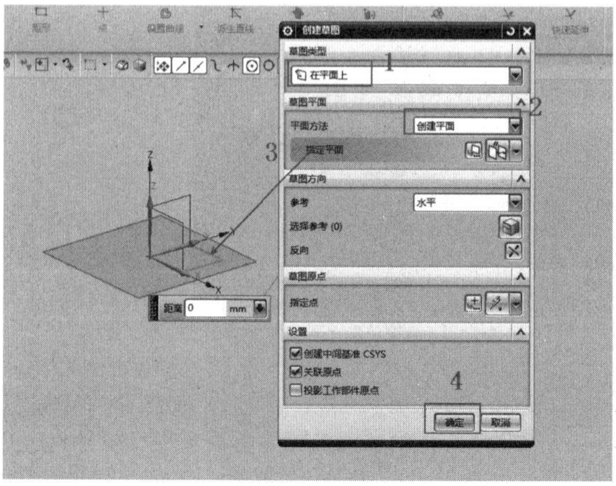

图 8-2　草图

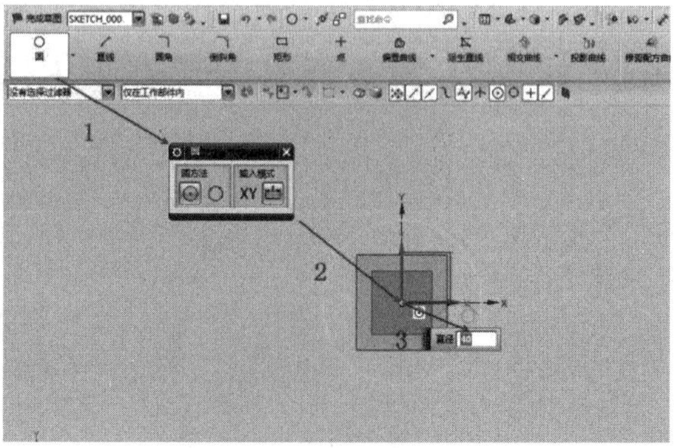

图 8-3　设置圆的参数

Step 03 以直径 40 的圆的圆心为中点，创建一个外接圆直径为“40”的正五边形，参数如图 8-4 所示。

Step 04 创建与直径 40 的圆为同心圆直径为 20 的圆，如图 8-5 所示。

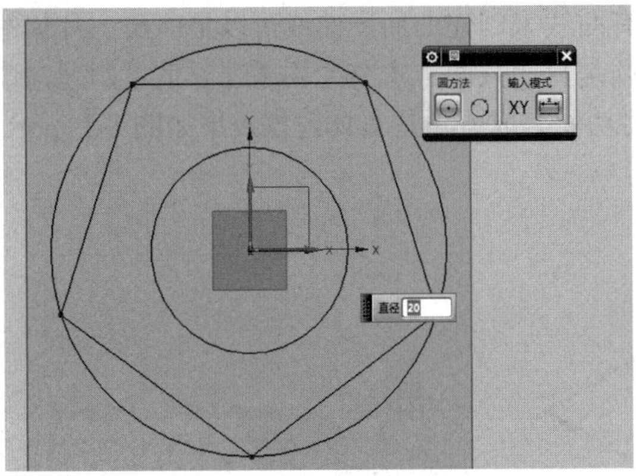

图 8-4　创建直径为“40”的正五边形

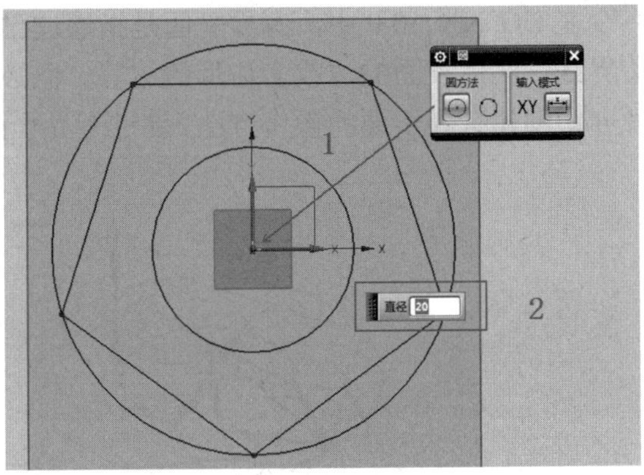

图 8-5　创建直径为“20”的圆

Step 05 单击“完成草图” 完成草图，切换回到空间界面，如图 8-6 所示。

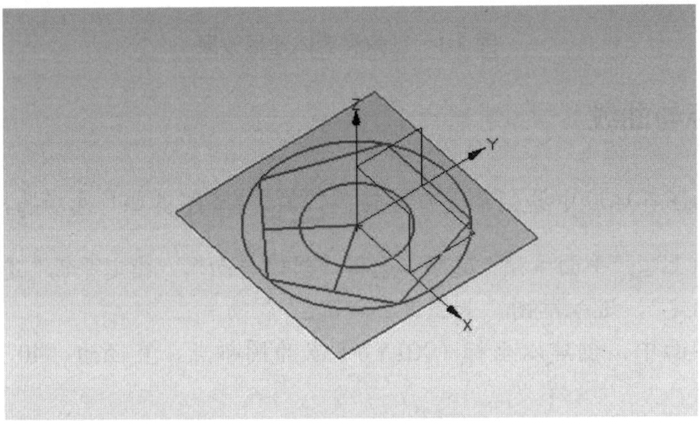

图 8-6　切换回到空间界面

Step 06 按【Ctrl+B】组合键隐藏没有用的坐标系和基准平面，如图 8-7 所示。

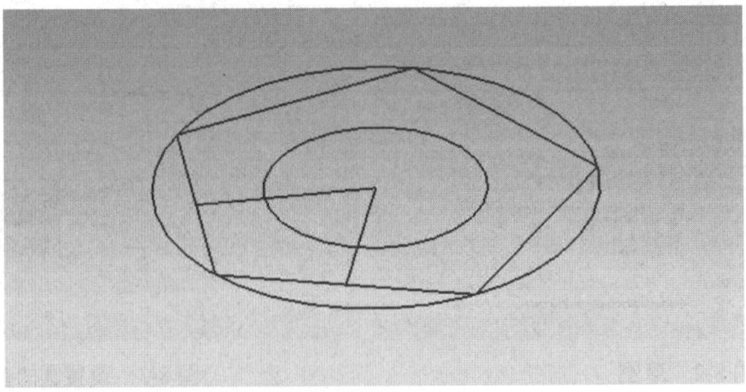

图 8-7　隐藏没有用的坐标系和基准平面

8.1.2　创建空间曲线

Step 01 单击“空间曲线”中的“直线”命令，以直径 20 的圆的圆心为起点，沿 Z 轴方向，创建长度 5 mm 的直线，如图 8-8 所示。

Step 02 继续使用“空间曲线”中的“直线”命令，连接出如图 8-9 所示的直线。

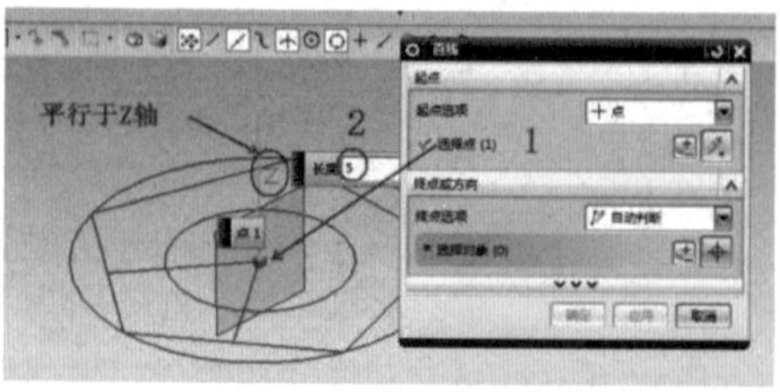

图 8-8　创建直线

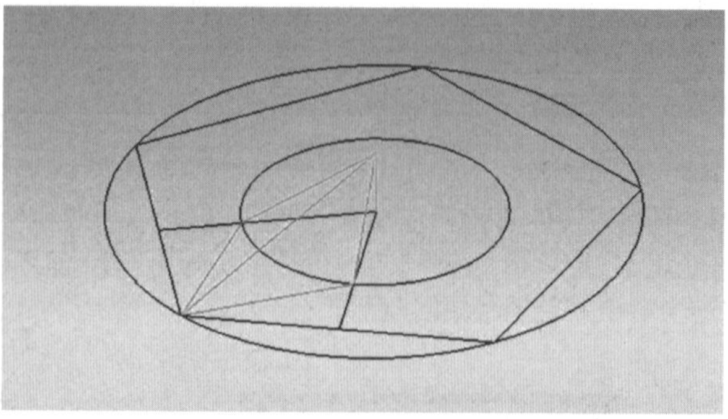

图 8-9　连接直线

Step 03 单击”曲面”中“有界平面”图标，选择直线 1、2、3，生成片体 1，单击“确定”按钮，如图 8-10 所示。

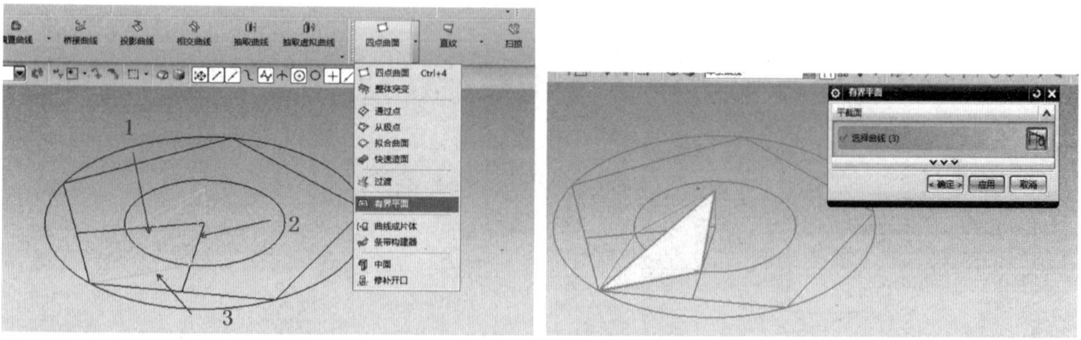

图 8-10　生成片体 1

Step 04 用同样的方法，创建有界平面 2，如图 8-11 所示。

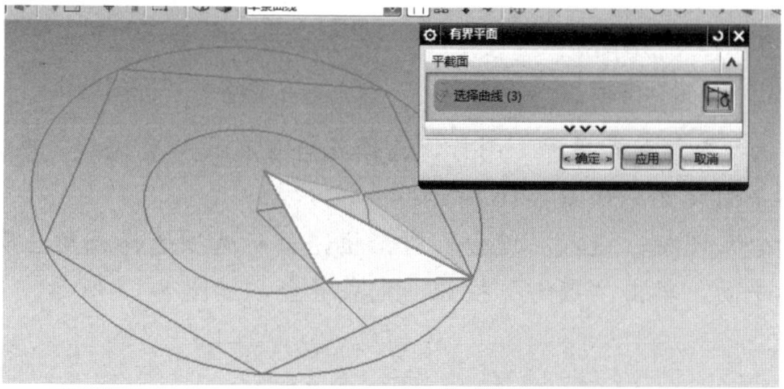

图 8-11　创建有界平面

8.1.3 创建平面并缝合

Step01 单击“移动对象”图标，进入“移动对象”对话框，如图 8-12 所示。在运动选项选中择角度，指定矢量选择 Z 轴正方向，单击“选择对象”。在绘图区域选择之前创建的有界平面 1、2，在结果栏中选择“复制原先的”，非关联副本数改成“4”，单击“确定”按钮，完成如图 8-13 所示。

图 8-12 “移动对象”对话框

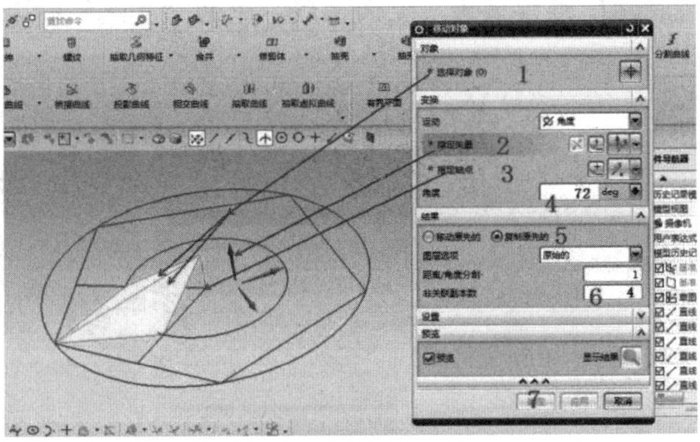

图 8-13 设置参数

Step02 单击“缝合”图标，如图 8-14 所示，进入“缝合”对话框。在目标选项中选择一个有界平面，在工具框中选其他有界平面，单击“确定”按钮，完成缝合，如图 8-15 所示。

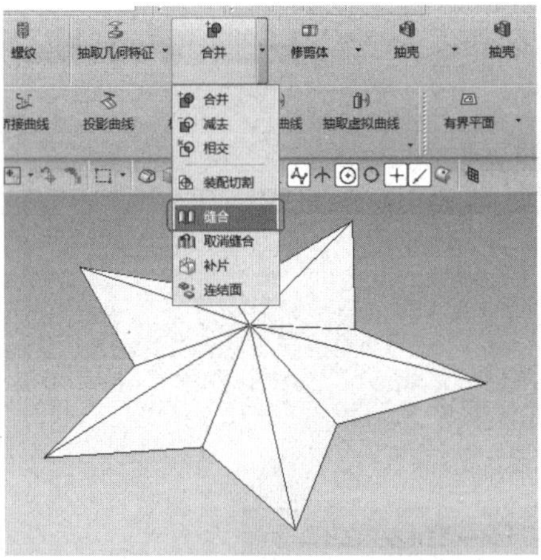

图 8-14 单击“缝合”图标

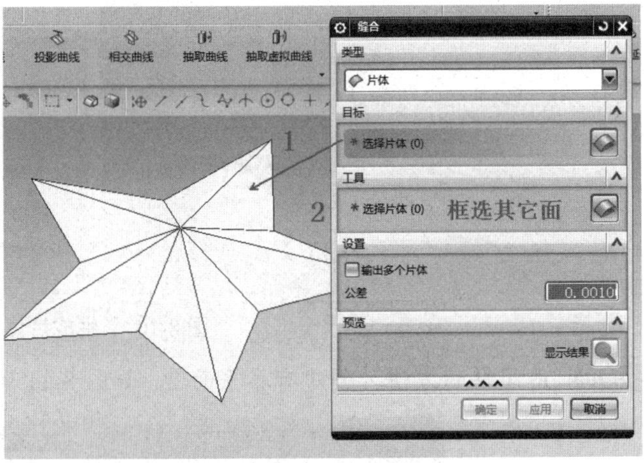

图 8-15 完成缝合

Step03 单击”曲面”中“有界平面”图标，选择五角星底面所有边线，单击“确定”按钮，完成有界平面设置，如图 8-16 所示。

Step04 单击“缝合”图标，进入“缝合”对话框，目标选项选择五角星面，在工具框中选其他有界平面，单击“确定”按钮，完成缝合，如图 8-17 所示。

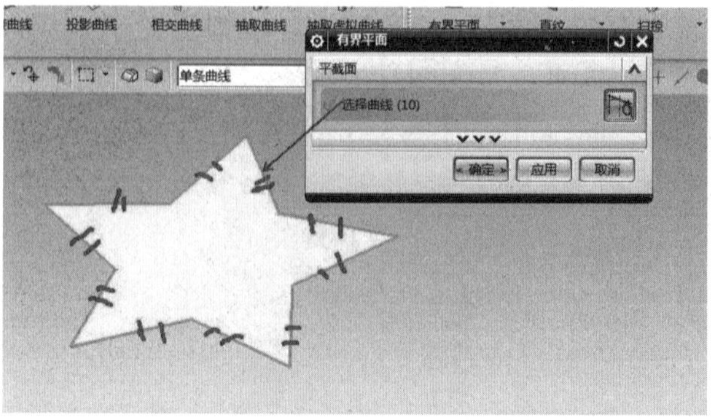

图 8-16　有界平面设置

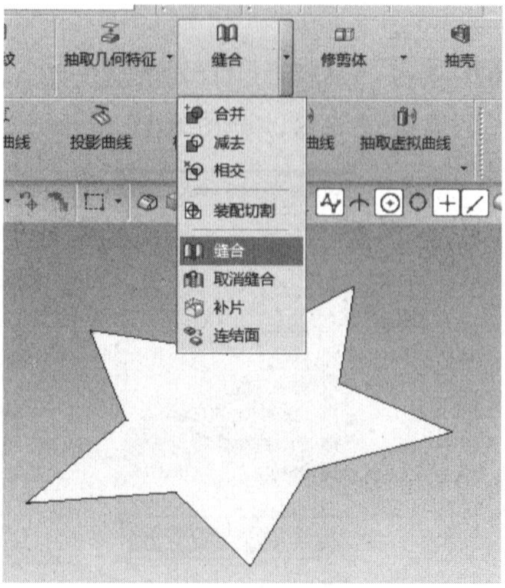

图 8-17　完成缝合

8.1.4　创建抛切平面

Step 01 单击“视图”|“编辑视图”图标，选择一个剖切平面，检查五角星内部是否是实心，如图 8-18 所示。

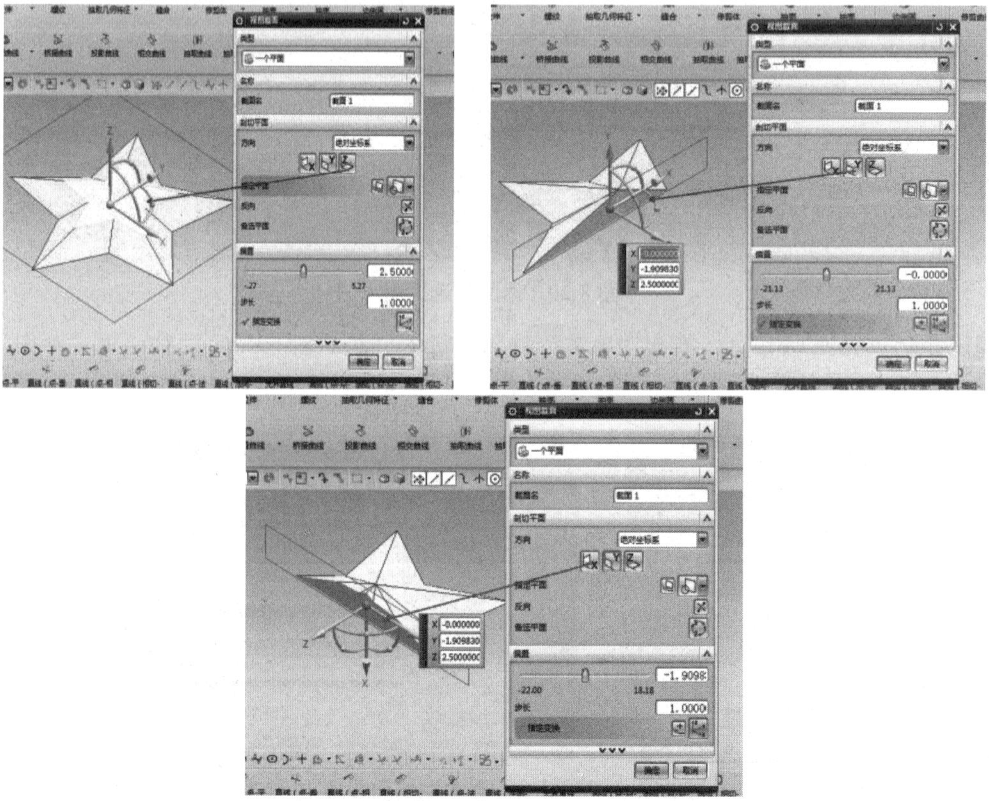

图 8-18　检查五角星内部是否是实心

Step 02 点击“编辑” | “对象显示”，在“类选择器”对话框中选择“类型过滤器”，进入类型过滤器，如图 8-19 所示。

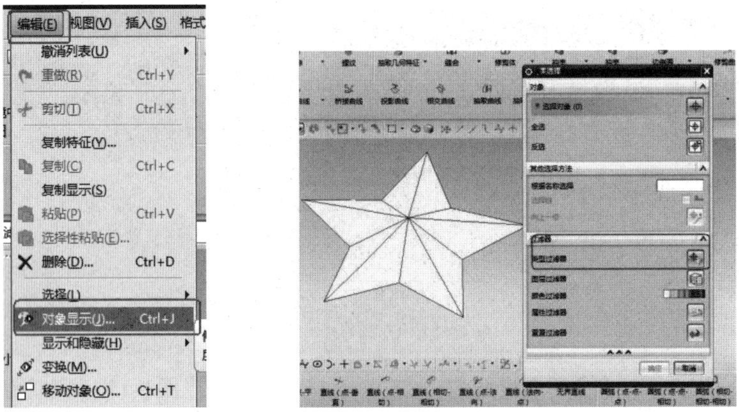

图 8-19 类型过滤器

Step 03 选择面，单击“确定”按钮，返回类选择器，如图 8-20 所示。

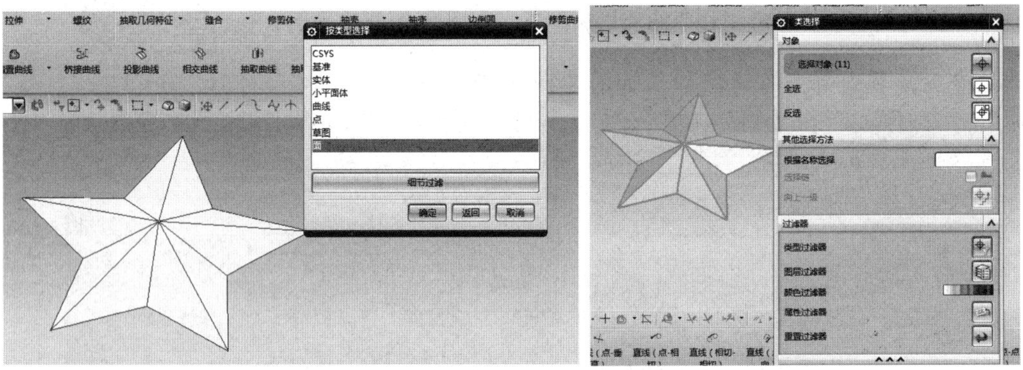

图 8-20 返回类选择器

Step 04 框选五角星所有面，单击“确定”按钮，进入“编辑对象显示”对话框，如图 8-21 所示。

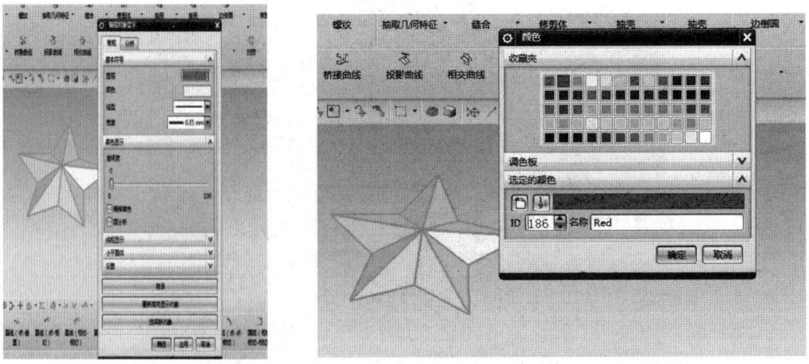

图 8-21 “编辑对象显示”对话框

Step 05 把颜色改成红颜色，单击“确定”按钮，完成抛切平面的创建，如图 8-22 所示。

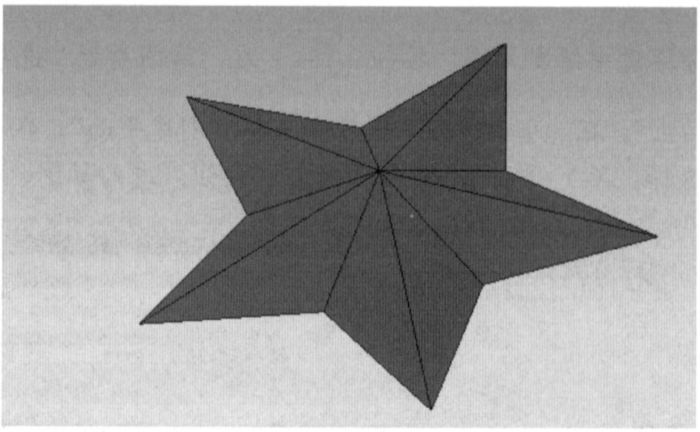

图 8-22　完成抛切平面的创建

任务 2　通过曲面组建模

在 UG NX 10.0 中，“曲面组”是指通过已有的截面曲线来创建曲面。曲线可以是曲面、片体的边界线，实体表面的边或多边形的边等至少两组截面曲线。本节主要通过洗发水瓶例题向读者介绍通过曲面组创建曲面的操作方法。通过曲面组建模完成洗发水瓶实体建模的效果如图 8-23 所示。

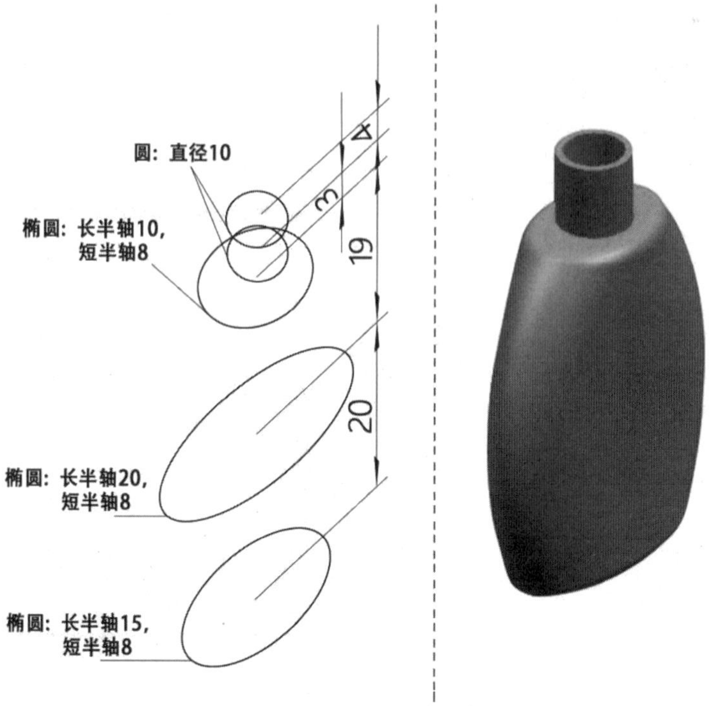

图 8-23　洗发水瓶实体建模的效果

8.2.1 创建椭圆草图

Step 01 单击“在任务环境中绘制草图”按钮，在“草图类型”选项中选择“在平面上”，在“平面方法”选项中选择“创建平面”，在“指定平面”中选择“X-Y 平面”，单击“确定”按钮，进入草图，如图 8-24 所示。

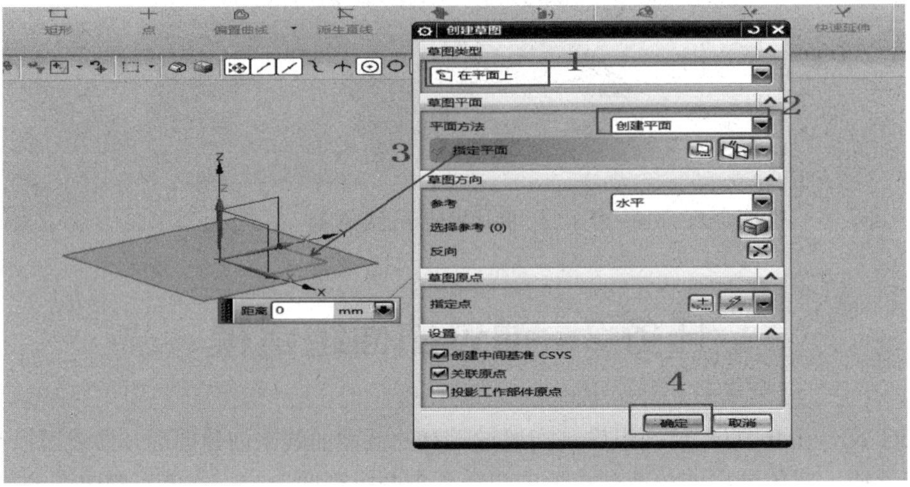

图 8-24 草图

Step 02 在草图界面中，创建以坐标(X0,Y0)点为中心点，长半轴为 15 mm，短半轴为 8 mm，旋转角度为 90 mm 的椭圆。设置草图参数如图 8-25 所示。

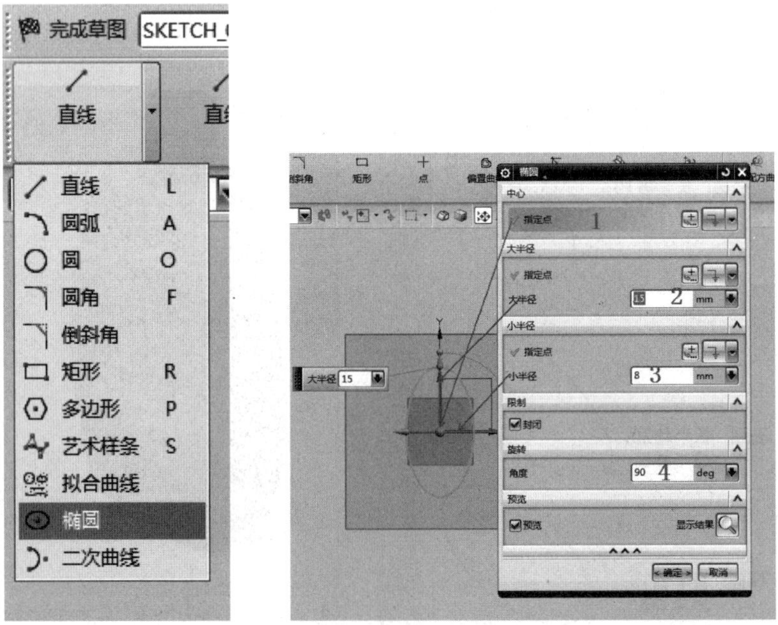

图 8-25 设置草图参数

Step 03 用相同方法创建椭圆 2 和椭圆 3，如图 8-26 所示。

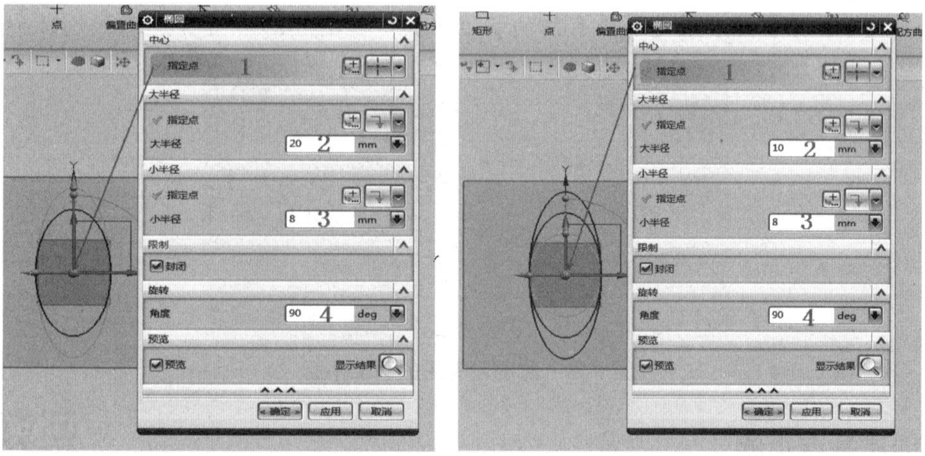

图 8-26　创建椭圆 2 和椭圆 3

Step04 创建与三个椭圆为同心的、直径为 10 的圆，如图 8-27 所示。

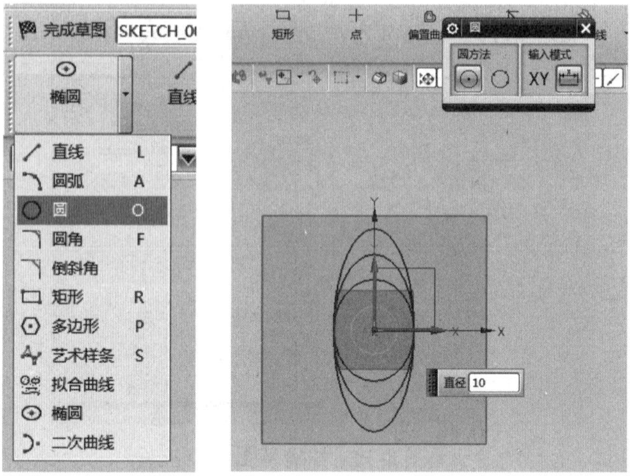

图 8-27　创建圆

Step05 单击“完成草图”完成草图，切换回到空间界面，如图 8-28 所示。

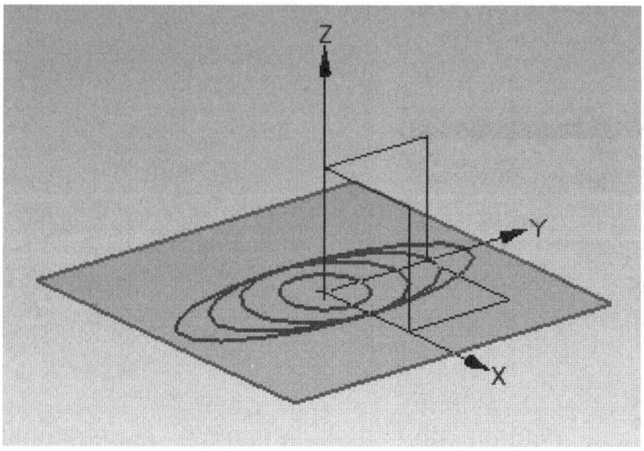

图 8-28　切换回到空间界面

Step06 按【Ctrl+B】组合键隐藏没有用的基准平面，如图 8-29 所示。

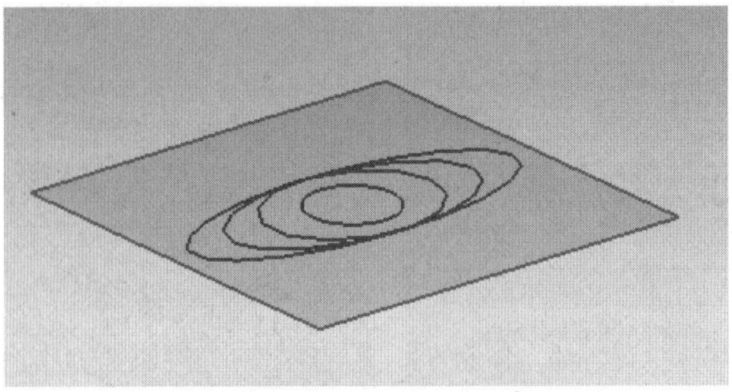

图 8-29　隐藏没有用的基准平面

8.2.2　创建基准距离

Step01 创建草图 2，与草图 1 的距离为 20，如图 8-30 所示。

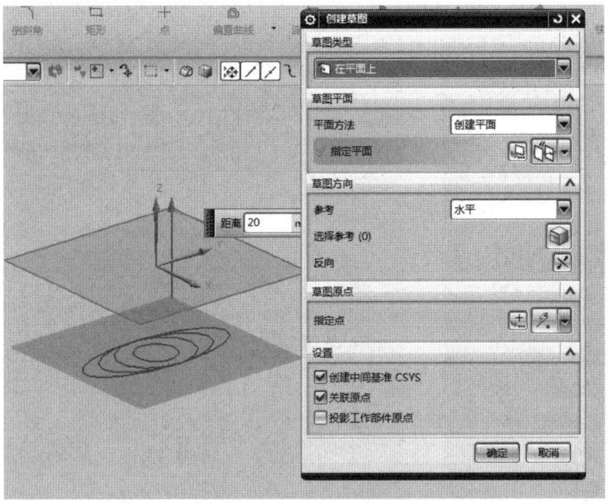

图 8-30　创建草图 2

Step02 在草图 2 中，单击“投影曲线” 

，把草图 1 中的椭圆 2，即长半径 20，短半径 8 的椭圆投影到草图 2，如图 8-31 所示。

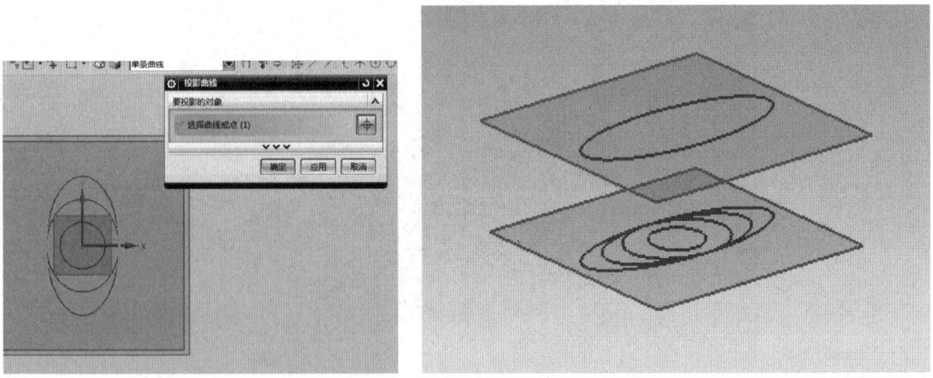

图 8-31　将椭圆投影到草图 2 中

Step 03 创建草图 3，与草图 2 的距离为 19，如图 8-32 所示。

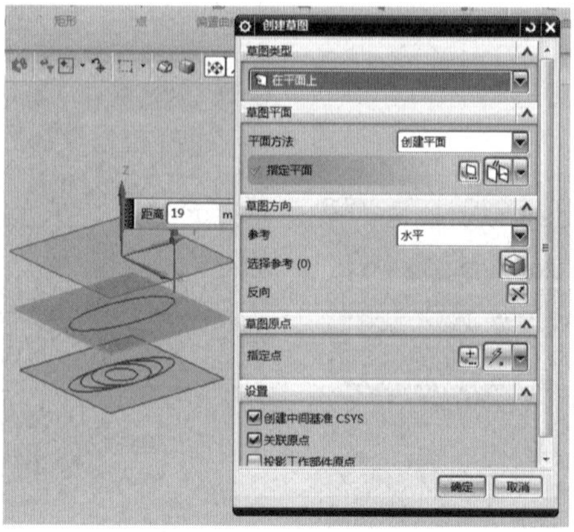

图 8-32　创建草图 3

Step 04 在草图 3 中，单击“投影曲线”，把草图 1 中的椭圆 3，即长半径 10，短半径 8 的椭圆投影到草图 3 中，如图 8-33 所示。

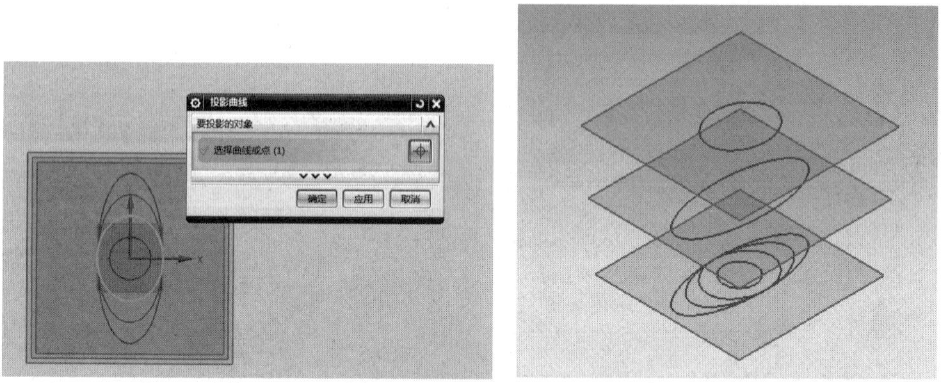

图 8-33　椭圆投影到草图 3 中

Step 05 创建草图 4，与草图 3 的距离为 3，如图 8-34 所示。

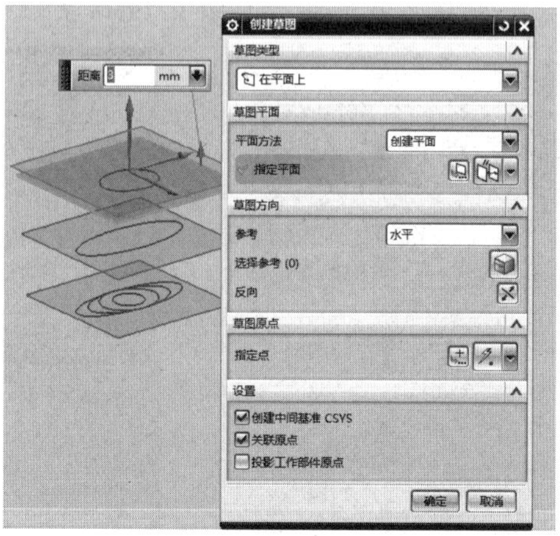

图 8-34　创建草图 4

Step 06 在草图 4 中，单击“投影曲线”，把草图 1 中直径为 10 的圆，投影到草图 4 中，如图 8-35 所示。

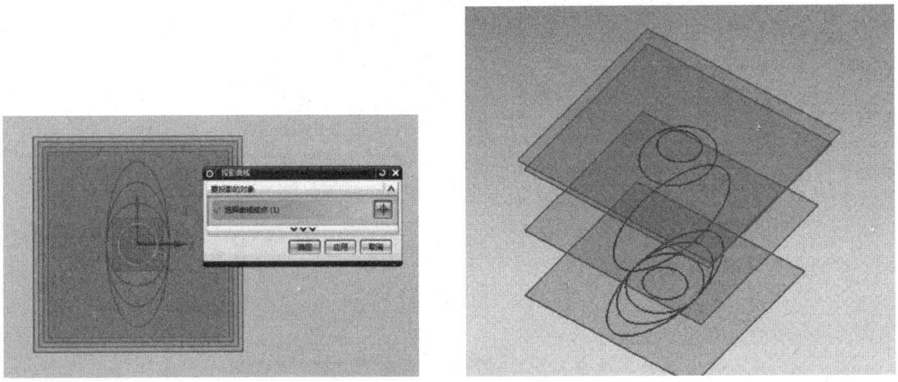

图 8-35 将圆投影到草图 4 中

Step 07 创建草图 5，与草图 4 的距离为 4，如图 8-36 所示。

Step 08 重复 Step 06，把直径 10 的圆投影到草图 5 中，如图 8-37 所示。

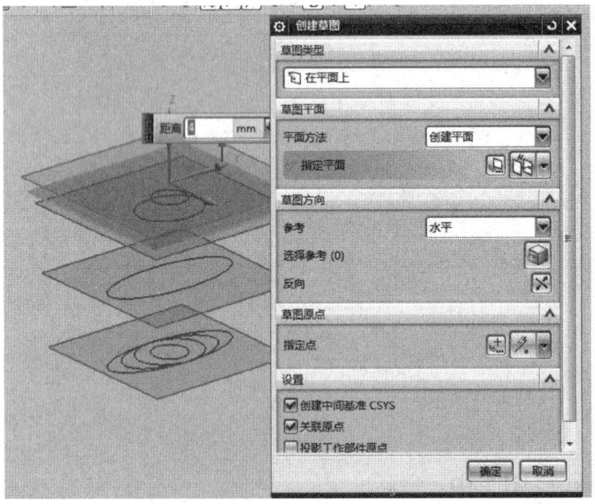

图 8-36 创建草图 5

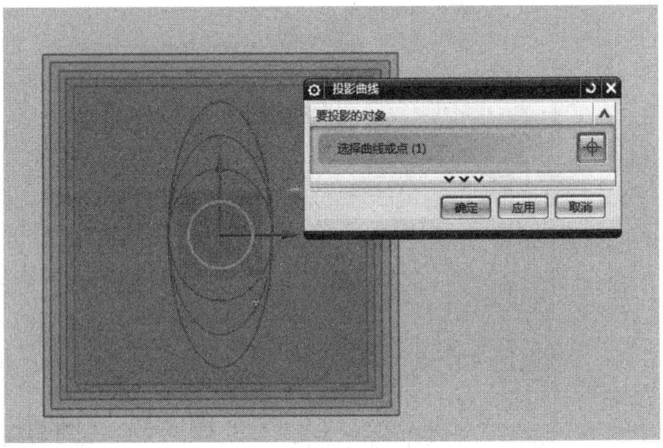

图 8-37 将直径 10 的椭圆投影到草图 5 中

Step 09 回到空间界面，隐藏没用的基准平面，如图 8-38 所示。

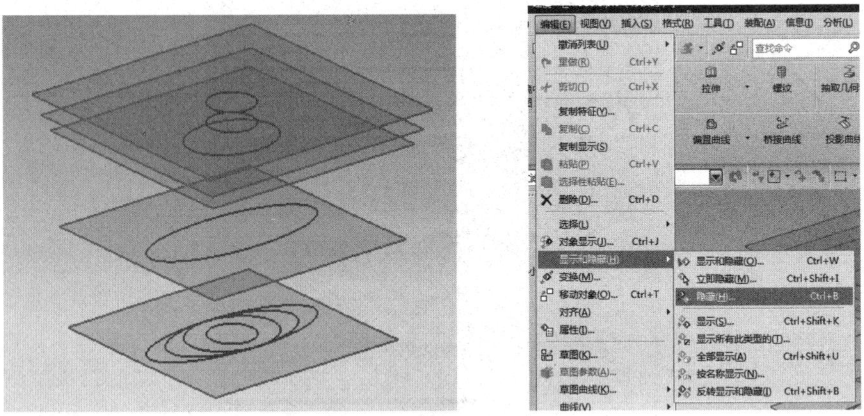

图 8-38 隐藏没用的基准平面

Step 10 单击“确定”按钮，完成基准距离的创建，如图 8-39 所示。

图 8-39　完成基准距离的创建

8.2.3　创建曲面与曲线组

Step 01 单击“曲面” | “通过曲线组”图标，进入“通过曲线组”对话框，依次选择椭圆 1，椭圆 2，椭圆 3，单击“确定”按钮，生成洗发水瓶身主体部分，如图 8-40 所示.

Step 02 单击“曲面” | “通过曲线组”图标，进入“通过曲线组”对话框，依次选择两个直径 10 mm 的圆，单击“确定”按钮，生成洗发水瓶口部，如图 8-41 所示。

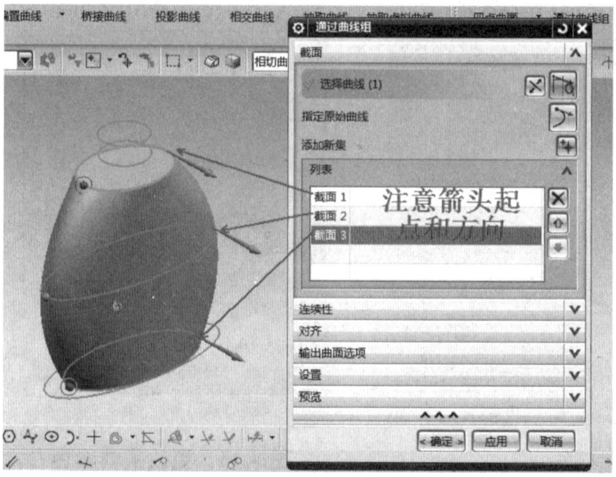

图 8-40　生成洗发水瓶身主体部分

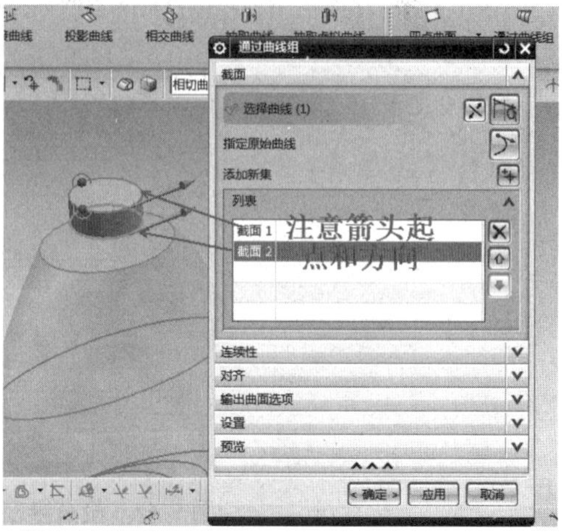

图 8-41　生成洗发水瓶口部

Step 03 单击“拉伸”指令，如图 8-42 所示，把直径 10 mm 的圆向瓶身方向拉伸 4 mm。

Step 04 单击“布尔运算” | “合并”图标，把瓶身和口部求和，如图 8-43 所示。

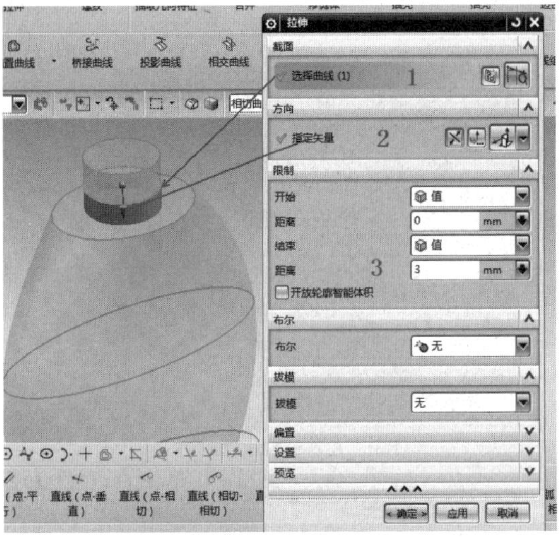

图 8-42　将圆向瓶身方向拉伸

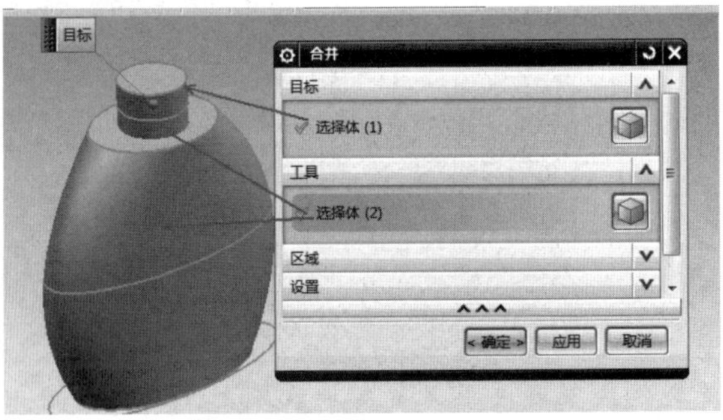

图 8-43　完成瓶身和口部求和

8.2.4　创建实体部分

Step01　单击“边到圆”  指令，给瓶底和瓶肩膀倒角，设置半径为“3 mm”，如图 8-44 所示。

Step02　更改实体颜色，如图 8-45 所示。

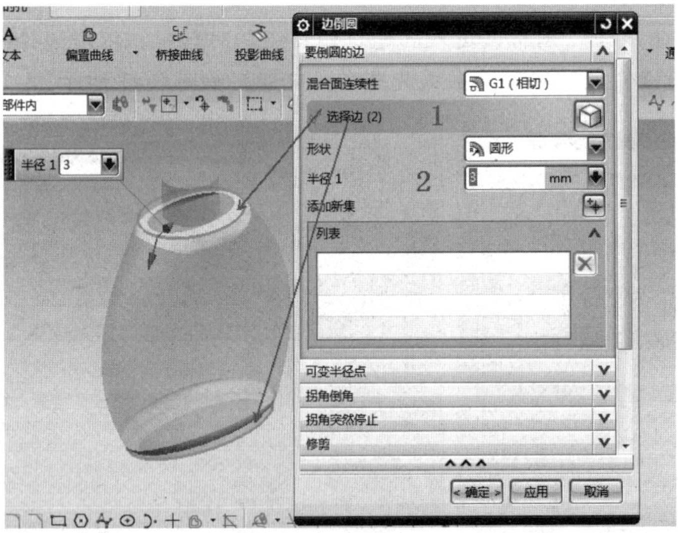

图 8-44　设置半径

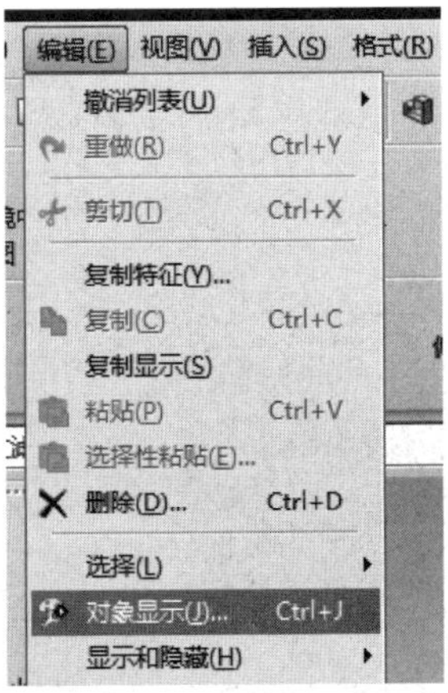

图 8-45　更改实体颜色

Step03　单击【抽壳】指令 ，给洗发水瓶抽壳，如图 8-46 所示。

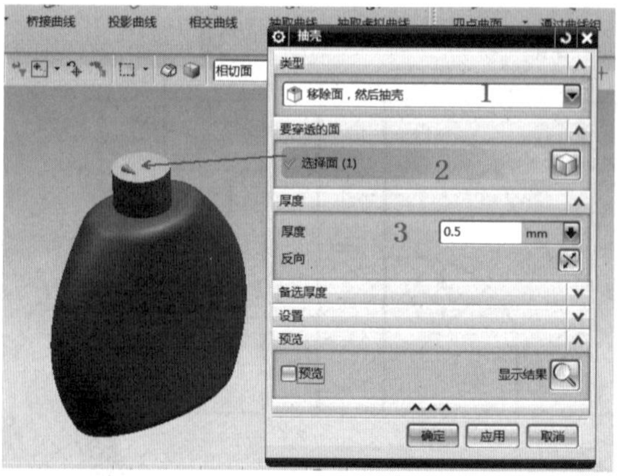

图 8-46　给洗发水瓶抽壳

8.2.5　创建刨切平面

Step 01 单击“视图”|“编辑视图”图标 ，选择 *Y-Z* 平面为剖切平面，检查洗发水瓶内部是否是为空心，如图 8-47 所示。

Step 02 单击“确定”按钮，完成洗发水瓶实体的建模，如图 8-48 所示。

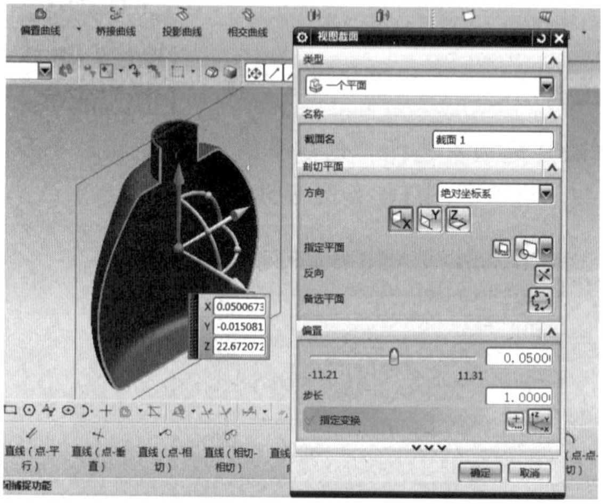

图 8-47　检查洗发水瓶内部是否是为空心

图 8-48　完成洗发水瓶实体的建模

任务 3　通过曲面组创建曲面

本任务主要通过洗发水瓶例题向读者介绍通过曲面组创建曲面的操作方法。通过曲面网格完成模具实体建模的效果如图 8-49 所示。

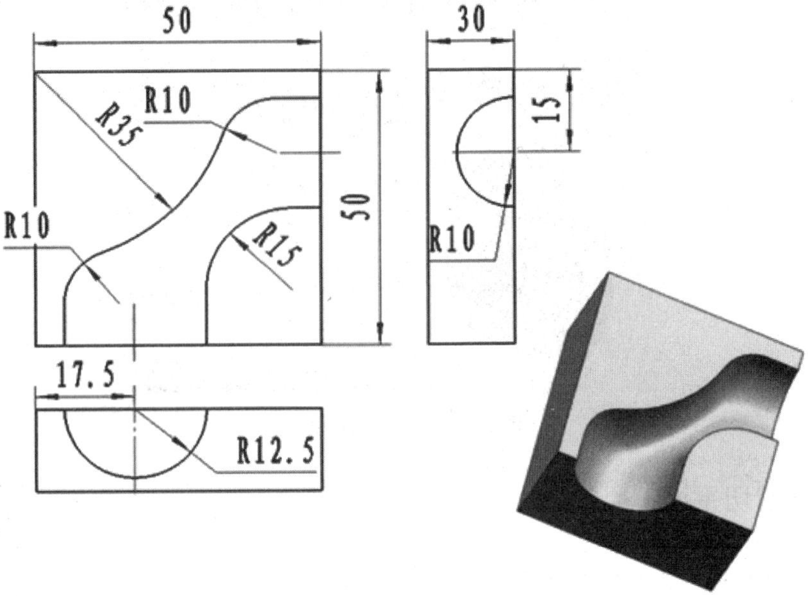

图 8-49　模具实体建模的效果

8.3.1　创建空间界面

Step 01 单击“在任务环境中绘制草图” 按钮，在“草图类型”选项中选择“在平面上”，在“平面方法”选项中选择“创建平面”，在“指定平面”选择“*X-Y* 平面”，单击“确定”按钮，进入草图 1，如图 8-50 所示。

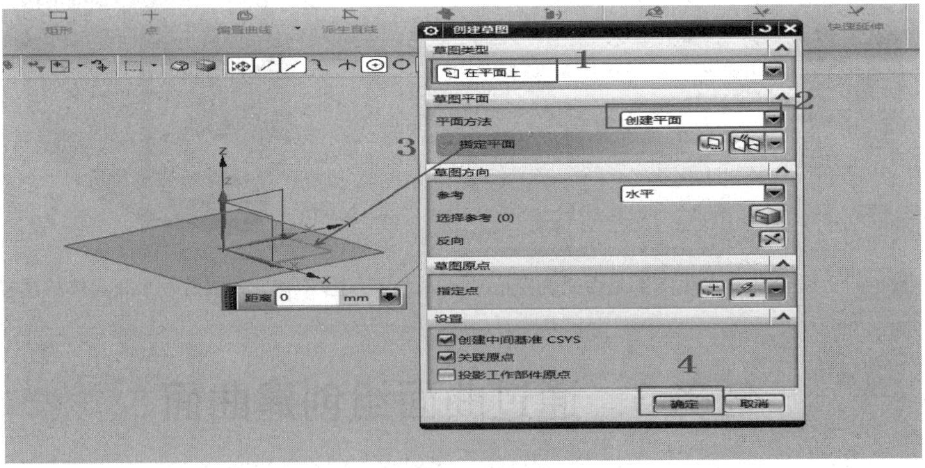

图 8-50　草图 1

Step 02 在草图 1 中，创建以坐标（X0,Y0）点为中心点，宽度为 50，高度为 50、，角度为 0 的矩形。设置参数如图 8-51 所示。

Step03 单击“完成草图”，返回到空间界面，隐藏坐标系和基准平面，完成空间界面的创建，如图 8-52 所示。

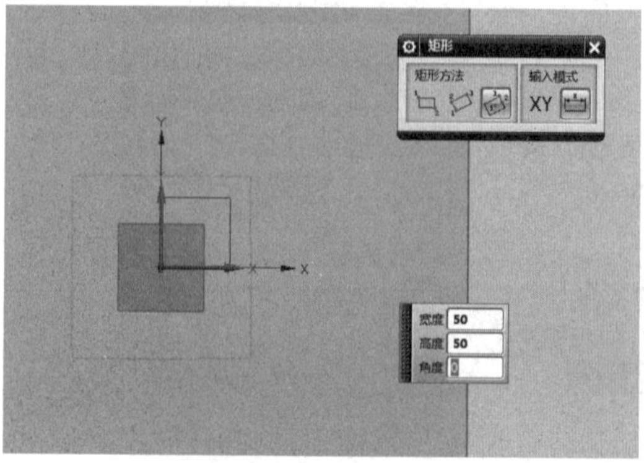

图 8-51　设置参数

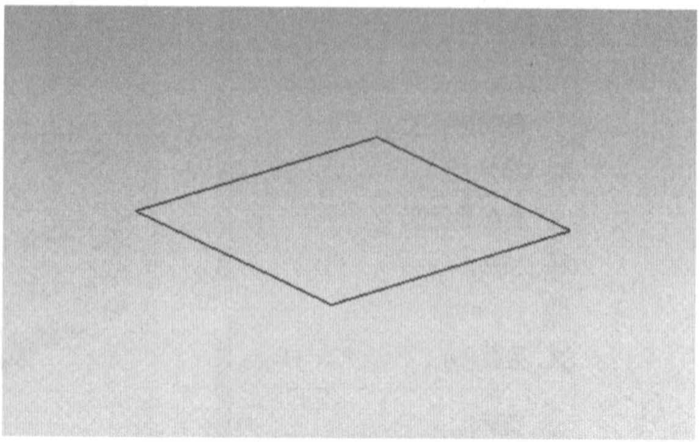

图 8-52　空间界面的创建

8.3.2　创建空间轮廓

Step01 点击“拉伸” 指令，把草图 1 的轮廓向 Z 轴负方向拉伸 30 mm，如图 8-53 所示。

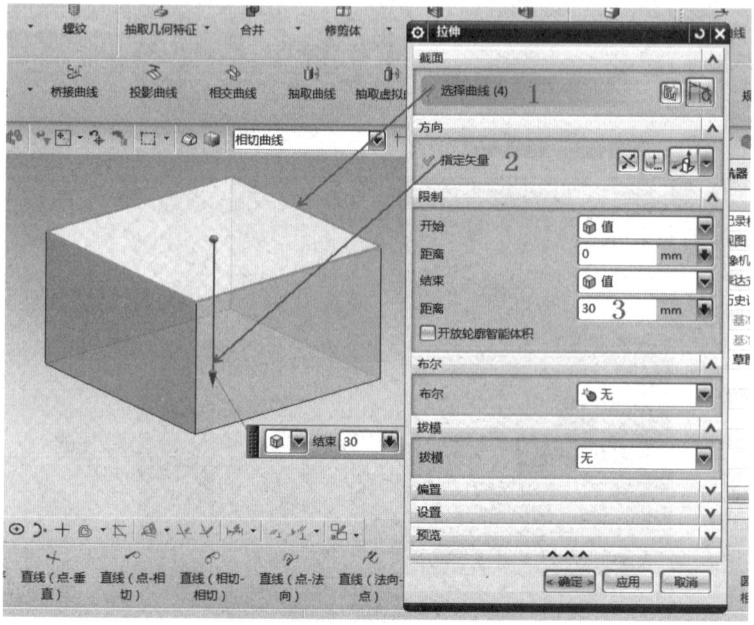

图 8-53　将轮廓向 Z 轴负方向拉伸

Step02 把实体颜色改成深颜色，其步骤如图 8-54 所示。

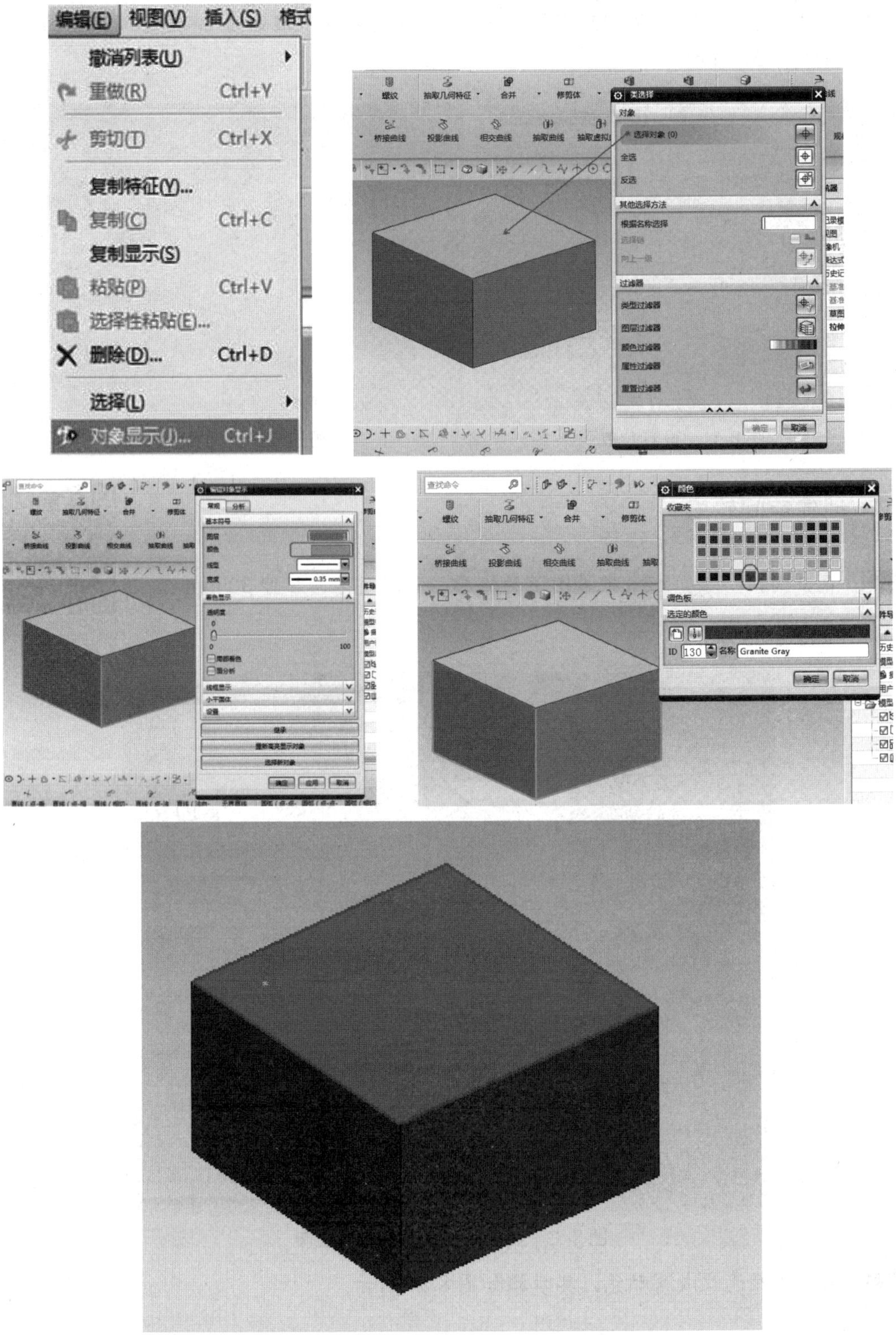

图 8-54 实体颜色改成深颜色

Step 03 在立方体的前面创建草图 2，如图 8-55 所示。

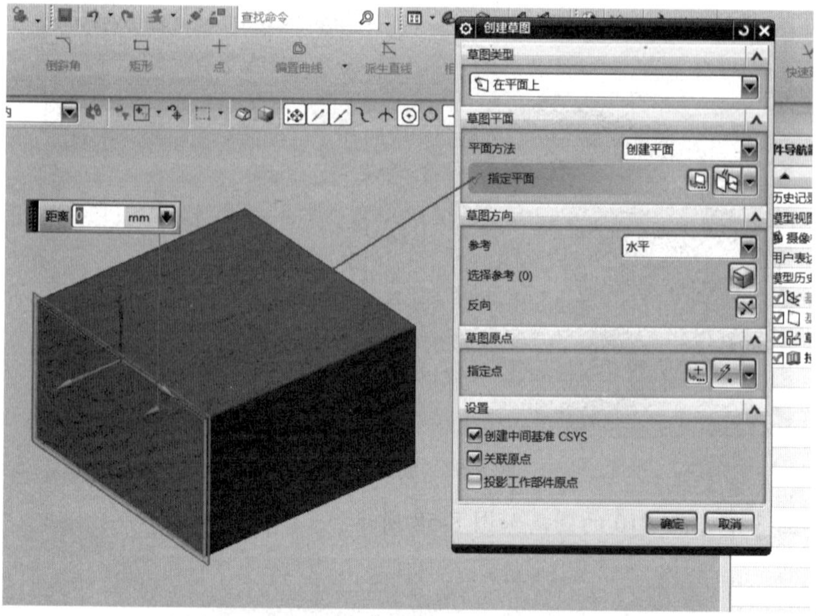

图 8-55　在立方体的前面创建草图 2

8.3.3　创建衔接曲线

Step 01 在草图 2 中，按图纸尺寸要求，画 *R*12.5 的半圆，如图 8-56 所示。

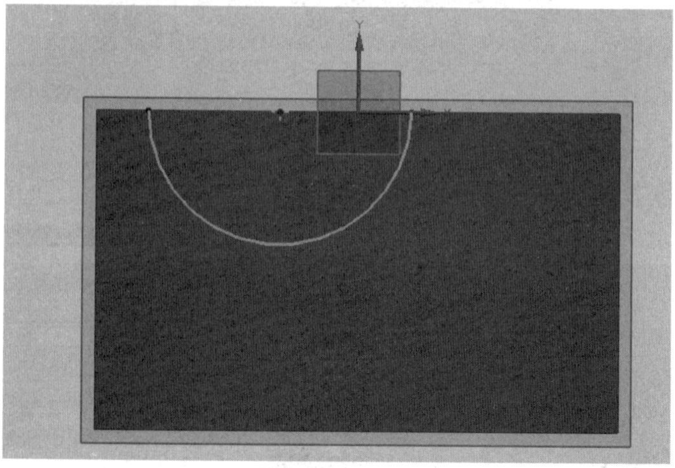

图 8-56　画 *R*12.5 的半圆

Step 02 在立方体的右端面上创建草图 3，如图 8-57 所示。

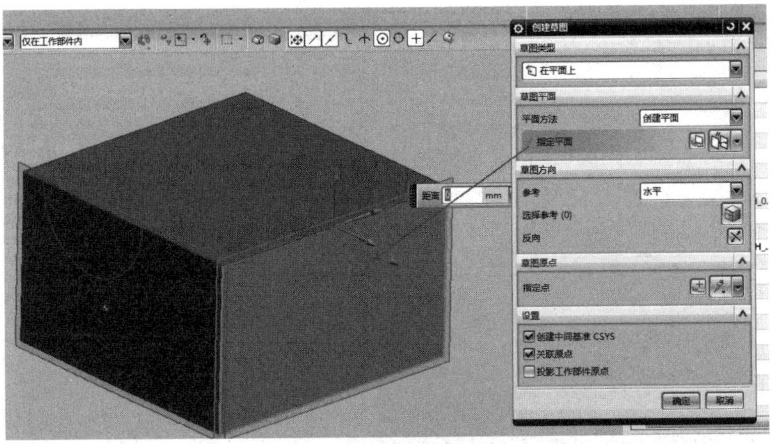

图 8-57　创建草图 3

Step 03 在草图 3 中，画 *R*10 的圆，如图 8-58 所示。

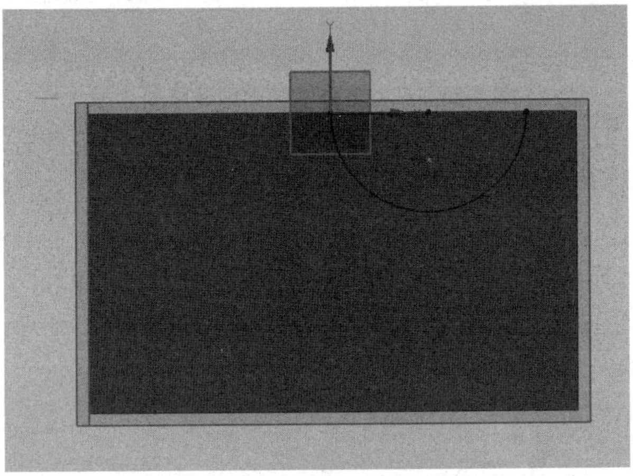

图 8-58　画 *R*10 的圆

Step 04 在立方体的上面创建草图 4，如图 8-59 所示。

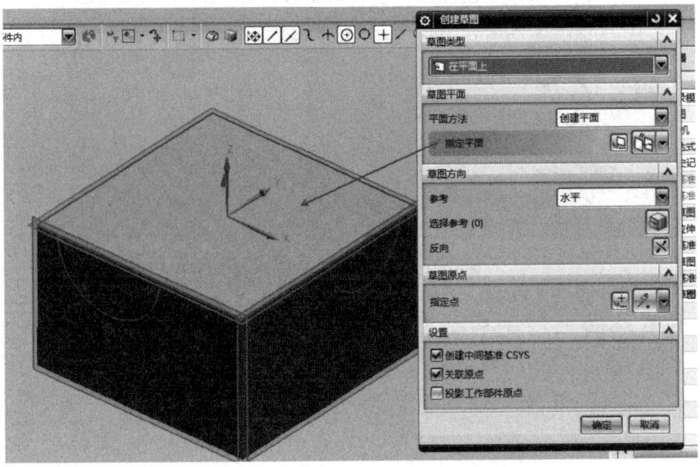

图 8-59　创建草图 4

Step05 在草图 4 中画俯视图，如图 8-60 所示。

Step06 完成草图返回到空间界面，隐藏没有用的线和基准平面，完成衔接曲线的创建，如图 8-61 所示。

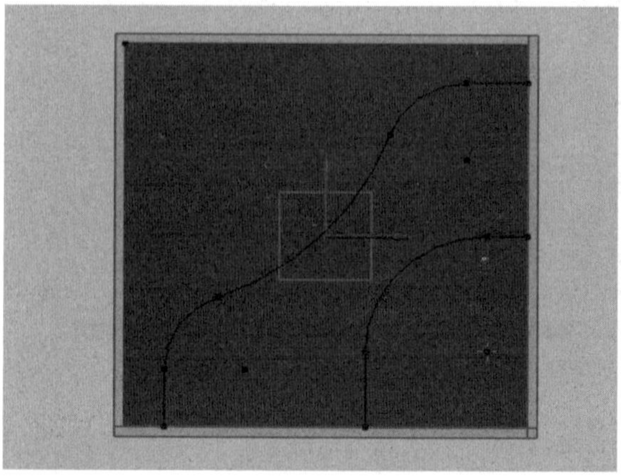

图 8-60　画俯视图

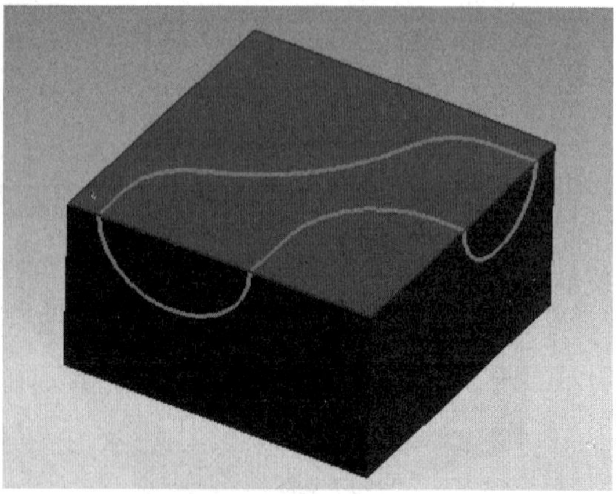

图 8-61　衔接曲线的创建

8.3.4　创建通过曲线网格

Step01 单击“曲面”｜“通过曲线网格”  指令，弹出“曲线网格”对话框，分别选择“主曲线”和“交叉曲线”，生成曲面 1。生成曲面 1 的作步骤如图 8-62 所示。

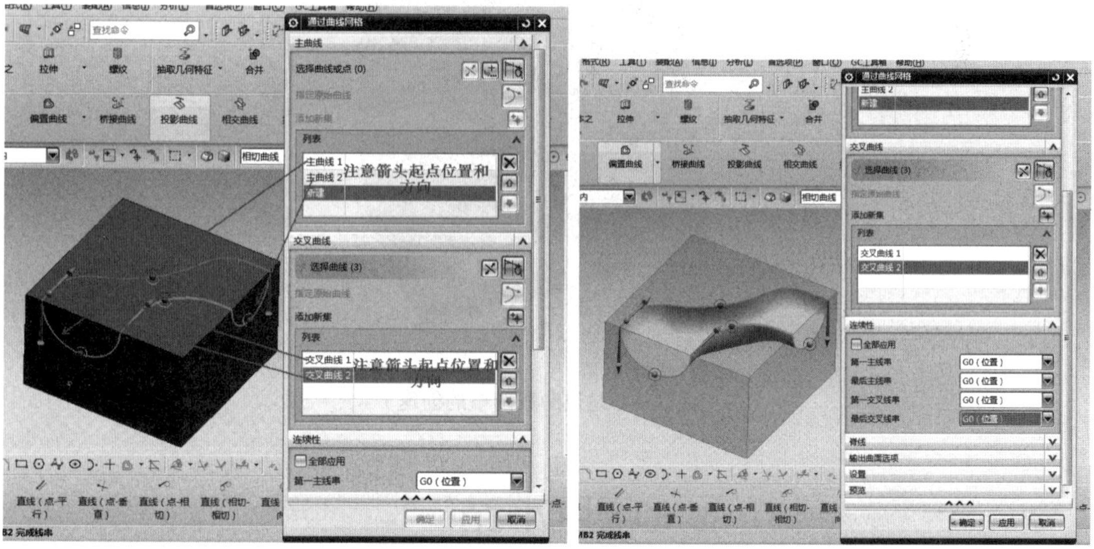

图 8-62　生成曲面 1 的操作步骤

Step02 单击“修剪体”  指令，弹出“修剪体”对话框。在“修剪体”对话框中，选择“目标”选择立方体，在“工具选项”中“选择面或平面”，方向选择向里，单击“确定”按钮，完成修剪，如图 8-63 所示。

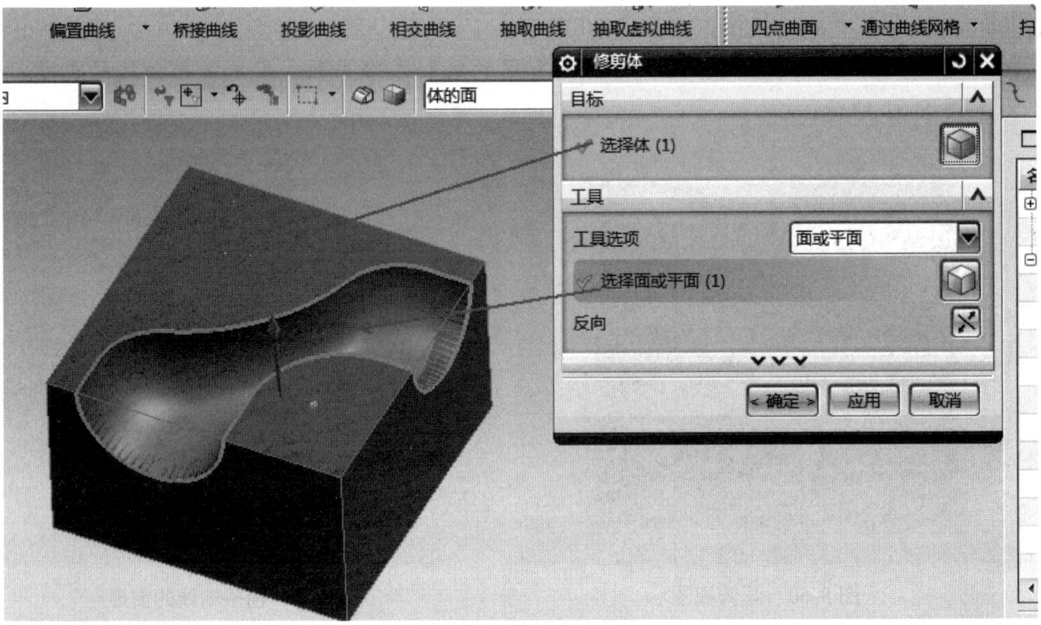

图 8-63 完成修剪

Step03 隐藏多余的曲线和曲面，完成通过曲线网格的创建，如图 8-64 所示。

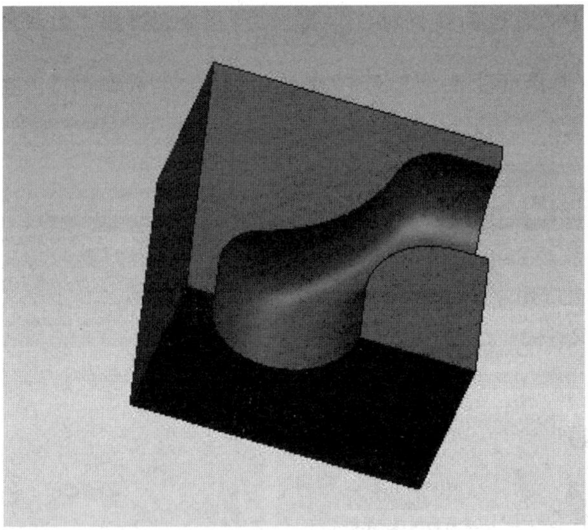

图 8-64 通过曲线网格的创建

项目小结

本项目主要向读者介绍有界平面和直纹面。通过对本项目的学习，读者应该掌握通过有界平面创建曲面对象、通过曲面组建模、通过曲面组创建曲面等操作方法。希望读者可以熟练掌握本项目内容。

项目训练

鉴于本项目知识的重要性，为了帮助读者更好地掌握所学知识，下面将通过上机习题帮助读者进行简单的知识回顾和补充。

本习题需要掌握创建旋转实体特征的方法，素材文件与效果文件如图 8-65 所示。

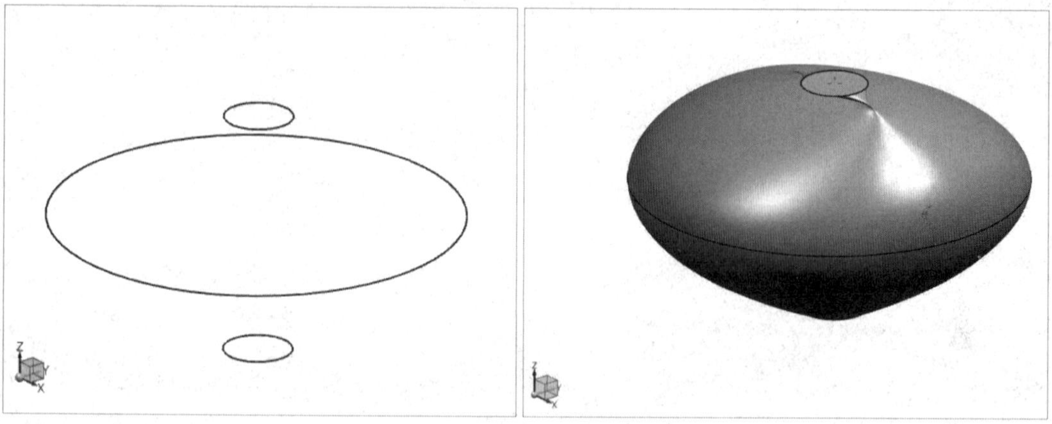

图 8-65　素材文件与效果文件

项目 9　零件模块：装配三维实体模型

零件的装配是在组件模块中进行的，所谓装配是指将零件通过一定的约束关系、相互配合等操作，而放置在组件中。装配设计是 UG NX 10.0 主要的功能之一，支持大型、复杂组件的构建和管理。本项目主要向读者介绍创建模型装配图的操作方法，希望读者熟练掌握本项目内容。

本项目重点

- 装配三维实体模型对象
- 新建与编辑爆炸视图

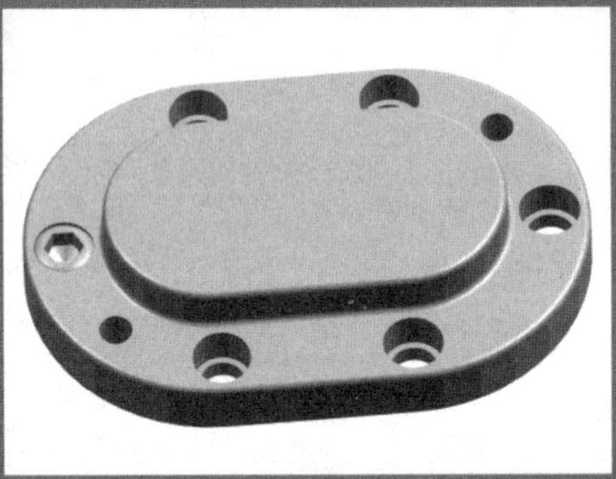

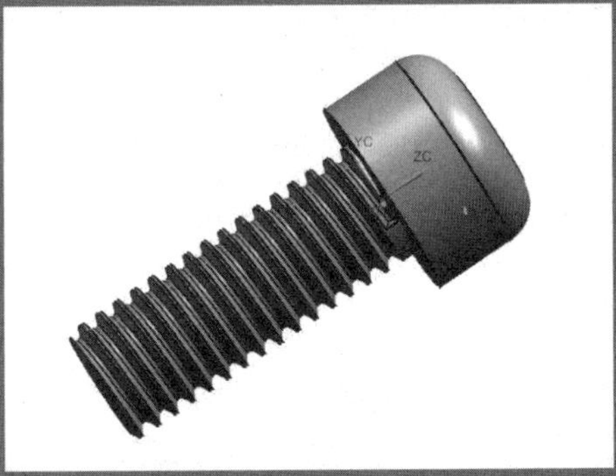

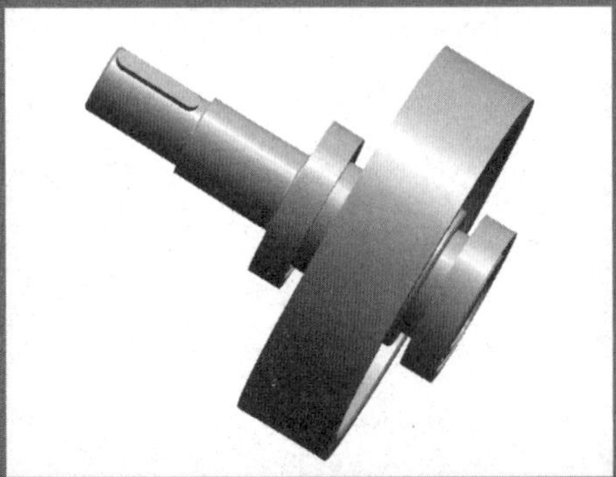

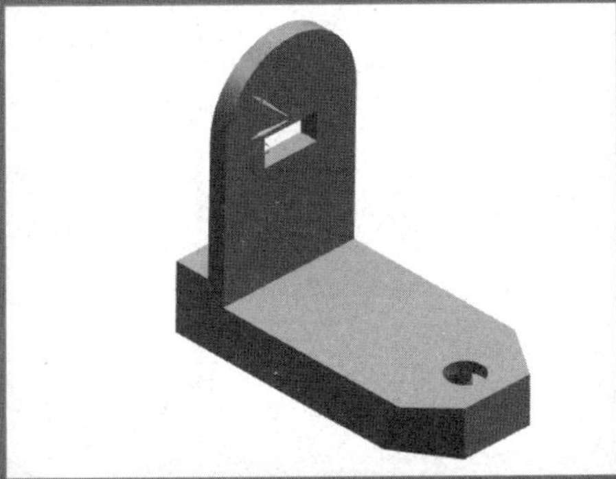

任务 1　装配三维实体模型对象

实体模型的装配操作主要是指组件的创建、约束装配和原点装配等操作。通过装配结构的创建，可以了解如何创建组件，以及如何对载入或创建的组件进行编辑。本节主要介绍装配三维实体模型对象的操作方法。

9.1.1　装配图的基础知识

“装配”是指对设计好的零部件进行组织、定位、相互配合，并提供产品的整体建模，为生成装配爆炸图进行准备。装配设计是在零件设计的基础上，进一步对零件进行组合或配合，以满足机器的使用要求和实现设计的功能。装配设计的重点不在于几何造型设计，而在于确立几何体的空间位置关系。

1．认识装配图

装配就是建立零件之间的配对关系。通过配对条件，在零件之间建立约束关系，进而确定部件的位置。系统可以根据装配信息自动生成零件的明细表，明细表的内容随着装配信息的变化而自动更新。在装配模型生成后可以建立爆炸图，并且可以将爆炸图引入到装配图中。如图 9-1 所示为装配图。

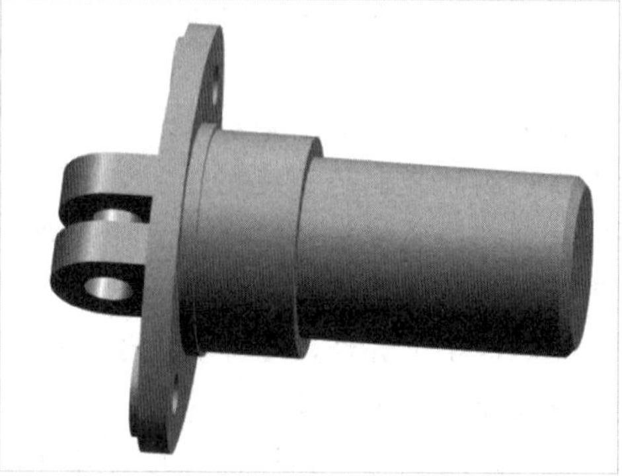
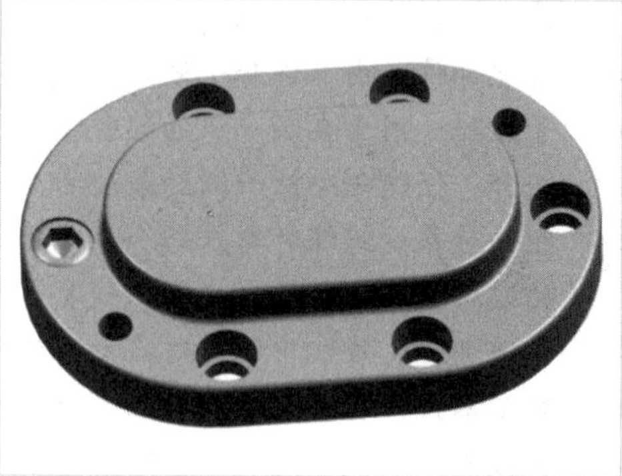

图 9-1　装配图

2．了解装配模式

在大多数 CAD/CAM（产品设计/产品制造）系统中，可以采用两种不同的装配模式，即多组件装配和虚拟装配。下面分别进行介绍。

- **多组件装配模式：**多组件装配模式是将部件的所有组件复制到装配中，装配中的部件与所引用的部件没有关联性。这种装配属于非智能的装配，当部件修改时，不会反映到装配中。同时，由于装配时要引用所有部件，因此需要占用较大的内存空间，并且会影响装配的工作速度。
- **虚拟装配模式：**虚拟装配模式是利用部件链接关系建立装配。该装配模式具有装配时要求内存空间小、速度快及修改构成的部件时装配能够自动更新等优点。在装配零件时多采用虚拟装配模式。

3．了解装配方法

根据装配体与零件之间的引用关系，有 3 种创建装配图的方法。

➢ **自顶向下装配**："自顶向下装配"是指先设计完成装配体，并在装配中创建零部件模型，将其拆成子装配体和单个可以直接用于加工的零件模型的装配方法。使用这种装配方法，可在装配时设计一个组件，或者利用一个黑盒子表示。在这种装配建模方法中，创建装配时也可以建立和编辑组件部件，在装配级上制作的几何体改变了，会立即自动反映在个别组件中。

➢ **自底向上装配**："自底向上装配"是指先创建零部件模型，再组合成子装配，最后生成装配部件的装配方法。这种装配建模方法是建立组件装配关系，对数据库中已存在的系列产品零件、标准件及外购件也可以通过此方法加入到装配件中。在这种装配建模方法中，可以在某些高级装配内的孤立状态中设计和编辑组件部件。当打开反映在零件级别的几何编辑时，所有利用该组件的装配件会自动更新。

➢ **混合装配**：混合装配是将自顶向下装配和自底向上装配结合在一起的装配方法。首先创建几个主要部件模型，再将其装配在一起，然后在装配中设计其他的部件，即为混合装配。在实际设计中，可以根据需要在两种模式下切换。

4．了解装配中的相关术语

在 UG NX 10.0 中，常用的术语主要有以下 10 个。

➢ **装配**：在装配过程中创建部件之间的连接，由装配部件和子装配组成。

➢ **装配部件**：由零件和子装配组成的部件。

➢ **子装配**：用于在高一级的装配中作为可见的装配，子装配不是实体，而是一个相对概念。任何一个低一级的装配都是相对于高一级的装配的子装配。

➢ **组件对象**：组件对象是一个从装配部件链接到部件主模型的实体，该对象记录部件的名称、层、颜色、线型、线宽、引用集或配对条件等信息。

➢ **组件部件**：装配中组件对象的部件文件，可以是单个部件，也可以是子装配。

➢ **单个零件**：在装配以外存在的零件模型，不能还有下级组件。

➢ **主模型**：主模型是由单个零件组成的装配组件，是供 UG NX 模块共同引用的部件模型。同一个主模型可以同时被工程图、装配、加工、机构分析和有限元分析等模块引用。当用户修改主模型时，相关的应用将会自动更新。

➢ **自顶向下装配**：在装配中创建与其他部件相关的部件主模型，是在装配部件的顶级向下产生子装配和部件的装配方法。

➢ **自底向上装配**：先设计单个零件，然后将这些零件添加到装配体中。

➢ **混合装配**：将自顶向下装配和自底向上装配结合在一起的装配方法。

5．认识"装配"选项板

"装配"选项板包含了装配操作需要的所有功能，使用"装配"选项板可以快捷地应用这些功能。该选项板中的功能按钮用于对装配进行各种编辑操作。如图 9-2 所示为"装配"选项板。在 UG NX 10.0 中，"装配"选项板是隐藏的。在功能区"应用模块"选项卡的"设计"选项板中单击"装配"按钮，可以调出"装配"选项板。

6．了解引用集

引用集是为了优化模型装配提出的概念，它包含组件中的几何对象，在装配时它代表相应的组件进行装配。引用集通常包含部件名称、原点、方向、几何体、坐标系、基准轴、基准面和属性等数据。引用集一旦产生就可以单独地装配到部件中，一个部件可以有多个引用集。执行“格式”｜“引用集”命令，弹出“引用集”对话框，如图 9-3 所示。

图 9-2　“装配”选项板

图 9-3　“引用集”对话框

在“引用集”对话框中，各主要选项的含义如下。

- **“添加新的引用集”按钮**：单击该按钮，可以在部件或子装配中新建引用集。当在子装配中为某个部件建立引用集时，应使该部件成为工作部件。
- **“移除”按钮✕**：单击该按钮，移除已经建立的引用集中的对象。
- **“属性”按钮**：单击该按钮，可以编辑引用集的属性。
- **“信息”按钮**：单击该按钮，可以查看引用集的信息。
- **“自动添加组件”复选框**：选中该复选框，当完成引用集名称的设置后，系统会自动将所选对象作为所选组件，否则用户可以自主选择组件。

9.1.2　装配的加载方式

在创建一个产品模型时，需要将产品的各个零件载入到 UG NX 中。执行“菜单”｜“文件”｜“选项”｜“装配加载选项”命令，如图 9-4 所示，弹出“装配加载选项”对话框，在其中可以设置组件的载入方式及载入组件的一些常用选项。在“部件版本”选项区中单击“加载”右侧的下拉按钮，在弹出的下拉列表中列出了 UG NX 10.0 中的 3 种加载组件的方式，如图 9-5 所示。

在“部件版本”选项区的“加载”下拉列表中，各选项的含义如下。

- **“按照保存的”选项**：选择该选项，系统会从零件保存的位置将其载入。
- **“从文件夹”选项**：选择该选项，系统会从零件所在的文件夹中将其载入。
- **“从搜索文件夹”选项**：用于要载入的零件在不同文件夹和不同计算机中的情况，通过定义搜索路径来指定目录，便于系统快速查找到需要载入的零件。

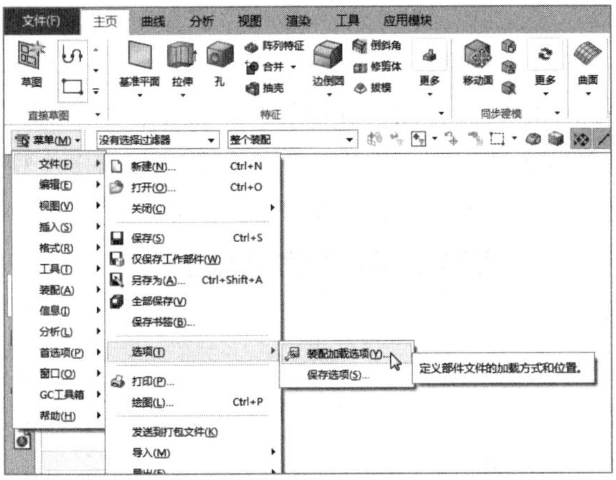

图 9-4　执行“装配加载选项”命令

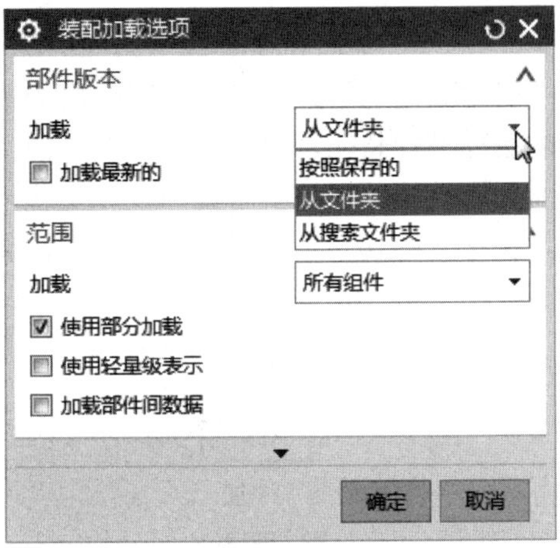

图 9-5　“装配加载选项”对话框

9.1.3　加载组件的常用类型

可以将组件加载到控制装配体中。在“装配加载选项”对话框的“范围”选项区中单击“加载”右侧的下拉按钮，在弹出的下拉列表中列出了 UG NX 10.0 中的几种加载组件的常用类型，如图 9-6 所示。

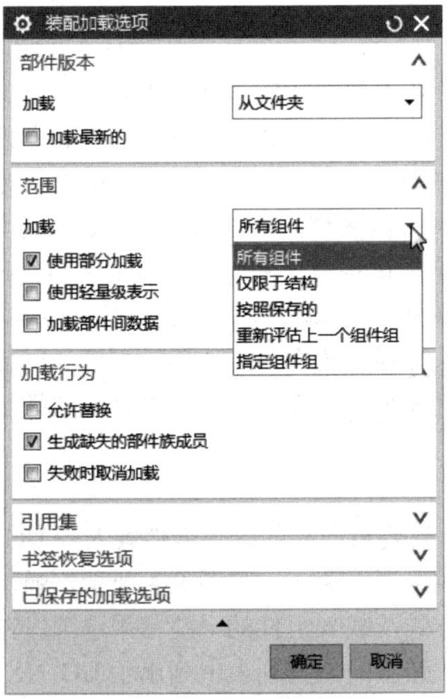

图 9-6　“范围”选项区

在“范围”选项区的“加载”下拉列表中，各选项的含义如下。

- ➢ **“所有组件”选项：** 选择该选项，可以将装配体中的组件全部载入。
- ➢ **“仅限于结构”选项：** 选择该选项，可以将装配体中的结构组件全部载入。
- ➢ **“按照保存的”选项：** 选择该选项，系统会从零件保存的位置将其载入。

- **“重新评估上一个组件组”选项：** 选择该选项，可以将上一个使用的组件组载入到 UG NX 模型中。
- **“指定组件组”选项：** 选择该选项，可以将指定的组件组载入到 UG NX 中。

此外，在“范围”选项区中，主要选项的含义如下。

- **“使用部分加载”复选框：** 选中该复选框，表示只载入显示的部分信息；取消选中该复选框，表示将可见的信息全部载入。

9.1.4 装配加载的常用选项

在“装配加载选项”对话框中，将零件载入 UG NX 中的常用设置主要有以下两项。

- **“允许替换”复选框：** 选中该复选框，当载入的组件文件名相同但内部标识不同时，控制其他版本的同名组件或其他目录下的同名组件替换载入。
- **“失败时取消加载”复选框：** 选中该复选框，表示当载入组件失败时停止载入。

9.1.5 在装配中新建组件

在 UG NX 10.0 中，使用 “新建组件”命令，可以通过选择几何体并将其转换为组件的方式，在装配中新建组件。下面介绍在装配中新建组件的操作方法。

Step 01 打开素材模型（素材\项目 9\9.1.5.prt），如图 9-7 所示。

Step 02 在功能区“主页”选项卡的“装配”选项板中单击“添加”右侧的下拉按钮，在弹出的下拉面板中单击“新建”按钮，如图 9-8 所示。

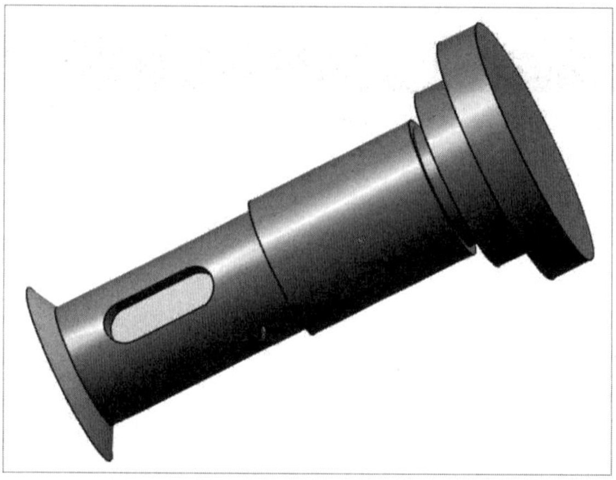

图 9-7 打开素材模型

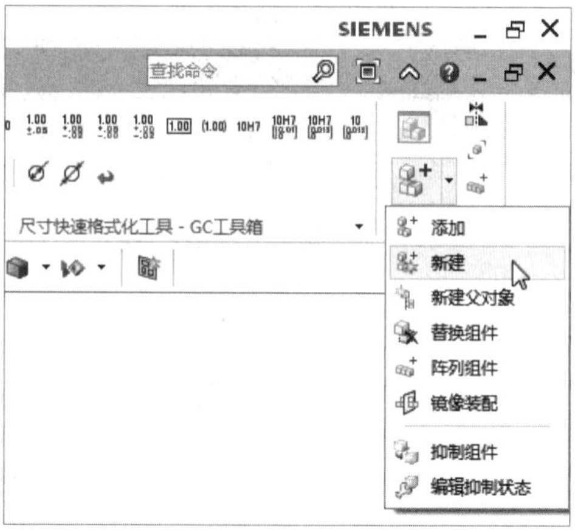

图 9-8 单击“新建”按钮

Step 03 执行操作后，弹出“新组件文件”对话框，在“模板”列表框中选择“装配”选项，如图 9-9 所示。

Step 04 在对话框的下方设置文件名和保存路径，如图 9-10 所示，单击“确定”按钮。

Step 05 弹出“新建组件”对话框，选择绘图区中的模型，如图 9-11 所示。

Step 06 在“新建组件”对话框中单击“确定”按钮，即可新建组件，如图 9-12 所示。

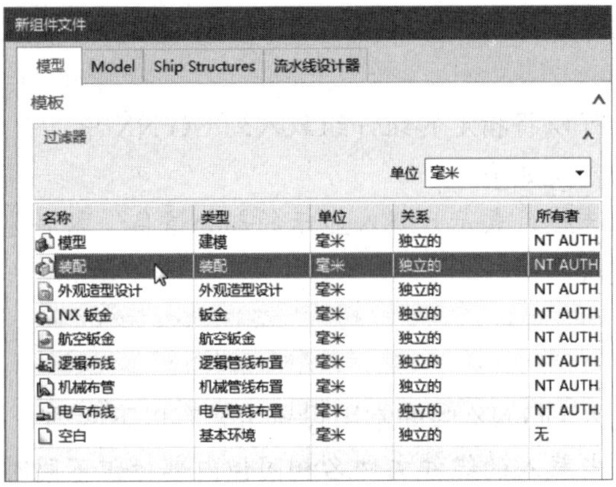

图 9-9　选择“装配”选项

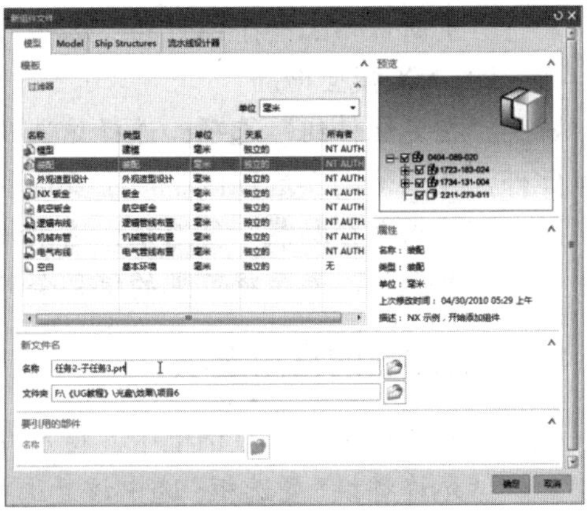

图 9-10　设置文件名和保存路径

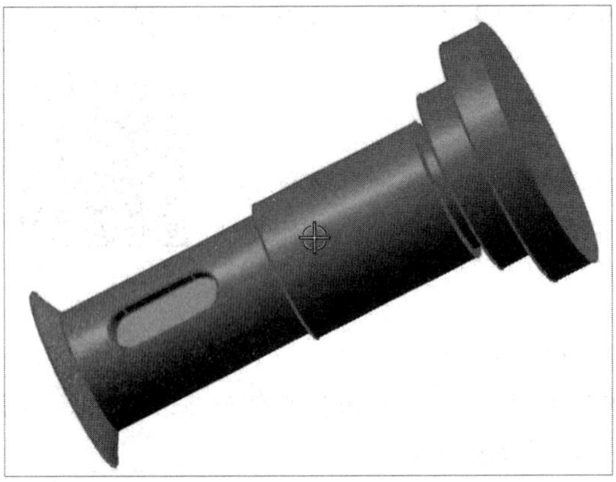

图 9-11　选择模型

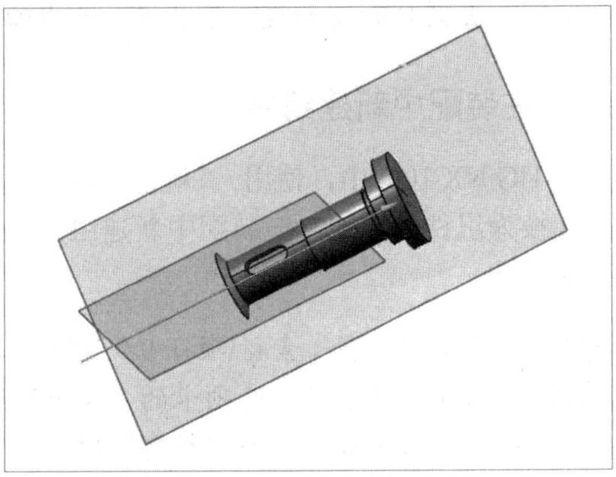

图 9-12　新建组件

▶ 专家指点

在 UG NX 10.0 中，通过在边框条中执行“菜单”｜“装配”｜“组件”｜“新建组件”命令，如图 9-13 所示，也可以快速创建装配组件。

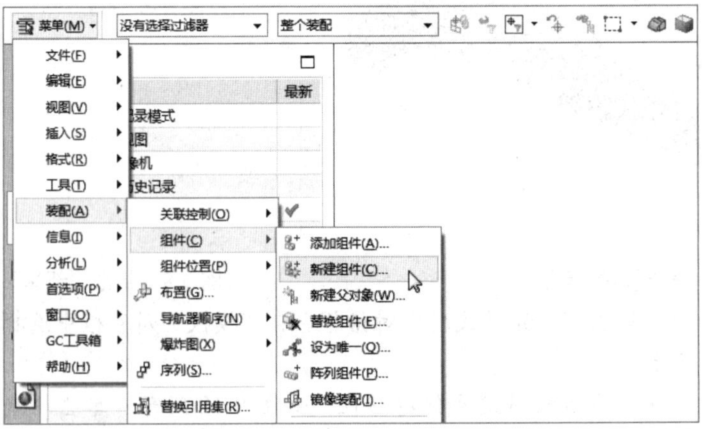

图 9-13　执行“新建组件”命令

9.1.6　将组件添加到装配

在 UG NX 10.0 中，“添加组件”是指通过选择已加载的部件或从磁盘选择部件，将组件添加到装配。下面介绍将组件添加到装配的操作方法。

Step01 打开素材模型〔素材\项目 9\9.1.6(1).prt〕，如图 9-14 所示。

Step02 在功能区“主页”选项卡的“装配”选项板中单击“添加”按钮，如图 9-15 所示。

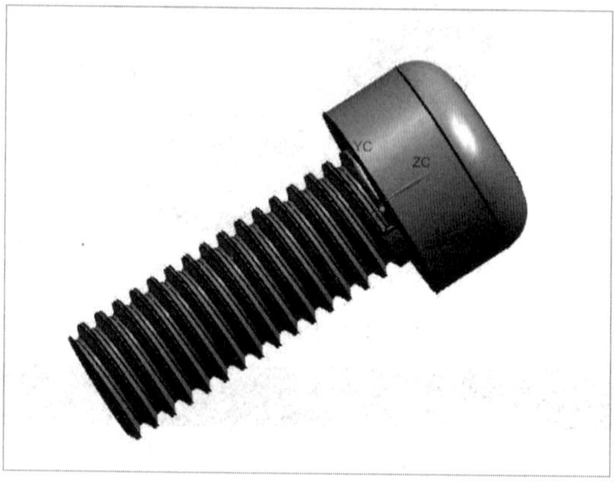

图 9-14　打开素材模型

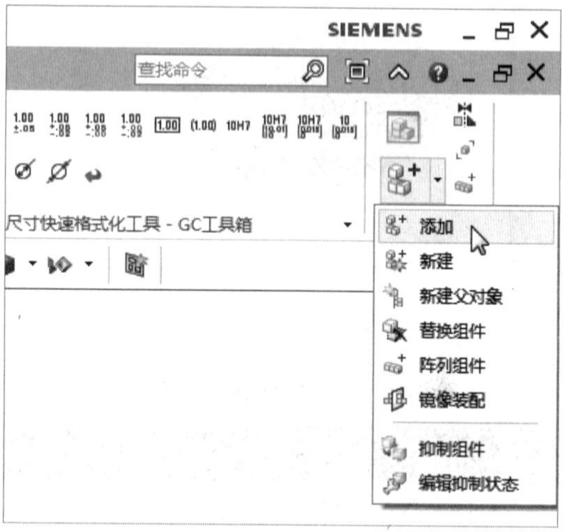

图 9-15　单击“添加”按钮

Step03 执行操作后，弹出“添加组件”对话框，各选项保持默认设置，单击“打开”按钮，如图 9-16 所示。

Step04 弹出“部件名”对话框，选择相应的模型文件〔素材\项目 9\9.1.6(2).prt〕，如图 9-17 所示，单击“OK”按钮。

图 9-16　单击“打开”按钮

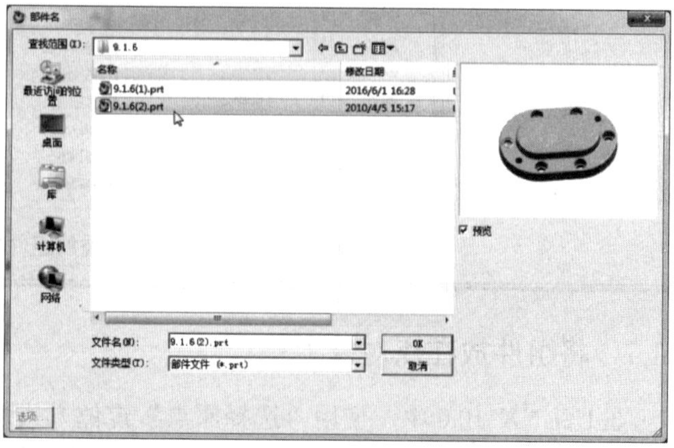

图 9-17　选择相应的模型文件

Step05 执行操作后，弹出“组件预览”面板，如图 9-18 所示。

Step 06 在“添加组件”对话框中单击“确定”按钮；弹出“点”对话框，单击“确定”按钮，如图 9-19 所示，即可添加组件。

图 9-18 “组件预览”面板

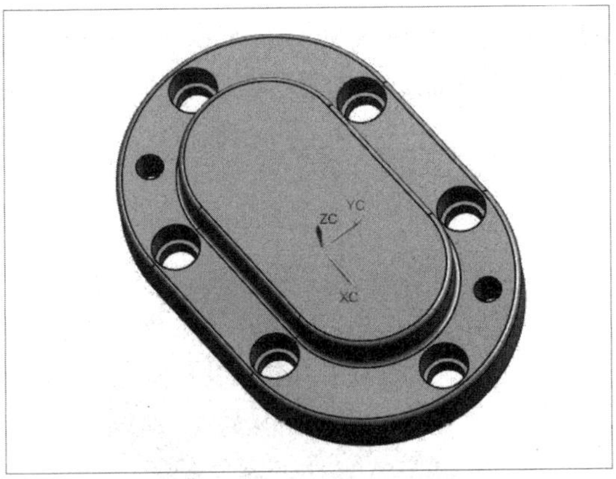

图 9-19 添加组件

▶ 专家指点

在 UG NX 10.0 中，通过在边框条中执行“菜单”|“装配”|“组件”|“添加组件”命令，如图 9-20 所示，也可以快速添加装配组件。

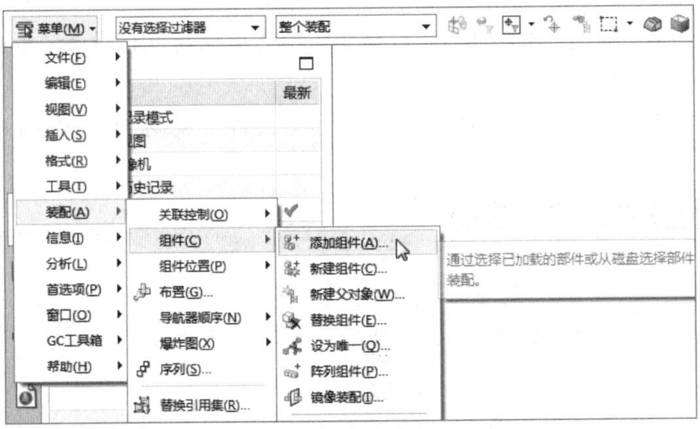

图 9-20 执行“添加组件”命令

9.1.7 将组件放在点对象上

在 UG NX 10.0 中，使用“选择原点”定位方式装配模型，可以将添加的组件放在选定的点对象上。下面介绍将组件放在点对象上的操作方法。

Step 01 打开素材模型〔素材\项目 9\9.1.7(1).prt〕，如图 9-21 所示。

Step 02 在功能区“主页”选项卡的“装配”选项板中单击“添加”按钮，如图 9-22 所示。

图 9-21　打开素材模型

图 9-22　单击“添加”按钮

Step03 弹出“添加组件”对话框，在“放置”选项区中单击“定位”右侧的下拉按钮，在弹出的下拉列表中选择“选择原点”选项，如图 9-23 所示。

Step04 单击“打开”按钮，弹出“部件名”对话框，选择相应的模型文件〔素材\项目 9\9.1.7(2).prt〕，如图 9-24 所示。

图 9-23　选择“选择原点”选项

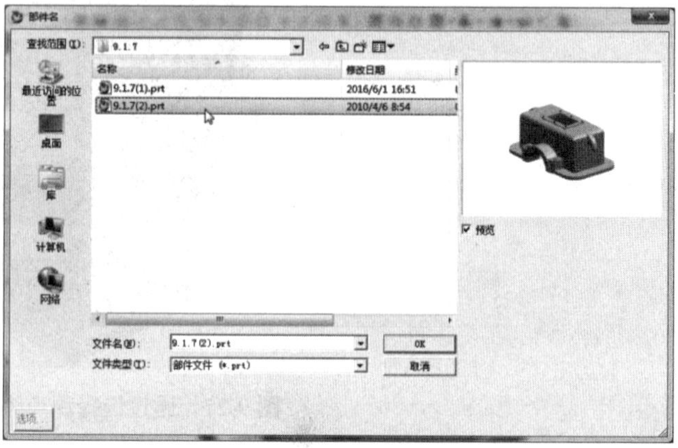

图 9-24　选择相应的模型文件

▶ 专家指点

利用 UG NX 的装配模块功能，不仅能够快速地将零部件组合成产品，在装配中还可以参考其他部件进行部件的关联设计，同时可以对装配模型进行间隙分析和重量管理等操作。

Step05 单击“OK”按钮，返回“添加组件”对话框，单击“确定”按钮，如图 9-25 所示。

Step06 弹出“点”对话框，保持默认设置，单击“确定”按钮，如图 9-26 所示。

图 9-25 “添加组件”对话框

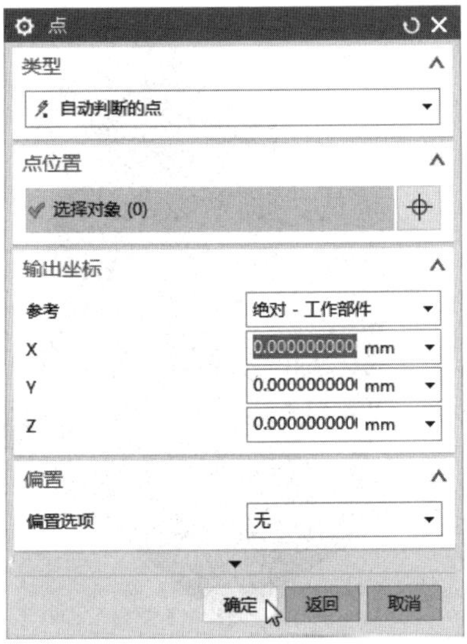

图 9-26 “点”对话框

Step 07 执行操作后，即可通过选择原点添加组件，效果如图 9-27 所示。

图 9-27 通过选择原点添加组件

9.1.8 移动组件对象

在 UG NX 10.0 中使用“移动组件”功能，可以在装配完成后对装配中的组件重新定义位置。可以通过以下两种方法移动组件。

（1）在功能区“主页”选项卡的“装配”选项板中单击“移动组件”按钮，如图 9-28 所示。

（2）在边框条中执行“菜单”|“装配”|“组件位置”|“移动组件”命令，如图 9-29 所示。

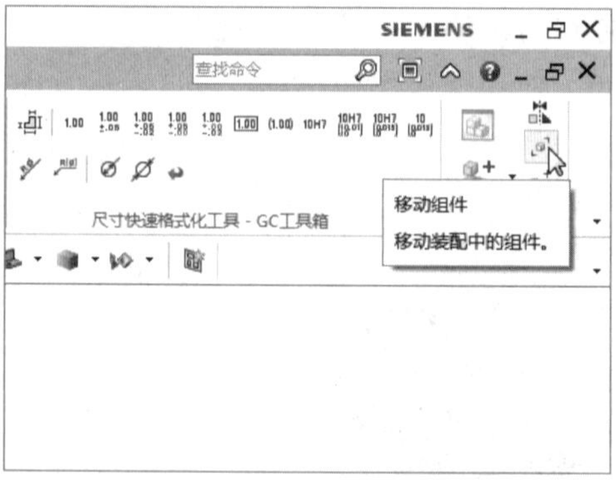

图 9-28　单击“移动组件”按钮

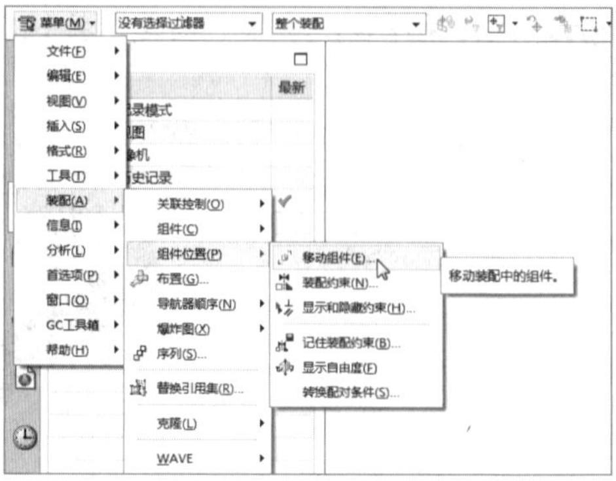

图 9-29　执行“移动组件”命令

下面介绍移动组件对象的操作方法。

Step 01 打开素材模型（素材\项目 9\9.1.8.prt），如图 9-30 所示。

Step 02 在功能区“主页”选项卡的“装配”选项板中单击“移动组件”按钮，弹出“移动组件”对话框，在绘图区中选择合适的组件对象，如图 9-31 所示。

图 9-30　打开素材模型

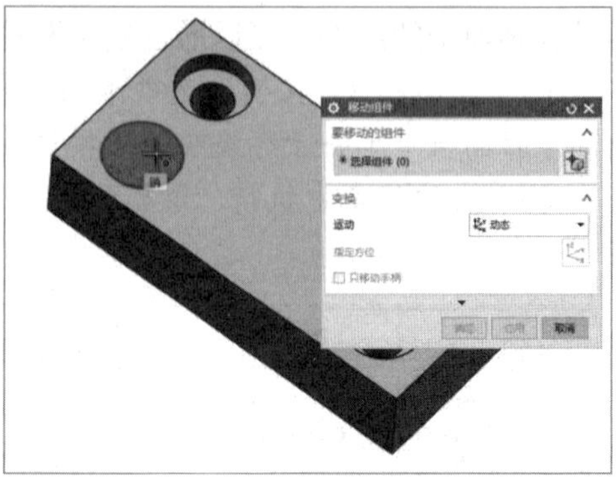

图 9-31　选择组件对象

Step 03 在“移动组件”对话框中，单击“运动”右侧的下拉按钮，在弹出的下拉列表中选择“点到点”选项，如图 9-32 所示。

Step 04 在绘图区中选择组件上方的圆心点作为出发点，选择组件右下方的圆心点作为目标点，如图 9-33 所示。

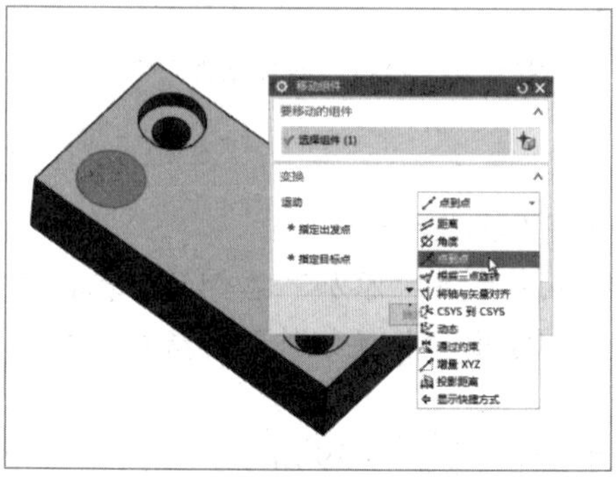

图 9-32　选择相应的选项

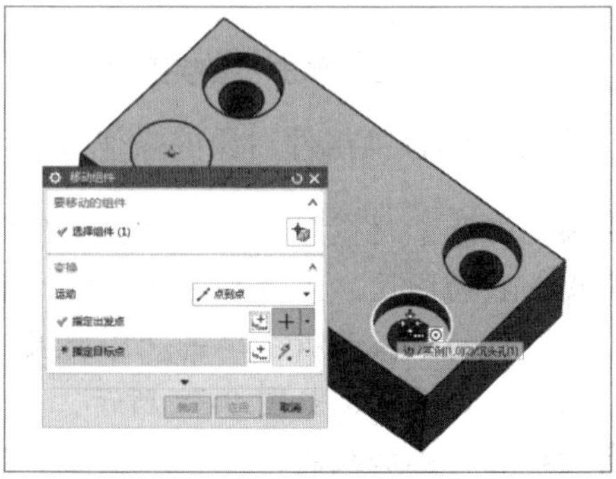

图 9-33　选择点

Step 05 执行操作后，单击“确定”按钮，即可移动组件，如图 9-34 所示。

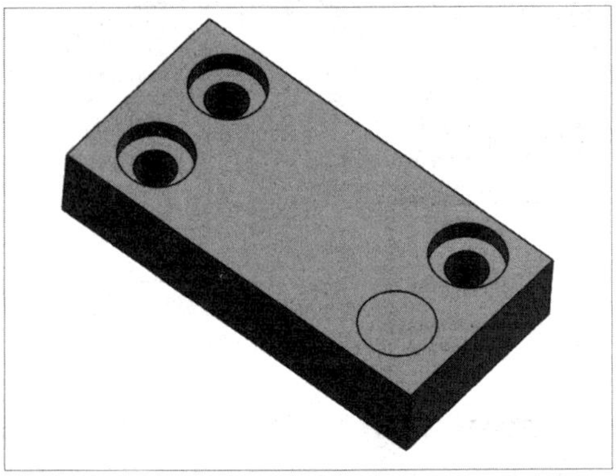

图 9-34　移动组件

9.1.9　替换组件对象

在 UG NX 10.0 中使用“替换组件”功能，可以在装配过程中用新的组件替换原来的组件。可以通过以下两种方法替换组件。

（1）在功能区“主页”选项卡的“装配”选项板中单击“添加”右侧的下拉按钮，在弹出的下拉面板中单击“替换组件”按钮，如图 9-35 所示。

（2）在边框条中执行“菜单”｜“装配”｜“组件”｜“替换组件”命令，如图 9-36 所示。

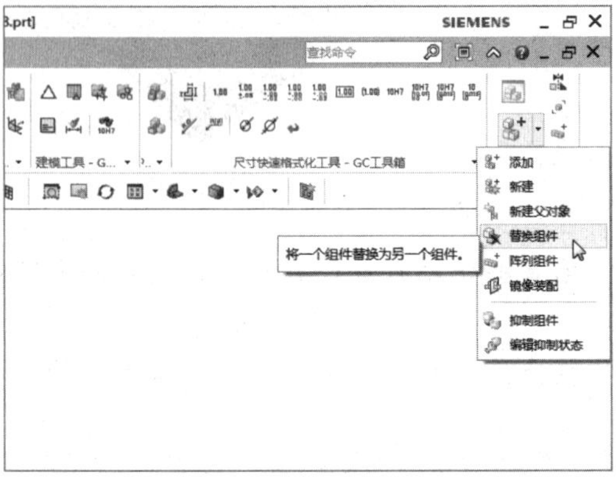

图 9-35　单击“替换组件”按钮

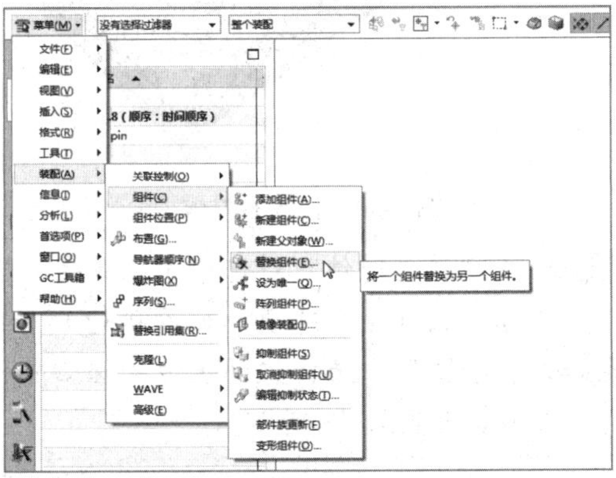

图 9-36　执行“替换组件”命令

下面介绍替换组件对象的操作方法。

Step 01 打开素材模型（素材\项目 9\9.1.9.prt），如图 9-37 所示。

Step 02 在功能区“主页”选项卡的“装配”选项板中单击“添加”右侧的下拉按钮，在弹出的下拉面板中单击“替换组件”按钮，弹出“替换组件”对话框，在绘图区中选择圆柱，如图 9-38 所示。

Step 03 在“已加载的部件”列表框中选择合适的组件，如图 9-39 所示。

Step 04 执行操作后，单击“确定”按钮，即可替换组件，如图 9-40 所示。

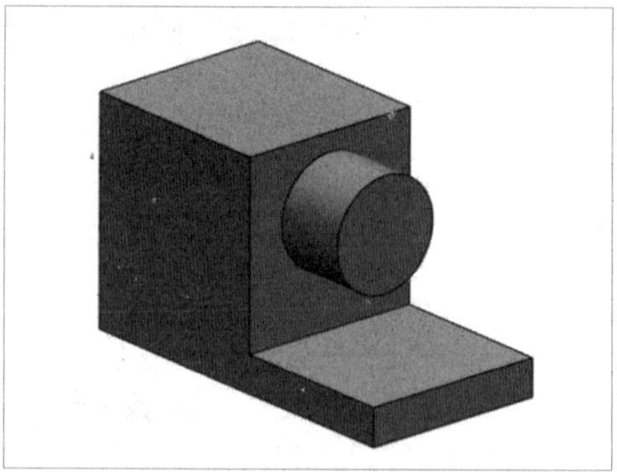

图 9-37　打开素材模型

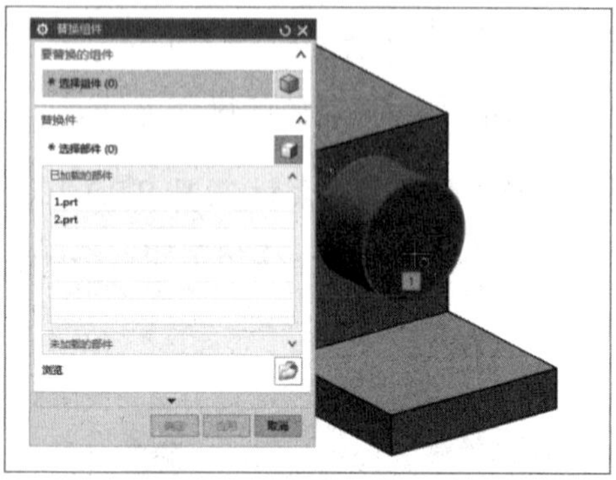

图 9-38　选择圆柱

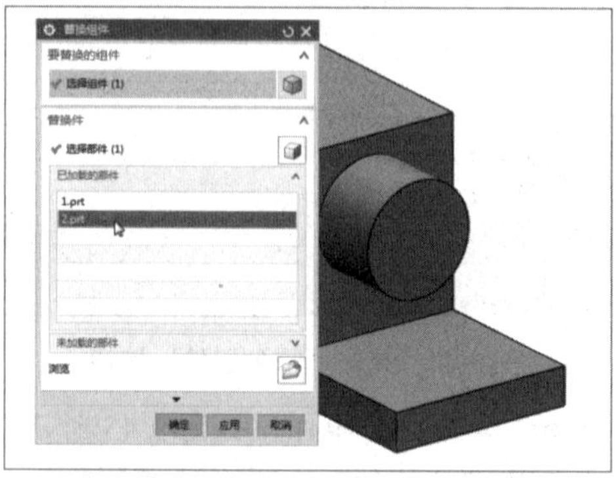

图 9-39　选择组件

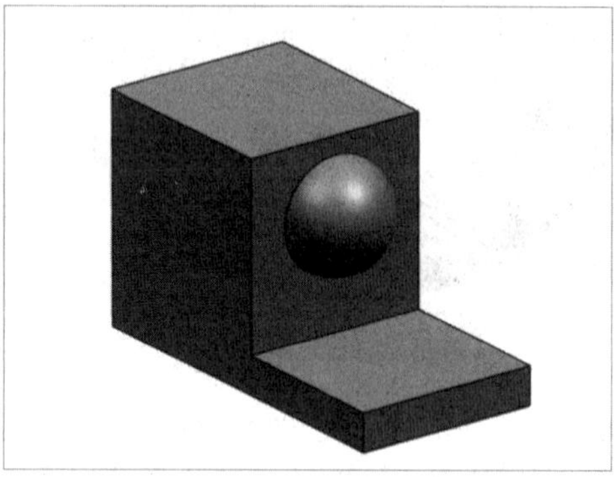

图 9-40　替换组件

9.1.10　阵列组件对象

在 UG NX 10.0 中，“阵列组件”是指通过对载入到装配图中的组件进行操作，生成一个组件阵列。可以通过以下 3 种方法阵列组件。

（1）在功能区“主页”选项卡的“装配”选项板中单击“添加”右侧的下拉按钮，在弹出的下拉面板中单击“阵列组件”按钮，如图 9-41 所示。

（2）在边框条中执行“菜单”|“装配”|“组件”|“阵列组件”命令，如图 9-42 所示。

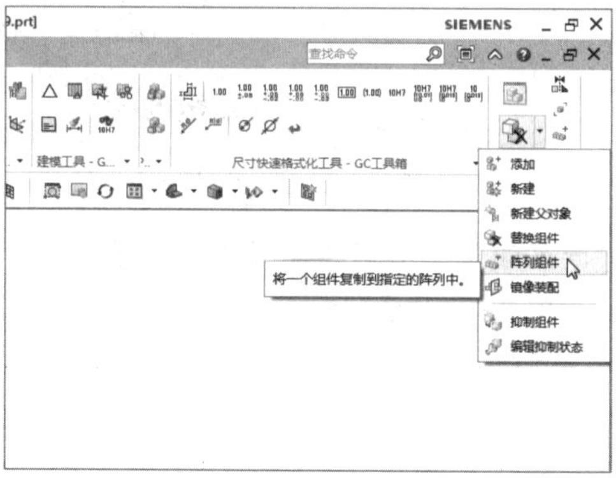

图 9-41　单击“阵列组件”按钮

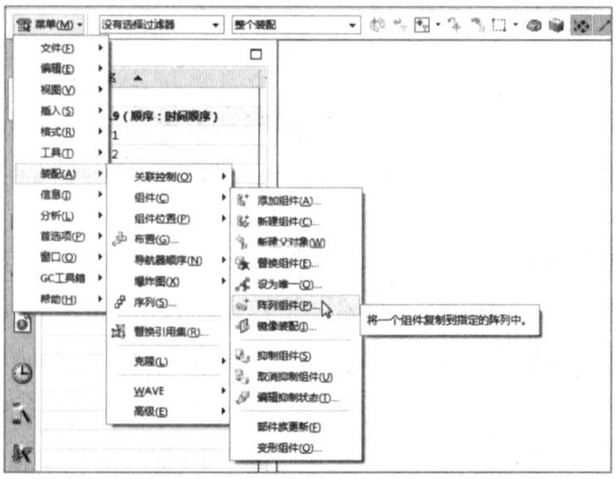

图 9-42　执行“阵列组件”命令

（3）在功能区“主页”选项卡的“装配”选项板中单击“阵列组件”按钮。

下面介绍阵列组件对象的操作方法。

Step01 打开素材模型（素材\项目 9\9.1.10.prt），如图 9-43 所示。

Step02 在功能区“主页”选项卡的“装配”选项板中单击“阵列组件”按钮，如图 9-44 所示。

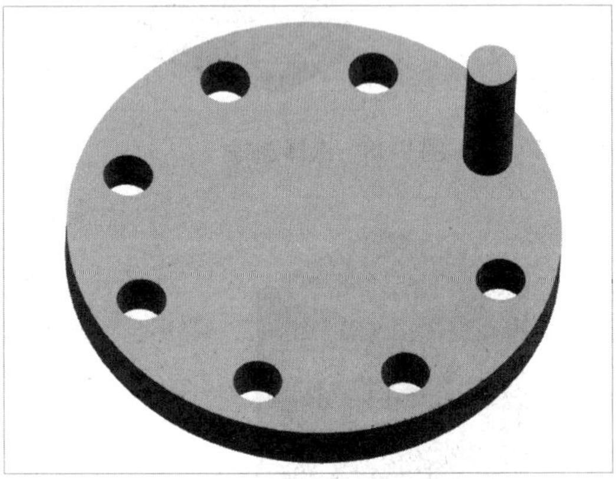

图 9-43 打开素材模型

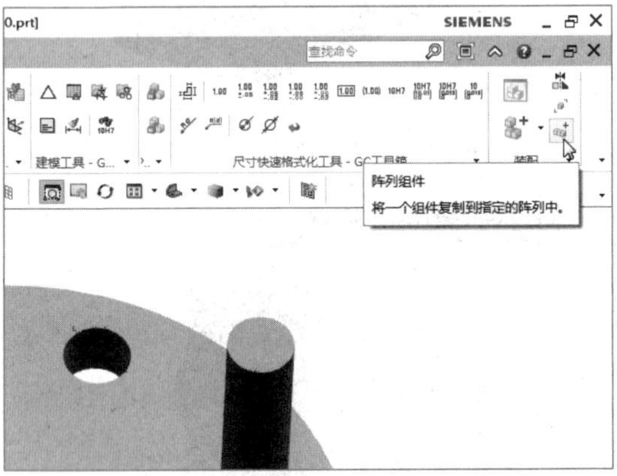

图 9-44 单击“阵列组件”按钮

Step03 弹出“阵列组件”对话框，在绘图区中选择需要阵列的组件，如图 9-45 所示。

Step04 在“阵列定义”选项区中单击“布局”右侧的下拉按钮，在弹出的下拉列表中选择“圆形”选项，单击“指定矢量”按钮，在绘图区中指定 z 轴为旋转轴，如图 9-46 所示。

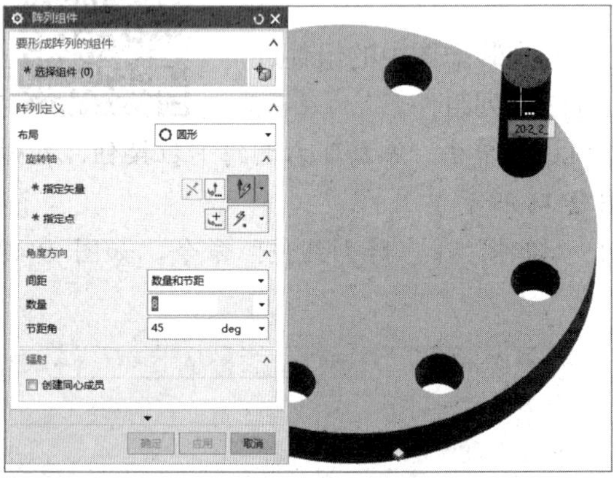

图 9-45 选择组件

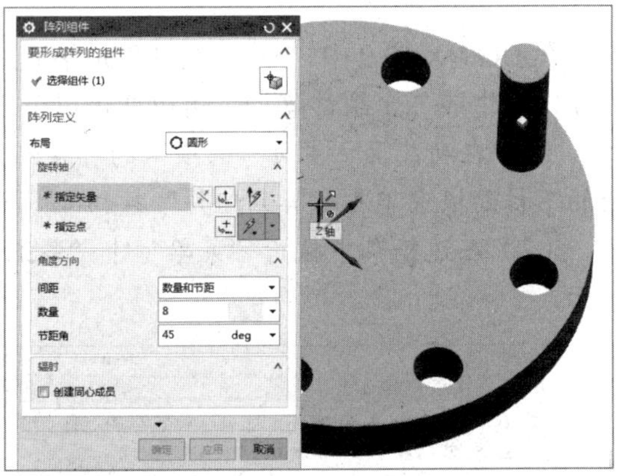

图 9-46 指定旋转轴

Step05 在绘图区中的圆心点上单击，然后在“阵列组件”对话框中设置“数量”为 8、“节距角”为 45 deg，单击“确定”按钮，如图 9-47 所示。

Step06 执行操作后，即可阵列组件，如图 9-48 所示。

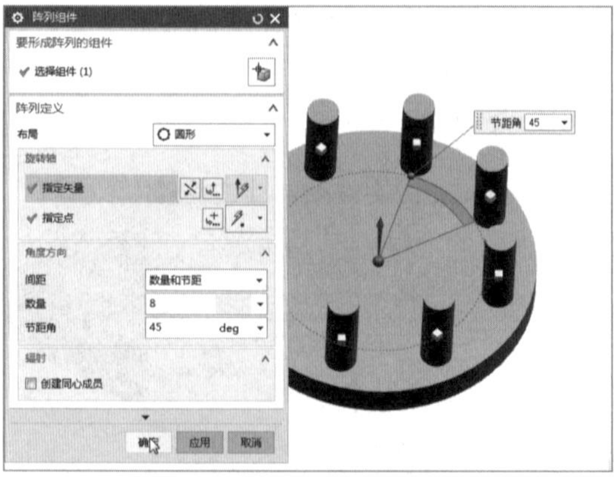

图 9-47　设置参数

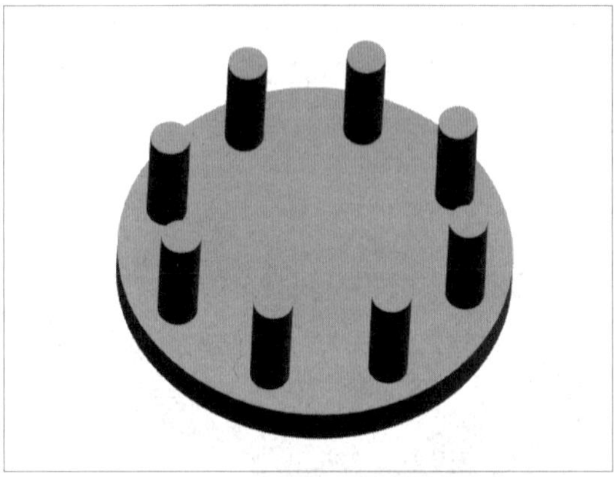

图 9-48　阵列组件

9.1.11　镜像装配对象

在 UG NX 10.0 中使用“镜像装配”功能，可以通过某一个指定的面为载入的装配创建镜像对象。可以通过以下两种方法镜像组件。

（1）在功能区“主页”选项卡的“装配”选项板中单击“添加”右侧的下拉按钮，在弹出的下拉面板中单击“镜像装配”按钮，如图 9-49 所示。

（2）在边框条中执行“菜单”｜“装配”｜“组件”｜“镜像装配”命令，如图 9-50 所示。

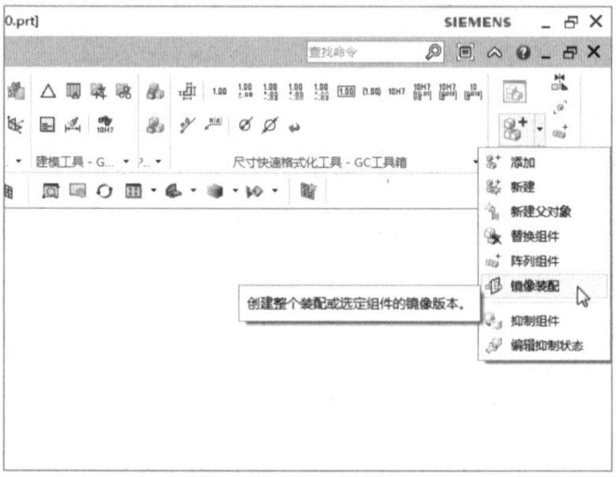

图 9-49　单击“镜像装配”按钮

图 9-50　执行“镜像装配”命令

下面介绍镜像装配对象的操作方法。

Step 01 打开素材模型（素材\项目 9\9.1.11.prt），如图 9-51 所示。

Step 02 在功能区“主页”选项卡的“装配”选项板中单击“添加”右侧的下拉按钮，在弹出的下拉面板中单击“镜像装配”按钮，弹出“镜像装配向导”对话框，单击“下一步”按钮，如图 9-52 所示。

Step 03 弹出“镜像装配向导”对话框的下一级界面，在绘图区中选择螺钉对象，单击“下一步”按钮，如图 9-53 所示。

Step 04 弹出“镜像装配向导”对话框的下一级界面，在绘图区中选择合适的基准平面，单击“下一步”按钮，如图 9-54 所示。

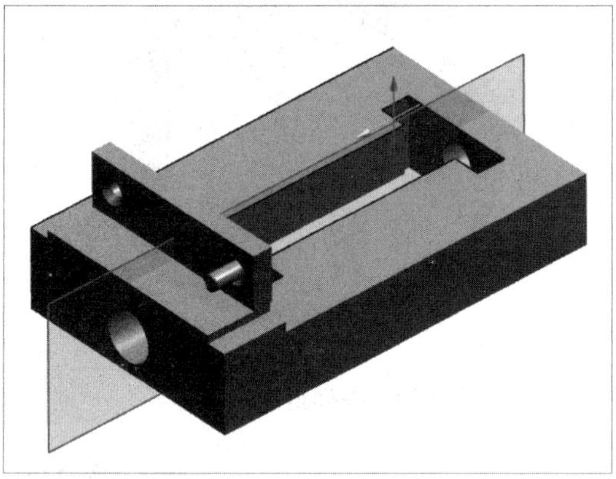

图 9-51　打开素材模型

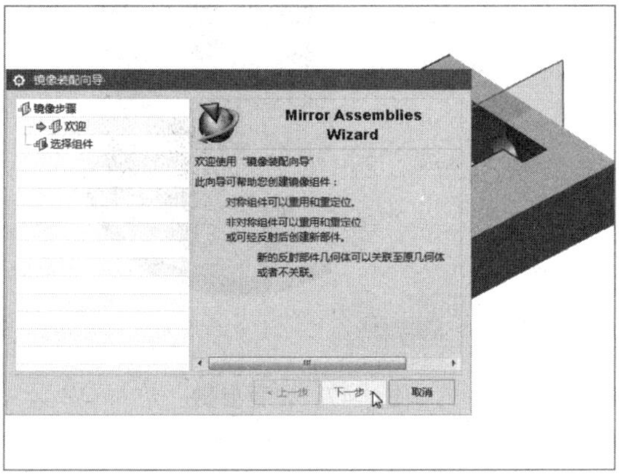

图 9-52　“镜像装配向导”对话框

图 9-53　单击“下一步”按钮

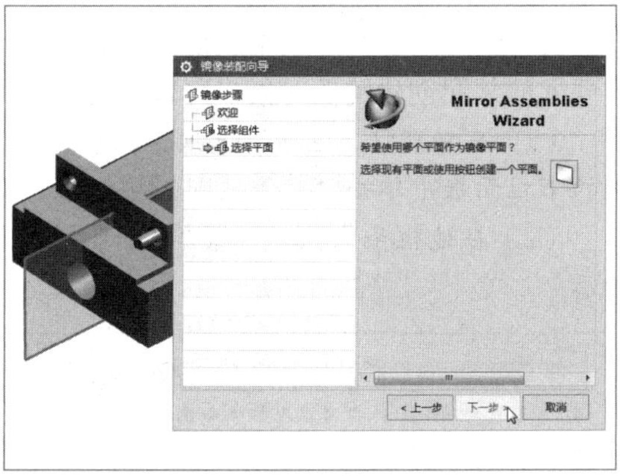

图 9-54　单击“下一步”按钮

Step 05 弹出“镜像装配向导”对话框的下一级界面，保持默认设置，单击“下一步”按钮，如图 9-55 所示。

Step 06 弹出“镜像装配向导”对话框的下一级界面，保持默认设置，单击“下一步”按钮，如图 9-56 所示。

图 9-55　单击“下一步”按钮

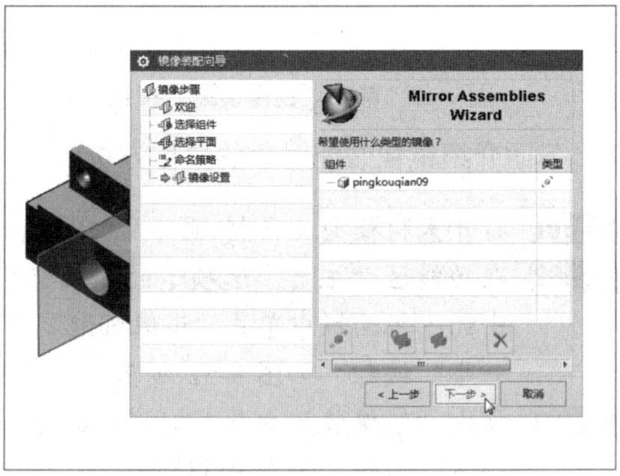

图 9-56　单击“下一步”按钮

Step07 弹出“镜像装配向导”对话框的下一级界面，保持默认设置，单击“完成”按钮，如图 9-57 所示。

Step08 执行操作后，即可镜像组件，如图 9-58 所示。

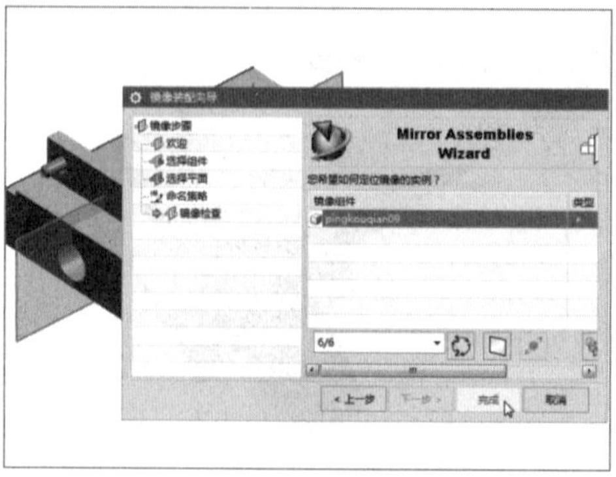

图 9-57　单击“完成”按钮

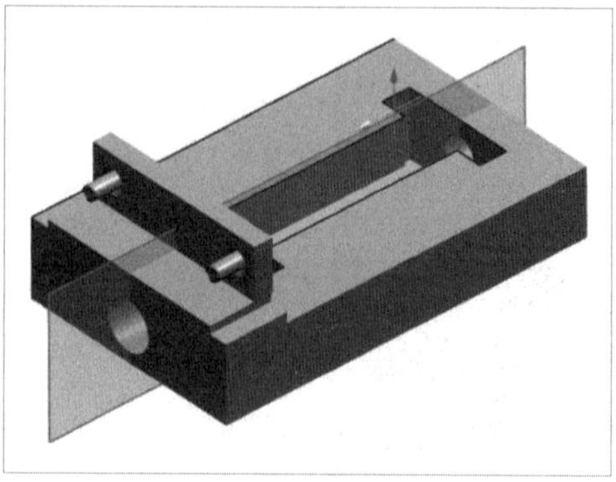

图 9-58　镜像组件

任务 2　新建与编辑爆炸图

“爆炸图”是指产品的立体装配示意图，或者是产品的拆分图，是三维 CAD/CAM 软件中的一项重要功能。在 UG NX 中，爆炸图功能只是装配模块中的一项子功能。本节主要介绍新建与编辑爆炸图的操作方法。

9.2.1　新建爆炸图

在创建爆炸图时可以自定义爆炸图的名称，也可以以系统默认的名称为爆炸图命名。下面介绍新建爆炸图的操作方法。

Step01 打开素材模型（素材\项目 9\9.2.1.prt），如图 9-59 所示。

Step02 在边框条中执行“菜单”｜“装配”｜“爆炸图”｜“新建爆炸图”命令，如图 9-60 所示。

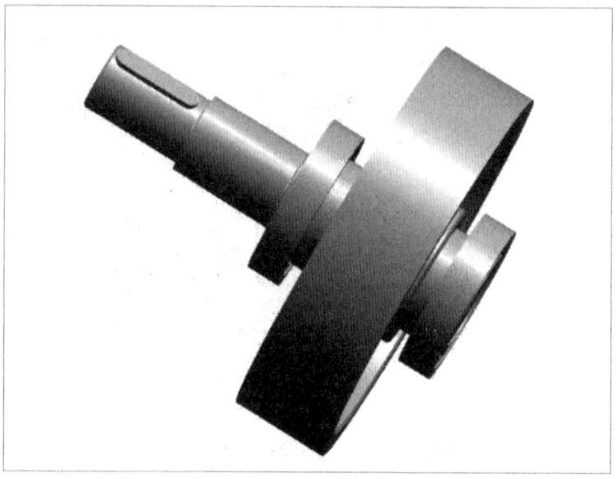

图 9-59　打开素材模型

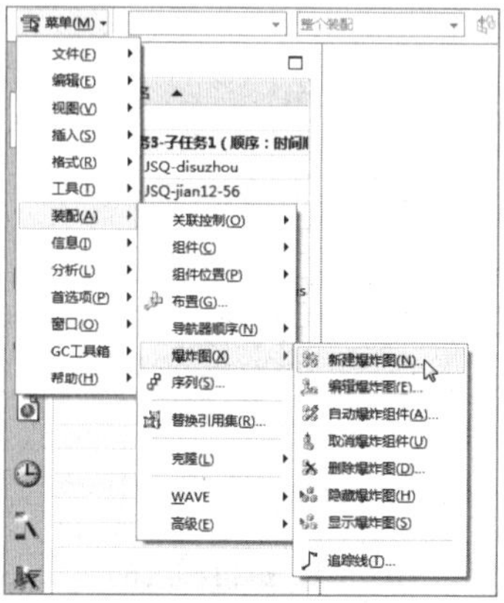

图 9-60　执行“新建爆炸图”命令

Step 03 执行操作后，弹出信息提示框，单击“是”按钮，如图 9-61 所示。

Step 04 弹出“新建爆炸图”对话框，在其中设置爆炸图的名称，如图 9-62 所示，单击“确定”按钮，即可新建爆炸图。

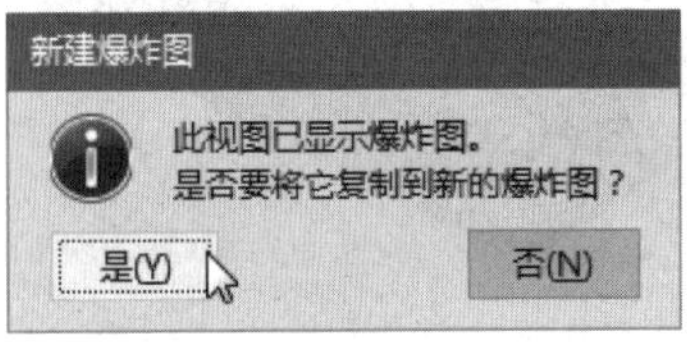

图 9-61 单击“是”按钮

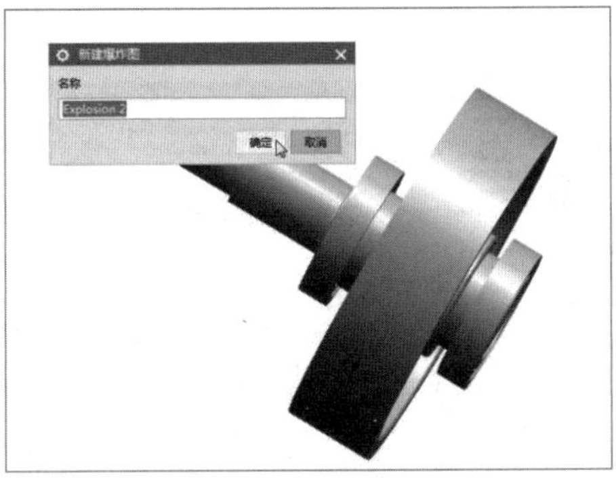

图 9-62 设置爆炸图的名称

▶ 专家指点

在 UG NX 10.0 中，所谓“创建爆炸图”，实际上只是将当前视图创建为一个爆炸图，装配中各个组件的位置并没有什么变化。

9.2.2 创建自动爆炸图

在 UG NX 10.0 中，自动爆炸组件用于对创建的爆炸图中的组件指定间隔，使用户了解该装配中所包含的子装配。下面介绍创建自动爆炸组件的操作方法。

Step 01 承前例，在边框条中执行“菜单”|“装配”|“爆炸图”|“自动爆炸组件”命令，如图 9-63 所示。

Step 02 弹出“类选择”对话框，在绘图区中选择所有模型对象，如图 9-64 所示。

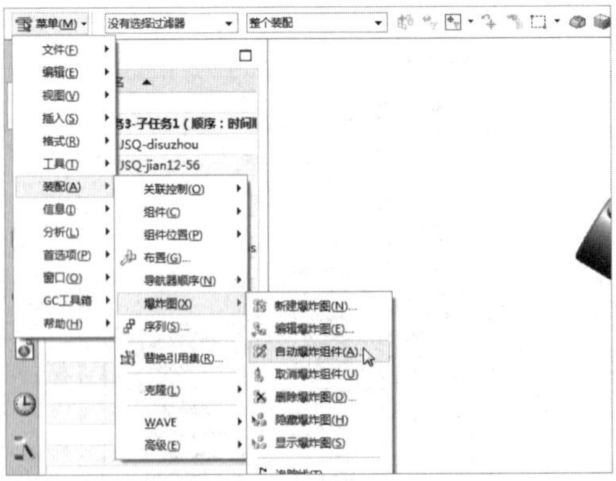

图 9-63 执行相应的命令

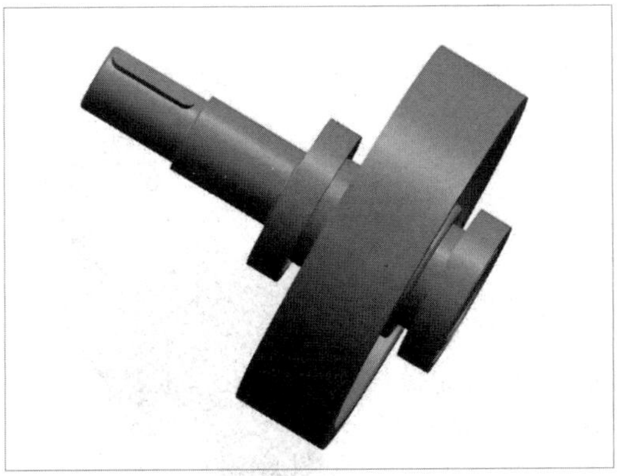

图 9-64 选择所有模型对象

Step 03 在“类选择”对话框中单击“确定”按钮，如图 9-65 所示。

Step 04 弹出“自动爆炸组件”对话框，设置“距离”为 30，单击“确定”按钮，如图 9-66 所示。

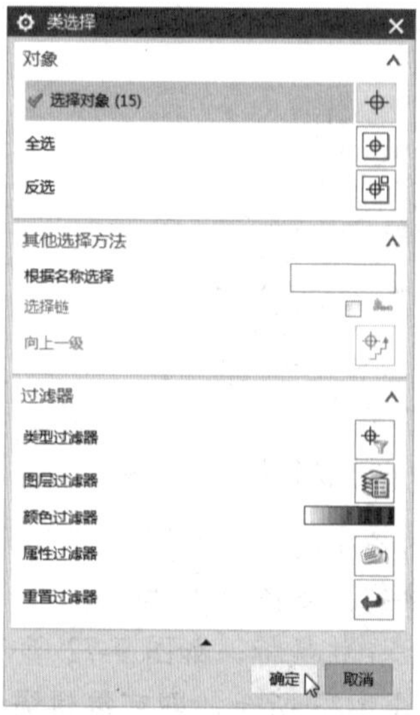

图 9-65　“类选择”对话框

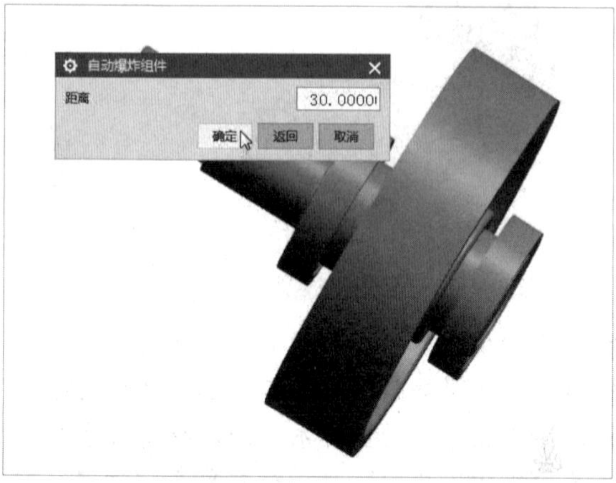

图 9-66　设置相关参数

Step 05 执行操作后，即可创建自动爆炸组件，如图 9-67 所示。

图 9-67　创建自动爆炸组件

9.2.3　编辑爆炸图

在 UG NX 10.0 中采用自动爆炸后，效果往往不尽如人意，因此，需要对爆炸图进行调整和编辑。下面介绍编辑爆炸图的操作方法。

Step 01 打开素材模型（素材\项目 9\9.2.3.prt），如图 9-68 所示。

Step 02 在边框条中执行“菜单”｜“装配”｜“爆炸图”｜“编辑爆炸图”命令，如图 9-69 所示。

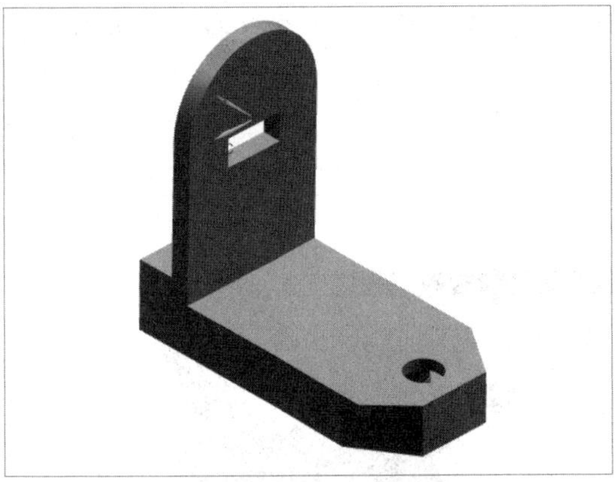
图 9-68　打开素材模型

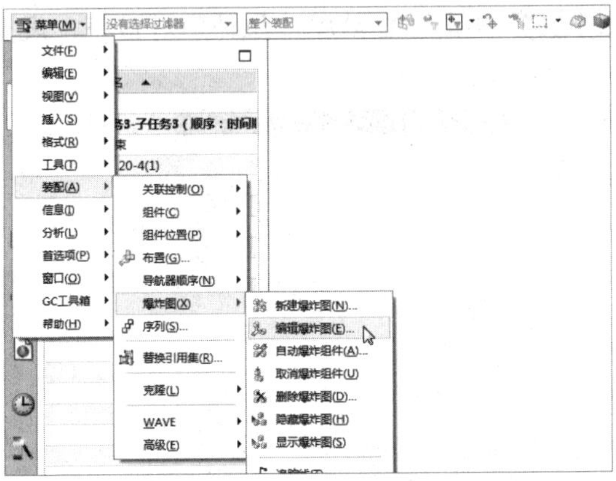

图 9-69　执行相应的命令

Step03 弹出“编辑爆炸图”对话框，在绘图区中选择左侧的模型对象，如图 9-70 所示。

Step04 在“编辑爆炸图”对话框中单击“移动对象”单选按钮，如图 9-71 所示。

Step05 在绘图区中移动坐标系，向左移动对象至合适位置后释放鼠标，如图 9-72 所示。

Step06 在“编辑爆炸图”对话框中单击“确定”按钮，如图 9-73 所示，即可编辑爆炸图。

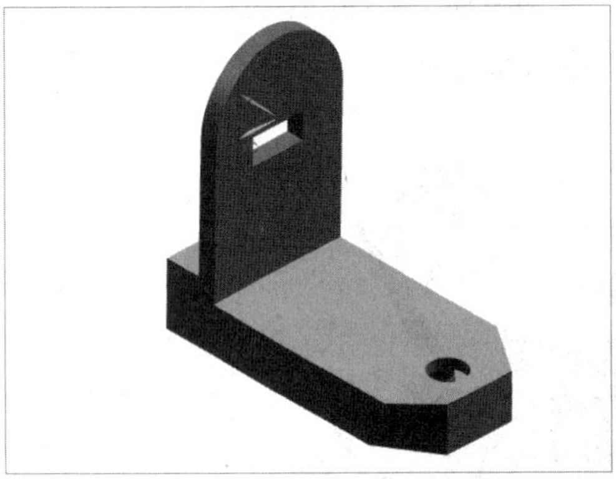
图 9-70　选择左侧的模型对象

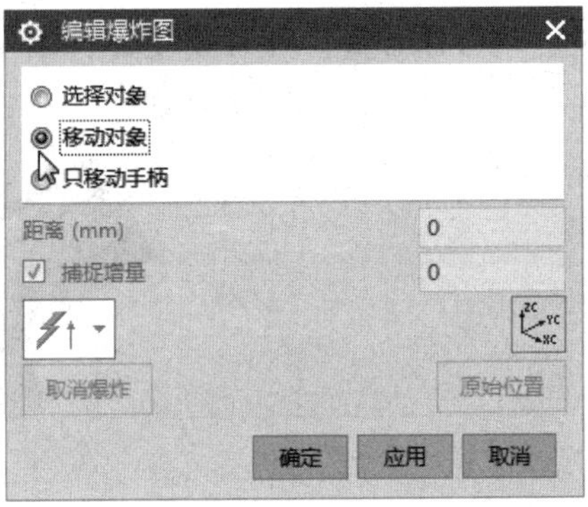

图 9-71　单击“移动对象”单选按钮

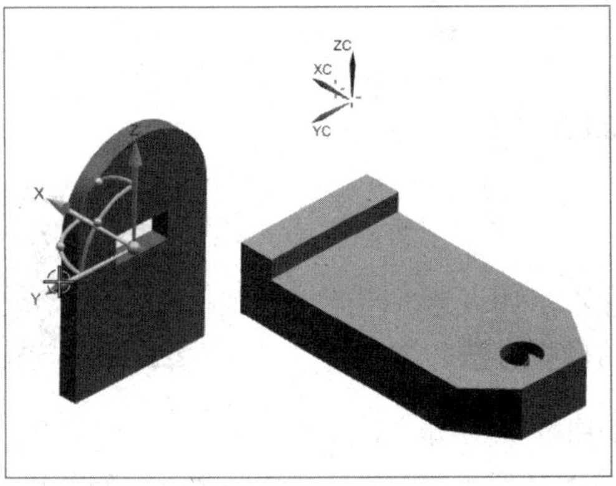

图 9-72　移动坐标系

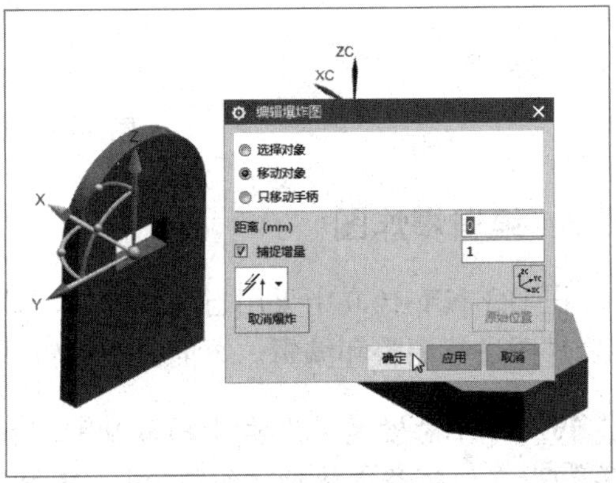

图 9-73　编辑爆炸图

9.2.4　取消爆炸图

在 UG NX 中，也可以取消爆炸组件。下面介绍取消爆炸组件的操作方法。

Step 01 承前例，在边框条中执行“菜单”｜“装配”｜“爆炸图”｜“取消爆炸组件”命令，如图 9-74 所示。

Step 02 弹出“类选择”对话框，在绘图区中选择所有模型对象，如图 9-75 所示。

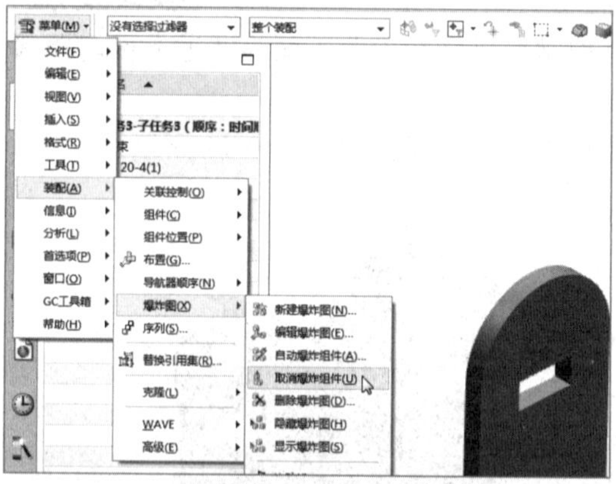

图 9-74　执行“取消爆炸组件”命令

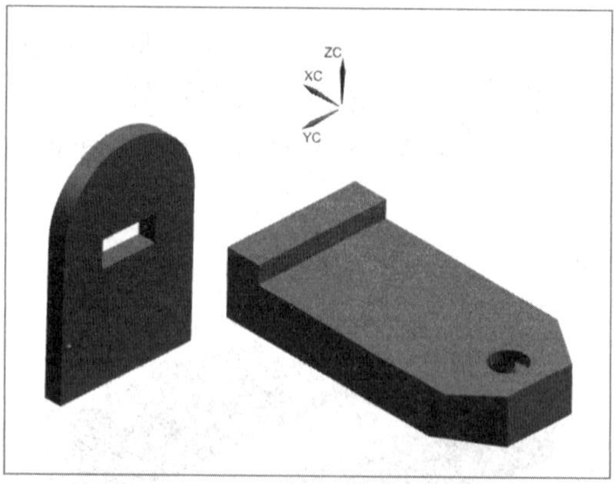

图 9-75　选择所有模型对象

> **▶ 专家指点**
>
> 在 UG NX 10.0 中单击边框条中的“菜单”标签后，在弹出的菜单列表中依次按键盘上的【A】、【X】、【U】键，可以快速执行“取消爆炸组件”命令。

Step 03 在“类选择”对话框中单击“确定”按钮，如图 9-76 所示，取消爆炸组件。

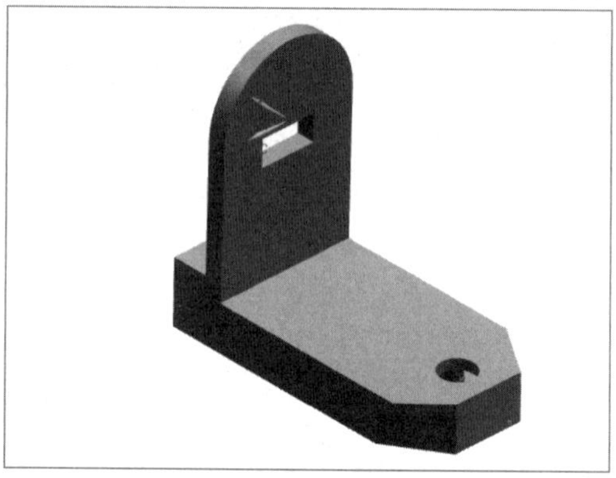

图 9-76　取消爆炸组件

项目小结

本项目主要学习了创建 UG NX 模型装配图的操作方法，首先介绍了装配图的基础知识、装配的加载方式、加载组件的常用类型、在装配中新建组件及将组件添加到装配等内容；其次介绍了移动、替换、阵列和镜像装配模型的方法；最后介绍了创建爆炸图装配模型的操作方法。希望读者学习完本项目内容以后，可以创建出更多专业的装配图模型。

项目训练

鉴于本项目知识的重要性，为了帮助读者更好地掌握所学知识，下面将通过上机习题帮助读者进行简单的知识回顾和补充。

本习题需要掌握使用原点装配模型的方法，素材文件与效果文件如图 9-77 所示。

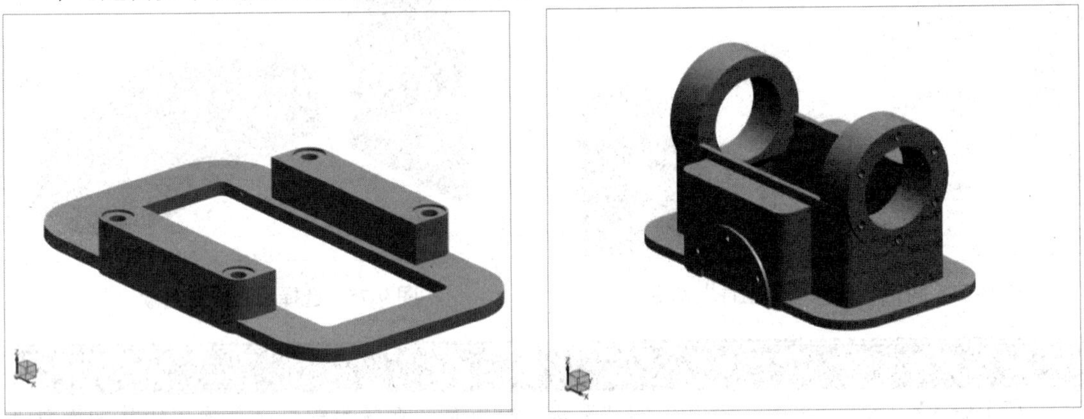

图 9-77　素材文件与效果文件

项目 10　制图环境：管理工程图纸视图

工程图即日常所说的“图纸”，是生产实践中用于指导生产的重要技术文件之一。二维图样，它包含图样、尺寸、技术要求和工艺要求等内容，本项目主要介绍创建工程图的基本命令和视图的编辑操作。通过本项目的学习，用户可以对工程图纸进行删除、编辑以及对齐等操作，为用户以后的学习打下坚实的基础。

本项目重点

- 创建工程图
- 创建剖视图
- 编辑工程图纸与工程视图

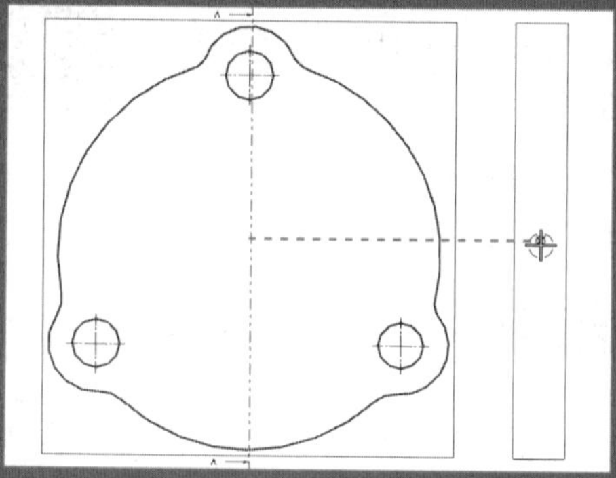

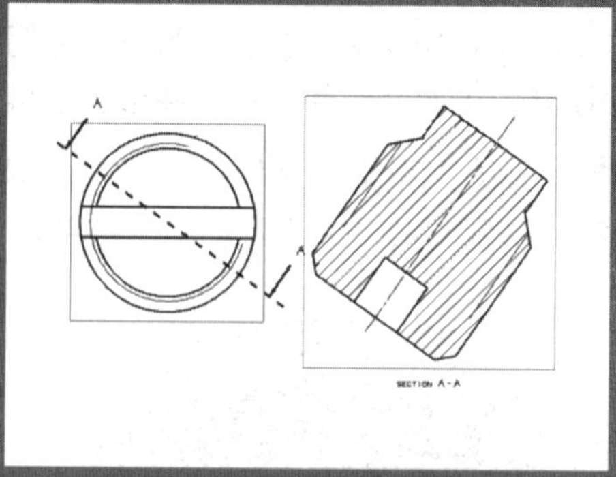

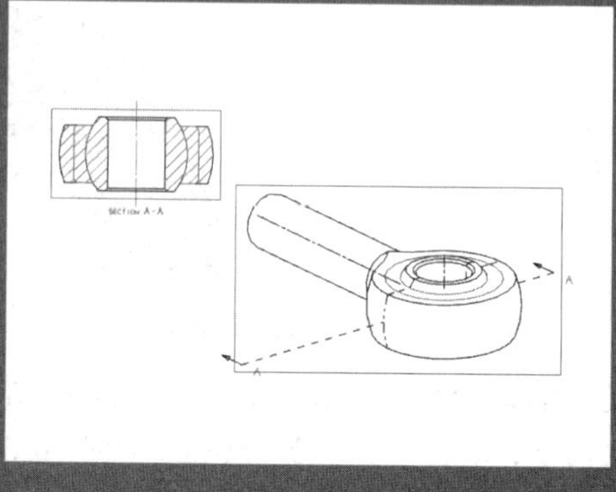

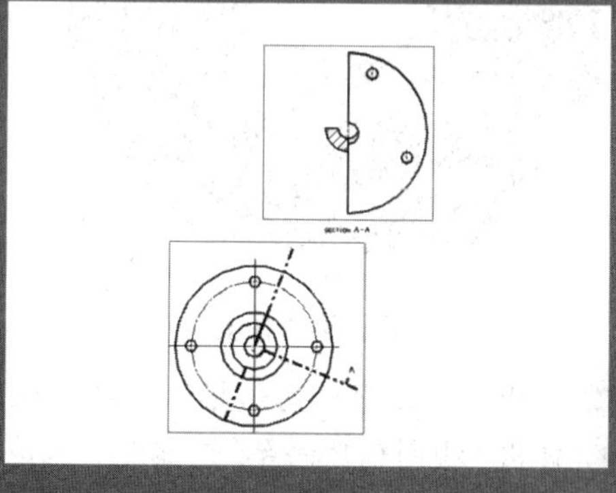

任务 1　创建工程图的方法

可以将在 UG NX 建模模块中创建的零件或装配模型引用到 UG NX 制图模块中，以快速生成二维工程图。

在创建工程图纸之前，需进入制图环境。在功能区“应用模块”选项卡的“设计”选项板中单击“制图”按钮，如图 10-1 所示，执行操作后，弹出“图纸页”对话框，单击“取消”按钮，即可进入制图环境，如图 10-2 所示。

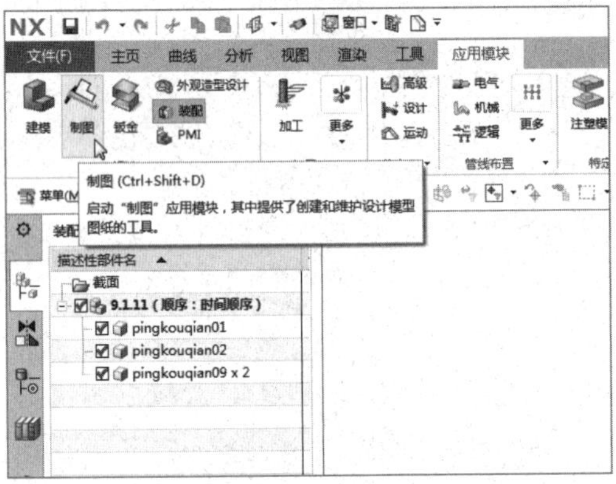

图 10-1　单击“制图”按钮

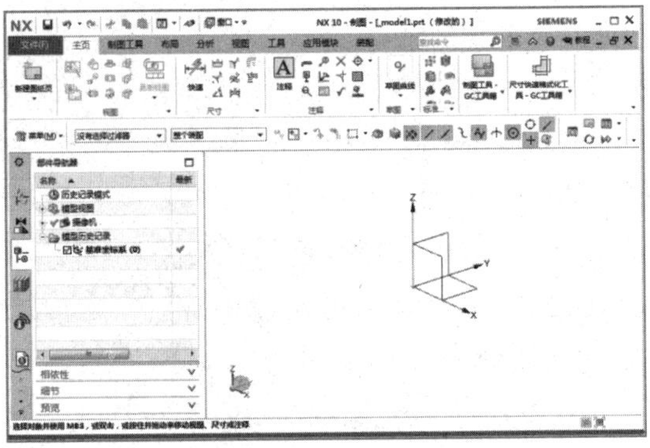

图 10-2　进入制图环境

10.1.1　新建图纸页

在 UG NX 10.0 中，新建图纸页功能用于在当前项目文件中新建一张或多张图纸。下面介绍新建模型图纸页的操作方法。

Step 01 打开素材模型（素材\项目 10\10.1.1.prt），如图 10-3 所示。

Step 02 在功能区的“主页”选项卡中单击“新建图纸页”按钮，如图 10-4 所示。

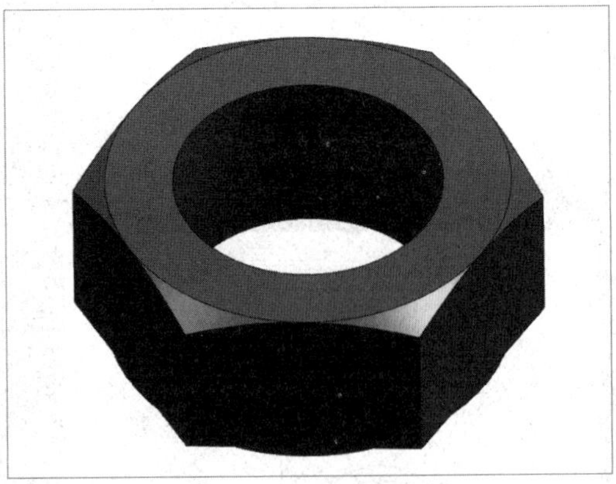

图 10-3　打开素材模型

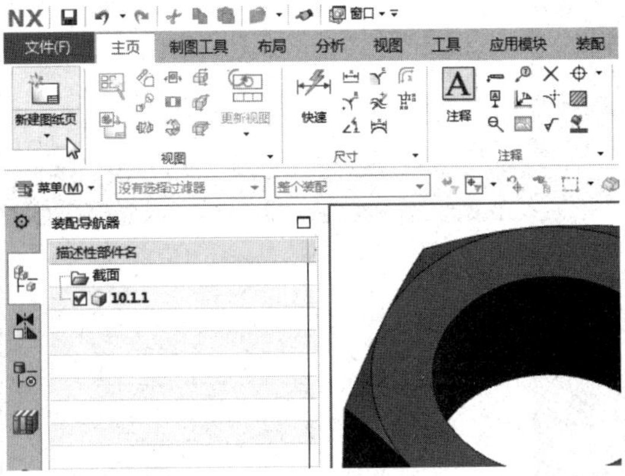

图 10-4　单击“新建图纸页”按钮

Step 03 弹出“图纸页”对话框，保持默认设置，单击“确定”按钮，如图 10-5 所示。

Step 04 弹出“视图创建向导”对话框，保持默认设置，单击“下一步”按钮，如图 10-6 所示。

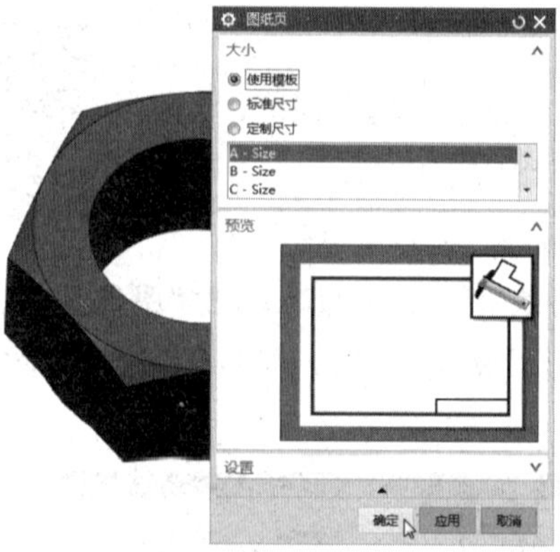

图 10-5 “图纸页”对话框

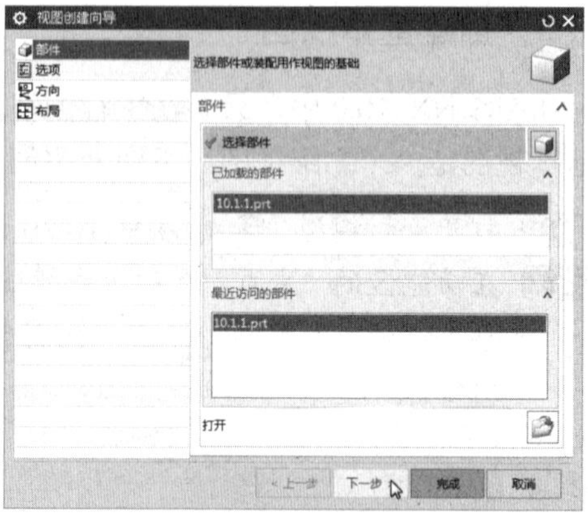

图 10-6 “视图创建向导”对话框

Step 05 进入“选项”选项卡，保持默认设置，单击“下一步”按钮，如图 10-7 所示。

Step 06 进入“方向”选项卡，保持默认设置，单击“下一步”按钮，如图 10-8 所示。

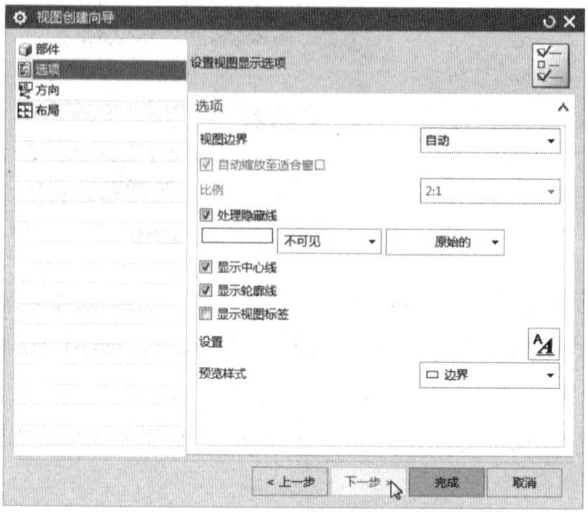

图 10-7 “选项”选项卡

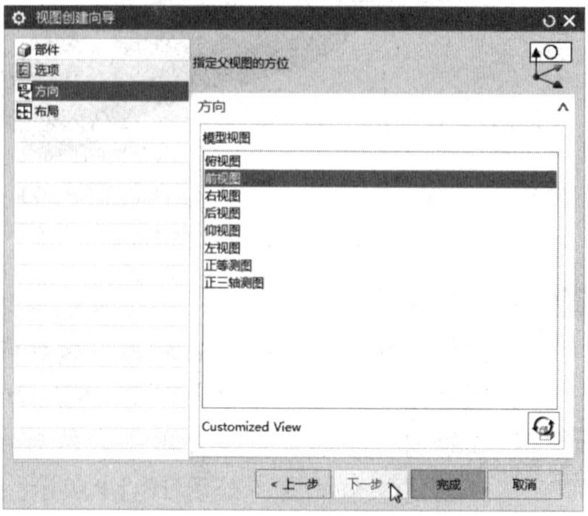

图 10-8 “方向”选项卡

Step 07 进入“布局”选项卡，选择相应的布局，单击“完成”按钮，如图 10-9 所示。

Step 08 执行操作后，即可新建图纸页，如图 10-10 所示。

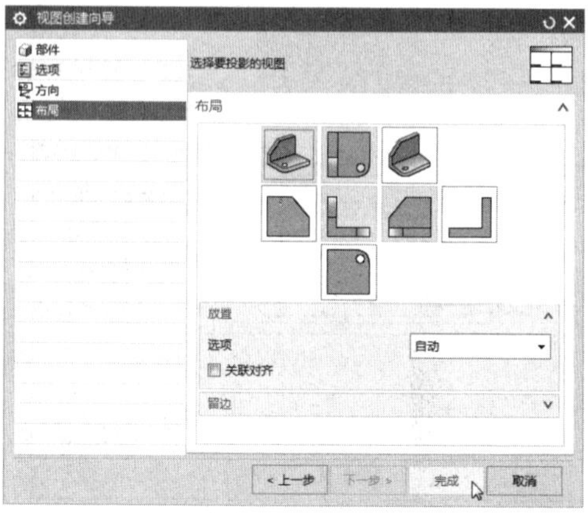

图 10-9 “布局”选项卡

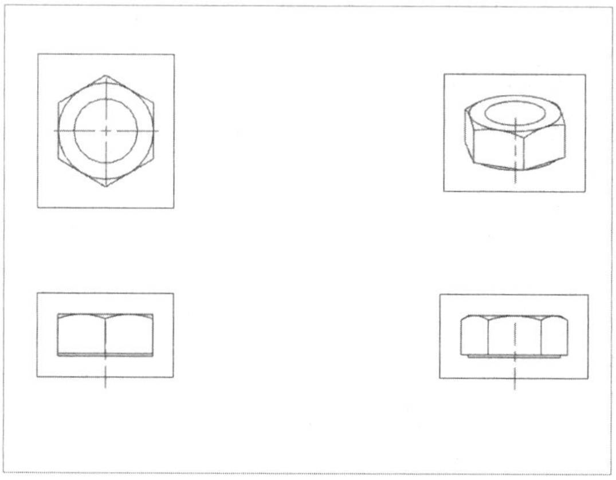

图 10-10 新建图纸页

10.1.2 创建基本视图

在 UG NX 10.0 中，只有在工程图视图模式下才能创建基本视图，创建的基本视图是一个二维视图。下面介绍创建基本视图的操作方法。

Step01 打开素材模型（素材\项目 10\10.1.2.prt），如图 10-11 所示。

Step02 在功能区的“主页”选项卡中单击“新建图纸页”按钮，弹出“图纸页”对话框，单击“确定”按钮，弹出“视图创建向导”对话框，单击“取消”按钮，如图 10-12 所示。

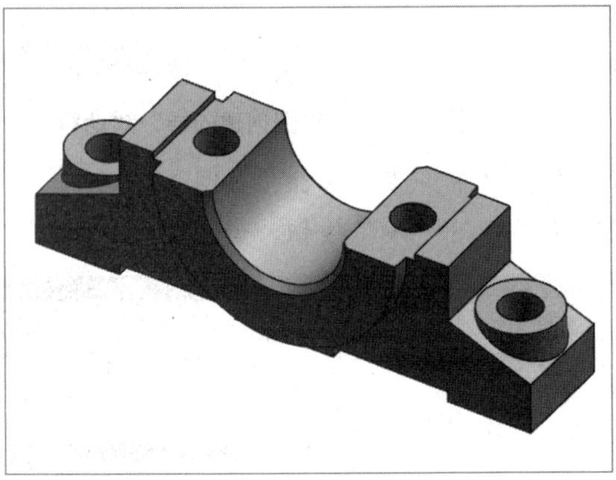

图 10-11 打开素材模型

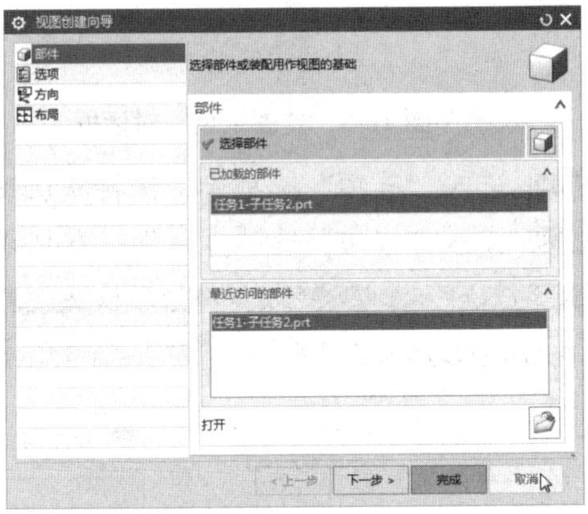

图 10-12 单击“取消”按钮

Step03 执行操作后，即可新建图纸页，在功能区“主页”选项卡的“视图”选项板中单击“基本视图”按钮，弹出“基本视图”对话框，设置“比例”为 2∶1，如图 10-13 所示。

Step04 在绘图区中的合适位置单击，然后在“基本视图”对话框中单击“关闭”按钮，即可创建基本视图，如图 10-14 所示。

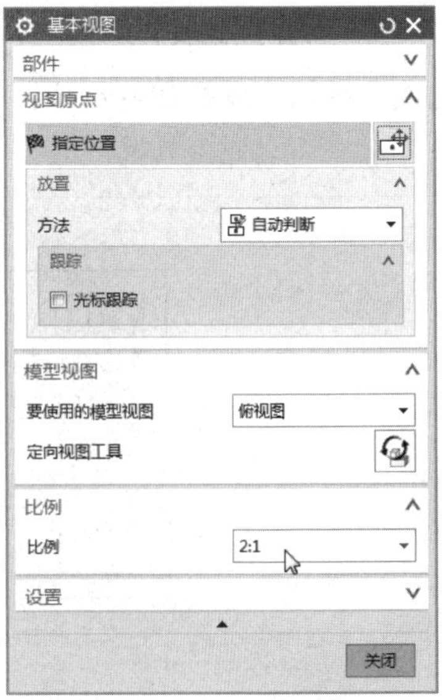

图 10-13 设置参数

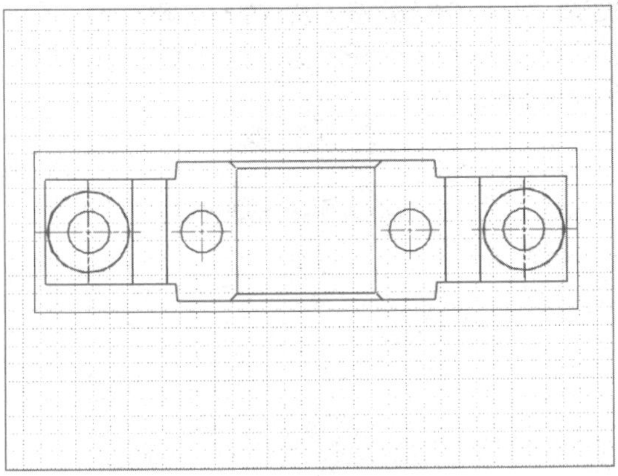

图 10-14 创建基本视图

在“基本视图”对话框中，各主要选项的含义如下。

➢ **“要使用的模型视图”下拉列表框：** 用于设置向图纸中添加何种类型的视图。

➢ **“定向视图工具”按钮：** 单击该按钮，弹出“定向视图工具”对话框，该对话框用于自由旋转视图、寻找合适的视角、设置关联方位视图和实时预览视图。

➢ **“比例”下拉列表框：** 用于设置图纸中的视图比例。

在 UG NX 10.0 中，通过在边框条中执行“菜单”|“插入”|“视图”|“基本”命令，如图 10-15 所示，也可以快速创建模型的基本视图。

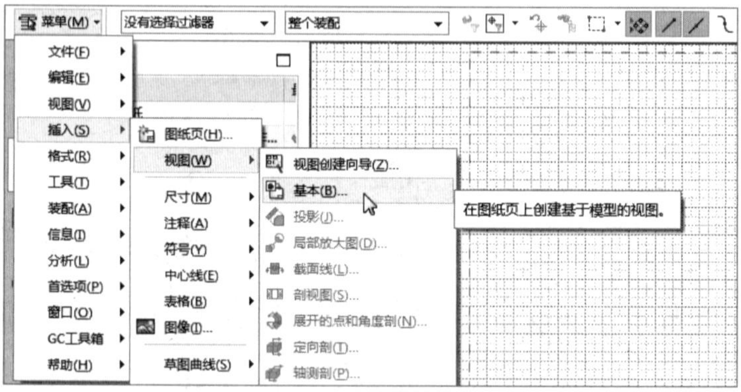

图 10-15　单击“图纸页”命令

10.1.3　创建投影视图

在 UG NX 10.0 中使用“投影视图”命令，可以对复杂部件引入特定角度（投影角度）的模型视图到工程图纸中。下面介绍创建投影视图的操作方法。

Step 01 打开素材模型（素材\项目 10\10.1.3.prt），如图 10-16 所示。

Step 02 在功能区“主页”选项卡的“视图”选项板中单击“投影视图”按钮，如图 10-17 所示。

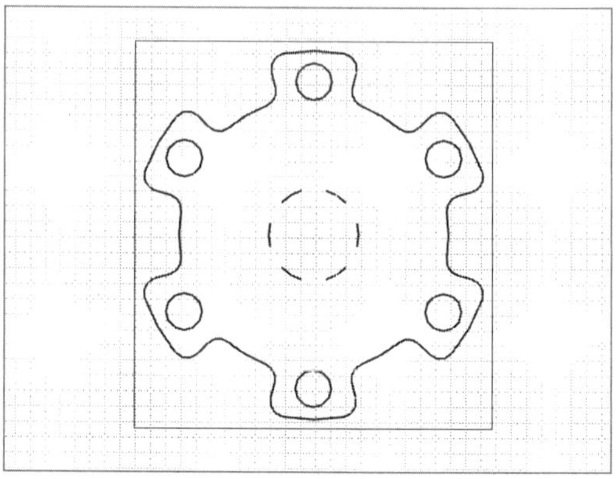

图 10-16　打开素材模型

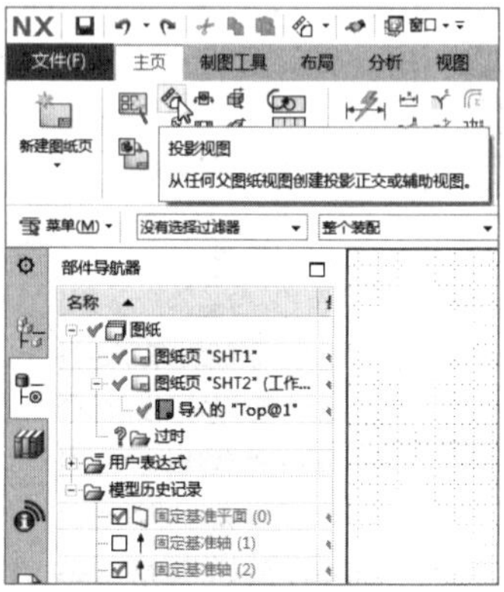

图 10-17　单击“投影视图”按钮

Step03 执行操作后，弹出“投影视图”对话框，在绘图区中拖动鼠标指针至合适位置，如图 10-18 所示。

Step04 在合适位置单击，执行操作后，在“投影视图”对话框中单击“关闭”按钮，如图 10-19 所示，即可创建投影视图。

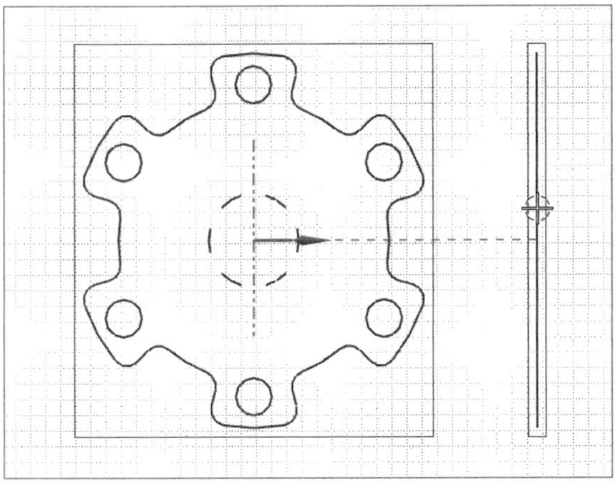

图 10-18 定位鼠标指针

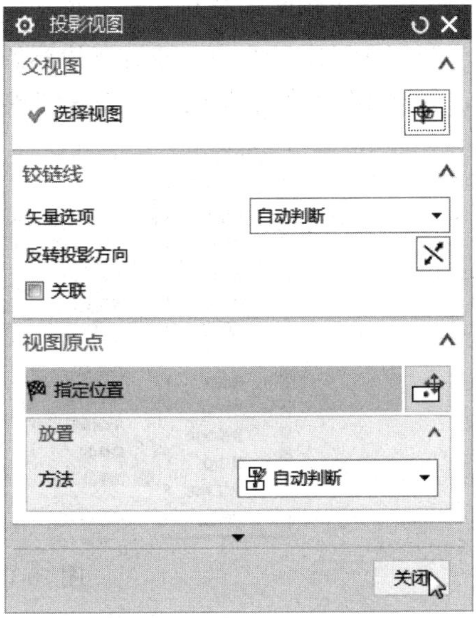

图 10-19 “投影视图”对话框

在 UG NX 10.0 中，还可以通过以下两种方法创建投影视图。

（1）在边框条中执行“菜单”|“插入”|“视图”|“投影”命令，如图 10-20 所示。

（2）在功能区“布局”选项卡的“视图”选项板中单击“投影视图”按钮，如图 10-21 所示。

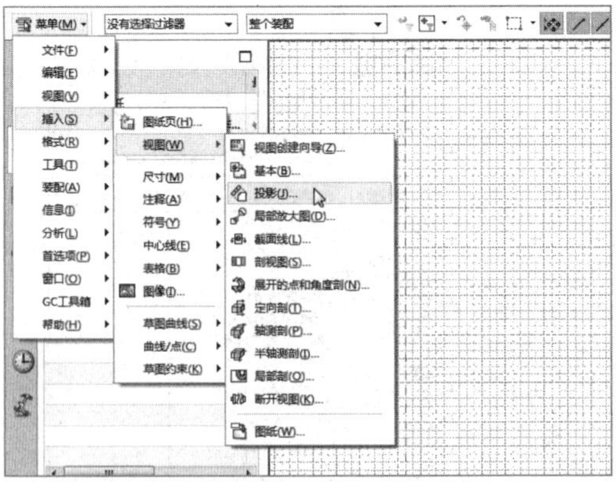

图 10-20 执行“投影”命令

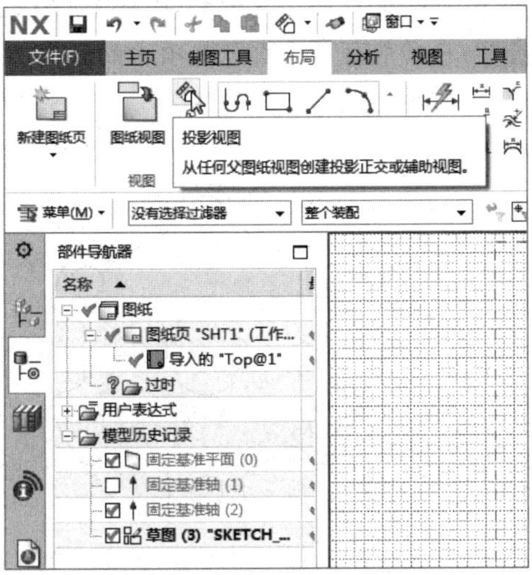

图 10-21 单击“投影视图”按钮

10.1.4　局部放大视图

在 UG NX 10.0 中使用“局部放大图”命令，可以对复杂部件引入局部放大的模型视图到工程图纸中。下面介绍局部放大视图的操作方法。

Step01 打开素材模型（素材\项目 10\10.1.4.prt），如图 10-22 所示。

Step02 在功能区“布局”选项卡的“视图”选项板中单击“局部放大图”按钮，如图 10-23 所示。

Step03 弹出“局部放大图”对话框，如图 10-24 所示。

Step04 在绘图区中合适的点上单击，向右拖动鼠标指针至合适位置后再次单击，弹出局部放大图，向右移动鼠标指针至合适位置，如图 10-25 所示，在该位置单击，然后在“局部放大图”对话框中单击“关闭”按钮，即可创建局部放大图。

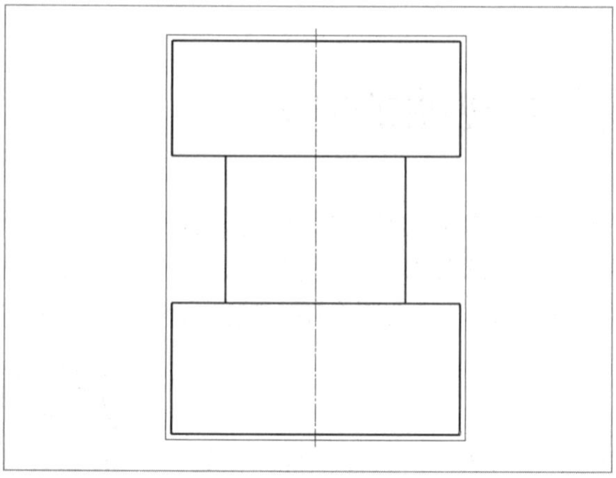

图 10-22　打开素材模型

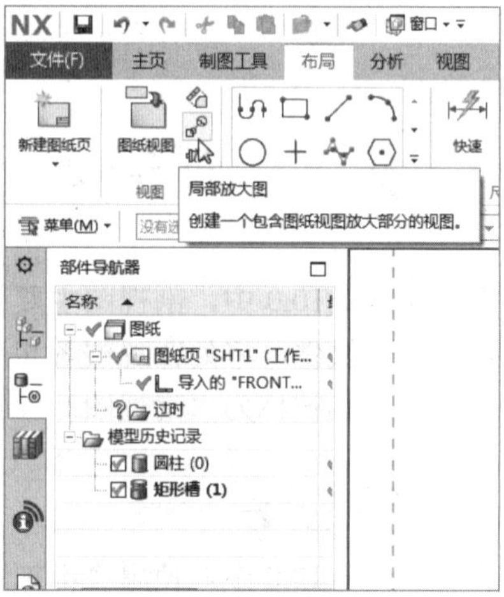

图 10-23　单击“局部放大图”按钮

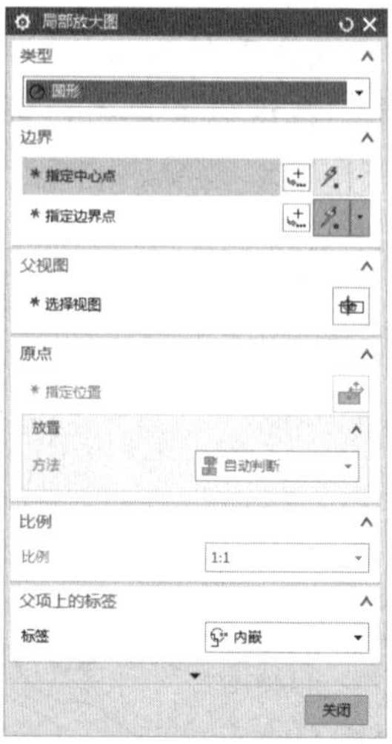

图 10-24　“局部放大图”对话框

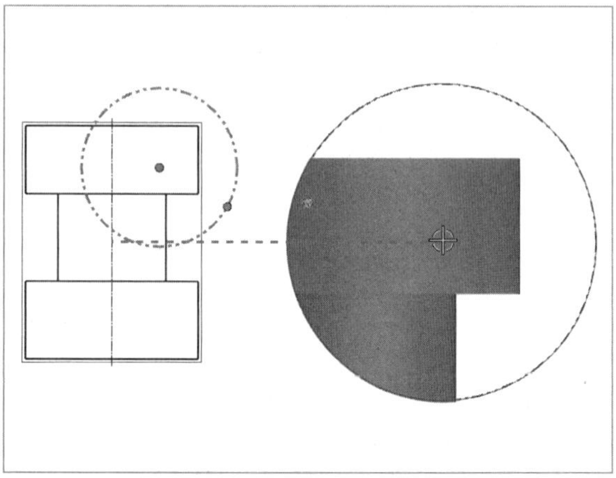

图 10-25　移动鼠标指针至合适位置

在“局部放大图”对话框中，各主要选项区的含义如下。

- **“类型”选项区：**“圆形”选项，创建有圆形边界的局部放大图；“按拐角绘制矩形”选项，通过选择对角线上的两个拐角点来创建有矩形边界的局部放大图；“按中心和拐角绘制矩形”选项，通过选择一个中心点和一个拐角点来创建有矩形边界的局部放大图。
- **“边界”选项区：**“指定中心点”选项，定义圆形边界的中心；“指定边界点”选项，定义圆形边界的半径。
- **“父视图”选项区：**“选择视图”选项，选择一个父视图。
- **“原点”选项区：**“指定位置”选项，指定局部放大图的位置；“放置”选项，指定所选视图的放置方法。
- **“比例”选项区：**默认局部放大图的比例因子大于父视图的比例因子。例如，从比例为 1∶1 的父视图生成比例为 2∶1 的局部放大图。要更改默认的视图比例，可以在“比例”下拉列表中选择一个选项。

任务 2　创建剖视图的方法

在 UG NX 10.0 中，剖视图主要用于表达机件内部的结构形状。假设用一剖切面（平面或曲面）剖开机件，将处在观察者和剖切面之间的部分移去，而将其余部分向投影面投射，这样得到的图形被称为“剖视图”（简称“剖视”）。本节主要介绍创建剖视图的操作方法。

10.2.1　创建剖视图

在 UG NX 10.0 中，使用“剖视图”命令可以从任何父图纸视图创建一个投影剖视图。下面介绍创建剖视图的操作方法。

Step 01 打开素材模型（素材\项目 10\10.2.1.prt），如图 10-26 所示。

Step 02 在功能区“主页”选项卡的“视图”选项板中单击“剖视图”按钮，弹出“剖视图”对话框。在绘图区中，移动鼠标指针至圆心位置，在该位置单击，如图 10-27 所示。

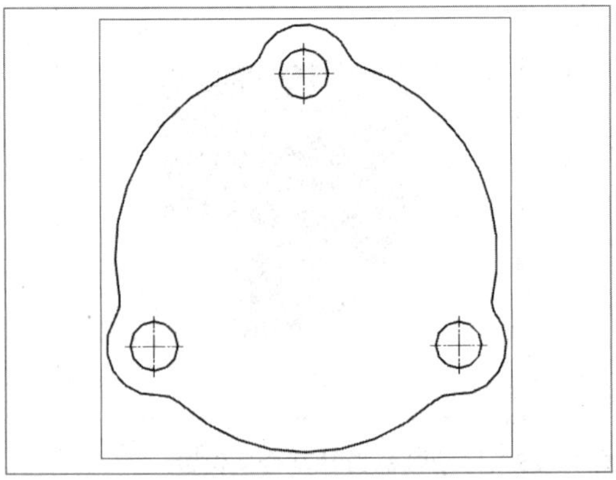

图 10-26　打开素材模型

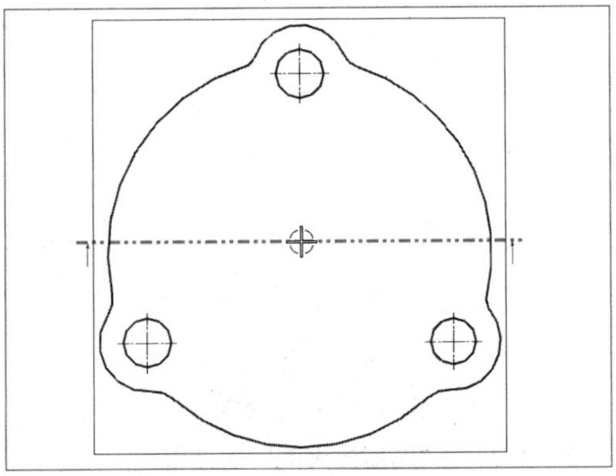

图 10-27　在圆心位置单击

Step 03 向右移动鼠标指针至合适位置，如图 10-28 所示。

Step 04 在该位置单击，然后在“剖视图”对话框中单击“关闭”按钮，即可创建剖视图，如图 10-29 所示。

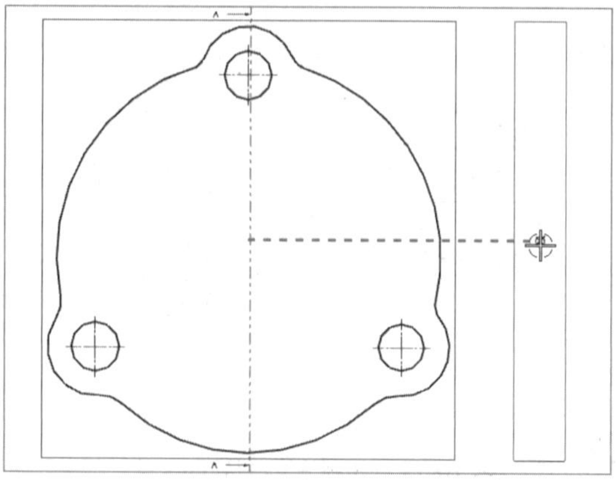

图 10-28　向右移动鼠标指针

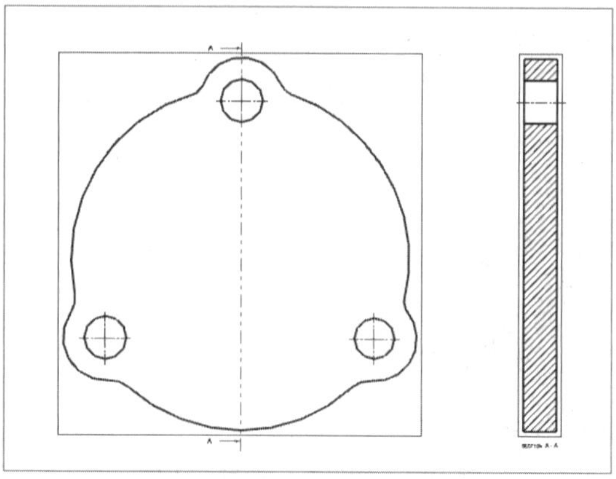

图 10-29　创建剖视图

> ▶ **专家指点**
>
> 在 UG NX 10.0 中，通过在边框条中执行“菜单”|“插入”|“视图”|“剖视图”命令，也可以快速创建剖视图。

10.2.2　创建定向剖视图

在 UG NX 10.0 中，使用“定向剖视图”命令可以通过指定切割方向和方位来创建剖视图。下面介绍创建定向剖视图的操作方法。

Step 01 打开素材模型（素材\项目 10\10.2.2.prt），如图 10-30 所示。

Step 02 在功能区“主页”选项卡的“视图”选项板中单击“定向剖视图”按钮，弹出“截面线创建”对话框，在绘图区中选择合适的圆弧对象，在对话框中单击“确定”按钮，如图 10-31 所示。

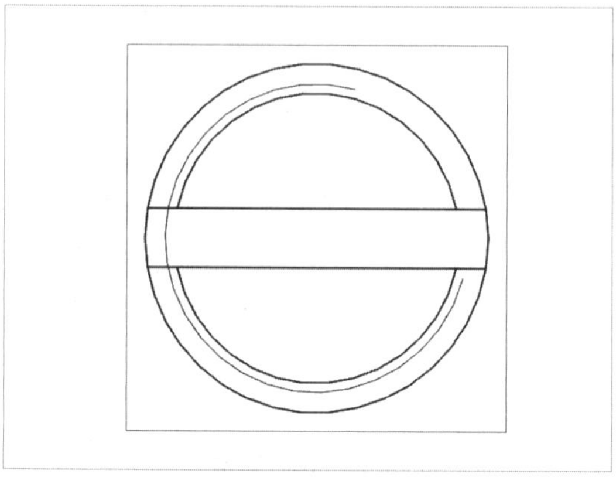

图 10-30　打开素材模型

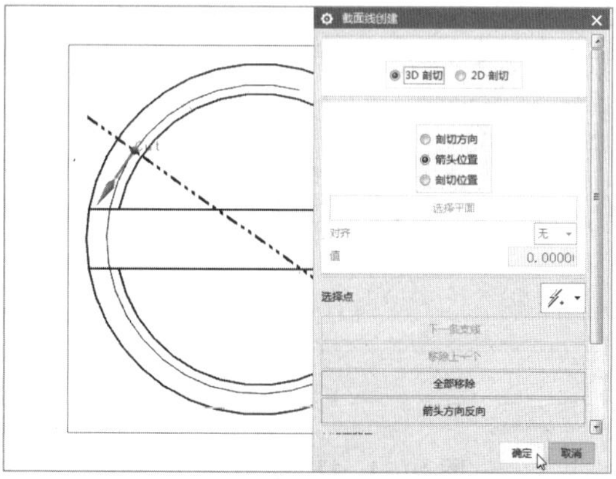

图 10-31　“截面线创建”对话框

Step 03 弹出“定向剖视图”对话框，在绘图区中向右移动鼠标指针至合适位置，单击鼠标左键，然后在弹出的“截面线创建”对话框中单击“取消”按钮，如图 10-32 所示。

Step04 执行操作后，即可创建定向剖视图，如图 10-33 所示。

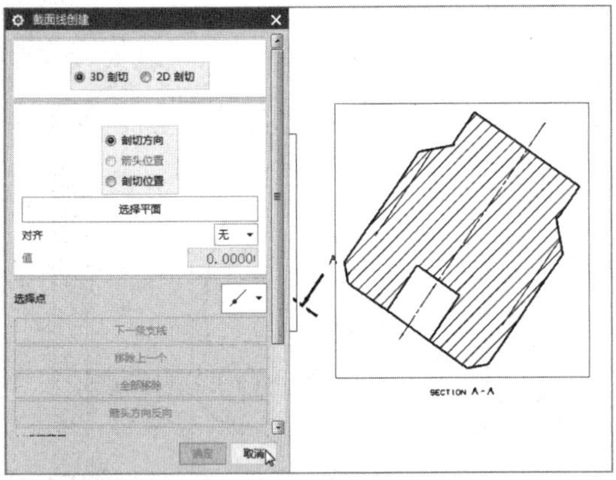

图 10-32　单击“取消”按钮

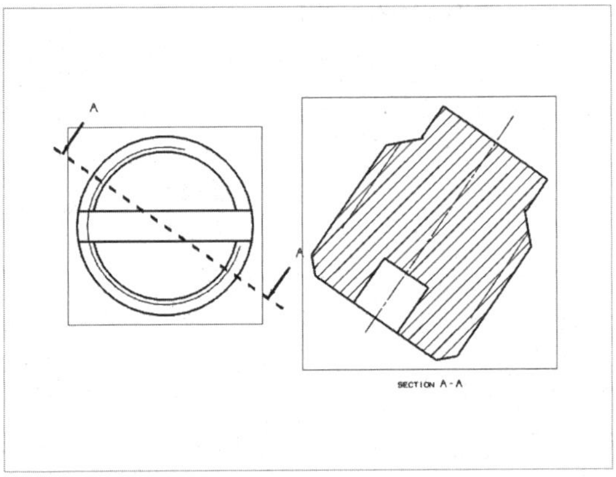

图 10-33　创建定向剖视图

> **▶ 专家指点**
>
> 在 UG NX 10.0 中，通过在边框条中执行“菜单”|“插入”|“视图”|“定向剖”命令，也可以快速创建定向剖视图。

10.2.3　创建轴测剖视图

在 UG NX 10.0 中使用“轴测剖视图”命令，可以从任何父视图创建一个基于轴测（3D）视图的剖视图。下面介绍创建轴测剖视图的操作方法。

Step01 打开素材模型（素材\项目 10\10.2.3.prt），如图 10-34 所示。

Step02 在功能区“主页”选项卡的“视图”选项板中单击“轴测剖视图”按钮，弹出“轴测图中的简单剖/阶梯剖”对话框，选择绘图区中的视图，如图 10-35 所示。

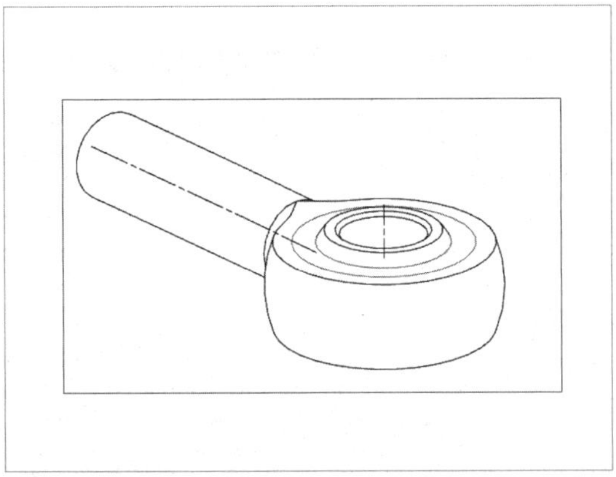

图 10-34　打开素材模型

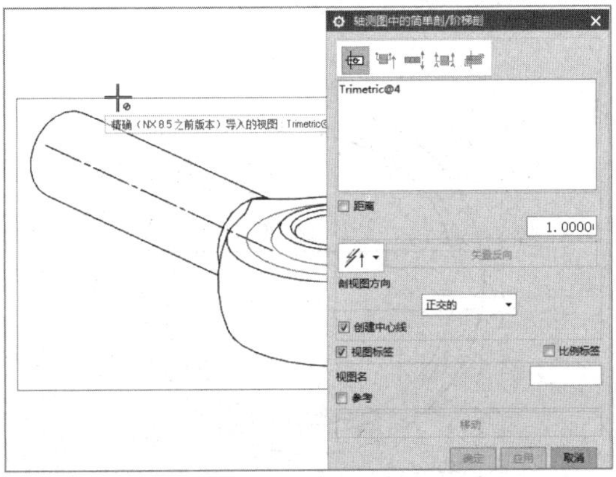

图 10-35　选择视图

Step03 在绘图区中选择合适的面，定义箭头的方向，如图 10-36 所示。

Step04 单击“应用”按钮，然后在绘图区中选择合适的边线，定义剖切方向，如图 10-37 所示。

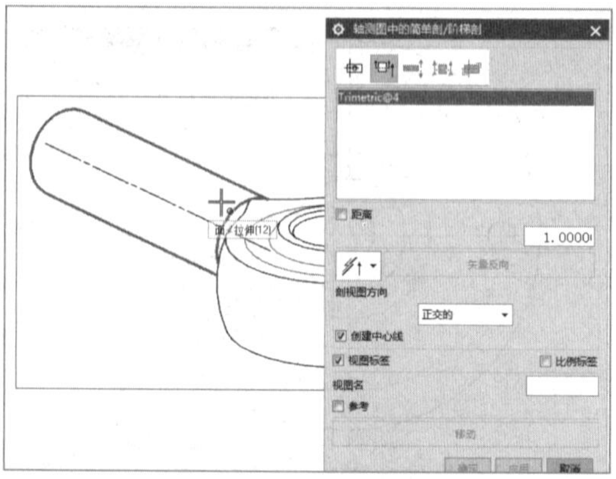

图 10-36　定义箭头方向

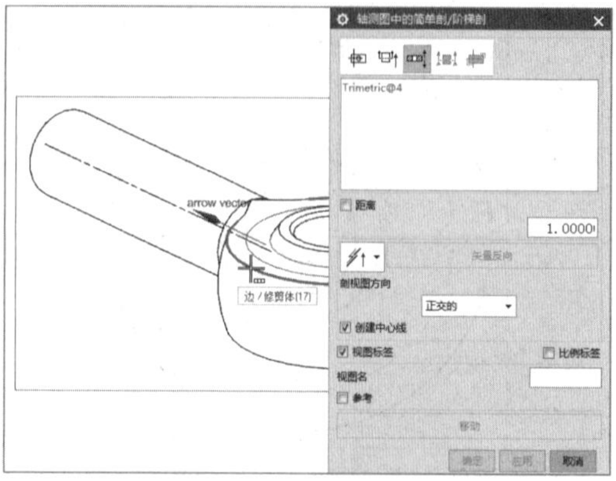

图 10-37　定义剖切方向

Step05 单击"应用"按钮，弹出"截面线创建"对话框，在绘图区中合适的点上单击，如图 10-38 所示。

Step06 单击"确定"按钮，弹出"轴测图中的简单剖/阶梯剖"对话框，在绘图区中向左上方拖动鼠标指针至合适位置，执行操作后，单击"取消"按钮，即可创建轴测剖视图，如图 10-39 所示。

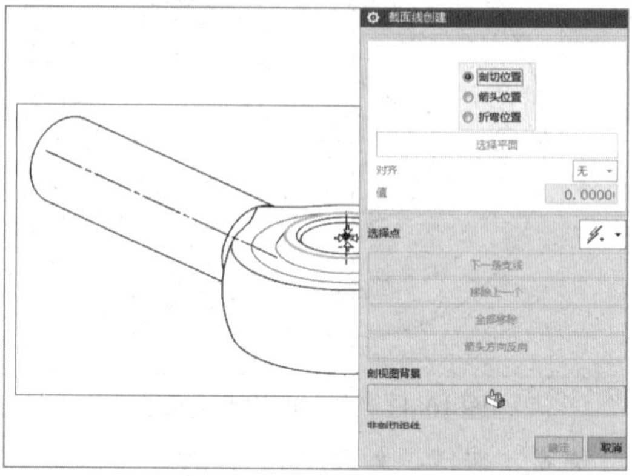

图 10-38　在合适的点上单击

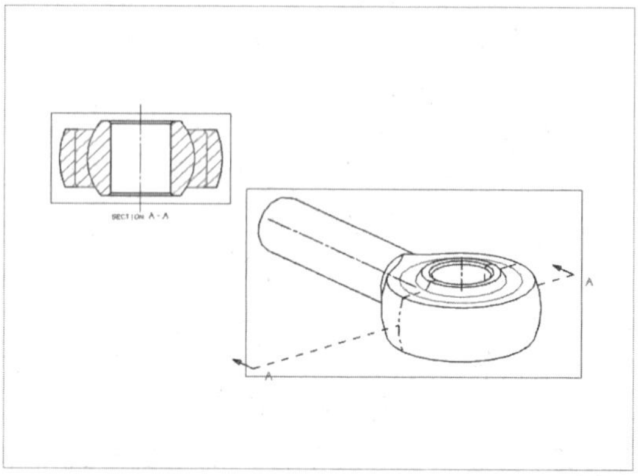

图 10-39　创建轴测剖视图

▶ 专家指点

在 UG NX 10.0 中，通过在边框条中执行"菜单"|"插入"|"视图"|"轴测剖"命令，也可以快速创建轴测剖视图。

10.2.4　创建半轴测剖视图

在 UG NX 10.0 中，使用"半轴测剖视图"命令，可以从任何父视图创建一个基于轴测（3D）视图的半剖视图。下面介绍创建半轴测剖视图的操作方法。

Step01 打开素材模型（素材\项目 10\10.2.4.prt），如图 10-40 所示。

Step02 在功能区"主页"选项卡的"视图"选项板中单击"半轴测剖视图"按钮，弹出"轴测图中的半剖"对话框，选择绘图区中的视图，在绘图区中选择合适的圆，如图 10-41 所示，定义箭头的方向。

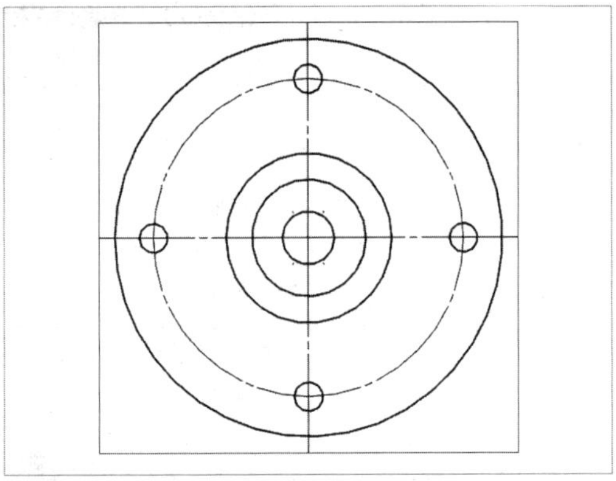

图 10-40　打开素材模型

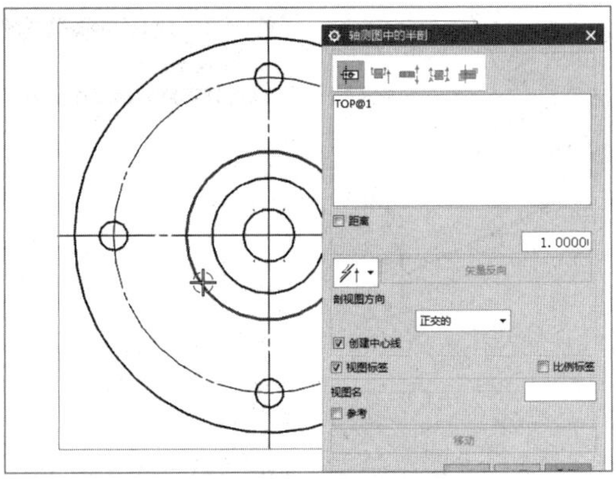

图 10-41　选择合适的圆

Step03 单击“应用”按钮，然后在绘图区中选择合适的圆，如图 10-42 所示。

Step04 单击“应用”按钮，弹出“截面线创建”对话框，在绘图区中合适的点上单击，如图 10-43 所示。

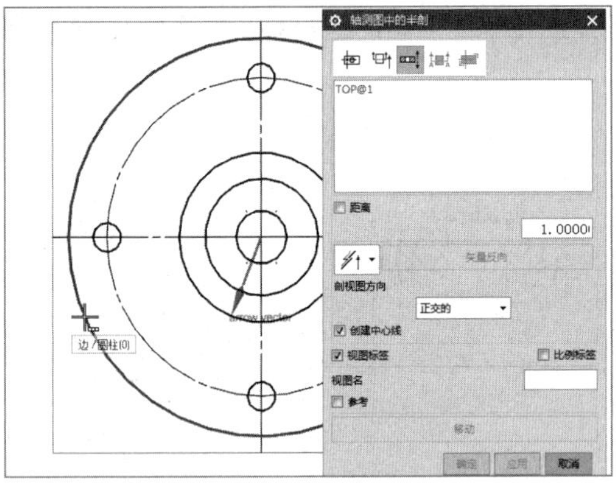

图 10-42　选择圆

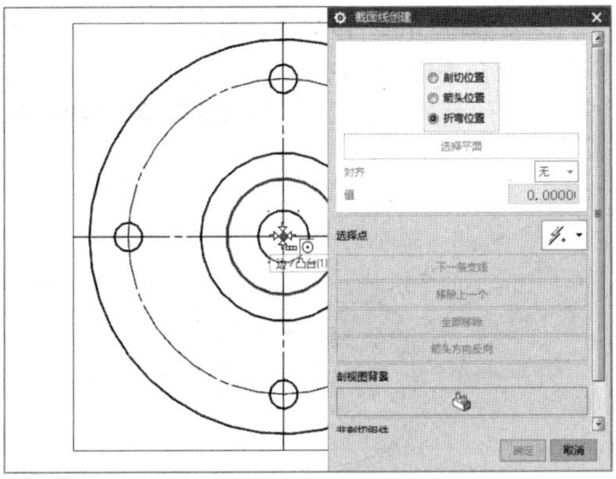

图 10-43　在合适的点上单击

Step05 在该点上再次单击，确定截面线，单击“确定”按钮，如图 10-44 所示。

Step06 执行操作后，弹出“轴测图中的半剖”对话框，在绘图区中向右上方拖动鼠标指针至合适位置，执行操作后，单击“取消”按钮，即可创建半轴测剖视图，如图 10-45 所示。

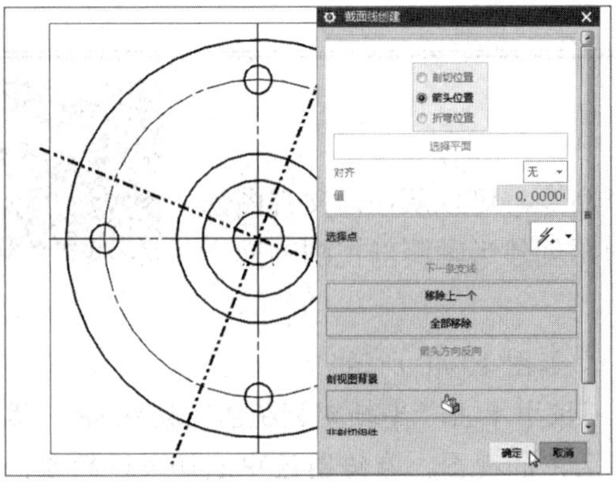

图 10-44　确定截面线

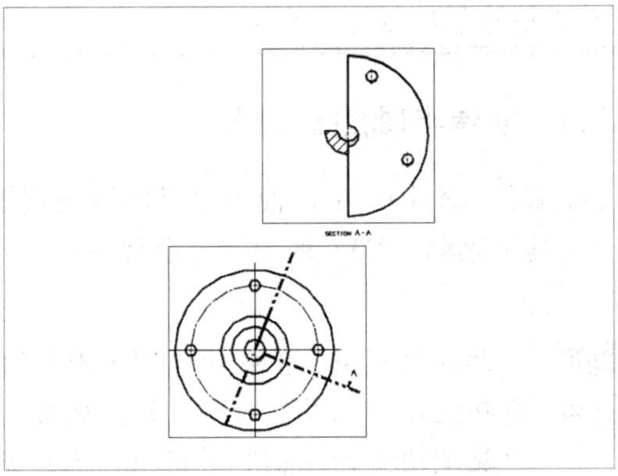

图 10-45　创建半轴测剖视图

▶ 专家指点

在 UG NX 10.0 中，通过在边框条中执行“菜单”|“插入”|“视图”|“半轴测剖”命令，也可以快速创建半轴测剖视图。

任务 3 编辑工程图纸与工程视图

创建好工程图后，可以对工程图纸进行删除、编辑及对齐等操作。本节将详细介绍编辑 UG NX 工程图模块中工程图纸与工程视图的方法。通过对本节的学习，可以快速掌握工程图纸、视图的编辑操作等技能。

10.3.1 编辑工程图纸

在创建的工程图中添加视图时，如果发现原来设置的工程图参数不符合要求（如图幅、比例等不适当），可以对已有工程图的相关参数进行修改。

在 UG NX 10.0 中，可以通过以下 3 种方法编辑图纸。

（1）在资源管理器中的图纸目录树中选择要编辑的图纸，单击鼠标右键，在弹出的快捷菜单中选择“编辑图纸页”命令，如图 10-46 所示。

（2）在边框条中执行“菜单”|“编辑”|“图纸页”命令，如图 10-47 所示。

（3）选择图纸页对象，单击鼠标右键，在弹出的快捷菜单中选择“编辑图纸页”命令。

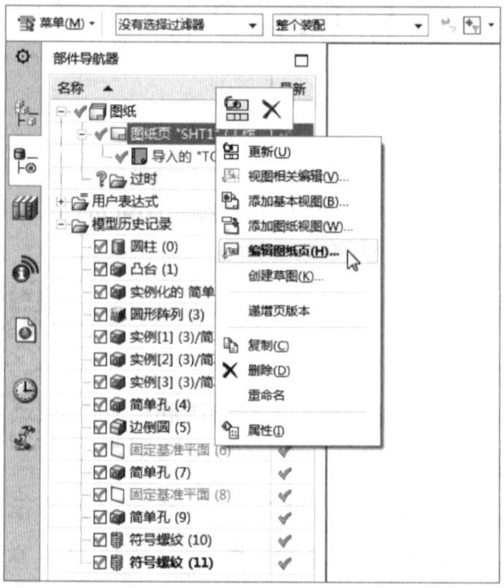

图 10-46 选择“编辑图纸页”命令

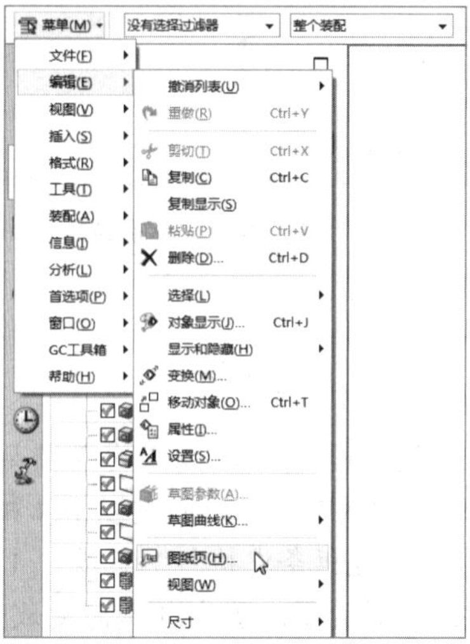

图 10-47 执行“图纸页”命令

下面介绍编辑工程图纸的具体操作方法与流程。

Step 01 打开素材模型（素材\项目 10\10.3.1.prt），如图 10-48 所示。

Step 02 在边框条中执行“菜单”|“编辑”|“图纸页”命令，如图 10-49 所示。

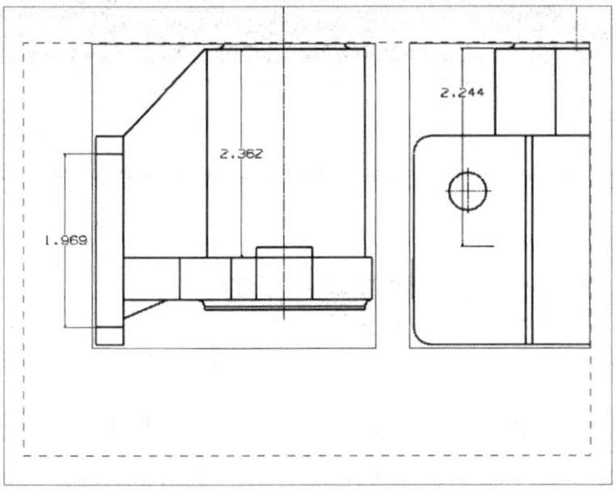

图 10-48　打开素材模型

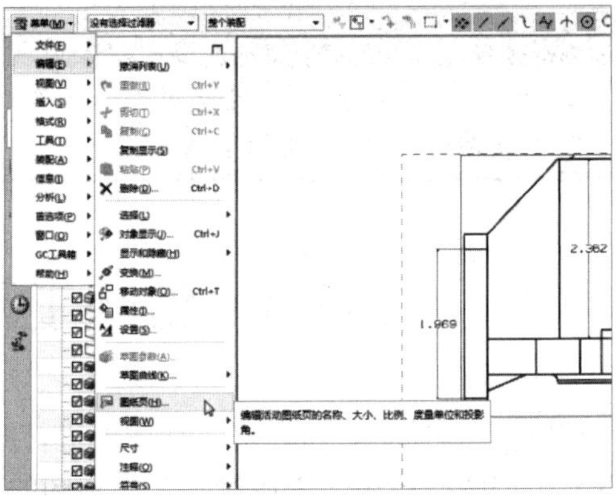

图 10-49　执行“图纸页”命令

Step03 弹出“图纸页”对话框，单击“大小”右侧的下拉按钮，在弹出的下拉列表中选择“A0-841 × 1189”选项，单击“确定”按钮，如图 10-50 所示。

Step04 执行操作后，即可编辑图纸页，如图 10-51 所示。

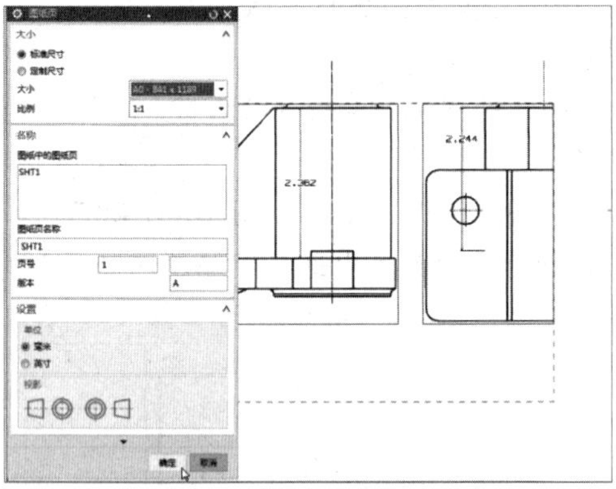

图 10-50　设置参数

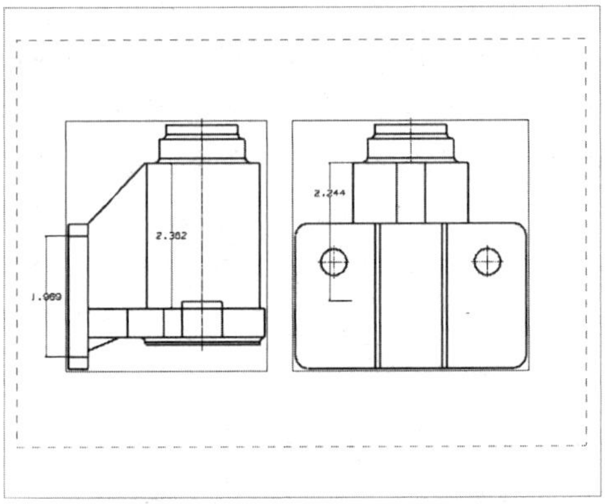

图 10-51　编辑图纸页

10.3.2　删除工程图纸

在创建工程图后，如果不再需要某些工程图，可以将这些工程图删除。在 UG NX 10.0 中，可以通过以下 4 种方法删除图纸。

（1）在边框条中执行“菜单”｜“编辑”｜“删除”命令，如图 10-52 所示。

（2）在资源管理器中选择需要删除的对象，单击鼠标右键，在弹出的快捷菜单中选择“删除”命令，如图 10-53 所示。

（3）在需要删除的对象上单击，在弹出的面板中单击“删除”按钮。

（4）选择需要删除的对象，按【Delete】键删除。

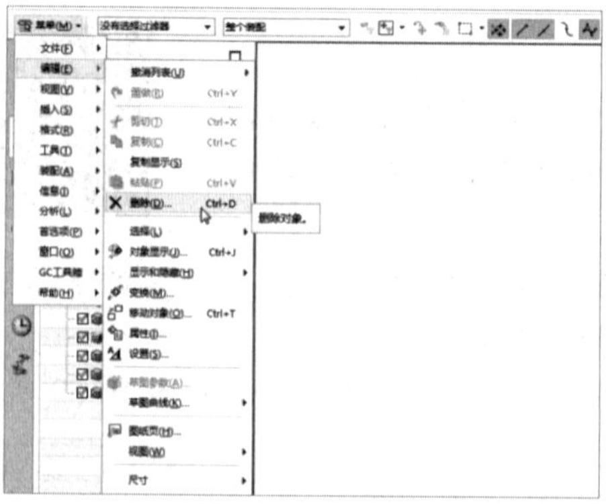

图 10-52　选择“删除”命令

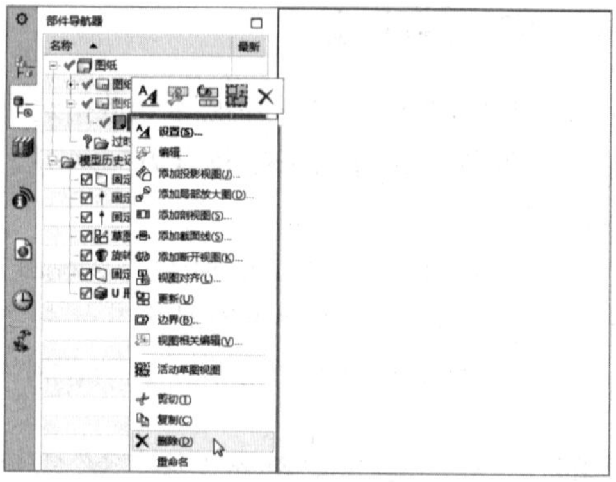

图 10-53　选择“删除”命令

下面介绍删除工程图纸的操作方法。

Step 01　打开素材模型（素材\项目 10\10.3.2.prt），如图 10-54 所示。

Step 02　执行“菜单”｜“编辑”｜“删除”命令，如图 10-55 所示。

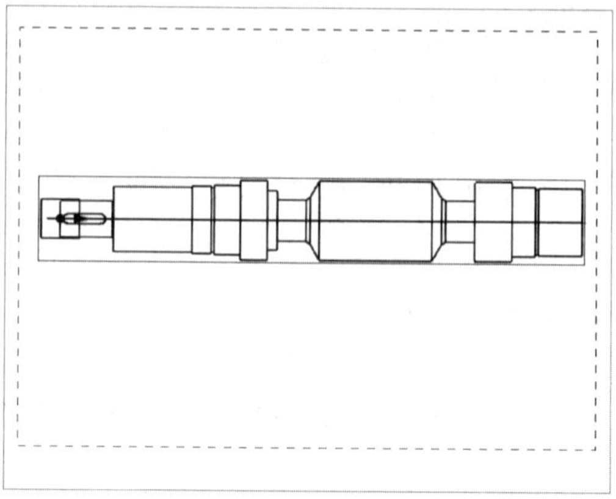

图 10-54　打开素材模型

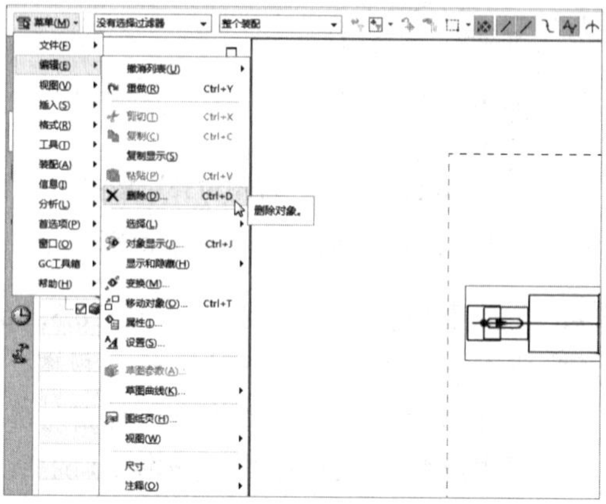

图 10-55　选择“删除”命令

Step 03　弹出“类选择”对话框，在绘图区中选择图纸，单击“确定”按钮，如图 10-56 所示。

Step 04　执行操作后，即可删除图纸，并自动切换至另一张图纸，效果如图 10-57 所示。

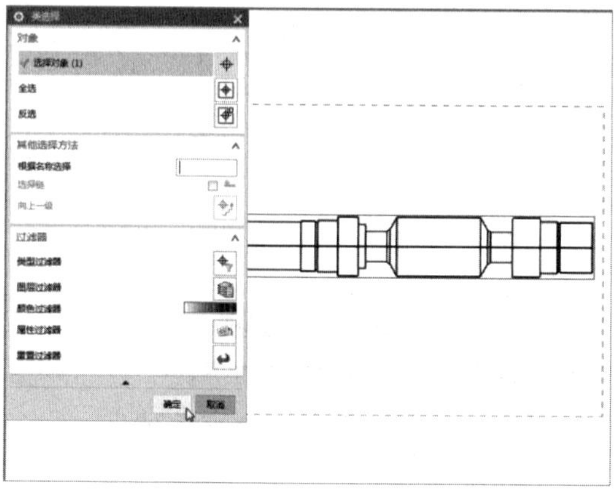

图 10-56　选择图纸

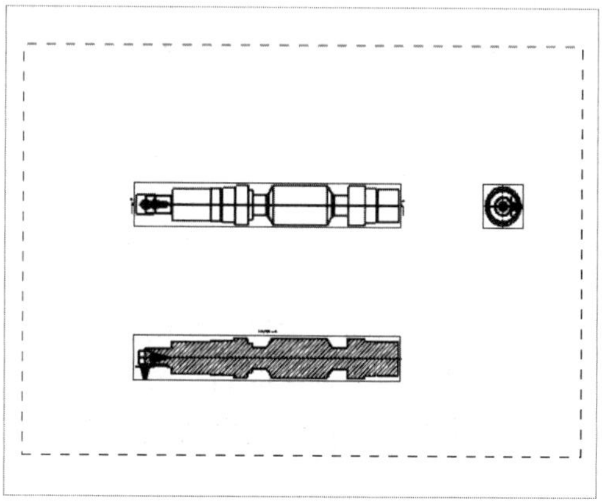

图 10-57　删除图纸

10.3.3 对齐工程视图

在 UG NX 10.0 中，“对齐视图”是指选择一个视图作为参照，使其他视图基于参照视图进行水平或竖直方向对齐。在 UG NX 10.0 中，可以通过以下两种方法对齐视图。

（1）在功能区“主页”选项卡的“视图”选项板中单击“更新视图”下方的下拉按钮，在弹出的下拉面板中单击“视图对齐”按钮，如图 10-58 所示。

（2）在边框条中执行“菜单”|“编辑”|“视图”|“对齐”命令，如图 10-59 所示。

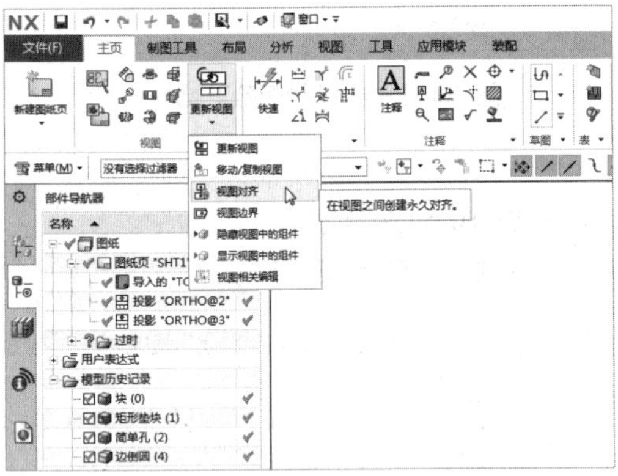

图 10-58 单击“视图对齐”按钮

图 10-59 执行“对齐”命令

下面介绍对齐工程视图的操作方法。

Step 01 打开素材模型（素材\项目 10\10.3.3.prt），如图 10-60 所示。

Step 02 在功能区“主页”选项卡的“视图”选项板中单击“更新视图”下方的下拉按钮，在弹出的下拉面板中单击“视图对齐”按钮，弹出“视图对齐”对话框，在绘图区中选择右侧的视图，如图 10-61 所示。

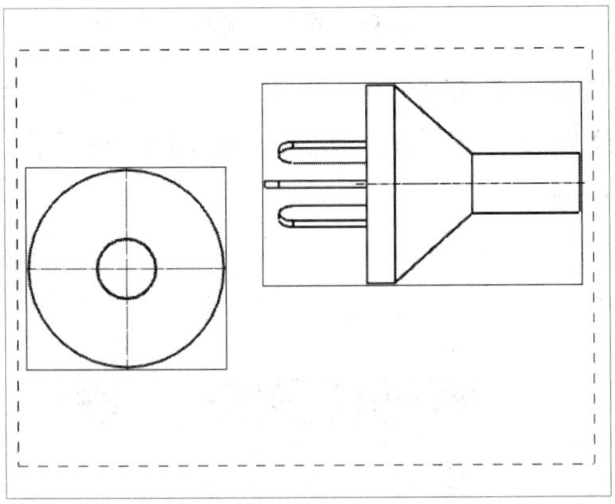

图 10-60 打开素材模型

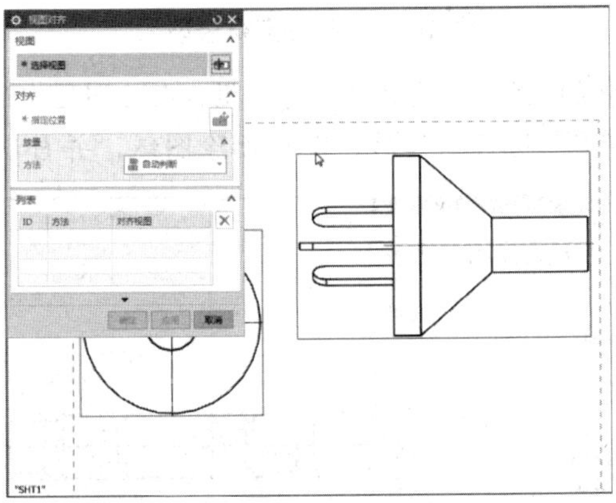

图 10-61 选择视图

在“视图对齐”对话框的“方法”下拉列表中，各主要选项的含义如下。

- **自动判断**：根据选取的基准点不同，系统可以自动判断采用何种方式对齐。
- **水平**：可以设置各个视图的基准点进行水平对齐。
- **竖直**：可以设置各个视图的基准点进行竖直对齐。

➢ **垂直于直线：**可以设置各个视图的基准点垂直于某一直线对齐。

➢ **叠加：**可以设置各个视图的基准点进行叠加对齐。

Step03 在“对齐”选项区中单击“方法”右侧的下拉按钮，在弹出的下拉列表中选择“水平”选项，如图 10-62 所示。

Step04 在绘图区中选择左侧的视图，执行操作后，单击“确定”按钮，即可对齐视图，如图 10-63 所示。

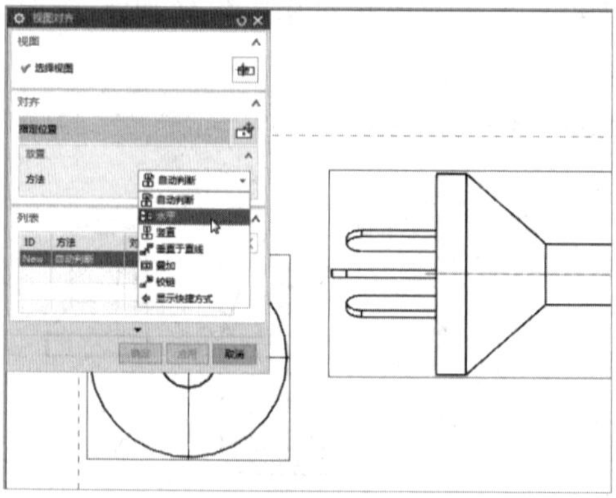

图 10-62　选择“水平”选项

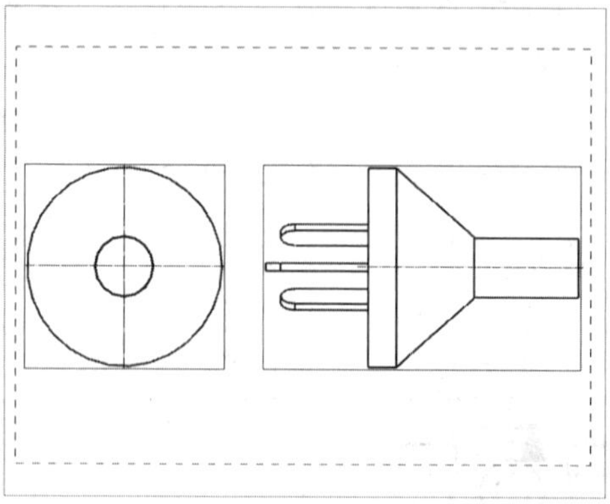

图 10-63　对齐视图

10.3.4　擦除工程视图

在 UG NX 10.0 中，擦除视图用于擦除在当前视图中选取的对象。要擦除视图，首先需要调出“视图相关编辑”对话框，可以通过以下 3 种方法调出该对话框。

（1）在功能区“主页”选项卡的“视图”选项板中单击“更新视图”下方的下拉按钮，在弹出的下拉面板中单击“视图相关编辑”按钮，如图 10-64 所示。

（2）在边框条中执行“菜单”|“编辑”|“视图”|“视图相关编辑”命令，如图 10-65 所示。

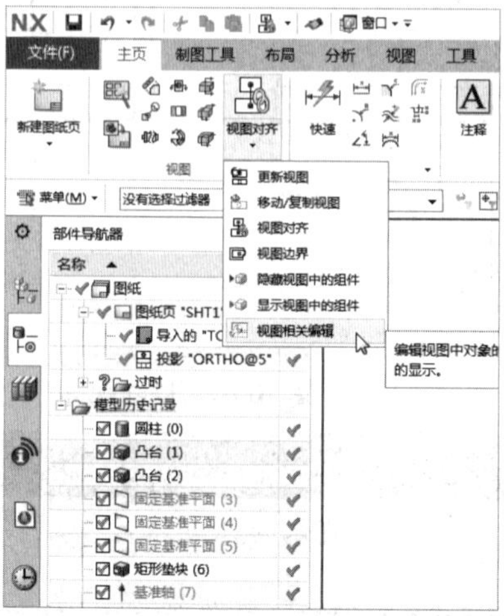

图 10-64　单击“视图相关编辑”按钮

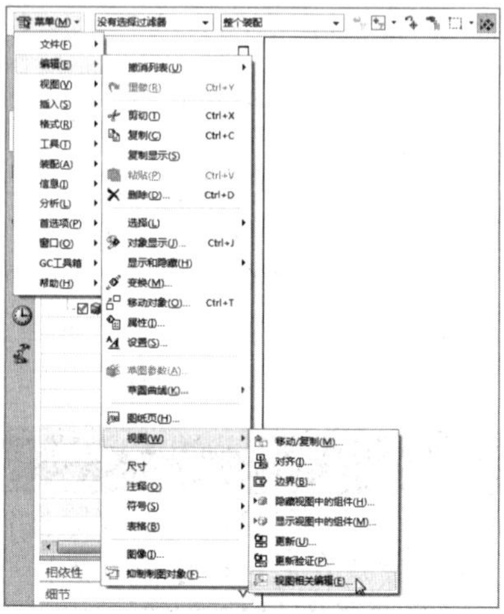

图 10-65　执行“视图相关编辑”命令

（3）选择视图，单击鼠标右键，在弹出的快捷菜单中选择“视图相关编辑”命令。

下面介绍擦除工程视图的操作方法。

Step01 打开素材模型（素材\项目 10\10.3.4.prt），如图 10-66 所示。

Step02 在功能区“主页”选项卡的“视图”选项板中单击“更新视图”下方的下拉按钮，在弹出的下拉面板中单击“视图相关编辑”按钮，弹出“视图相关编辑”对话框，在绘图区中选择左下方的视图，在对话框中单击“擦除对象”按钮，如图 10-67 所示。

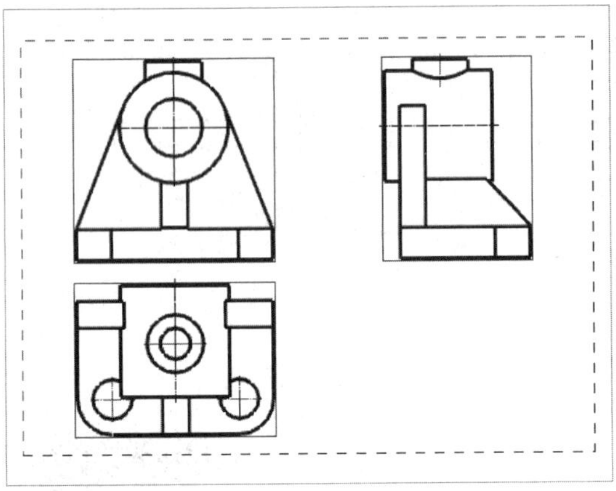

图 10-66　打开素材模型

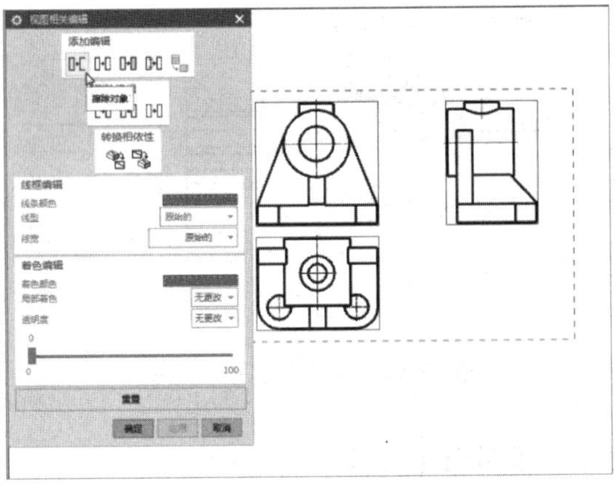

图 10-67　单击“擦除对象”按钮

Step03 弹出“类选择”对话框，在绘图区中选择左下方视图中相应对象，如图 10-68 所示。

Step04 单击“确定”按钮，再次弹出“视图相关编辑”对话框，单击“取消”按钮，执行操作后，即可擦除视图，如图 10-69 所示。

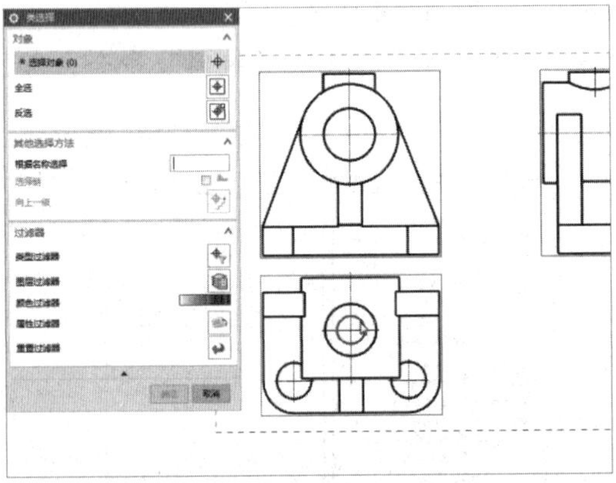

图 10-68　选择相应的对象

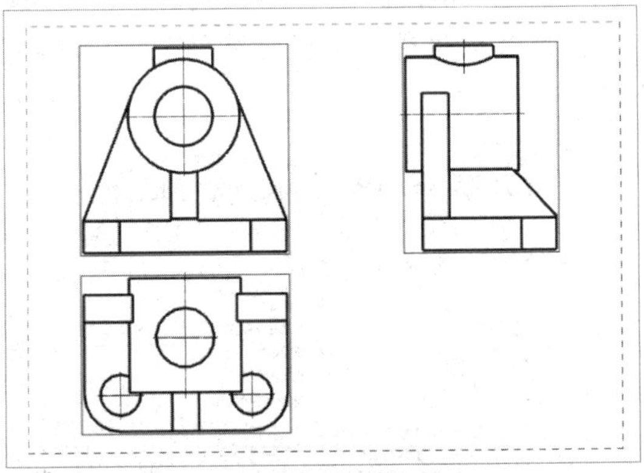

图 10-69　擦除视图

▶ 专家指点

擦除操作不同于删除操作。擦除操作仅仅是将所选取的对象隐藏起来，不进行显示，但该操作无法擦除有尺寸标注的对象。

10.3.5 删除工程视图

在 UG NX 10.0 中，如果不再需要某些视图，可以将这些视图删除。可以通过以下 7 种方法删除视图。

（1）按【Ctrl + D】组合键。

（2）按【Delete】键。

（3）执行“视图” | “删除”命令。

（4）执行“编辑” | “删除”命令。

（5）单击“标准”工具栏中的“删除”按钮。

（6）在视图中单击，在弹出的工具条中单击“删除”按钮。

（7）在资源管理器中选择要删除的视图，单击鼠标右键，在弹出的快捷菜单中选择“删除”命令。

10.3.6 更新工程视图

在 UG NX 10.0 中，使用“更新视图”命令可以更新视图中的隐藏线、轮廓线、视图边界及反映对模型的更改等。可以通过以下两种方法更新视图。

（1）在功能区“主页”选项卡的“视图”选项板中单击“更新视图”按钮，如图 10-70 所示。

（2）在边框条中执行“菜单” | “编辑” | “视图” | “更新”命令，如图 10-71 所示。

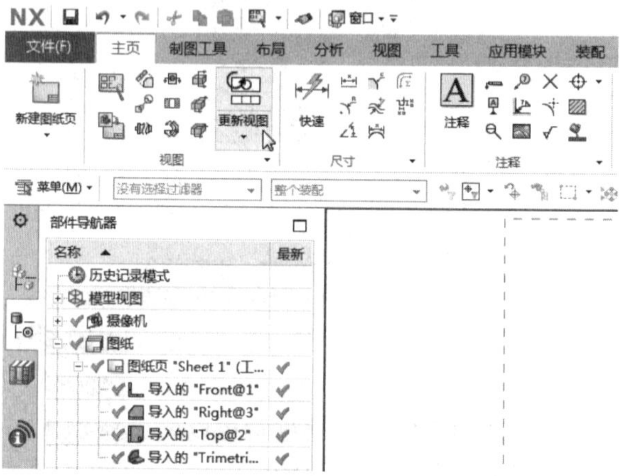

图 10-70 单击“更新视图”按钮

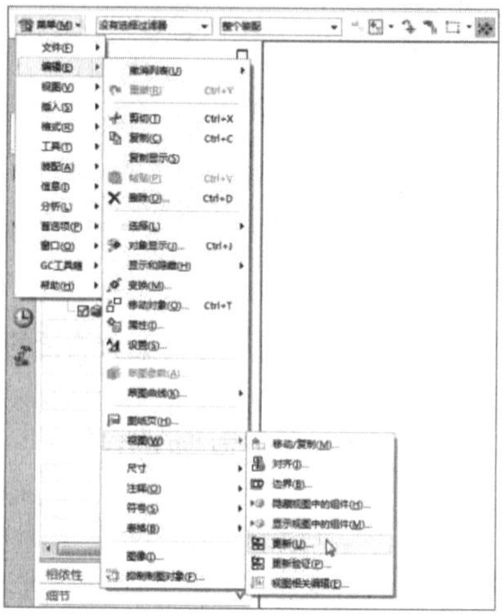

图 10-71 执行“更新”命令

下面介绍更新工程视图的操作方法。

Step 01 打开素材模型（素材\项目 10\10.3.6.prt），如图 10-72 所示。

Step 02 在功能区“主页”选项卡的“视图”选项板中单击“更新视图”按钮，如图 10-73 所示。

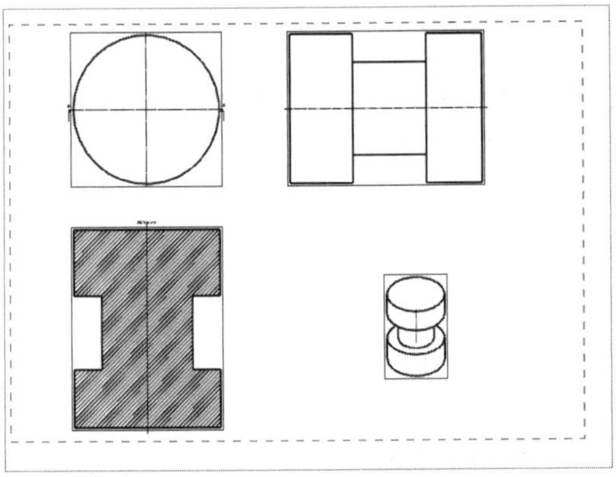

图 10-72　打开素材模型

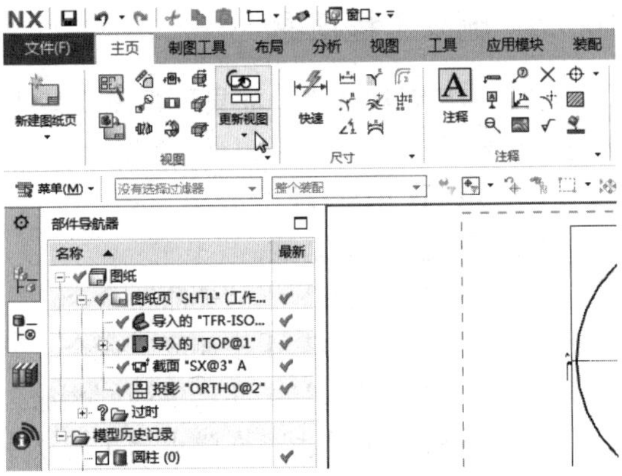

图 10-73　单击“更新视图”按钮

Step03 弹出“更新视图”对话框，在“视图列表”列表框中选择合适的选项，如图 10-74 所示。

Step04 执行操作后，单击“确定”按钮，如图 10-75 所示，即可更新视图。

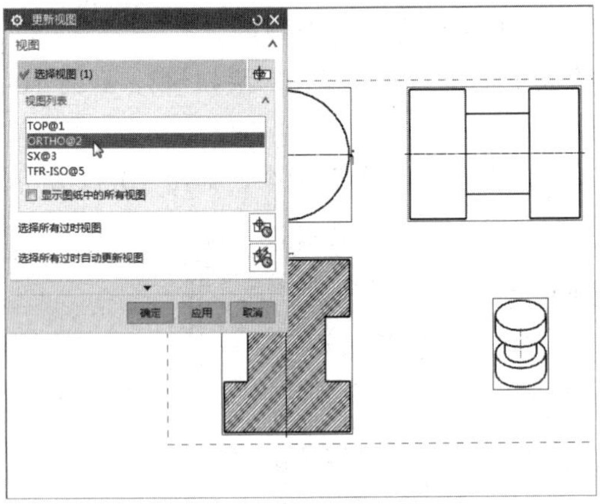

图 10-74　选择合适的选项

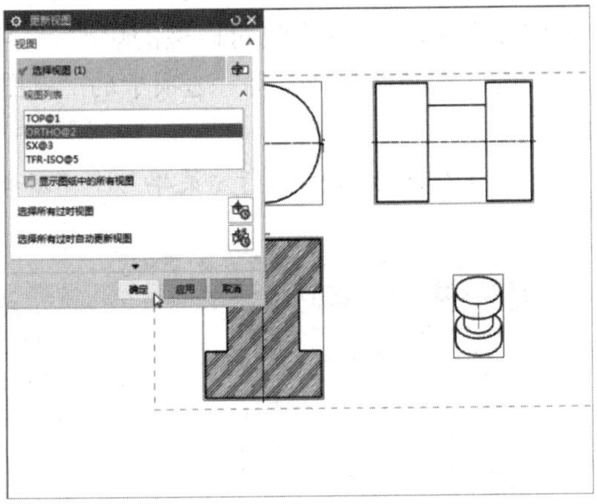

图 10-75　更新视图

10.3.7　移动和复制视图

在 UG NX 10.0 中创建视图对象后，如果对视图的位置不满意，可以根据需要移动视图至合适的位置，在移动的过程中还可以复制视图。

在 UG NX 10.0 中，可以通过以下两种方法对视图进行移动/复制操作。

（1）在功能区“主页”选项卡的“视图”选项板中单击“更新视图”下方的下拉按钮，在弹出的下拉面板中单击“移动/复制视图”按钮，如图 10-76 所示。

（2）在边框条中执行“菜单”｜“编辑”｜“视图”｜“移动/复制”命令，如图 10-77 所示。

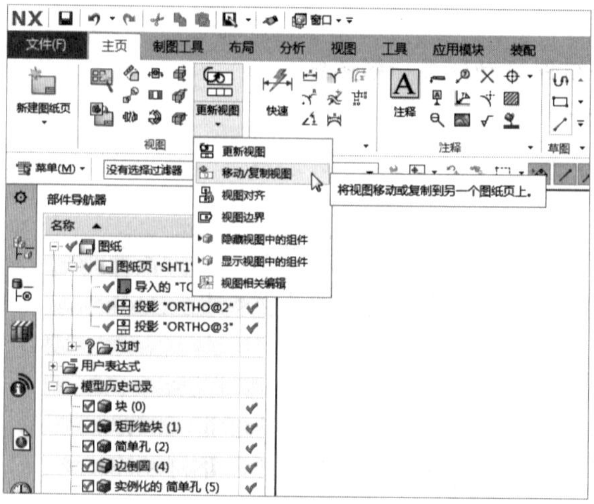

图 10-76　单击“移动/复制视图”按钮

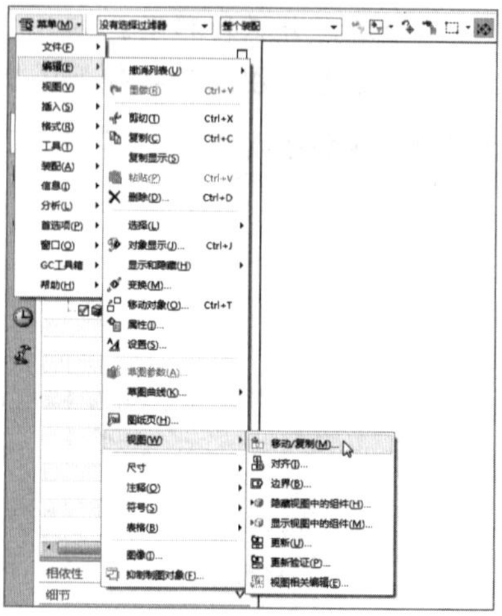

图 10-77　执行“移动/复制”命令

下面介绍移动和复制视图的操作方法。

Step 01 打开素材模型（素材\项目 10\10.3.7.prt），如图 10-78 所示。

Step 02 在功能区“主页”选项卡的“视图”选项板中单击“更新视图”下方的下拉按钮，在弹出的下拉面板中单击“移动/复制视图”按钮，如图 10-79 所示。

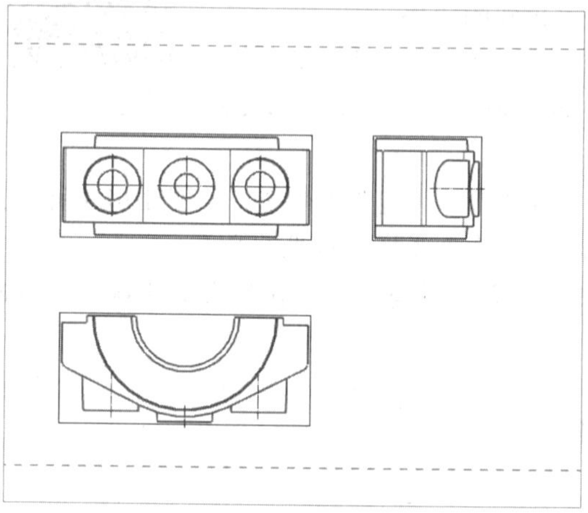

图 10-78　打开素材模型

图 10-79　单击“移动/复制视图”按钮

Step 03 弹出“移动/复制视图”对话框，在列表框中选择合适的选项，选中“复制视图”复选框，设置“视图名”为“1”，单击“至一点”按钮，如图 10-80 所示。

Step 04 在绘图区中向下移动鼠标指针至合适位置，单击鼠标左键，然后单击对话框中的“取消”按钮，即可移动/复制视图，如图 10-81 所示。

在“移动/复制视图”对话框中，各主要选项的含义如下。

- **“至一点”按钮**：用于将选择的视图移动到指定的点。
- **“水平的”按钮**：用于将视图水平移动。
- **“竖直的”按钮**：用于将视图竖直移动。
- **“垂直于直线”按钮**：用于首先指定视图的一条边，然后再指定与之垂直的另一条边，并进行移动。

➢ **“至另一图纸”按钮**：用于将组件移动到另一张图纸。

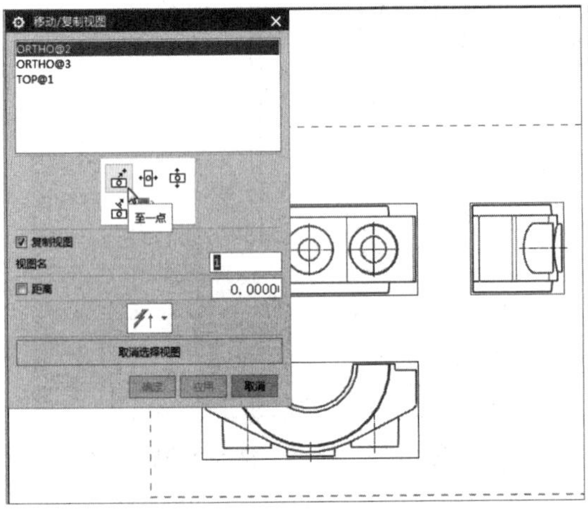

图 10-80　设置参数

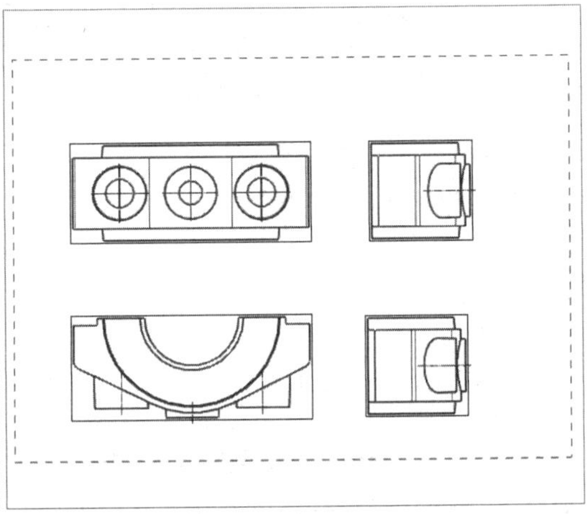

图 10-81　移动/复制视图

10.3.8　定义视图边界

在 UG NX 10.0 中，可以通过以下 4 种方法定义视图边界。

（1）在功能区“主页”选项卡的“视图”选项板中单击“更新视图”（图中显示为“移动/复制视图”按钮）下方的下拉按钮，在弹出的下拉面板中单击“视图边界”按钮，如图 10-82 所示。

（2）在边框条中执行“菜单”｜“编辑”｜“视图”｜“边界”命令，如图 10-83 所示。

（3）选择视图，单击鼠标右键，在弹出的快捷菜单中选择“边界”命令。

（4）在资源管理器中选择需要定义边界的视图，单击鼠标右键，在弹出的快捷菜单中选择“边界”命令。

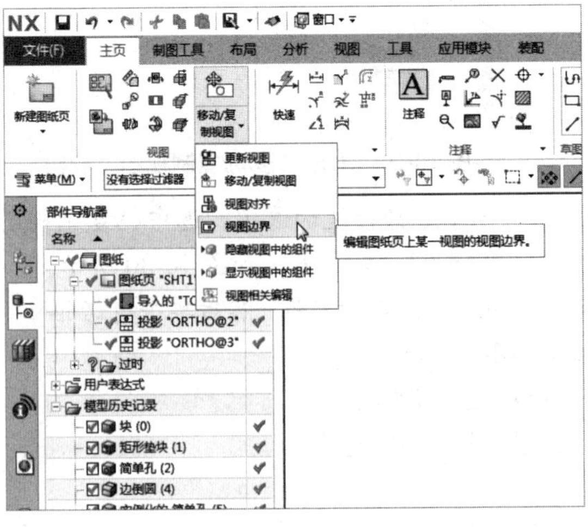

图 10-82　单击“视图边界”按钮

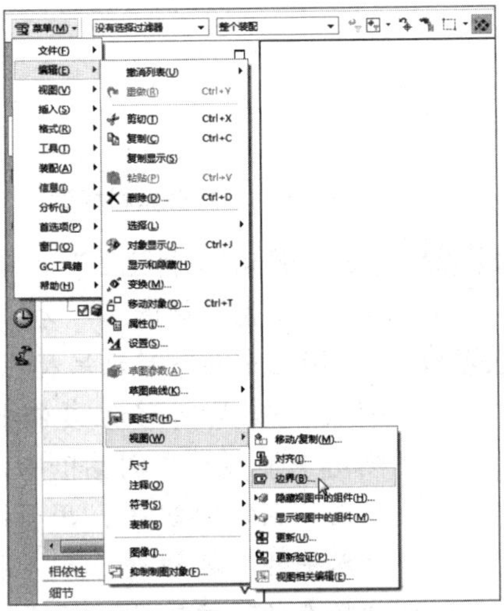

图 10-83　执行“边界”命令

下面介绍定义视图边界的操作方法。

Step 01 打开素材模型（素材\项目 10\10.3.8.prt），如图 10-84 所示。

Step 02 在功能区“主页”选项卡的“视图”选项板中单击“更新视图”下方的下拉按钮，在弹出的下拉面板中单击“视图边界”按钮，如图 10-85 所示。

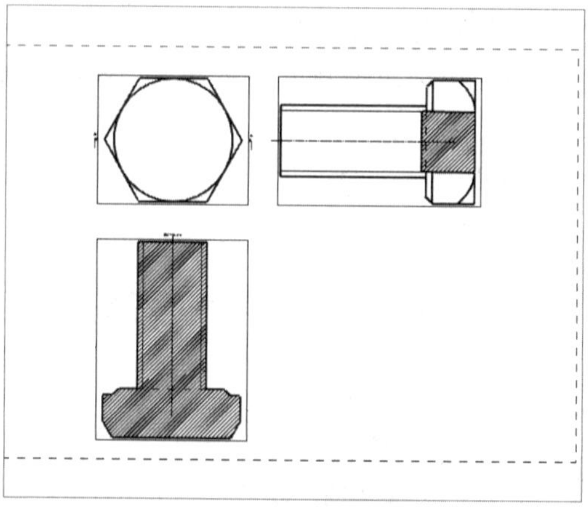

图 10-84　打开素材模型

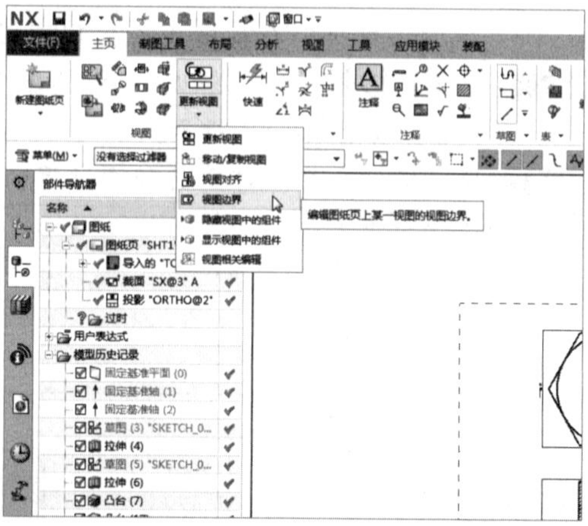

图 10-85　单击“视图边界”按钮

Step 03 执行操作后，弹出“视图边界”对话框，在列表框中选择合适的选项，如图 10-86 所示。

Step 04 单击“断裂线/局部放大图”右侧的下拉按钮，在弹出的下拉列表中选择“由对象定义边界”选项，如图 10-87 所示。

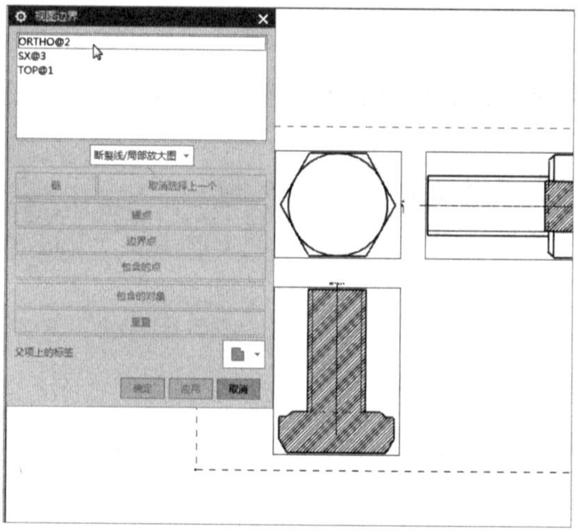

图 10-86　选择相应的选项

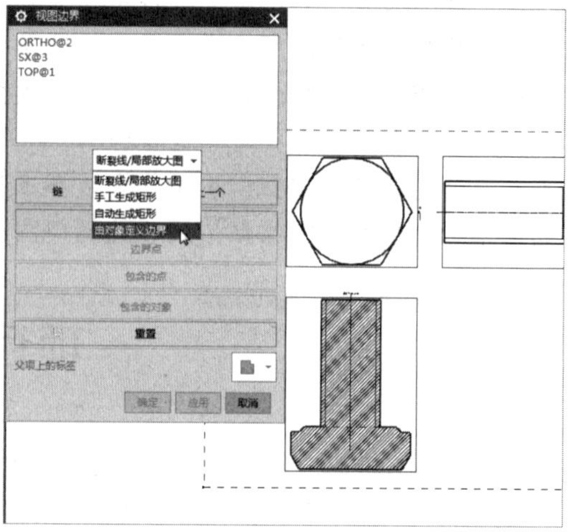

图 10-87　选择“断裂线/局部放大图”

单击“视图边界”选项（图中显示为“断裂线/局部放大图”选项）右侧的下拉按钮，在弹出的下拉列表中其主要选项含义如下。

➢ **“断裂线/局部放大图”选项：** 选择该选项，可以利用截断线或局部放大图的边界线来设置任意形状的视图边界，即仅显示被定义的边界曲线围绕的视图部分。

➢ **“手工生成矩形”选项：**选择该选项，可以利用在选择的视图中单击并拖动鼠标指针的方式形成矩形边界，该矩形边界可以随模型的更改而自动地调整视图边界。

➢ **“自动生成矩形”选项：**选择该选项，设置的矩形边界可以随模型的更改而自动地调整视图边界。

➢ **“由对象定义边界”选项：**选择该选项，可以通过选择要包围的对象来定义视图的范围，也可以在视图中调整视图边界来包围所选择的对象。

Step 05 单击“包含的点”按钮，在绘图区右侧的视图中依次选择 3 个点对象，单击“确定”按钮，如图 10-88 所示。

Step 06 执行操作后，即可定义视图边界，如图 10-89 所示。

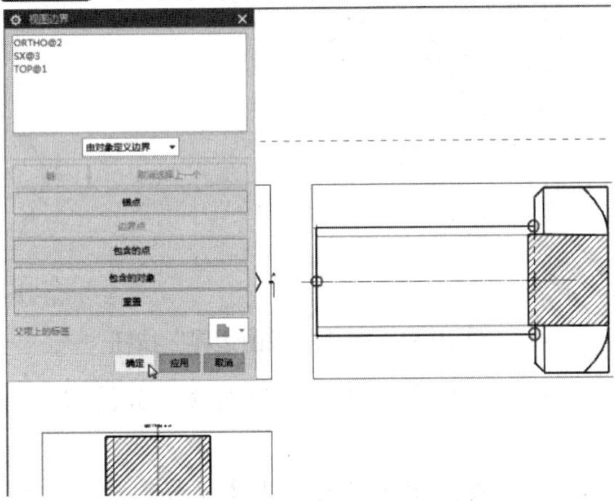

图 10-88　选择点对象

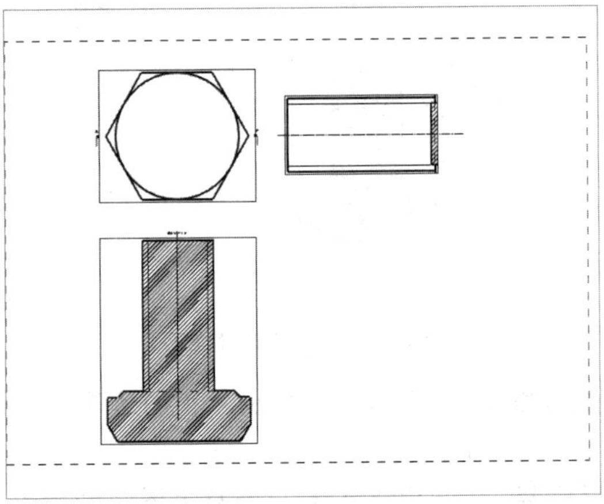

图 10-89　定义视图边界

在“视图边界”对话框中，各主要选项的含义如下。

➢ **视图列表框：**用于设置要定义边界的视图。

➢ **“锚点”按钮：**指定锚点后，当模型被修改时，即使模型产生了位置的变化，视图边界也会随着指定点进行移动。

➢ **“边界点”按钮：**用于指定边界点来设置视图边界。

➢ **“包含的点”按钮：**用于选择视图边界要包围的点。

项目小结

本项目主要学习了创建 UG NX 工程图纸的操作方法，包括普通模型工程视图和机械剖视图两个方面。普通模型工程视图的主要内容包括创建模型的图纸页、基本视图、投影视图及局部放大图等；机械剖视图的主要内容包括创建模型的剖视图、定向剖视图、轴测剖视图及半轴测剖视图等。最后，本项目讲解了编辑工程图纸与工程视图的操作方法。通过对本项目的学习，读者可以熟练地掌握 UG NX 工程图纸的创建方法和操作技巧。

项目训练

鉴于本项目知识的重要性，为了帮助读者更好地掌握所学知识，下面将通过上机习题帮助读者进行简单的知识回顾和补充。

本习题需要掌握创建定向剖视图的操作方法，素材文件与效果文件如图 10-90 所示。

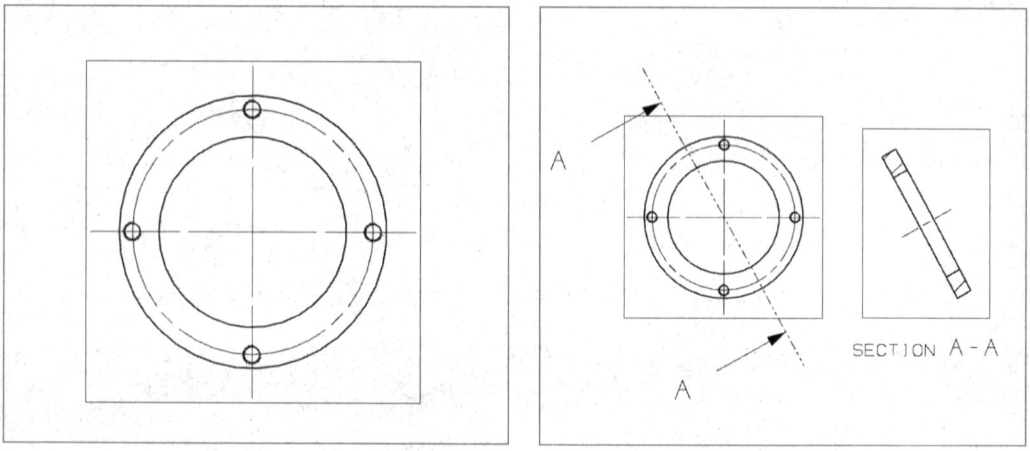

图 10-90　素材文件与效果文件

项目 11　添加标注：创建三维模型尺寸

一张完整的二维工程图是由一组视图、标注尺寸、工程图符号等项目构成的。在创建需要表达的视图后，还需要加上标注尺寸和工程图符号等项目。本项目主要介绍创建工程尺寸的基本命令和操作，为用户以后的学习打下坚实的基础。

本项目重点

- 创建模型的尺寸标准
- 插入工程图符号

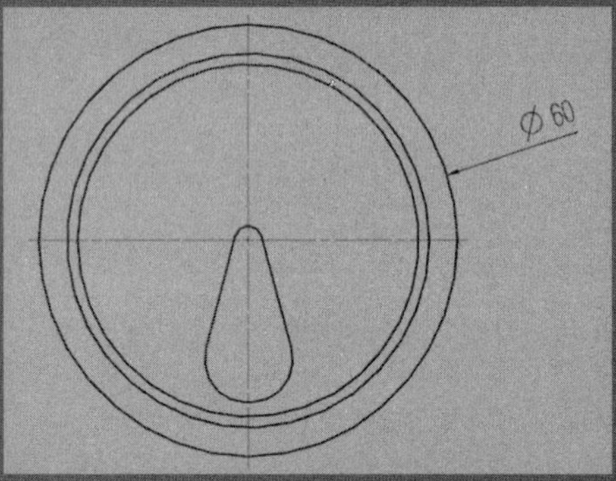

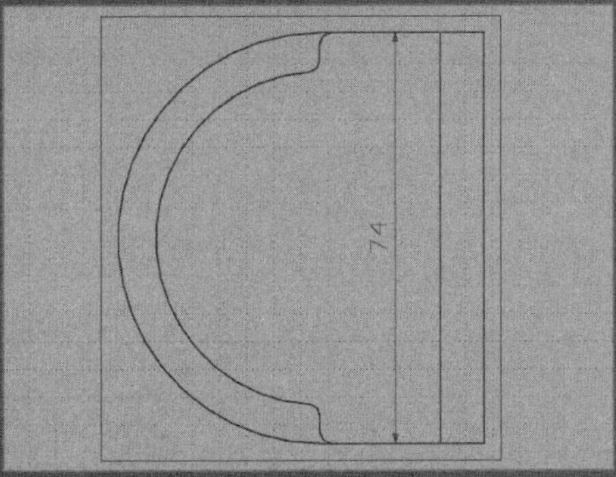

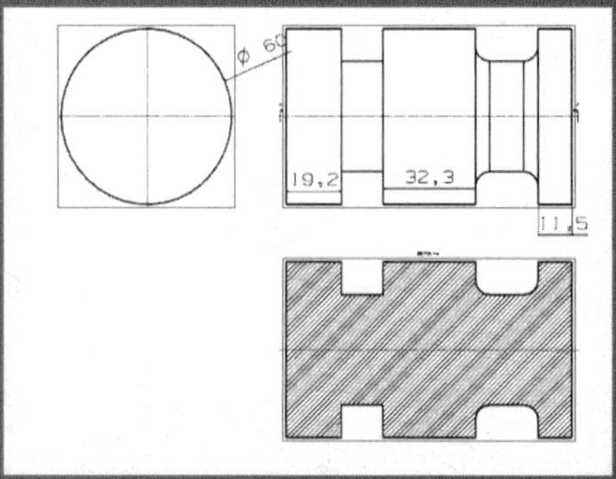

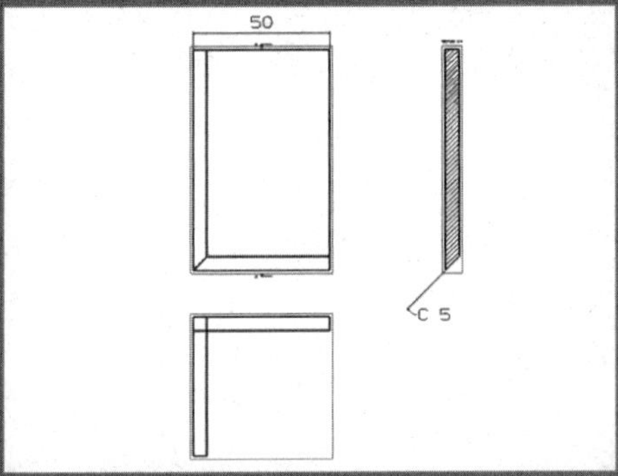

任务 1　创建模型的尺寸标注

尺寸标注用于标识对象的尺寸大小。由于 UG NX 工程图模块和三维实体造型模块是完全关联的，在工程图中进行尺寸标注就是直接引用三维模型的尺寸。下面介绍创建模型各种尺寸标注的操作方法。

11.1.1　创建快速尺寸标注

在 UG NX 10.0 中使用“快速”命令，可以根据选定对象和鼠标指针的位置自动判断尺寸类型来创建一个尺寸标注。下面介绍创建快速尺寸标注的操作方法。

Step 01 打开素材模型（素材\项目 11\11.1.1.prt），如图 11-1 所示。

Step 02 在功能区“布局”选项卡的“尺寸”选项板中，单击“快速”按钮，如图 11-2 所示。

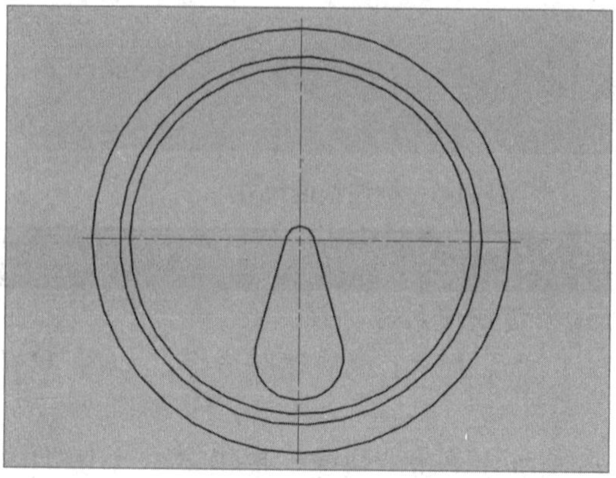

图 11-1　打开素材模型

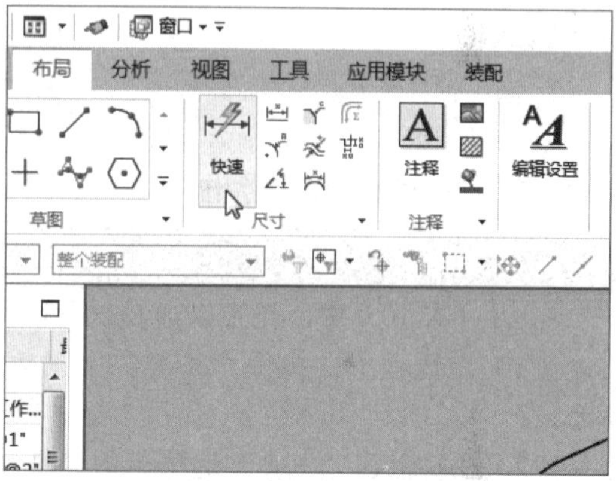

图 11-2　单击“快速”按钮

Step 03 弹出“快速尺寸”对话框，在绘图区中选择圆弧，单击鼠标左键，如图 11-3 所示。

Step 04 执行操作后，拖动鼠标指针至合适位置，单击鼠标左键，如图 11-4 所示。

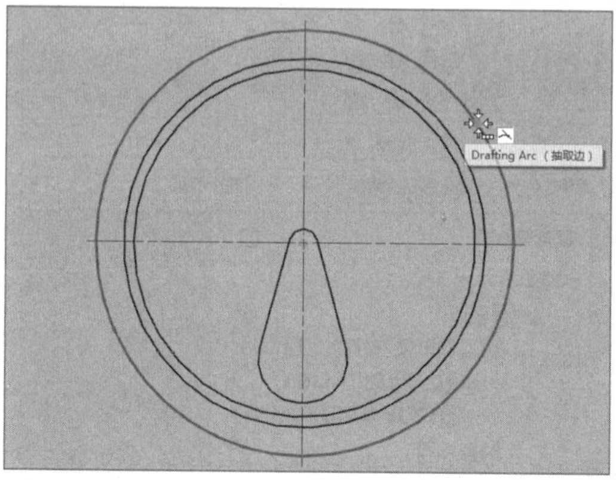

图 11-3　选择圆弧

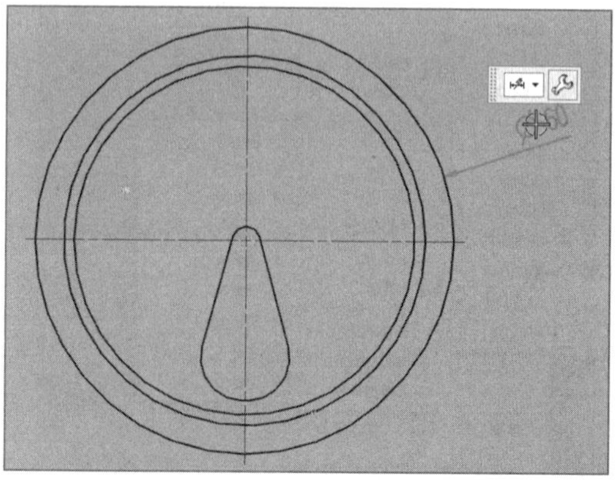

图 11-4　拖动鼠标指针至合适位置

Step 05 执行操作后，在“快速尺寸”对话框中单击“关闭”按钮，如图 11-5 所示。

Step 06 执行操作后，即可标注快速尺寸，如图 11-6 所示。

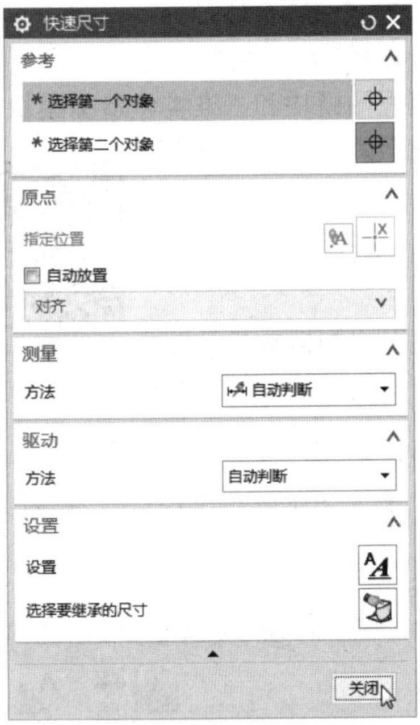

图 11-5　单击“关闭”按钮

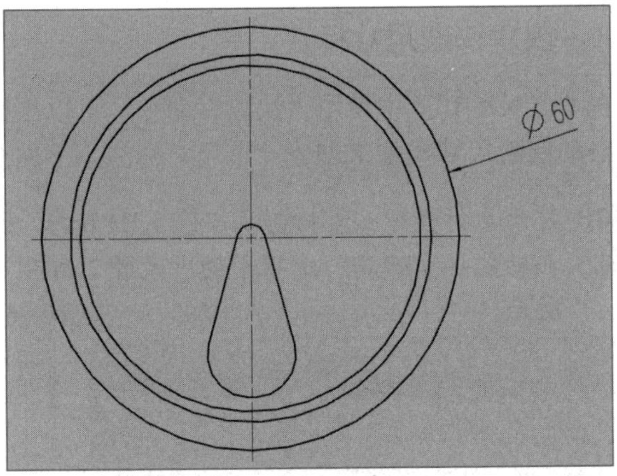

图 11-6　标注快速尺寸

> **▶ 专家指点**
>
> 在 UG NX 10.0 中，还可以通过以下两种方法创建快速尺寸标注。
>
> （1）在边框条中执行“菜单”｜“插入”｜“尺寸”｜“快速”命令，如图 11-7 所示。
>
> （2）在功能区“主页”选项卡的“尺寸”选项板中单击“快速”按钮，如图 11-8 所示。

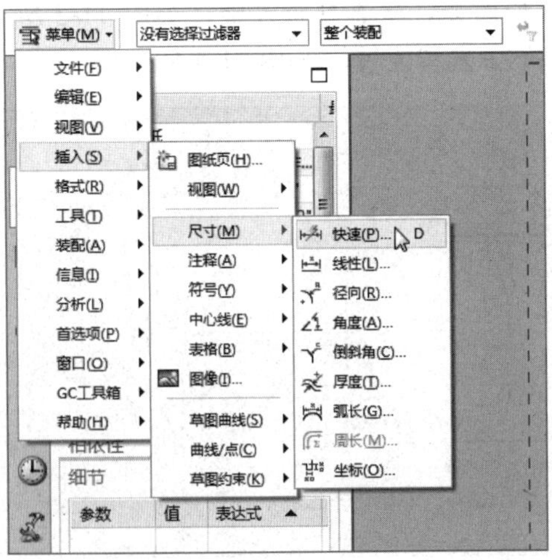

图 11-7　执行“快速”命令

图 11-8　单击“快速”按钮

11.1.2　创建线性尺寸标注

在 UG NX 10.0 中使用“线性”命令，可以在两个对象或点的位置之间创建线性尺寸标注。下面介绍创建线性尺寸标注的操作方法。

Step 01 打开素材模型（素材\项目 11\11.1.2.prt），如图 11-9 所示。

Step 02 在功能区“布局”选项卡的“尺寸”选项板中单击“线性”按钮，如图 11-10 所示。

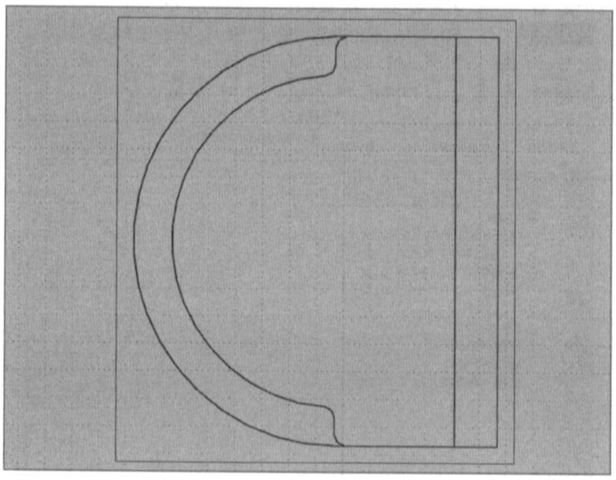

图 11-9　打开素材模型

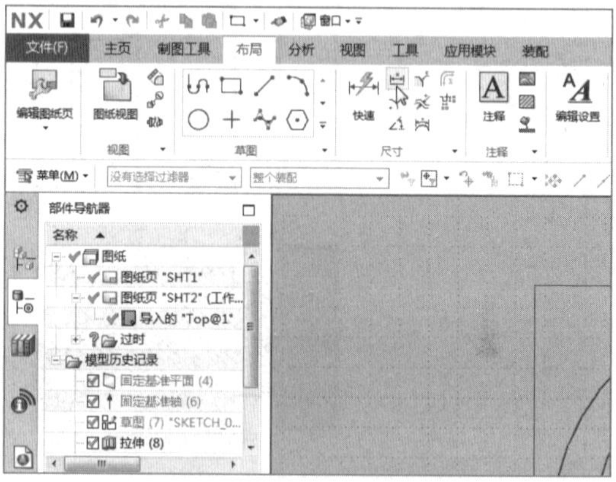

图 11-10　单击“线性”按钮

Step 03 弹出“线性尺寸”对话框，在绘图区中选择相应的直线，单击鼠标左键，如图 11-11 所示。

Step 04 执行操作后，向左拖动鼠标指针至合适位置，单击鼠标左键，在对话框中单击“关闭”按钮，即可标注线性尺寸，如图 11-12 所示。

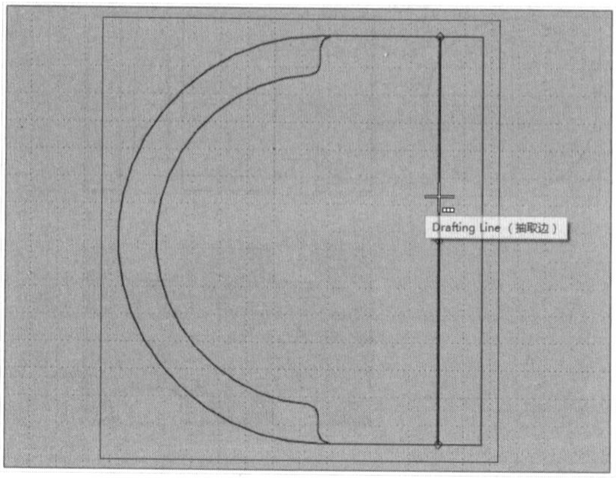

图 11-11　选择相应的直线

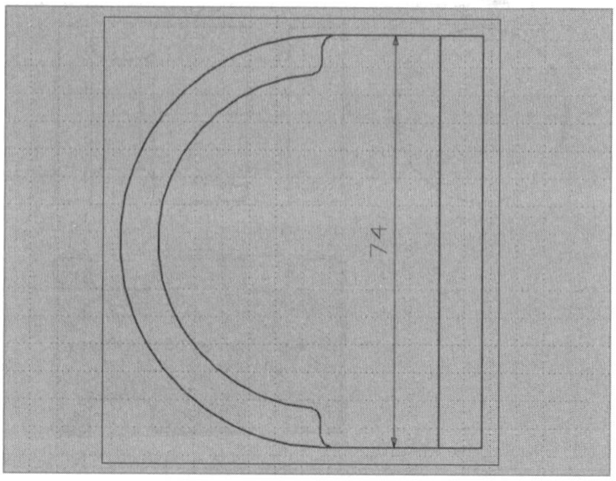

图 11-12　拖动鼠标指针至合适位置

▶ 专家指点

在 UG NX 10.0 中，还可以通过以下两种方法创建线性尺寸标注。

（1）在边框条中执行“菜单”|“插入”|“尺寸”|“线性”命令。

（2）在功能区“主页”选项卡的“尺寸”选项板中，单击“线性”按钮。

11.1.3 创建径向尺寸标注

在 UG NX 10.0 中使用“径向”命令，可以创建圆形对象的半径或直径尺寸标注。下面介绍创建径向尺寸标注的操作方法。

Step 01 打开素材模型（素材\项目 11\11.1.3.prt），如图 11-13 所示。

Step 02 在功能区“主页”选项卡的“尺寸”选项板中。单击“径向”按钮，如图 11-14 所示。

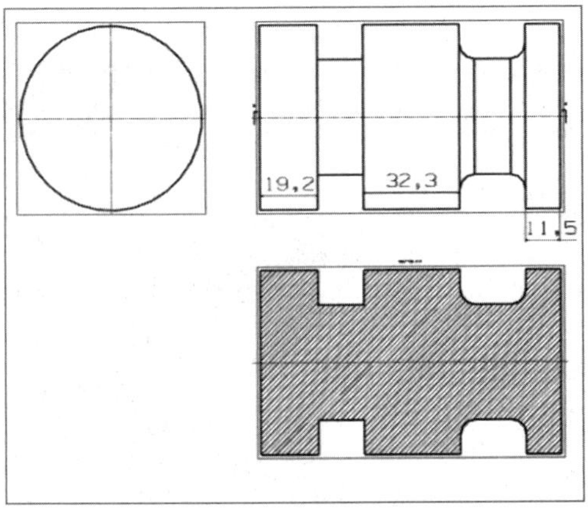

图 11-13 打开素材模型

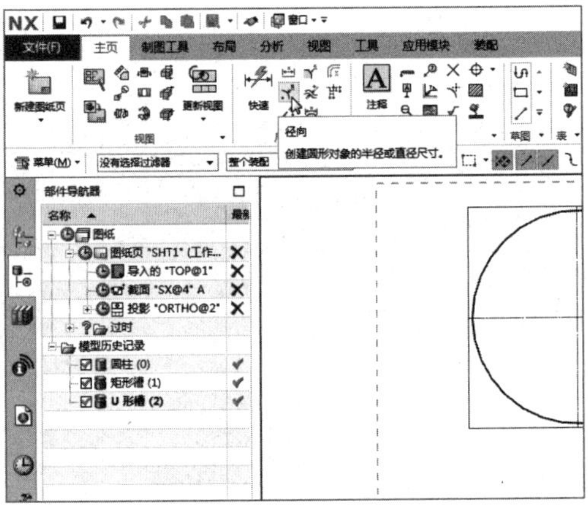

图 11-14 单击“径向”按钮

Step 03 执行操作后，弹出“半径尺寸”对话框，在绘图区中选择相应的圆，单击鼠标左键，如图 11-15 所示。

Step 04 执行操作后，拖动鼠标指针至合适位置，单击鼠标左键，在对话框中单击“关闭”按钮，即可标注径向尺寸，如图 11-16 所示。

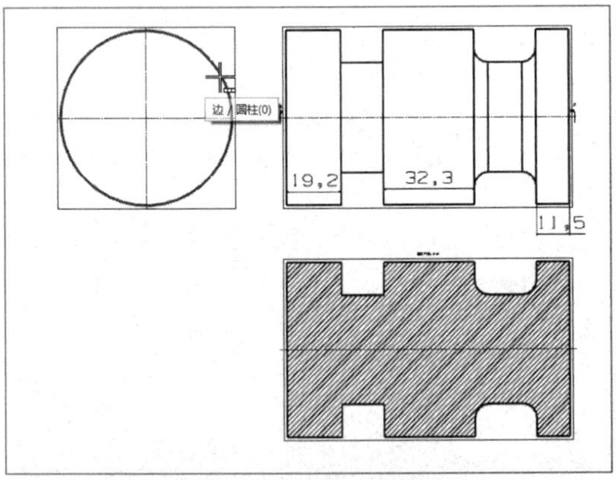

图 11-15 选择相应的圆

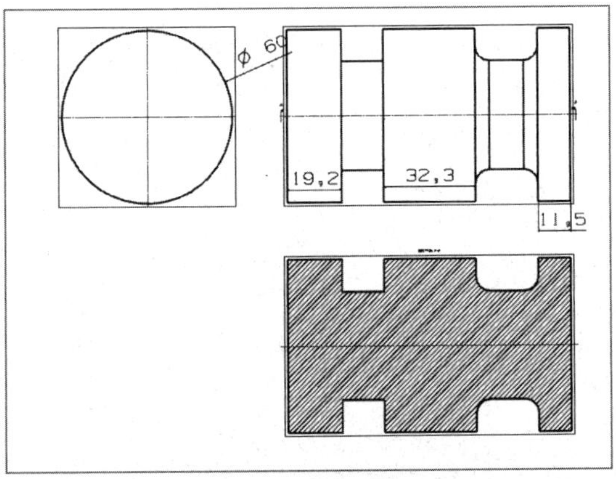

图 11-16 标注径向尺寸

> ▶ 专家指点
>
> 在 UG NX 10.0 中，还可以通过以下两种方法创建径向尺寸标注。
>
> （1）在边框条中执行“菜单” | “插入” | “尺寸” | “径向”命令。
>
> （2）在功能区“布局”选项卡的“尺寸”选项板中单击“径向”按钮。

11.1.4　创建角度尺寸标注

在 UG NX 10.0 中使用“角度”命令，可以创建以“度”为单位的定义基线和非平行第二条线之间的角度尺寸标注。下面介绍创建角度尺寸标注的操作方法。

Step 01 打开素材模型（素材\项目 11\11.1.4.prt），如图 11-17 所示。

Step 02 在功能区“主页”选项卡的“尺寸”选项板中单击“角度”按钮，如图 11-18 所示。

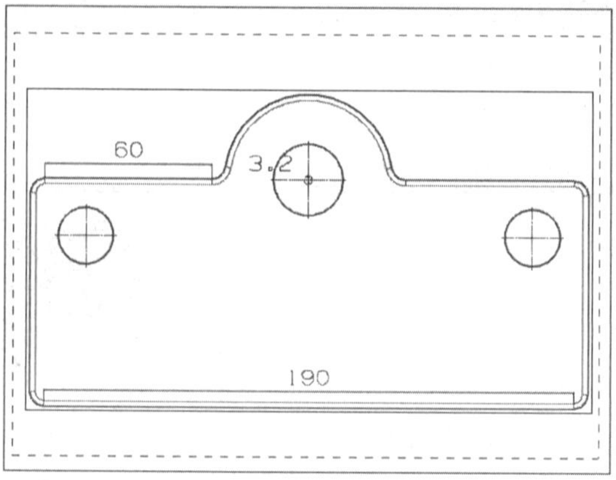

图 11-17　打开素材模型

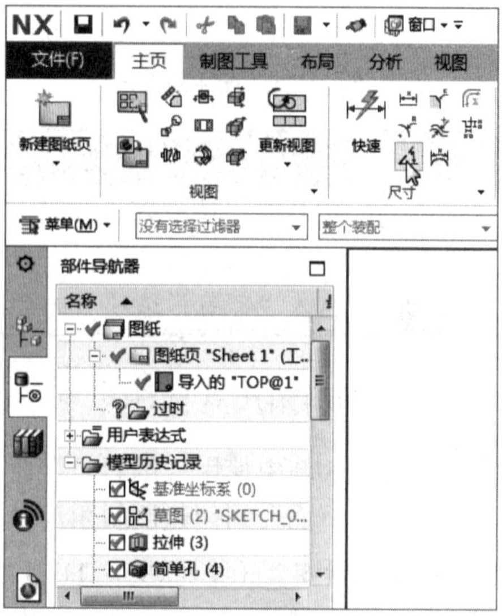

图 11-18　单击“角度”按钮

Step 03 弹出“角度尺寸”对话框，在绘图区中合适的直线上单击，如图 11-19 所示。

Step 04 执行操作后，在绘图区中合适的直线上单击，如图 11-20 所示。

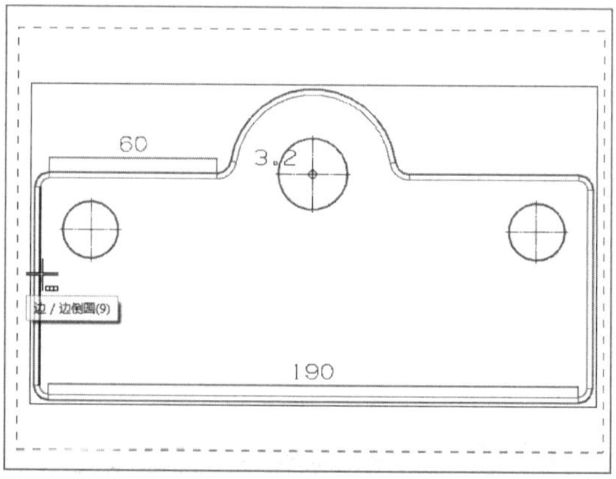

图 11-19　在合适的直线上单击

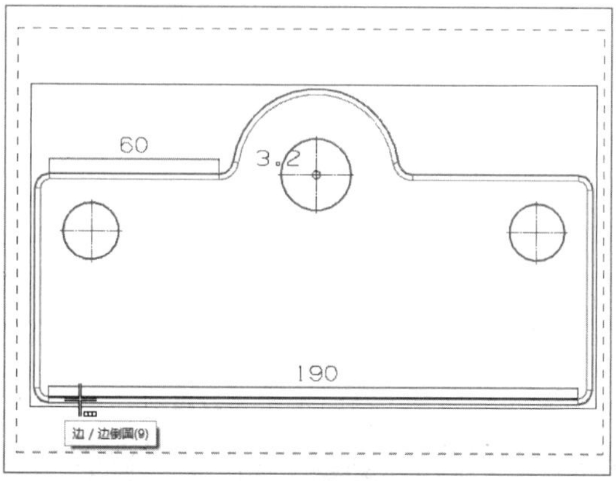

图 11-20　在合适的直线上单击

Step 05 向右上方拖动鼠标指针，显示相应的角度尺寸，如图 11-21 所示。

Step 06 拖动鼠标指针至合适位置后单击，在“角度尺寸”对话框中单击“关闭”按钮，即可标注角度尺寸，如图 11-22 所示。

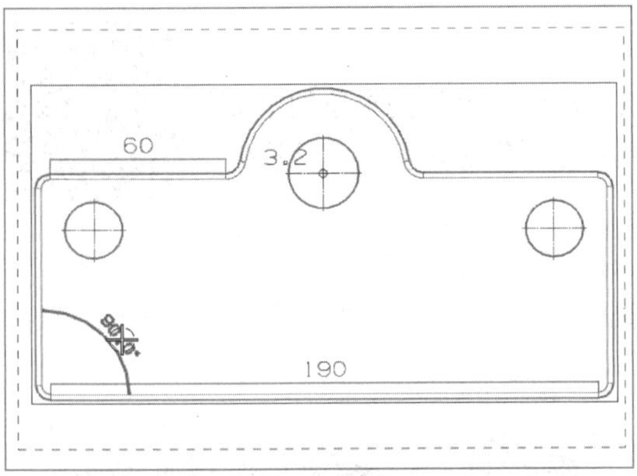

图 11-21　标注角度尺寸

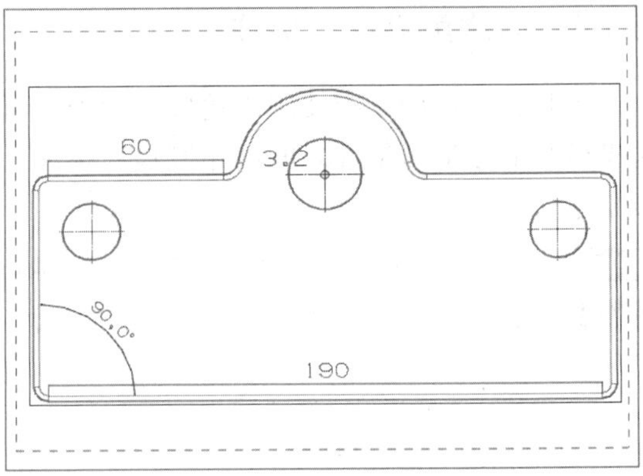

图 11-22　标注角度尺寸

> **▶ 专家指点**
>
> 在 UG NX 10.0 中，还可以通过以下两种方法创建角度尺寸标注。
>
> （1）在边框条中执行“菜单”｜“插入”｜“尺寸”｜“角度”命令。
>
> （2）在功能区“布局”选项卡的“尺寸”选项板中单击“角度”按钮。

11.1.5　创建倒斜角尺寸标注

在 UG NX 10.0 中使用“倒斜角”命令，可以在倒斜角曲线上创建倒斜角尺寸标注。下面介绍创建倒斜角尺寸标注的操作方法。

Step 01 打开素材模型（素材\项目 11\11.1.5.prt），如图 11-23 所示。

Step 02 在功能区“布局”选项卡的“尺寸”选项板中单击“倒斜角”按钮，如图 11-24 所示。

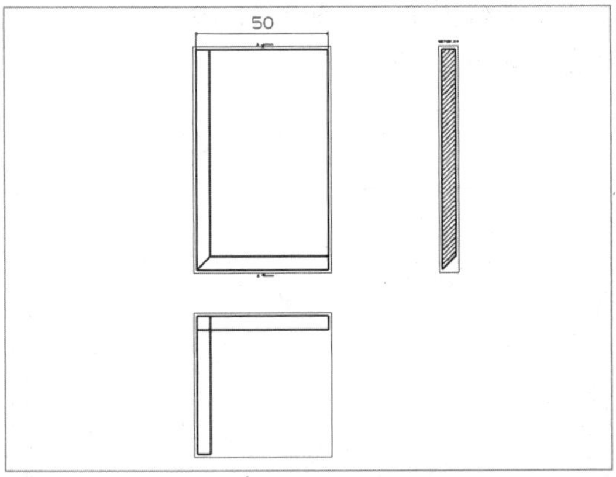

图 11-23　打开素材模型

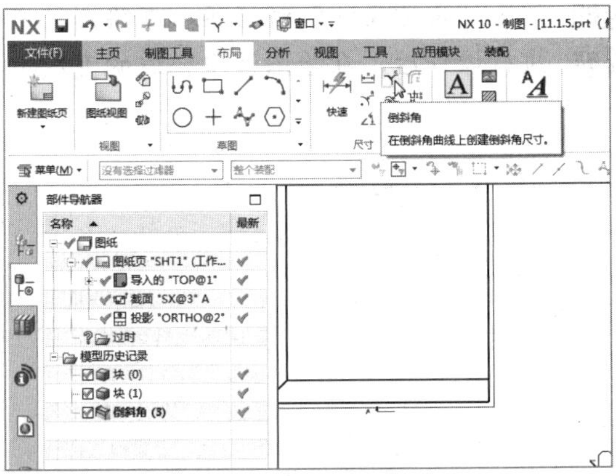

图 11-24　单击“倒斜角”按钮

> **▶ 专家指点**
>
> 在 UG NX 10.0 中，还可以通过以下两种方法创建倒斜角尺寸标注。
>
> （1）在功能区“主页”选项卡的“尺寸”选项板中单击“倒斜角”按钮。
>
> （2）在边框条中执行“菜单”｜“插入”｜“尺寸”｜“倒斜角”命令。

Step 03 弹出“倒斜角尺寸”对话框，在绘图区中合适的直线上单击，如图 11-25 所示。

Step 04 执行操作后，向左下方拖动鼠标指针，至合适位置单击，然后在对话框中单击“关闭”按钮，即可标注倒斜角尺寸，如图 11-26 所示。

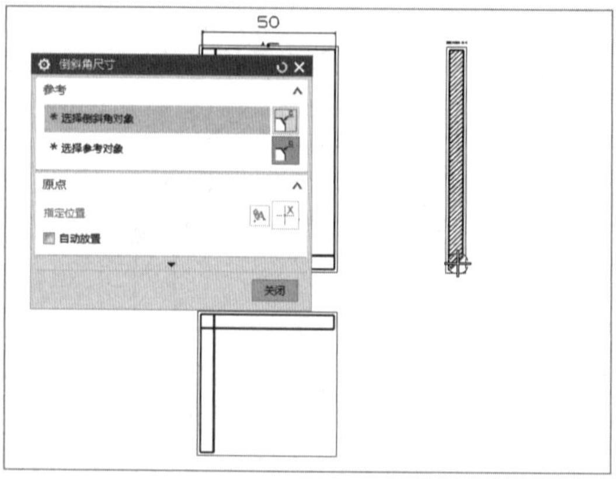

图 11-25　在直线上单击

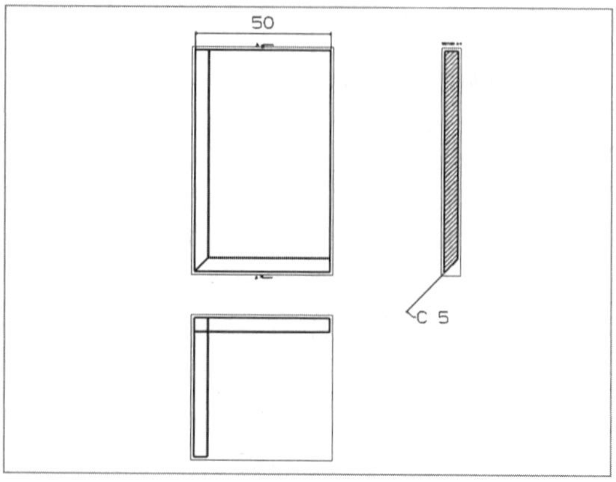

图 11-26　标注倒斜角尺寸

11.1.6　创建厚度尺寸标注

在 UG NX 10.0 中使用“厚度”命令，可以创建两条曲线（包括样条）之间的厚度尺寸标注。下面介绍创建厚度尺寸标注的操作方法。

Step 01 打开素材模型（素材\项目 11\11.1.6.prt），如图 11-27 所示。

Step 02 在功能区“布局”选项卡的“尺寸”选项板中单击“厚度”按钮，如图 11-28 所示。

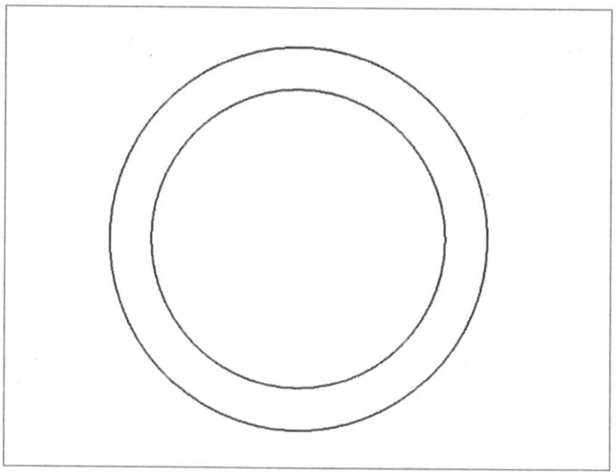

图 11-27　打开素材模型

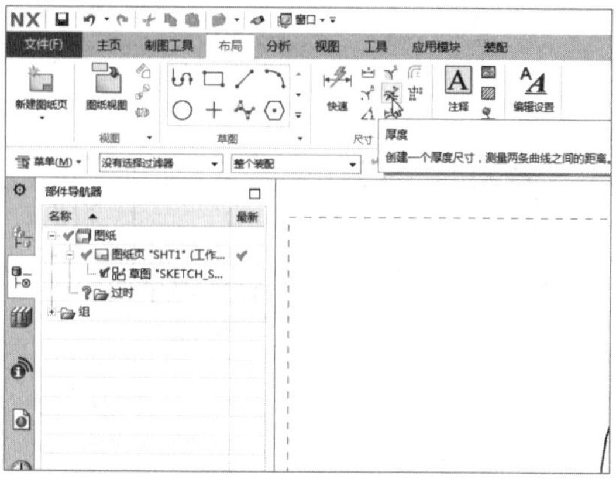

图 11-28　单击“厚度”按钮

> **▶ 专家指点**
>
> 在 UG NX 10.0 中，还可以通过以下两种方法创建厚度尺寸标注标注。
>
> （1）在功能区“主页”选项卡的“尺寸”选项板中单击“厚度”按钮。
>
> （2）在边框条中执行“菜单”｜“插入”｜“尺寸”｜“厚度”命令。

Step 03 弹出“厚度尺寸”对话框，在绘图区中的小圆上单击，然后拖动鼠标指针，至大圆上再次单击，如图 11-29 所示。

Step 04 执行操作后，向右拖动鼠标指针，至合适的位置单击，然后在对话框中单击“关闭”按钮，即可标注厚度尺寸，如图 11-30 所示。

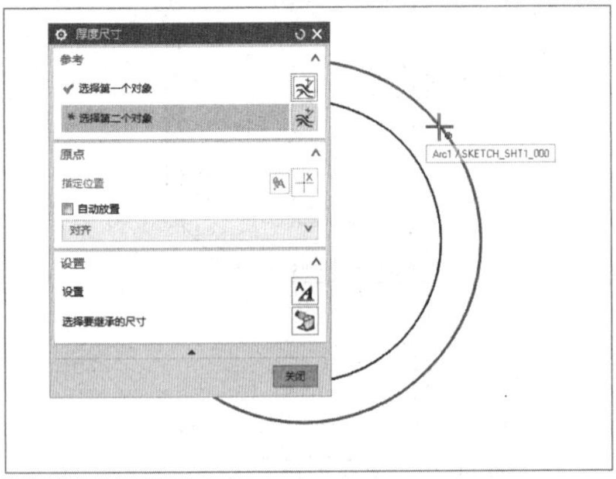

图 11-29　在大圆上单击

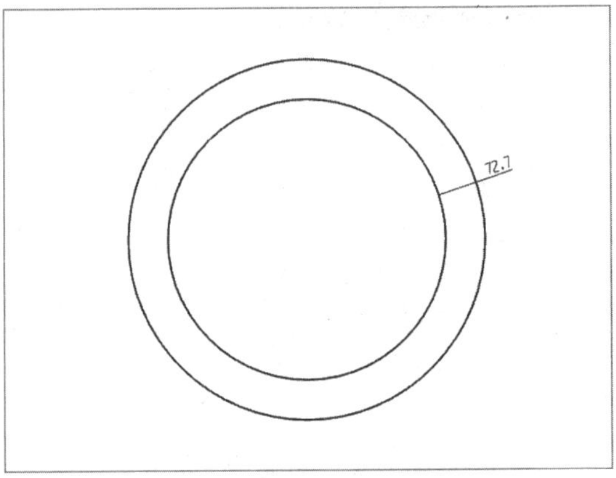

图 11-30　标注厚度尺寸

11.1.7　创建弧长尺寸标注

在 UG NX 10.0 中使用“弧长”命令，可以创建测量模型的弧长尺寸标注。下面介绍创建弧长尺寸标注的操作方法。

Step 01 打开素材模型（素材\项目 11\11.1.7.prt），如图 11-31 所示。

Step 02 在功能区“布局”选项卡“尺寸”选项板中单击“弧长”按钮，如图 11-32 所示。

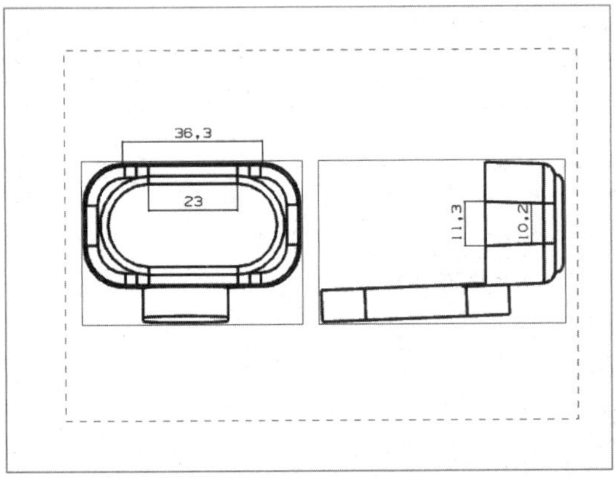

图 11-31　打开素材模型

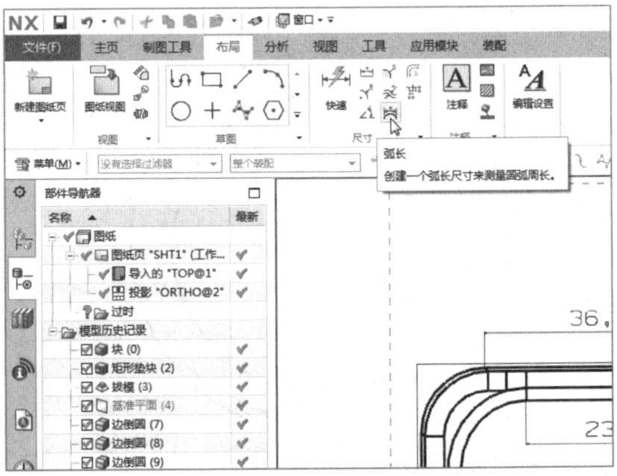

图 11-32　单击“弧长”按钮

▶ 专家指点

在 UG NX 10.0 中，还可以通过以下两种方法创建弧长尺寸标注。

（1）在功能区“主页”选项卡的“尺寸”选项板中单击“弧长”按钮。

（2）在边框条中执行“菜单”｜“插入”｜“尺寸”｜“弧长”命令。

Step03 弹出“弧长尺寸”对话框，在绘图区中选择左侧视图的右侧内圆弧，如图 11-33 所示。

Step04 执行操作后，向左拖动鼠标指针，至合适的位置单击，然后在对话框中单击“关闭”按钮，即可标注弧长尺寸，如图 11-34 所示。

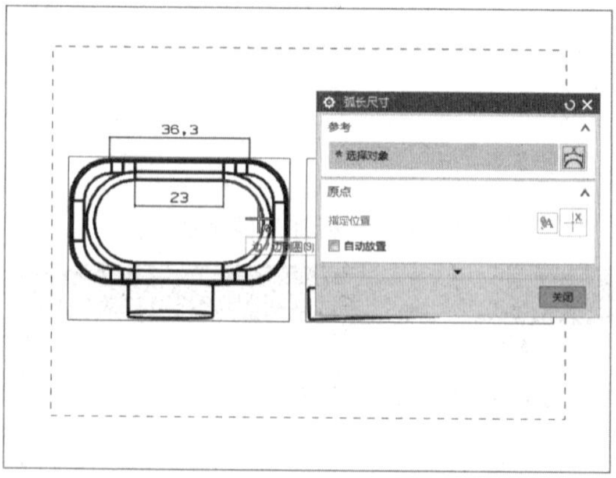

图 11-33　选择圆弧

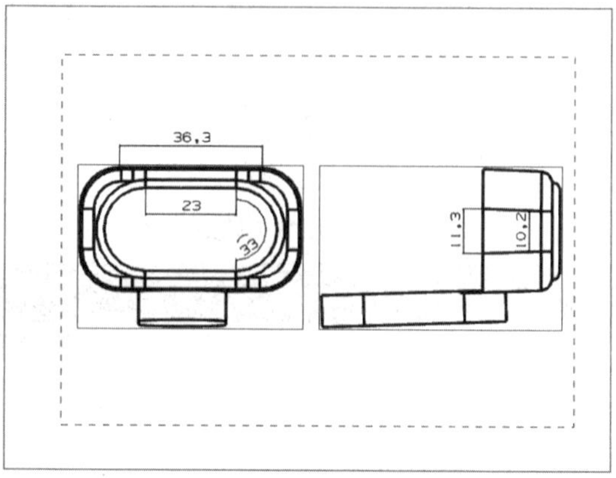

图 11-34　标注弧长尺寸

11.1.8　创建坐标尺寸标注

在 UG NX 10.0 中，通过在工程图中定义一个原点作为设置距离的参考点，可以给出选择对象水平或竖直方向的坐标。下面介绍创建坐标尺寸标注的操作方法。

Step01 打开素材模型（素材\项目 11\11.1.8.prt），如图 11-35 所示。

Step02 在功能区“布局”选项卡的“尺寸”选项板中单击“坐标”按钮，如图 11-36 所示。

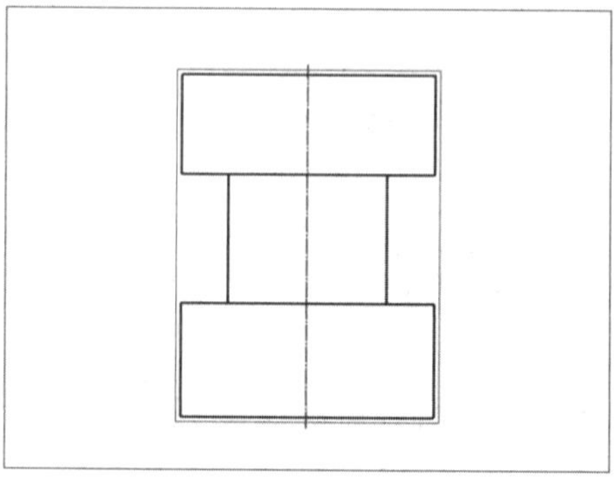

图 11-35　打开素材模型

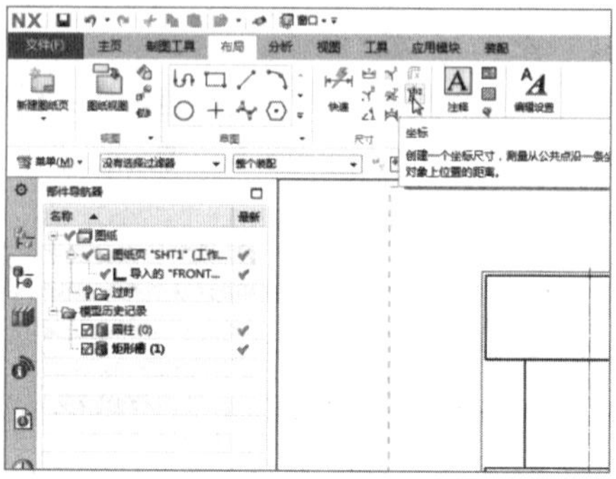

图 11-36　单击“坐标”按钮

Step03 弹出“坐标尺寸”对话框，在绘图区中相应的点上单击，显示出一个坐标，然后拖动鼠标指针，至合适的点上再次单击，如图 11-37 所示。

Step04 执行操作后，向右拖动鼠标指针，至合适的位置单击，然后在对话框中单击“关闭”按钮，即可标注坐标尺寸，如图 11-38 所示。

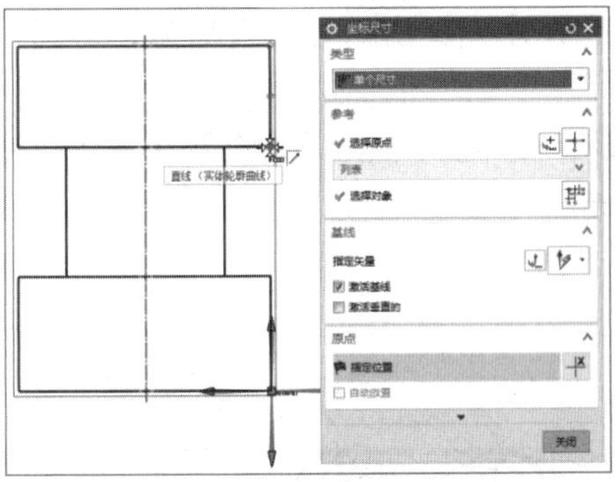

图 11-37　在合适的点上单击

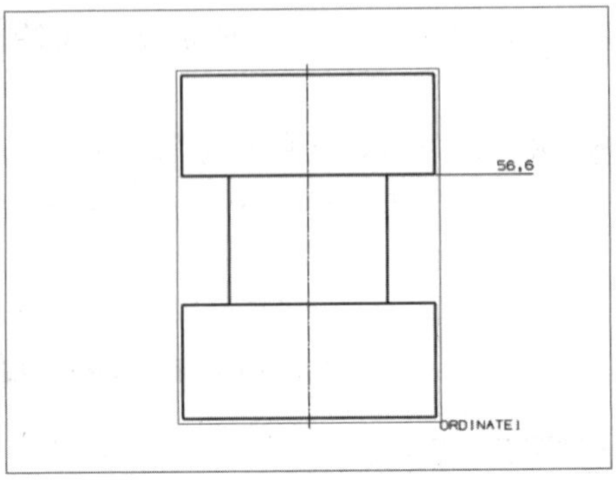

图 11-38　标注坐标尺寸

▶ 专家指点

在 UG NX 10.0 中，还可以通过以下两种方法创建坐标尺寸标注。

（1）在功能区“主页”选项卡的“尺寸”选项板中单击“坐标”按钮，如图 11-39 所示。

（2）在边框条中执行“菜单”｜“插入”｜“尺寸”｜“坐标”命令，如图 11-40 所示。

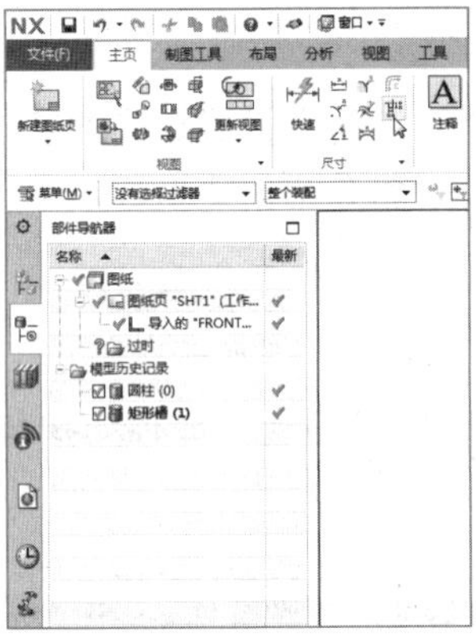

图 11-39　单击“坐标”按钮

图 11-40　执行“坐标”命令

任务 2　插入工程图符号

工程图中的符号一般分为表面粗糙度符号、基准特征符号、焊接符号、标识符号、目标点符号及相交符号等。本节主要介绍插入工程图符号的操作方法。

11.2.1　插入表面粗糙度符号

在 UG NX 10.0 中，表面粗糙度为表示工程图中对象表面粗糙程度的指标，通过在“表面粗糙度”对话框中进行设置，可以插入表面粗糙度符号。下面介绍插入表面粗糙度符号的具体操作方法。

Step 01 打开素材模型（素材\项目 11\11.2.1.prt），如图 11-41 所示。

Step 02 在功能区“主页”选项卡的“注释”选项板中单击“表面粗糙度符号”按钮√，如图 11-42 所示。

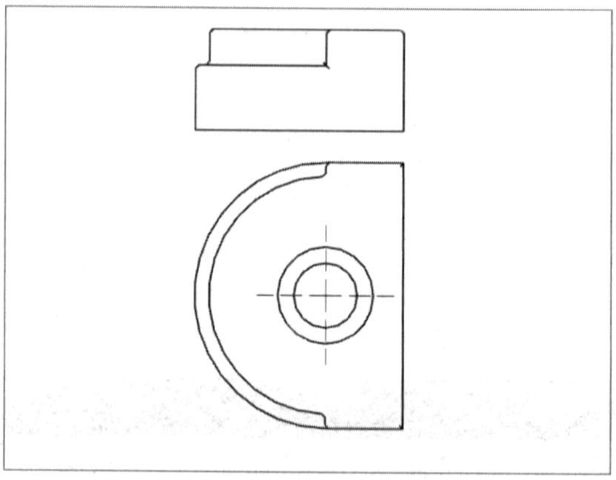

图 11-41　打开素材模型

图 11-42　单击“表面粗糙度符号”按钮

Step 03 弹出“表面粗糙度”对话框，在“属性”选项区中单击“除料”右侧的下拉按钮，在弹出的下拉列表中选择“需要移除材料”选项，如图 11-43 所示。

Step 04 在“属性”选项区中设置“上部文本”为 4.5，“加工公差”为“1.00 ± .05 等双向公差”，在“设置”选项区中单击“设置”按钮A，如图 11-44 所示。

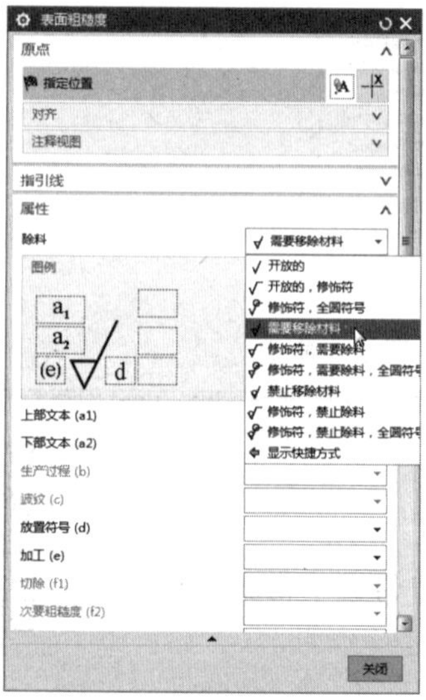

图 11-43　选择相应的选项

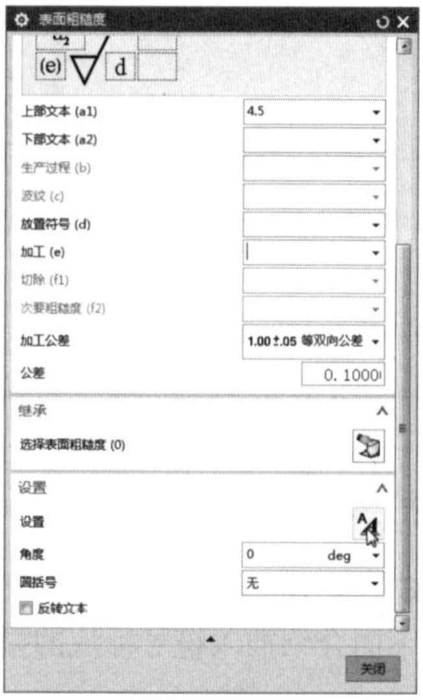

图 11-44　单击“设置”按钮

Step 05 弹出“设置”对话框，切换至“文字”选项卡，在“高度”右侧的文本框中输入“2”，如图 11-45 所示。

Step 06 单击“关闭”按钮，返回“表面粗糙度”对话框，将鼠标指针移至绘图区中的合适位置处，单击鼠标左键，然后在“表面粗糙度”对话框中单击“关闭”按钮，即可插入表面粗糙度符号，如图 11-46 所示。

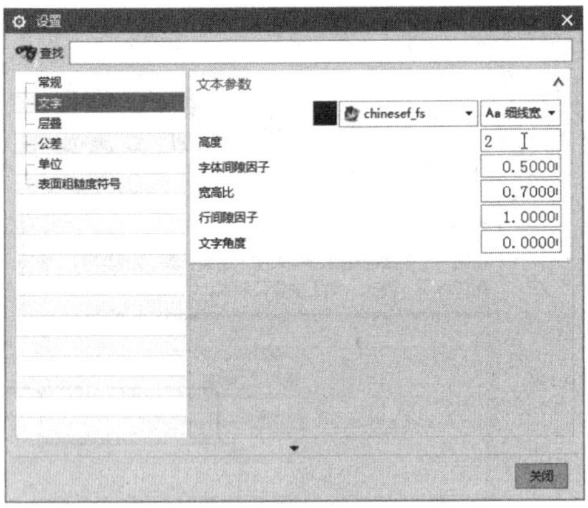

图 11-45　设置参数

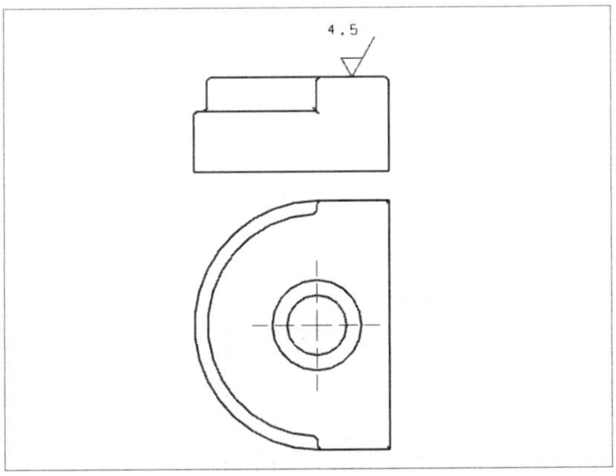

图 11-46　移动鼠标指针至合适位置

> **▶ 专家指点**
>
> 在 UG NX 10.0 中，通过在边框条中执行“菜单” | “插入” | “注释” | “表面粗糙度符号”命令，如图 11-47 所示，也可以快速创建表面粗糙度符号。

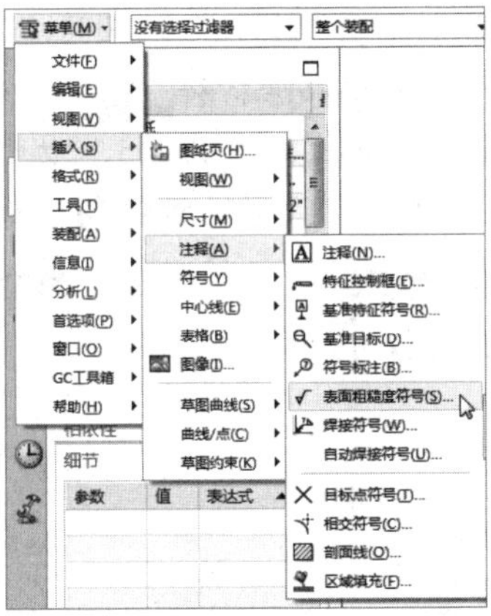

图 11-47　执行“表面粗糙度符号”命令

11.2.2　插入符号标注

在 UG NX 10.0 中使用符号标注功能，可以创建带或不带指引线的标识符号。下面介绍插入符号标注的操作方法。

Step 01 打开素材模型（素材\项目 11\11.2.2.prt），如图 11-48 所示。

Step 02 在功能区“主页”选项卡的“注释”选项板中单击“符号标注”按钮，如图 11-49 所示。

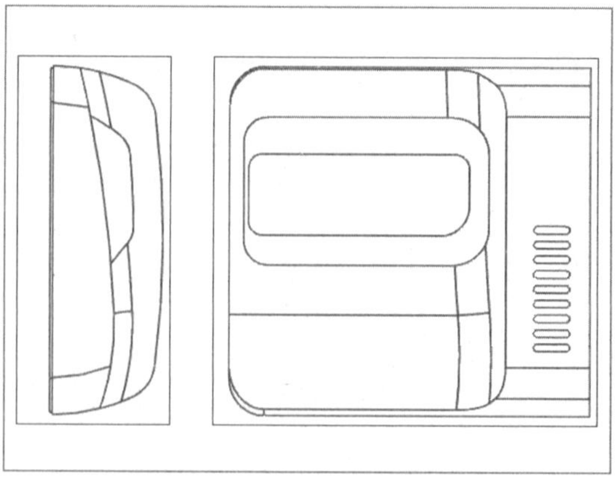

图 11-48 打开素材模型

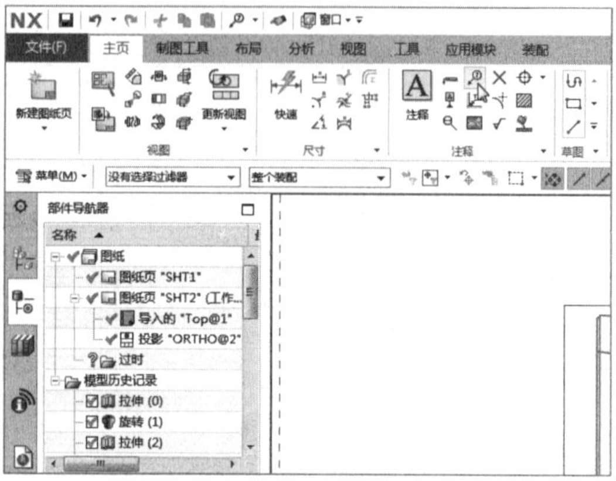

图 11-49 单击“符号标注”按钮

Step03 弹出“符号标注”对话框，单击“类型”右侧的下拉按钮，在弹出的下拉列表中选择“圆角方块”选项，如图 11-50 所示。

Step04 在“文本”右侧的文本框中输入“6”，如图 11-51 所示。

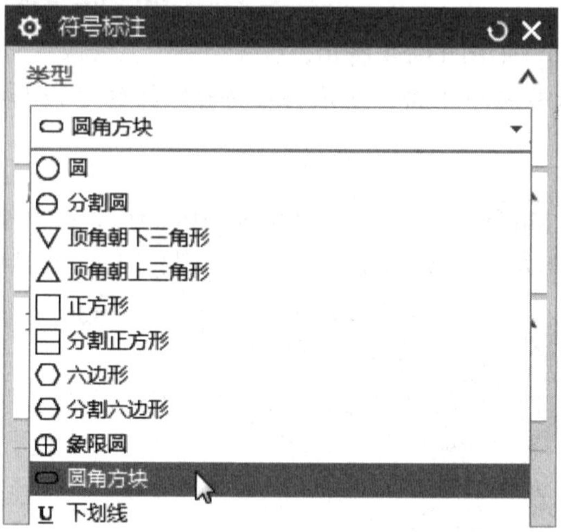

图 11-50 选择相应的选项

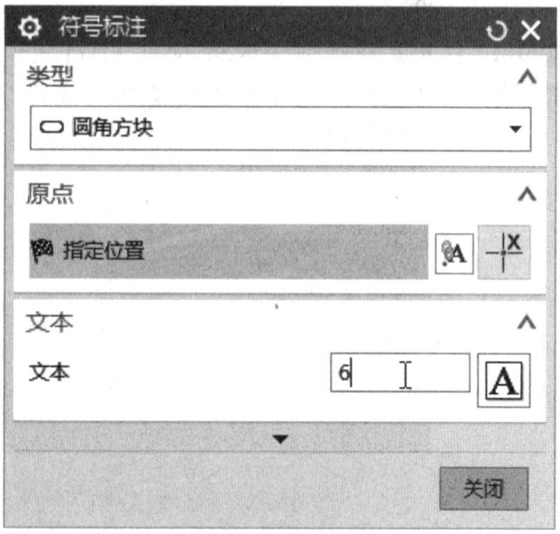

图 11-51 输入数值

> **▶ 专家指点**
>
> 在“符号标注”对话框的“类型”下拉列表中，包含多种不同类型的符号标注样式，可根据实际需要进行相应的选择。

Step05 在绘图区中矩形的相应位置上单击，如图 11-52 所示，指定符号标注的显示位置。

Step06 确定符号标注的位置后，在“符号标注”对话框中单击“关闭”按钮，即可插入符号标注，如图 11-53 所示。

> **▶ 专家指点**
>
> 在 UG NX 10.0 中，通过在边框条中执行“菜单”|“插入”|“注释”|“符号标注”命令，也可以快速插入符号标注。

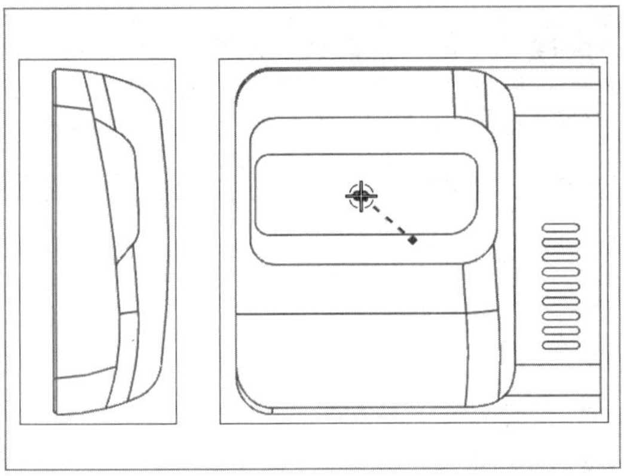

图 11-52　在相应位置上单击

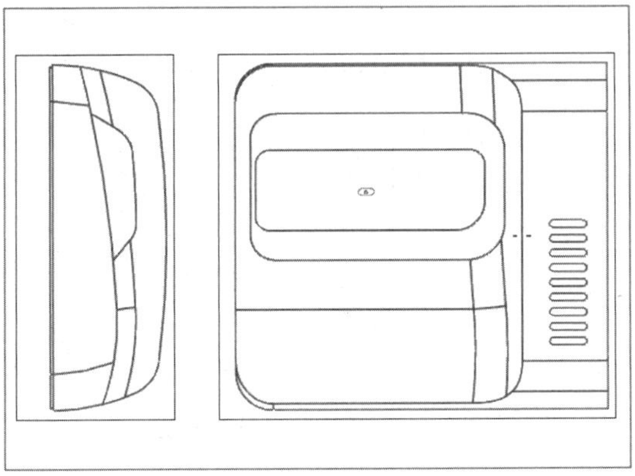

图 11-53　插入符号标注

11.2.3　插入基准特征符号

在 UG NX 模型中，还可以根据需要插入基准特征符号。下面介绍具体的操作方法。

Step01 打开素材模型（素材\项目 11\11.2.3.prt），如图 11-54 所示。

Step02 在功能区“主页”选项卡的“注释”选项板中单击“基准特征符号”按钮，如图 11-55 所示。

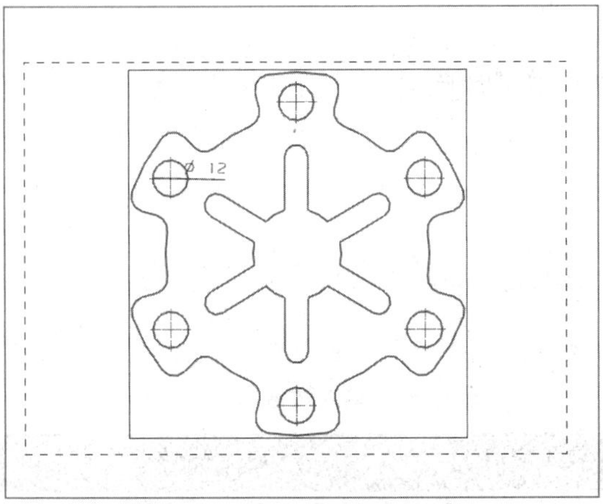

图 11-54　打开素材模型

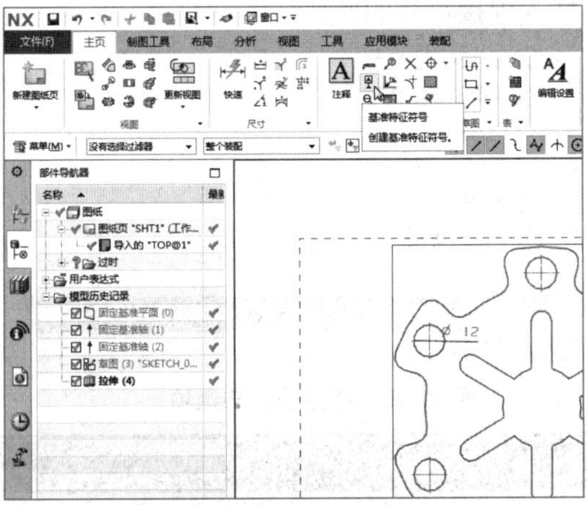

图 11-55　单击“基准特征符号”按钮

▶ 专家指点

在功能区“布局”选项卡的“注释”选项板中单击“基准特征符号”按钮，或者在边框条中执行“菜单”｜“插入”｜“注释”｜“基准特征符号”命令，也可以在工程图中插入基准特征符号。

Step03 弹出“基准特征符号”对话框，在“字母”文本框中输入“A”，在绘图区右上方的合适位置单击，如图 11-56 所示。

Step04 执行操作后，在“基准特征符号”对话框中单击“关闭”按钮，即可插入基准特征符号，如图 11-57 所示。

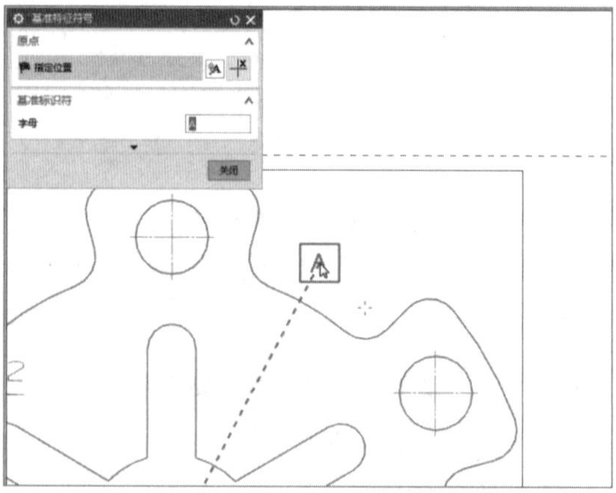

图 11-56　在绘图区右上方的合适位置单击

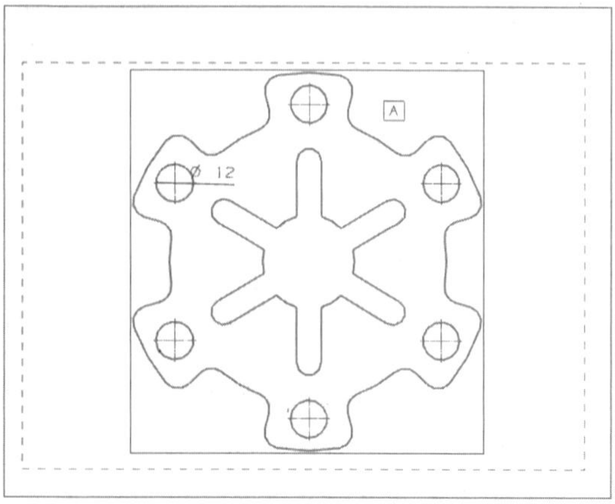

图 11-57　插入基准特征符号

11.2.4　插入焊接符号

在 UG NX 10.0 中使用焊接符号功能，可以创建一个焊接符号来指定焊接参数，如类型、轮廓形状、大小、长度、间距及精加工方法。下面介绍插入焊接符号的操作方法。

Step01 打开素材模型（素材\项目 11\11.2.4.prt），如图 11-58 所示。

Step02 在功能区“主页”选项卡的“注释”选项板中单击“焊接符号”按钮，如图 11-59 所示。

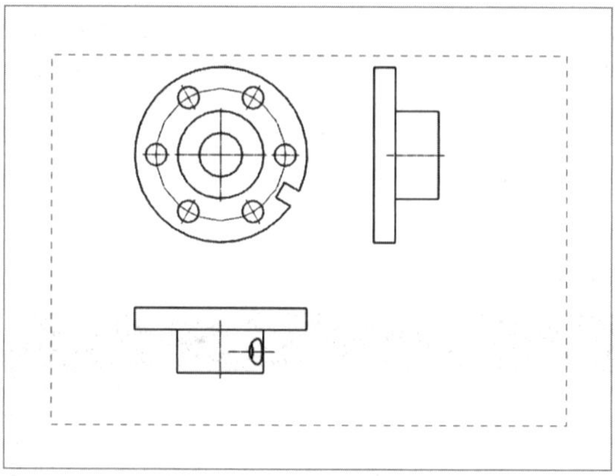

图 11-58　打开素材模型

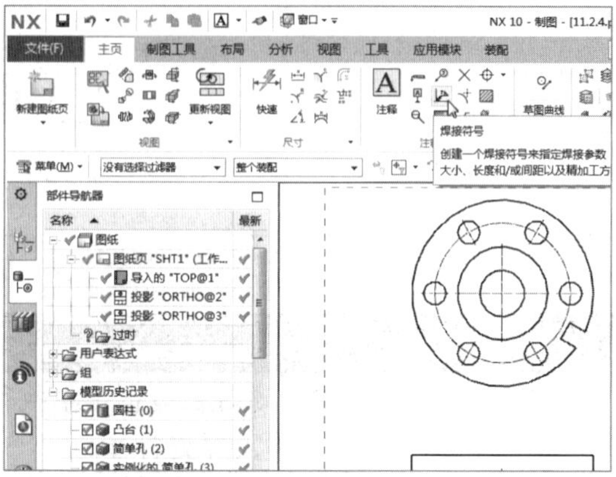

图 11-59　单击“焊接符号”按钮

Step03 弹出“焊接符号”对话框，在“其他侧”选项区中单击“无”右侧的下拉按钮，在弹出的下拉列表中选择“V 形坡口焊”选项，如图 11-60 所示。

Step04 在“其他侧”选项区中单击“无”右侧的下拉按钮，在弹出的下拉列表中选择“加工”选项，如图 11-61 所示。

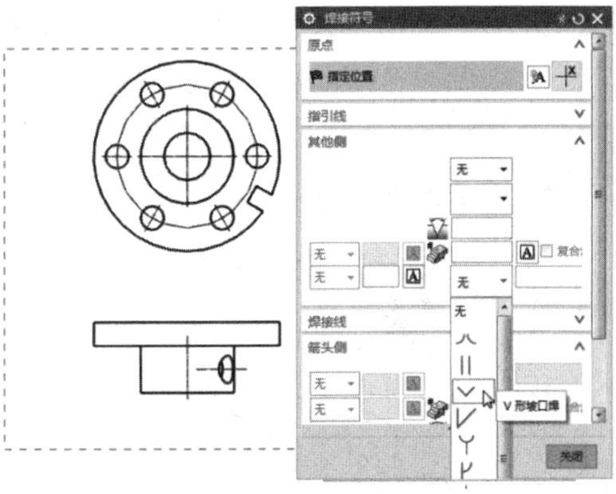

图 11-60　选择相应的选项

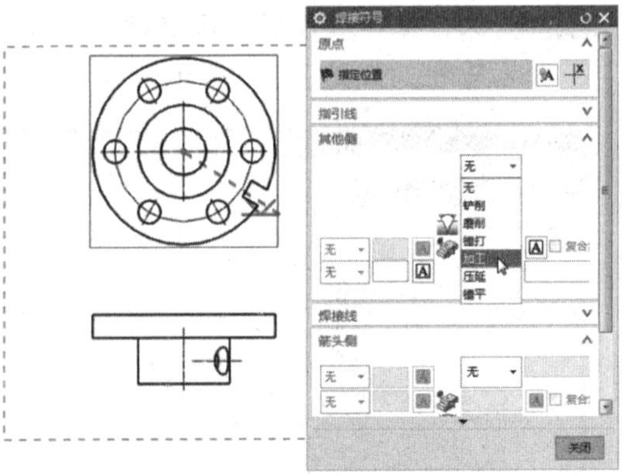

图 11-61　选择相应的选项

在“焊接符号”对话框的“其他侧”选项区中，各主要选项的含义如下。

➢ **坡口角度或埋头角度**：用于设置焊接符号的角度值。

➢ **复合焊接**：选择此选项，将角焊符号添加到平头对接焊、斜角坡口焊、J 形坡口焊或半喇叭形坡口焊的顶部。

Step 05 在绘图区中的合适位置单击，确定焊接符号的放置位置，在对话框中单击“关闭”按钮，即可插入焊接符号，如图 11-62 所示。

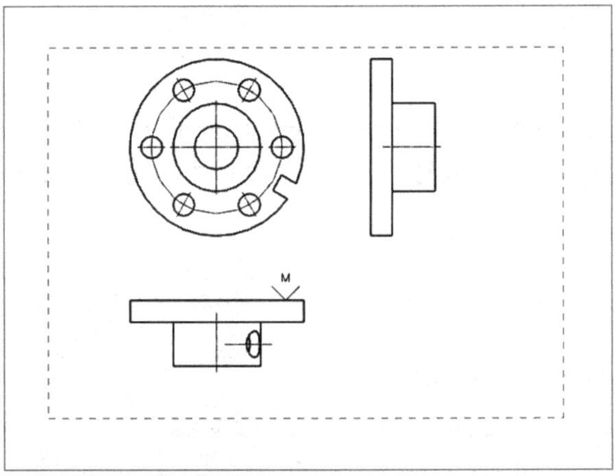

图 11-62　插入焊接符号

▶ 专家指点

在 UG NX 10.0 中，通过在边框条中执行“菜单”｜“插入”｜“注释”｜“焊接符号”命令，也可以快速插入焊接符号。

11.2.5　插入相交符号

在 UG NX 10.0 中使用“相交符号”命令，可以在绘图区中插入相应的相交符号，该符号代表拐角的证示线。下面介绍插入相交符号的操作方法。

Step 01 打开素材模型（素材\项目 11\11.2.5.prt），如图 11-63 所示。

Step 02 在功能区“主页”选项卡的“注释”选项板中单击“相交符号”按钮，如图 11-64 所示。

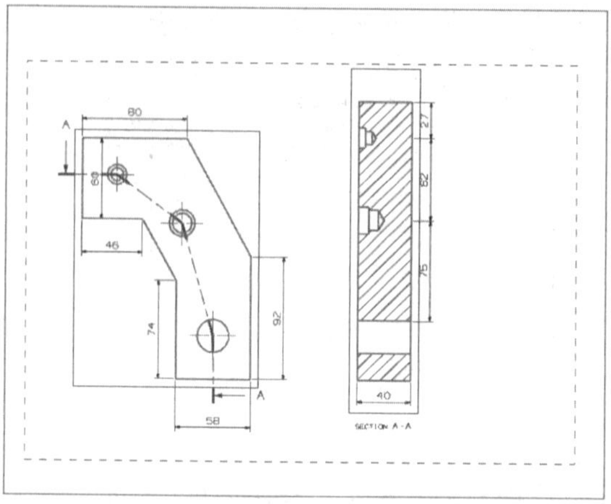

图 11-63　打开素材模型

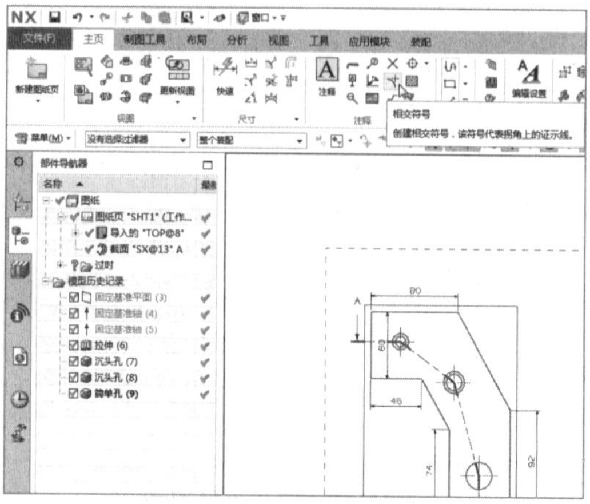

图 11-64　单击“相交符号”按钮

Step 03 弹出“相交符号”对话框，在绘图区中依次选择左视图最上方的直线和右侧的倾斜直线，单击“确定”按钮，如图 11-65 所示。

执行操作后，即可插入相交符号，如图 11-66 所示。

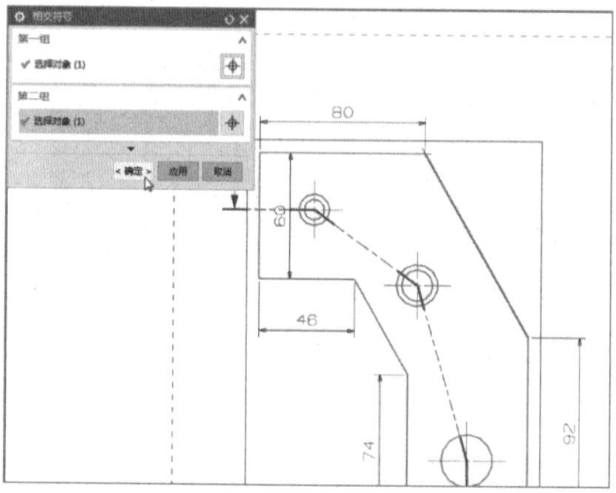

图 11-65　选择相应的直线

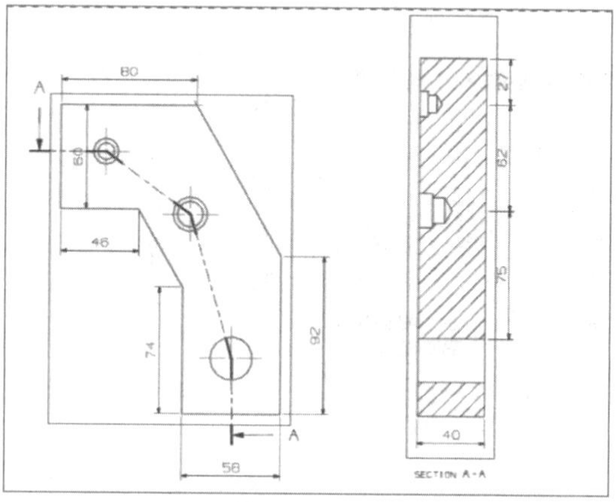

图 11-66　插入相交符号

▶ 专家指点

在 UG NX 10.0 中，还可以通过以下两种方法插入相交符号。

（1）在边框条中执行“菜单”｜“插入”｜“注释”｜“相交符号”命令。

（2）在功能区“布局”选项卡的“注释”选项板中单击“相交符号”按钮。

11.2.6　插入目标点符号

在 UG NX 10.0 中使用“目标点符号”命令，可以在绘图区中插入相应的点符号。下面介绍插入目标点符号的操作方法。

Step01 打开素材模型（素材\项目 11\11.2.6.prt），如图 11-67 所示。

Step02 在功能区“主页”选项卡的“注释”选项板中单击“目标点符号”按钮×，如图 11-68 所示。

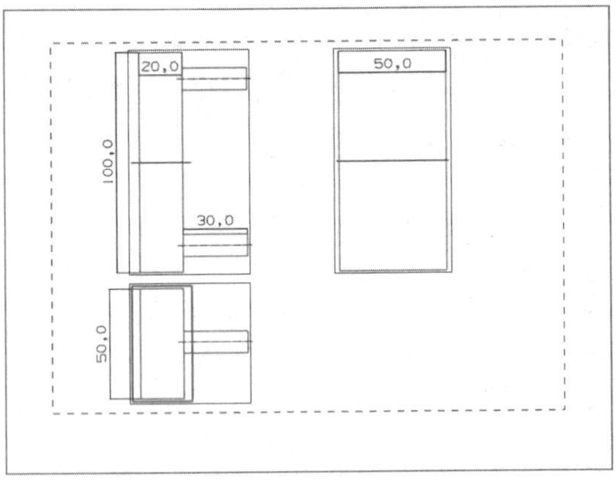

图 11-67 打开素材模型

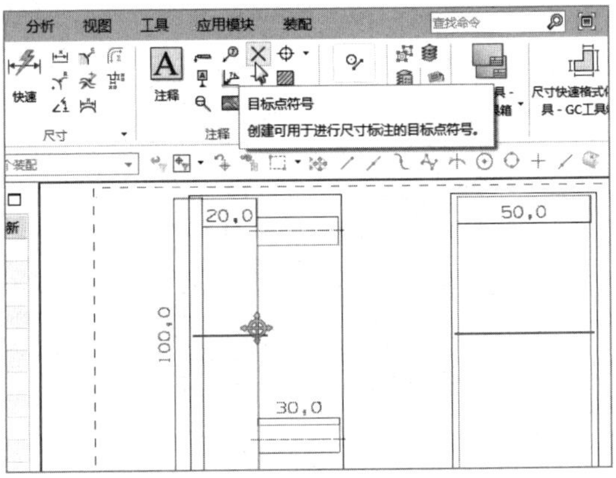

图 11-68 单击“目标点符号”按钮

Step03 弹出“目标点符号”对话框，在“设置”选项区中设置“宽度”为 0.35 mm，在绘图区中选择右上方视图左侧的直线，如图 11-69 所示。

Step04 单击鼠标左键，在“目标点符号”对话框中单击“关闭”按钮，即可插入目标点符号，如图 11-70 所示。

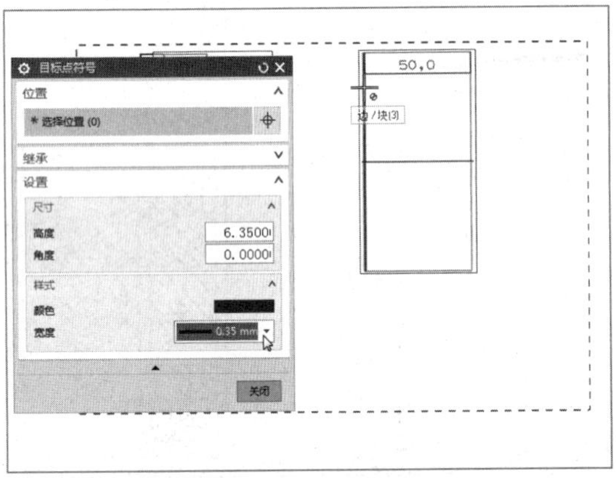

图 11-69 选择直线

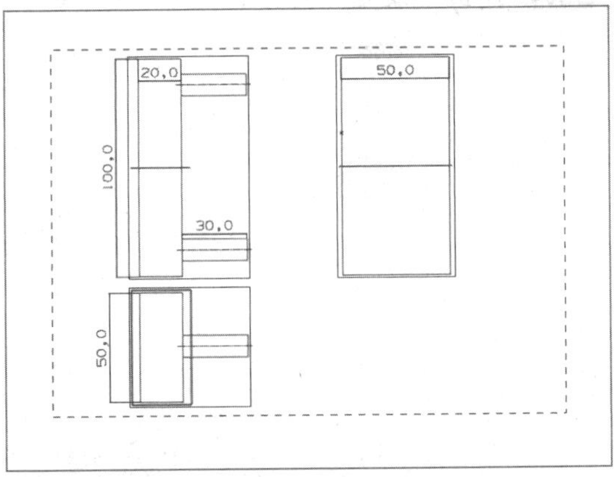

图 11-70 插入目标点符号

▶ 专家指点

在 UG NX 10.0 中，可以通过以下两种方法插入目标点符号。

（1）在功能区“主页”选项卡的“注释”选项板中单击“目标点符号”按钮×。

（2）在边框条中执行“菜单”|“插入”|“注释”|“目标点符号”命令。

11.2.7 创建文本注释

在 UG NX 10.0 中，文本注释功能用来创建和编辑注释、标签及符号等。下面介绍创建文本注释的操作方法。

Step01 打开素材模型（素材\项目 11\11.2.7.prt），如图 11-71 所示。

Step02 在功能区"主页"选项卡的"注释"选项板中单击"注释"按钮 A，如图 11-72 所示。

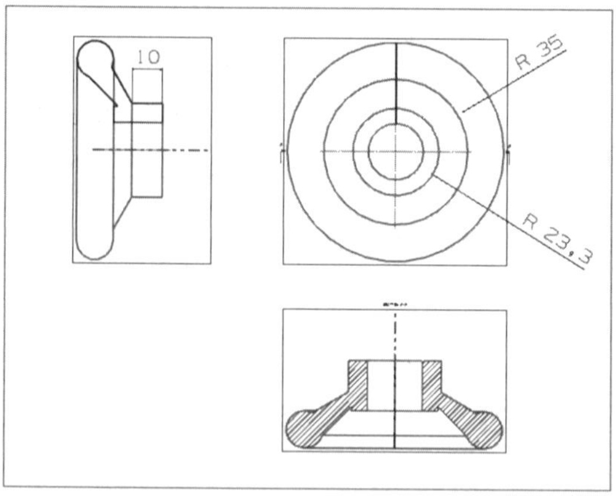

图 11-71　打开素材模型

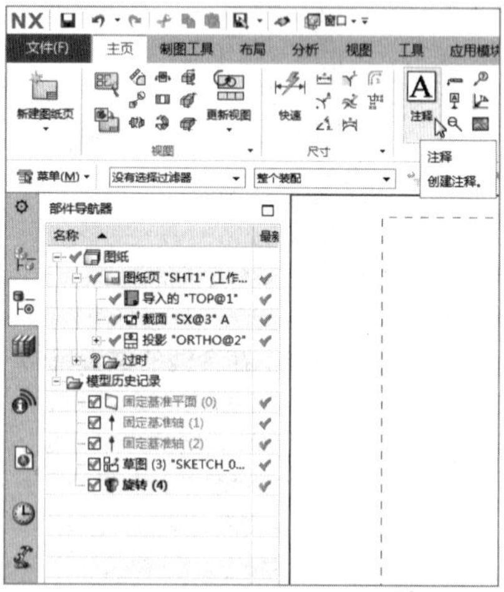

图 11-72　单击"注释"按钮

Step03 弹出"注释"对话框，在"文本输入"选项区的"格式设置"下方的文本框中输入"UG NX 10.0"，在"设置"选项区中单击"设置"按钮，如图 11-73 所示。

Step04 弹出"设置"对话框，设置"高度"为 30，单击"关闭"按钮，如图 11-74 所示。

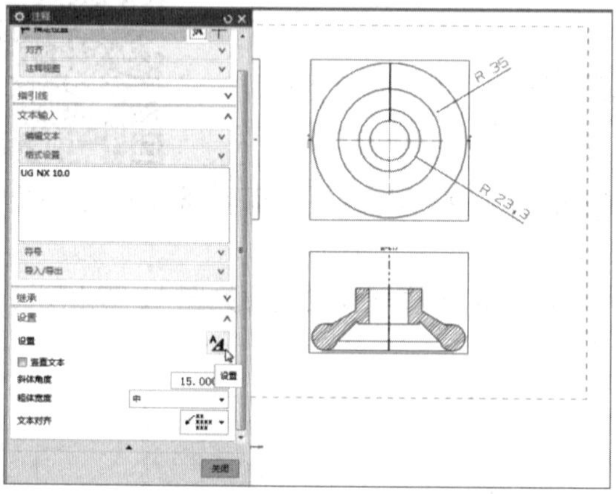

图 11-73　单击"设置"按钮

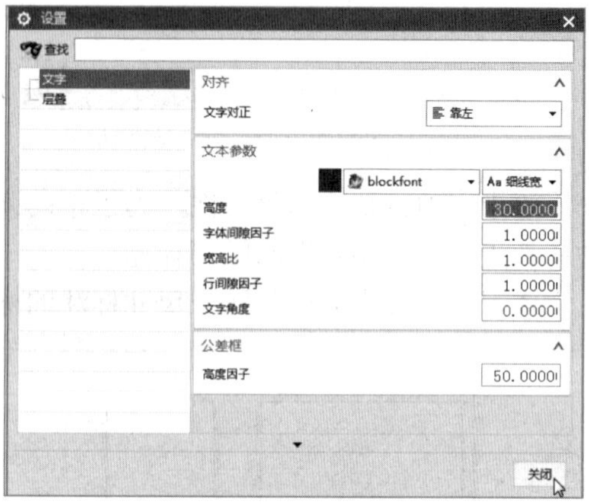

图 11-74　设置参数

Step05 返回"注释"对话框，在绘图区左下方的合适位置单击，如图 11-75 所示，然后在"注释"对话框中单击"关闭"按钮。

Step06 执行操作后，即可创建文本注释，效果如图 11-76 所示。

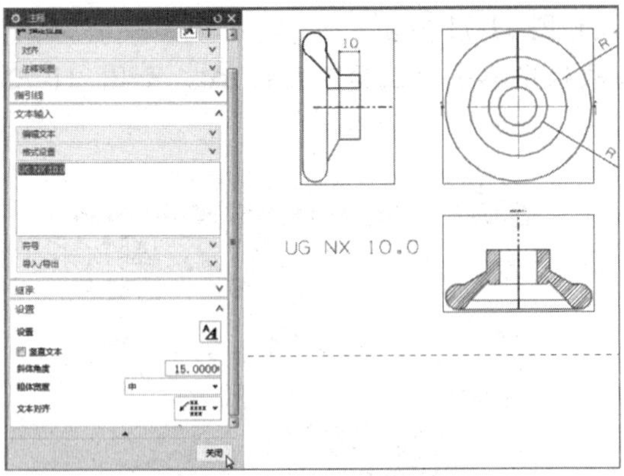

图 11-75　在合适的位置单击

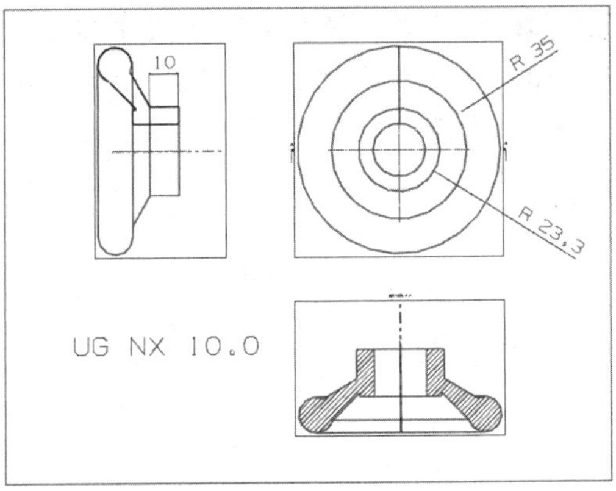

图 11-76　创建文本注释

项目小结

本项目主要学习了创建 UG NX 工程尺寸标注和工程图符号标注的操作方法。工程尺寸标注主要包括快速尺寸、线性尺寸、径向尺寸、角度尺寸、厚度尺寸、弧长尺寸、坐标尺寸及倒斜角尺寸标注等；工程图符号标注主要包括表面粗糙度符号、符号标注、焊接符号及相交符号等。通过对本项目的学习，读者可以熟练地掌握 UG NX 工程图纸尺寸标注的创建方法。

项目训练

鉴于本项目知识的重要性，为了帮助读者更好地掌握所学知识，下面将通过上机习题帮助读者进行简单的知识回顾和补充。

本习题需要掌握创建弧长尺寸标注的操作方法，素材文件与效果文件如图 11-77 所示。

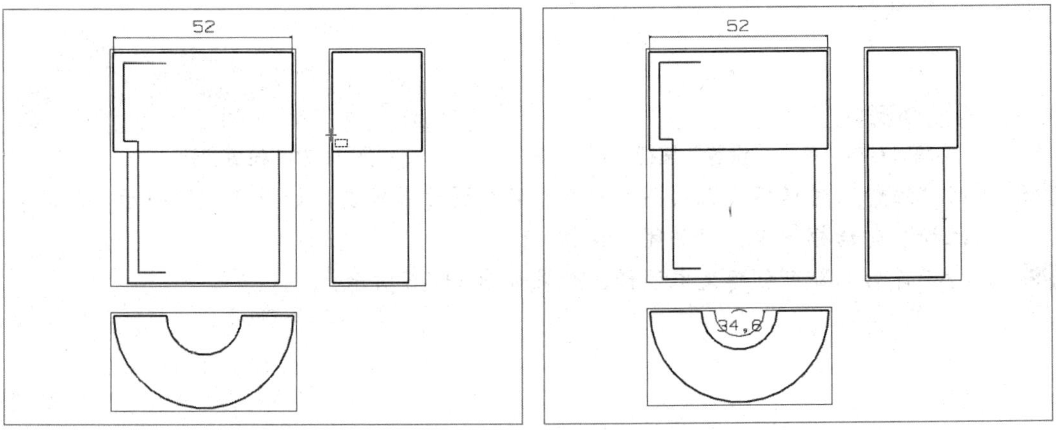

图 11-77　素材文件与效果文件

项目 12　综合案例：设计常用零件模型

通过对前面章节的学习，相信读者已经熟练掌握了使用 UG NX 软件设计模型的方法和技术，本项目将通过四大案例的制作，使读者熟练掌握轴、套类零件，轮、盘类零件，叉、架类零件及箱体类零件的制作技巧。

本项目重点

- 轴、套类零件：制作主动齿轮轴
- 轮、盘类零件：制作泵盖
- 叉、架类零件：制作轴承座
- 箱体类零件：制作泵体

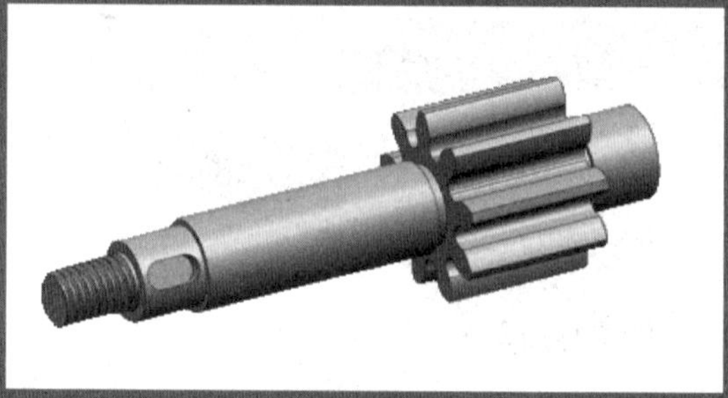
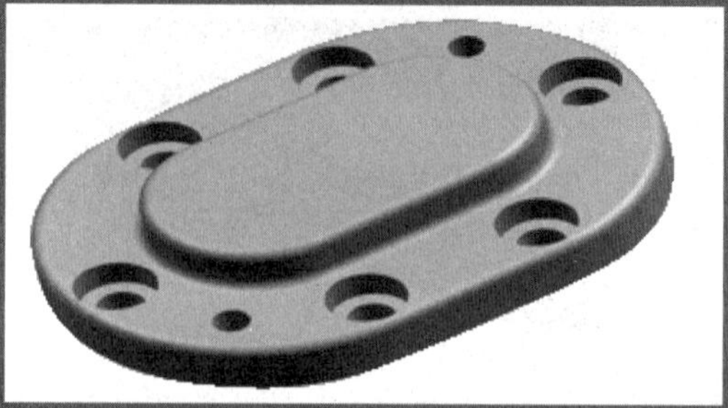

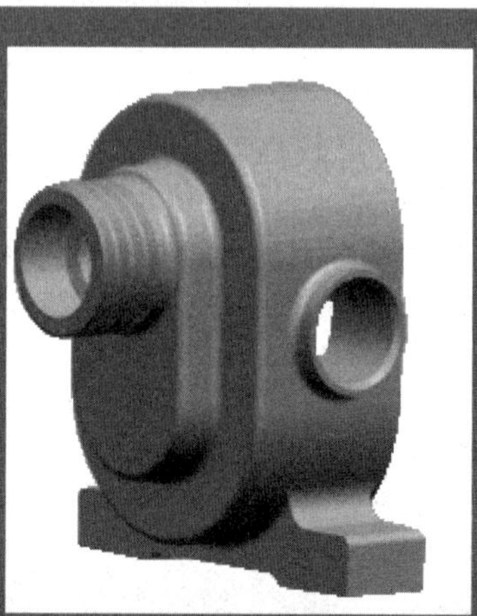

任务 1　轴、套类零件：制作主动齿轮轴

本实例主要制作的是如图 12-1 所示的主动齿轮轴，该主动齿轮轴的主体阶梯轴部分使用草图绘制截面后通过旋转命令生成实体，一端的螺纹直接通过在圆柱体上创建螺纹来完成，齿轮部分直接使用齿轮建模工具在圆柱体表面创建完成，一端的键槽直接使用创建矩形槽命令完成。

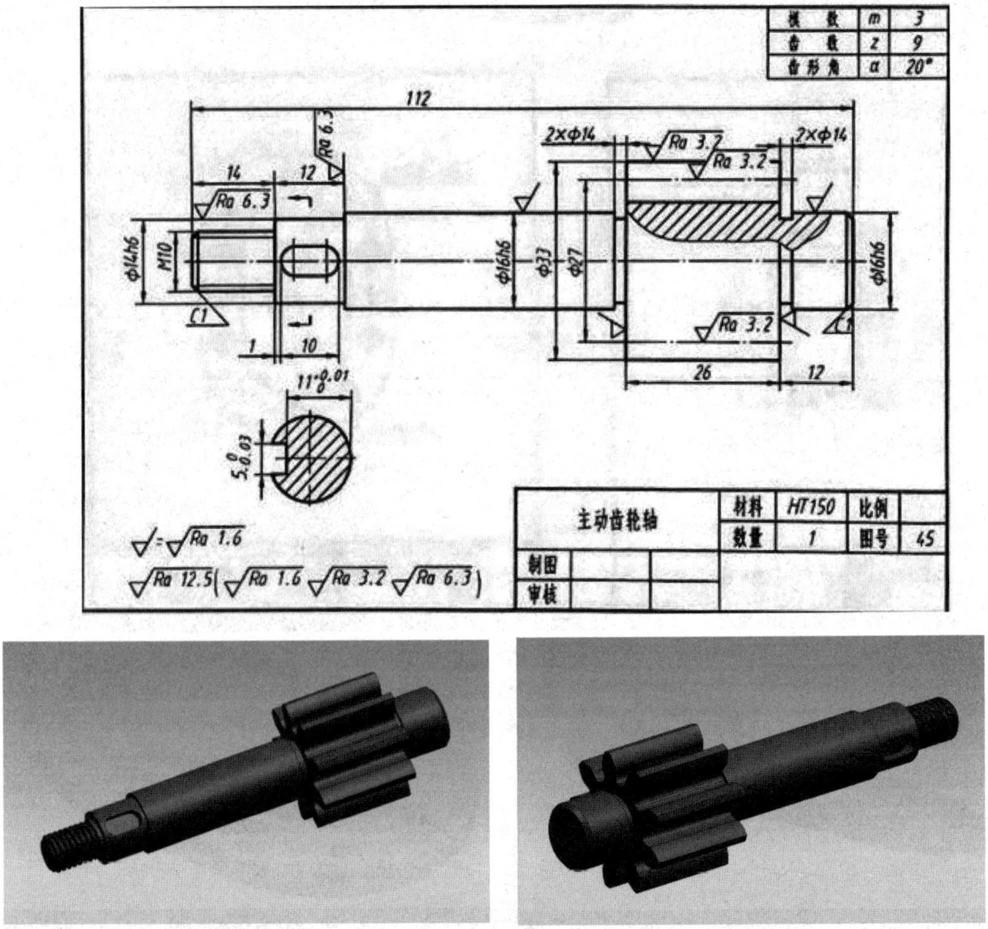

图 12-1　主动齿轮轴

12.1.1　绘制主动齿轮轴阶梯轴部分

新建一个空白的项目文件，通过“草图”按钮创建并进入新的草图，绘制并完全约束阶梯轴截面形状，完成草图后通过“旋转”按钮将草图旋转成阶梯轴实体。

Step 01　进入 UG NX 的工作界面，执行“文件” | “新建”命令，如图 12-2 所示。

Step 02　执行操作后，弹出“新建”对话框，在其中设置文件名和保存路径，如图 12-3 所示，单击“确定”按钮，即可新建一个空白的项目文件，设置绘图区的背景为白色。

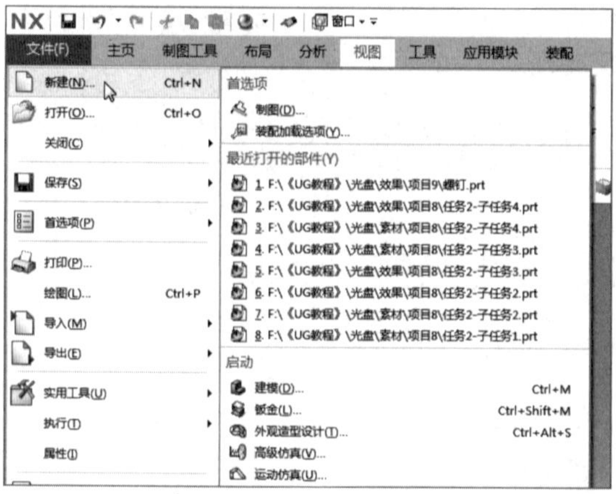

图 12-2　执行“新建”命令

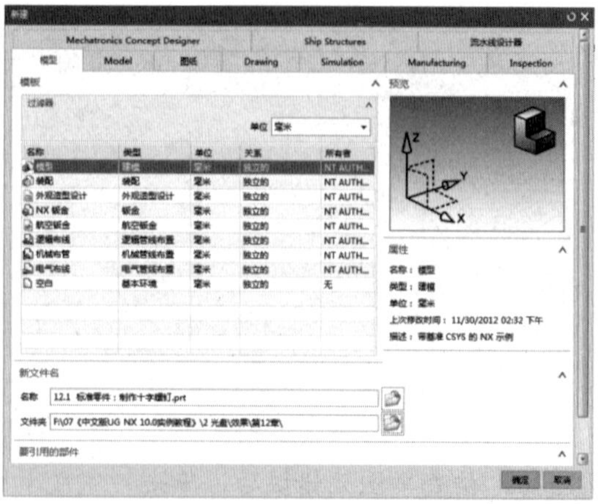

图 12-3　设置文件名和保存路径

Step03 在功能区“主页”选项卡的“直接草图”选项板中单击“草图”按钮，在弹出的对话框中依次在草图类型选项卡中选择“在平面上”，在草图方向选项卡参考选项中选择“水平”，最后在绘图区选择基准坐标系的“X-Y”平面，单击确定完成草图创建，如图 12-4 所示。

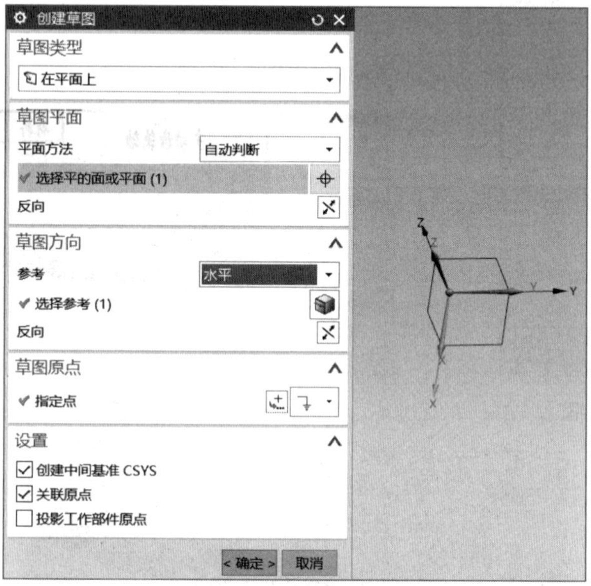

图 12-4　创建草图

Step04 进入草图环境后，绘制并完全约束阶梯轴截面图，如图 12-5 所示。首先使用“轮廓”命令画出阶梯轴截面大致形状，再利用“快速尺寸”与“几何约束”命令确定尺寸与位置关系。

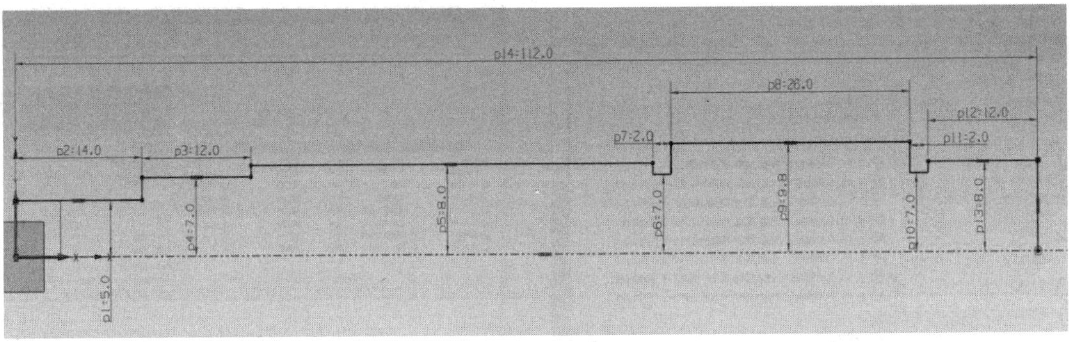

图 12-5　绘制草图

Step 05 检查草图无错误后，单击“完成草图”按钮，退出草图环境。

Step 06 在功能区“主页”选项卡的“特征”选项板中单击“旋转”按钮。

Step 07 弹出“旋转”对话框，如图 12-6 所示，先选择绘制完成的阶梯轴截面草图，按鼠标中键确定后，再选择棕色点划线的旋转轴，如图 12-7 所示，最后单击确定按钮完成旋转操作，如图 12-8 所示。

图 12-6　旋转对话框

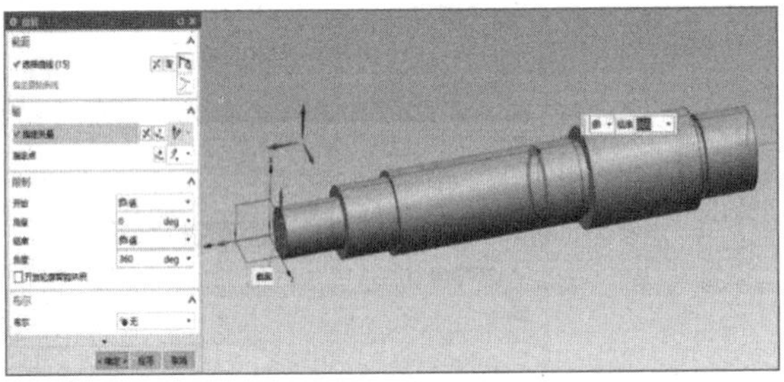

图 12-7　旋转操作

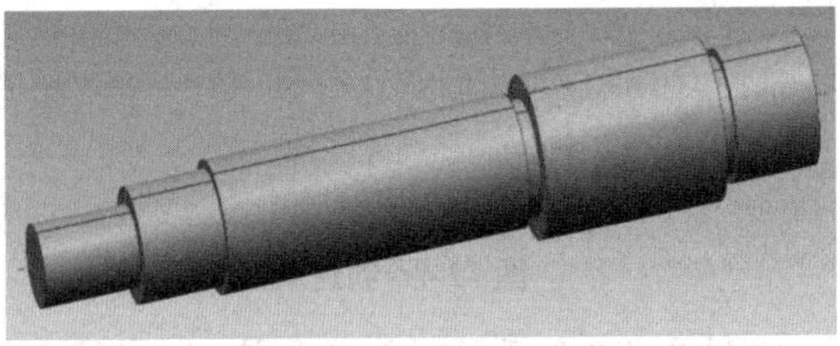

图 12-8　旋转完成实体

12.1.2　绘制主动齿轮轴螺纹部分

在 UG NX 10.0 中，“符号”螺纹类型与“详细”螺纹类型的区别在于：前者只是在所选圆柱面上创建虚线圆，而并非创建真实的螺纹；后者则会在圆柱面上创建真实的螺纹。下面主要介绍通过“详细”螺纹类型创建螺纹特征的操作方法。

Step 01 制作阶梯轴一端的 M10 螺。在功能区“主页”选项卡的“特征”选项板中单击“更多” 更多按钮在其下拉菜单中选择“螺纹” 螺纹按钮。

Step 02 弹出“螺纹”对话框螺纹类型选择“详细”，如图 12-9 所示。

Step 03 其次选择直径为 10 mm 的圆柱外表面，更改对话框中螺纹长度为 14 mm，如图 12-10 所示，单击确定完成螺纹创建，完成后效果如图 12-11 所示。

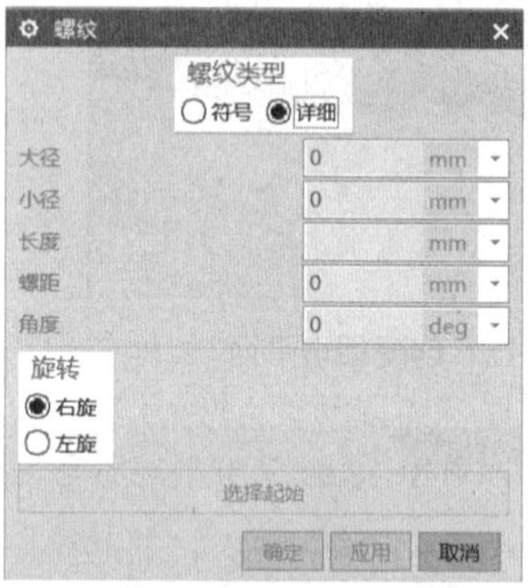

图 12-9　选择“详细”

图 12-10　指定螺纹参数

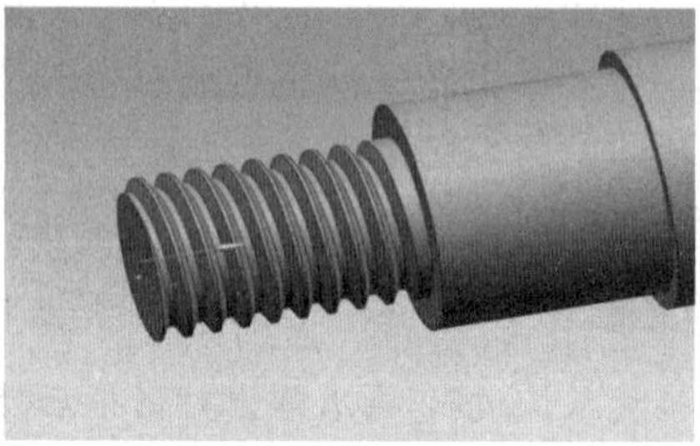

图 12-11　完成螺纹

12.1.3　绘制主动齿轮轴键槽部分

下面通过键槽命令，来绘制并定位直径 14 mm 圆柱表面上长度为 10 mm、宽度为 5 mm、深度为 3 mm 的键槽。

Step 01 创建放置键槽的平面。在功能区“主页”选项卡的“特征”选项板中单击“基准平面”按钮 基准平面，弹出基准平面对话框，在类型下拉菜单选择相切，如图 12-12 所示。

Step 02 再选择直径 14 mm 的圆柱外表面，生成与外表面相切的平面，单击确定完成该平面的创建，如图 12-13 所示。

Step 03 创建键槽。在功能区“主页”选项卡的“特征”选项板中，单击“拉伸”按钮的下拉菜单，找到并单击“键槽”按钮 键槽，弹出键槽对话框选择矩形槽，如图 12-14 所示。

Step 04 单击“确定”按钮，选择刚刚创建好的平面，如图 12-15 所示。

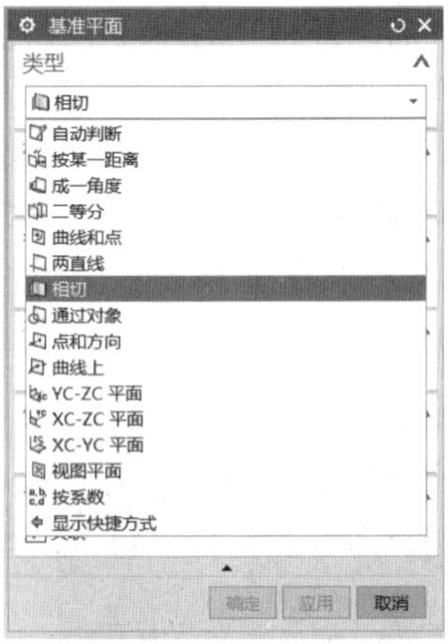

图 12-12　选择相切

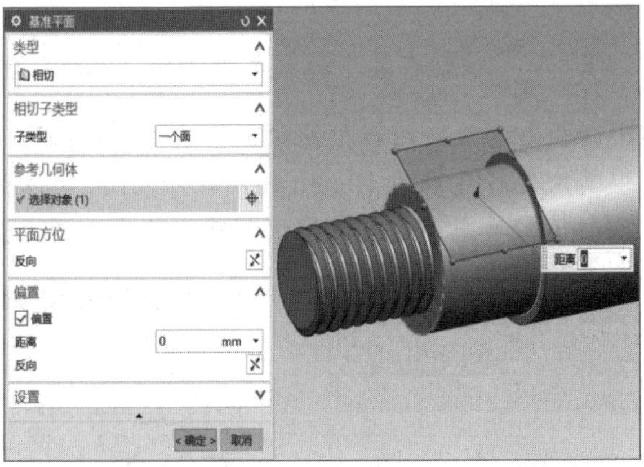

图 12-13　创建相切平面

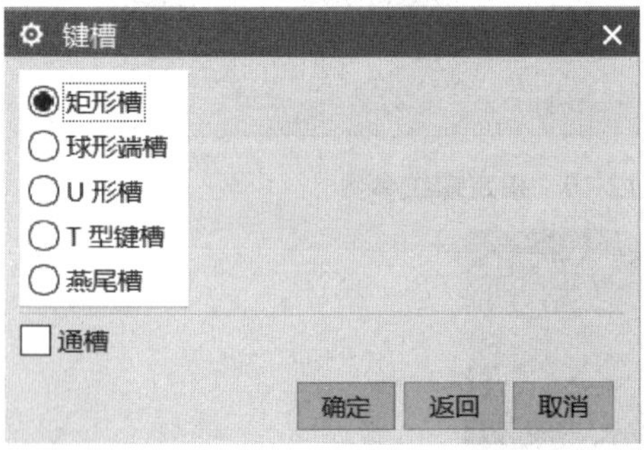

图 12-14　选择矩形槽

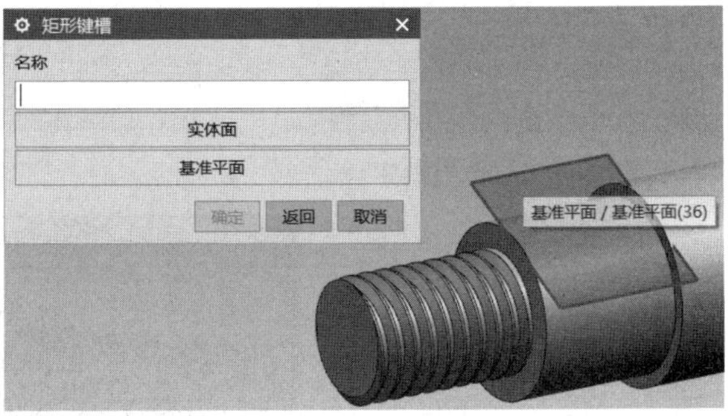

图 12-15　选择平面

Step 05 弹出对话框，选择“接受默认边”，再次弹出对话框后使用鼠标单击选择直径 14 mm 圆柱的外表面，作为键槽放置的“水平参考”，如图 12-16 所示。

Step 06 单击“确定”按钮，弹出对话框，根据图纸要求设置矩形键槽参数，长度“10 mm”、宽度“5 mm”、深度“3 mm”，如图 12-17 所示。

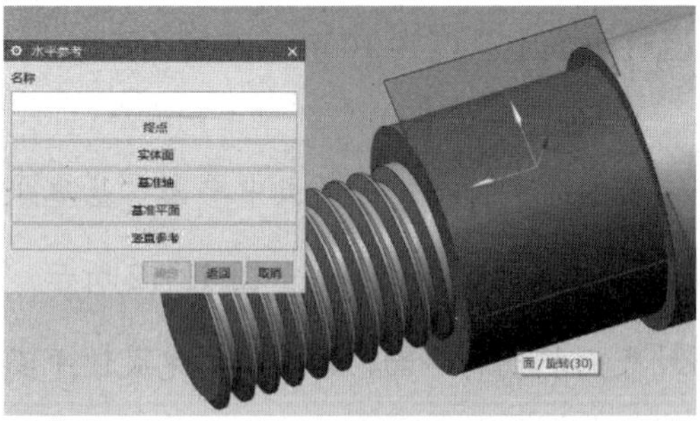

图 12-16　选择水平参考

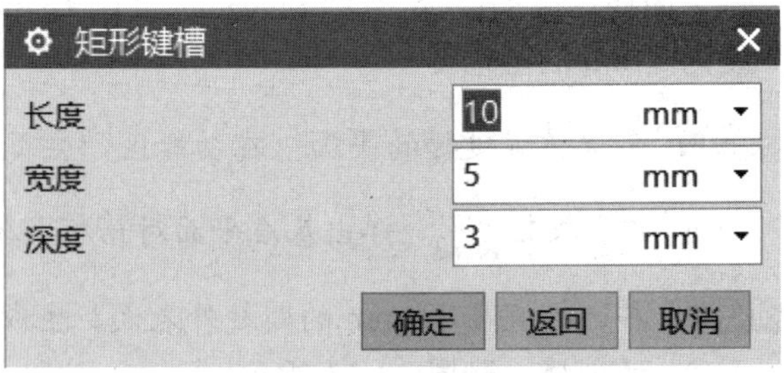

图 12-17　设置键槽参数

Step 07 定位键槽。上一步骤设置完键槽参数后单击“确定”按钮，自动进入定位键槽对话框，如图 12-18 所示。

Step08 在定位对话框中，鼠标单击“水平”定位按钮，按序先选择直径 14 mm 圆柱边再选择键槽的圆弧边且均选择相切点设置定位，根据图纸要求更改距离为 1 mm 单击确定完成定位，完成键槽创建，如图 12-19 和图 12-20 所示。

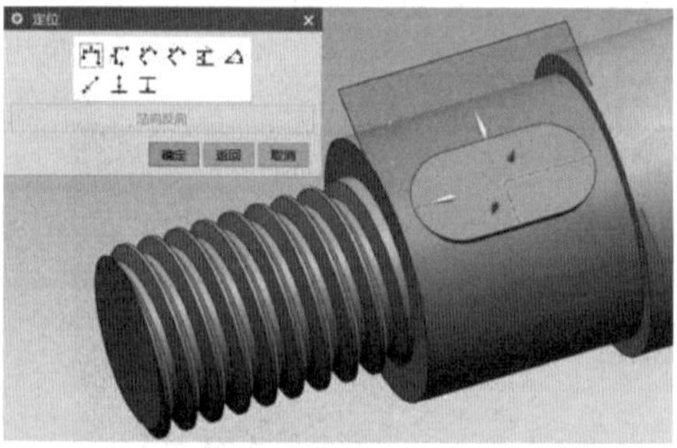

图 12-18　单击“水平”按钮

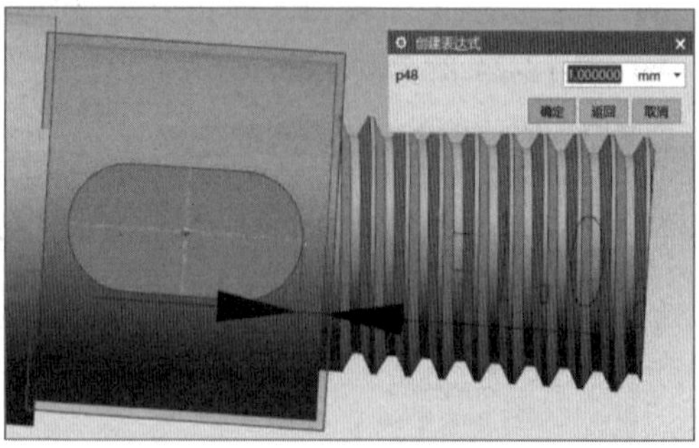

图 12-19　定位键槽

图 12-20　完成键槽创建

12.1.4　绘制主动齿轮轴齿轮部分

下面通过 UG 当中的齿轮建模工具，创建齿轮轴上模数为 3 mm、齿数为 9、齿宽为 26 mm、压力角为 20 度的齿轮。

Step01 创建齿轮。在功能区“主页”选项卡的“齿轮建模”选项板中单击“柱齿轮建模”按钮弹出齿轮建模对话框并选择“创建齿轮”，如图 12-21 所示。

Step02 单击“确定”按钮，弹出“渐开线圆柱齿轮类型”对话框，依次选择“直齿轮”“外啮合齿轮”“加工”，如图 12-22 所示。

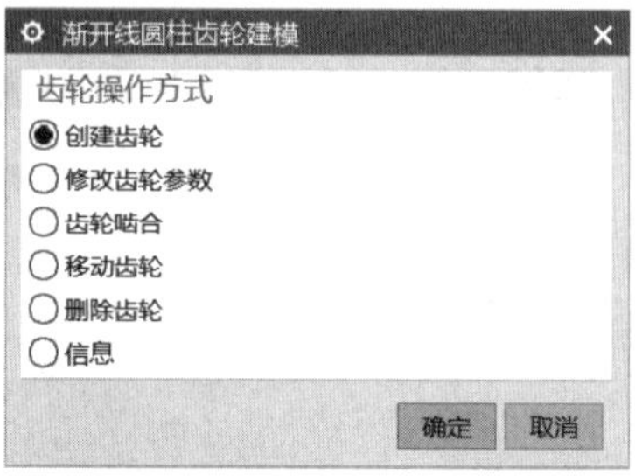

图 12-21　选择“创建齿轮”

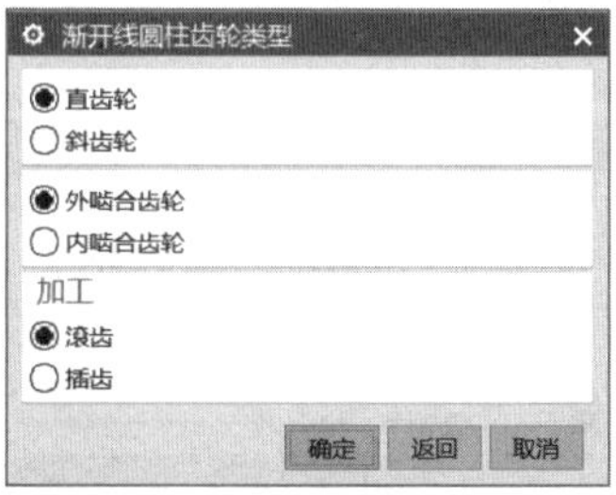

图 12-22　选择齿轮类型

Step03 单击“确定”按钮，弹出“渐开线圆柱齿轮参数”对话框，单击选择标准齿轮设置齿轮名称，根据图纸要求设置“模数”为 3 mm、“牙数”为 9、“齿宽”为 26 mm、“压力角”为 20 度，如图 12-23 所示。

Step04 单击“确定”按钮，弹出“矢量”对话框选择圆柱外表面，单击“确定”按钮，如图 12-24 所示。

图 12-23　设置齿轮参数

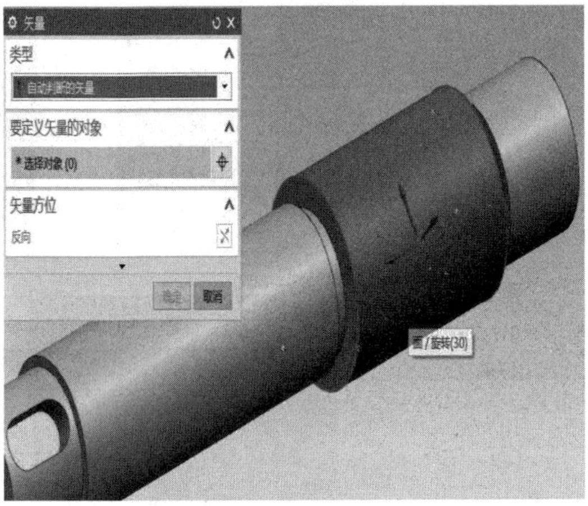

图 12-24　设置“矢量”

Step05 弹出“点”对话框，选择圆柱端面的圆心，单击鼠标左键完成齿轮创建，如图 12-25 和图 12-26 所示。

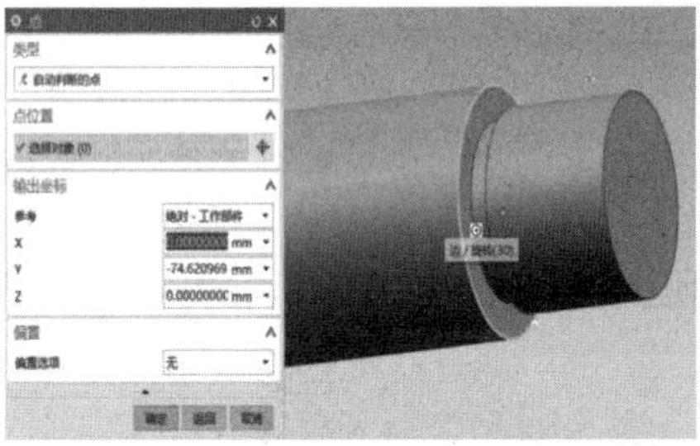

图 12-25　设置“点”

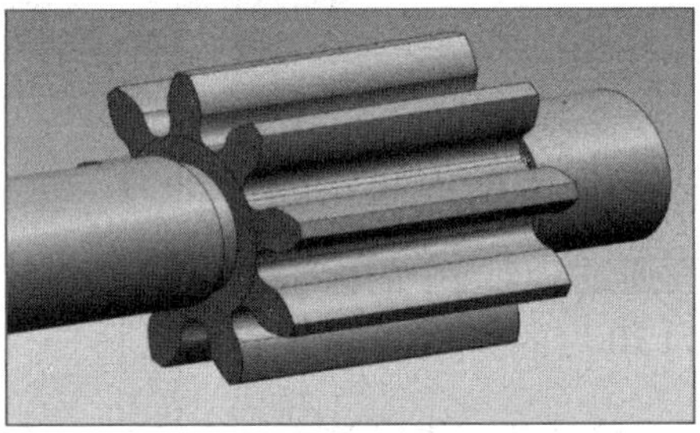

图 12-26　完成齿轮创建

Step06 将齿轮与阶梯轴两个实体合并为一个实体。在功能区“主页”选项卡的“特征”选项板中单击“合并”按钮，如图 12-27 所示。

Step07 弹出“合并”对话框，如图 12-28 所示。

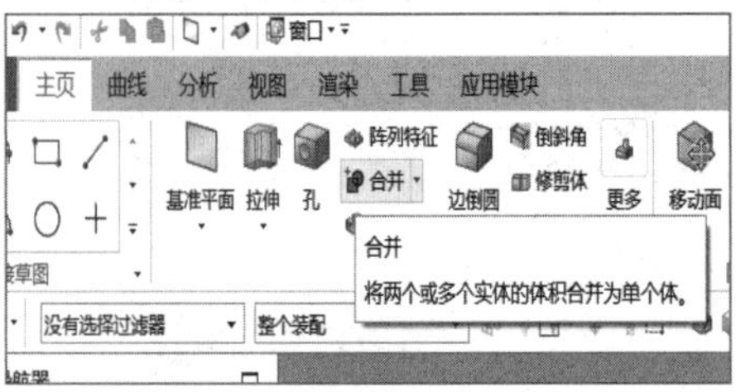

图 12-27　单击“合并”按钮

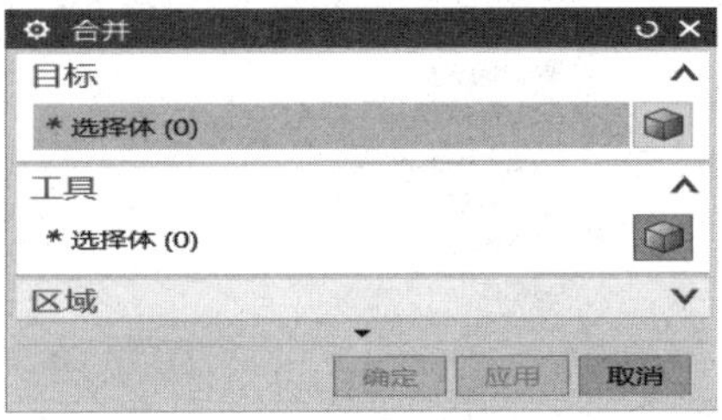

图 12-28　“合并”对话框

Step08 在绘图区中先选择刚刚创建好的齿轮，如图 12-29 所示。

Step09 再在绘图区选择之前创建好的阶梯轴，如图 12-30 所示。

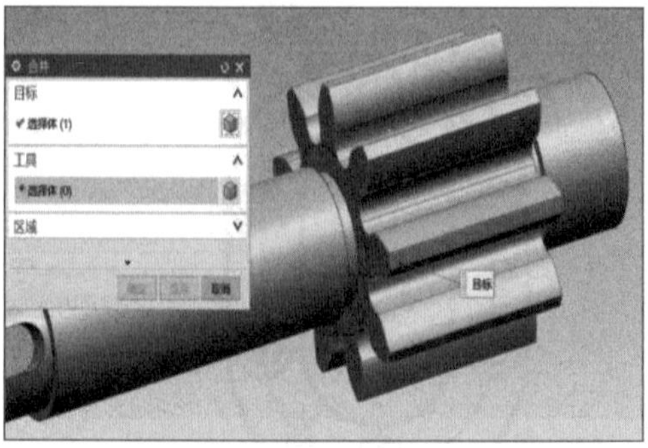

图 12-29　选择齿轮

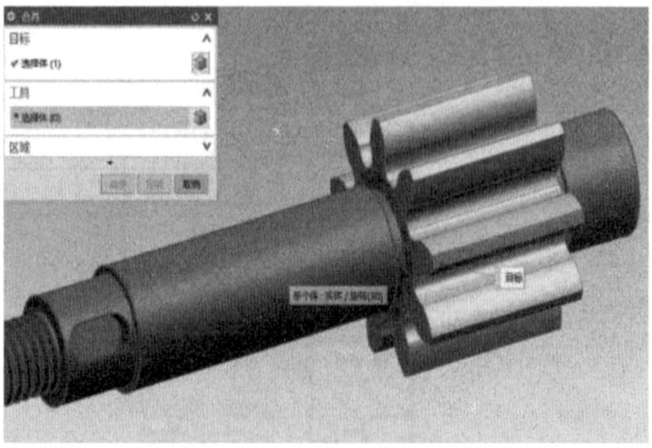

图 12-30　选择阶梯轴

Step10 单击“确定”按钮完成合并操作。

Step11 完成主动齿轮轴建模，隐藏草图、基准坐标系，如图 12-31 所示。

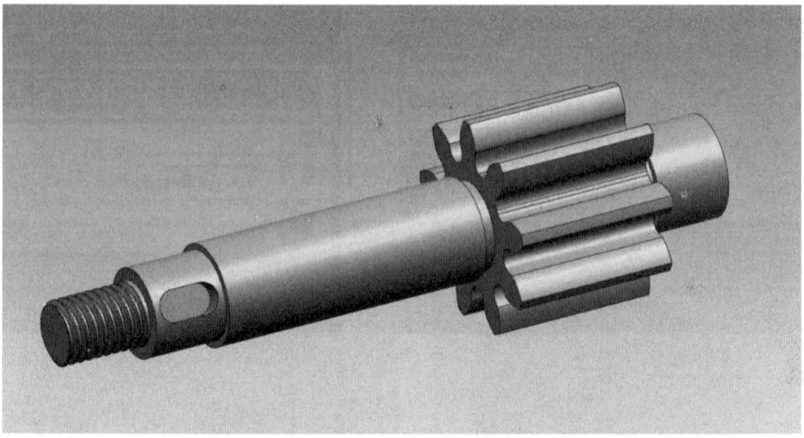

图 12-31　创建基准平面

任务 2　轮、盘类零件：制作泵盖

在机械中，轮盘类零件应用极为广泛，例如齿轮、带轮、法兰盘、泵盖等。它们的结构一般由孔、外圆、端面、沟槽等组成。该类零件通常要求有较高的尺寸精度、形状精度和表面粗糙度，其中又以孔的精度要求更高一些。通常情况下，这类零件的建模主要应用圆柱、管道、拉伸和扫掠等操作功能。

本实例主要制作的是如图 12-32 所示的泵盖零件。该泵盖零件主要是通过绘制草图、拉伸、孔、求和、等操作来完成的。

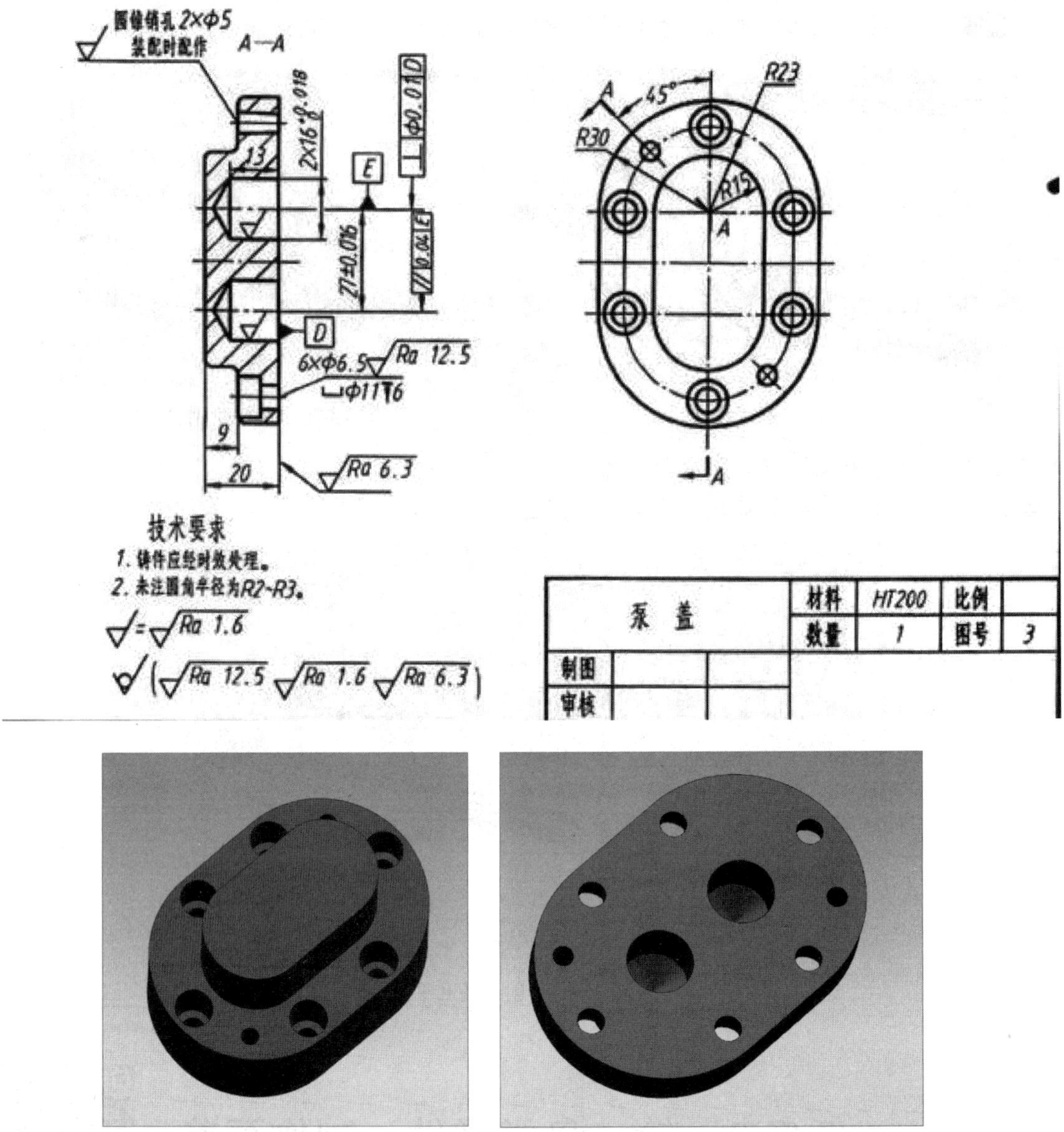

图 12-32 泵盖

12.2.1 绘制泵盖的基本模型

下面主要通过“XC-YC 平面”“轮廓”“拉伸”等命令绘制管件的基本模型。

Step 01 执行“文件” | “新建”命令，弹出“新建”对话框，设置文件名和保存路径，单击“确定”按钮，如图 12-33 所示。

Step 02 创建草图。新建空白项目文件后，在功能区“主页”选项卡的“直接草图”选项板中单击“草图”按钮，在弹出的对话框中依次在草图类型选项卡中选择“在平面上”，在草图方向选项卡参考选项中选择“水平”，最后在绘图区选择基准坐标系的“X-Y”平面，单击确定完成草图创建，如图 12-34 所示。

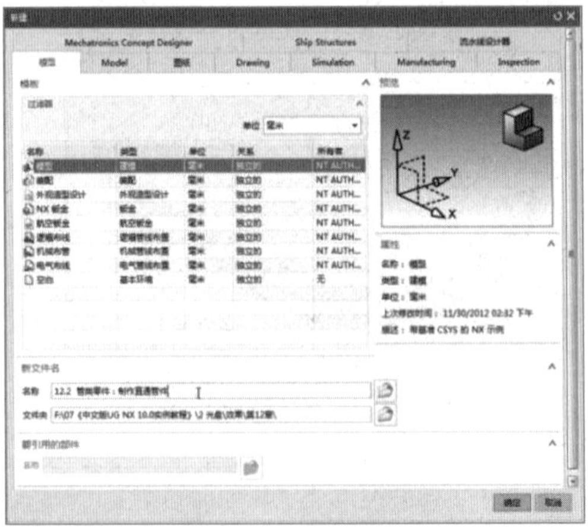

图 12-33　“新建”对话框

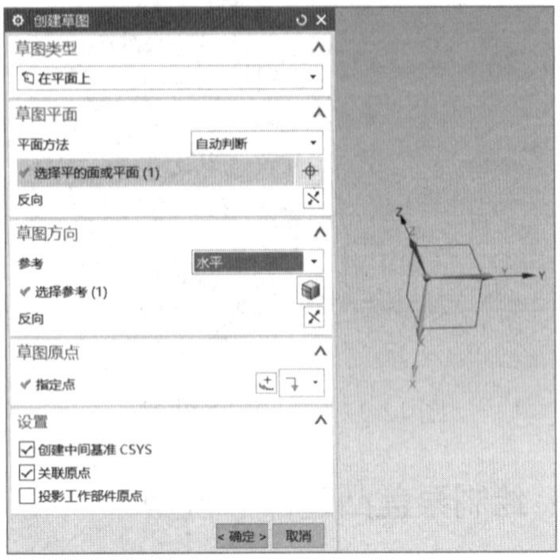

图 12-34　“创建草图”

Step03 进入草图环境后，绘制并完全约束，图 12-35 中的草图。首先使用“直接草图”选项板中的“轮廓”命令画出大致形状，再利用“快速尺寸”与“几何约束”命令确定尺寸与位置关系。

Step04 单击“完成草图”按钮，退出草图环境。

Step05 拉伸泵盖基本模型。在功能区“主页”选项卡的“特征”选项板中单击“拉伸”按钮，弹出拉伸对话框，如图 12-36 所示。

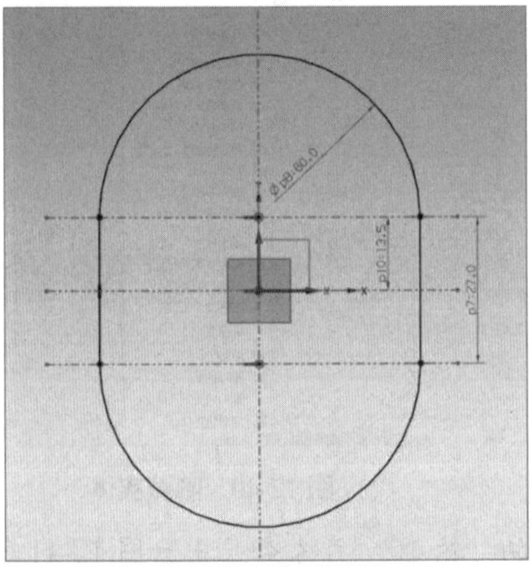

图 12-35　绘制草图

图 12-36　拉伸对话框

Step06 首先选择刚刚绘画完成的截面曲线，再选择 ZC 轴设置拉伸方向，最后根据图纸尺寸设置拉伸结束距离为 11 mm，如图 12-37 所示。

Step 07 单击“确定”按钮，完成泵盖基本模型的创建，如图 12-38 所示。

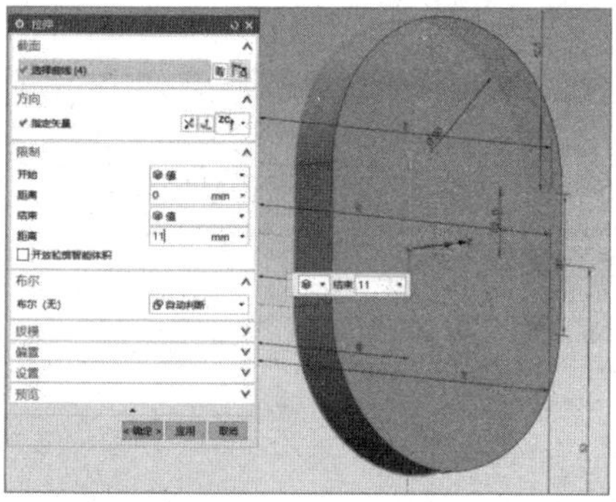

图 12-37　拉伸截面曲线

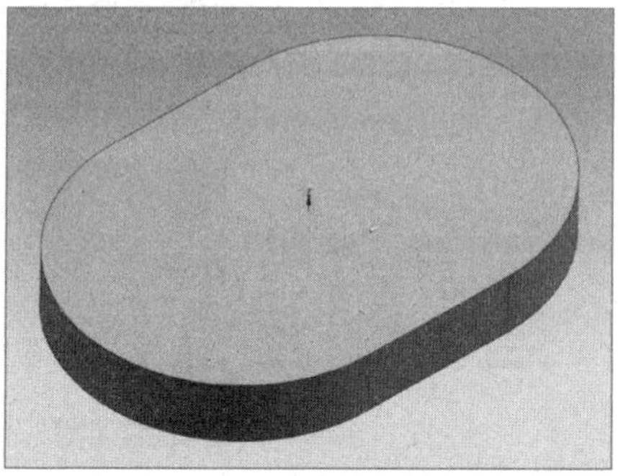

图 12-38　完成基本建模

12.2.2　绘制泵盖凸起部分模型

Step 01 创建草图。在功能区“主页”选项卡的“直接草图”选项板中单击“草图”按钮，在弹出的对话框中依次在草图类型选项卡中选择“在平面上”，在草图方向选项卡参考选项中选择“水平”，最后在绘图区选择刚创建好实体的上表面，单击“确定”按钮完成草图创建，如图 12-39 所示。

Step 02 隐藏底部实体。在绘图区左侧找到“部件导航器”鼠标左键选择“拉伸操作”后再使用单击鼠标右键，下拉菜单中选择“隐藏”选项，完成实体隐藏，方便后续草图绘制，如图 12-40 所示。

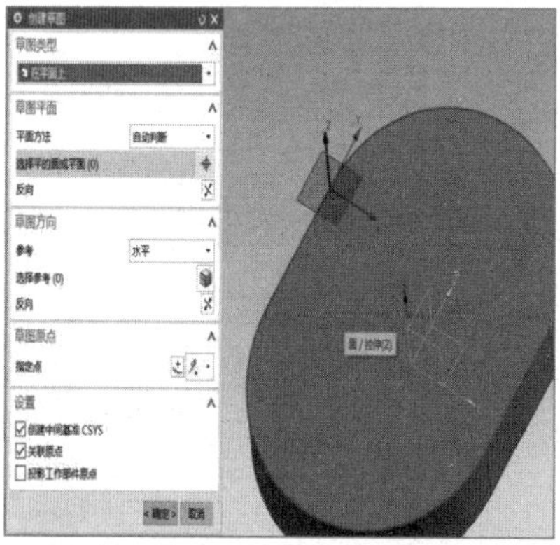

图 12-39　创建草图

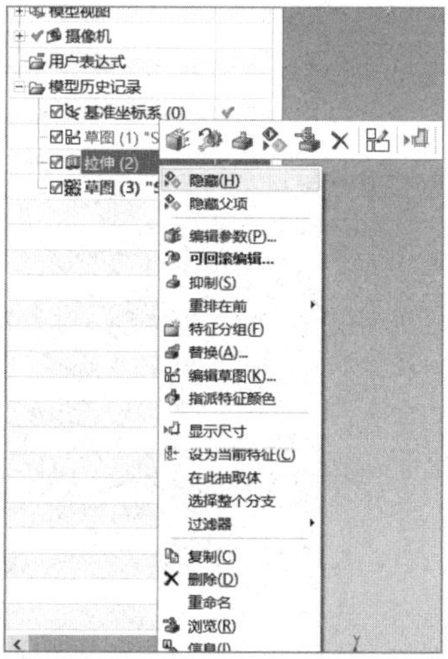

图 12-40　隐藏实体

Step 03 绘制草图。使用“直接草图”选项板中的“轮廓”命令画出如图 12-41 所示的大致形状，再利用“快速尺寸”与“几何约束”命令，确定尺寸与位置关系。

注意：该步骤的草图，是在前述操作创建完成的实体上表面上进行绘制的，并不是在同一平面，如图 12-42 所示。

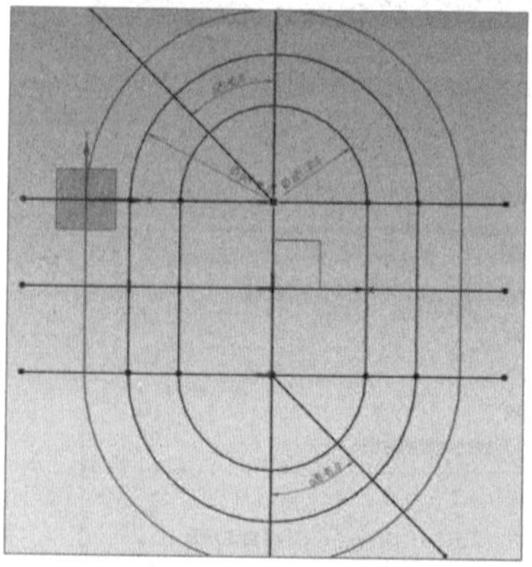

图 12-41　绘制草图

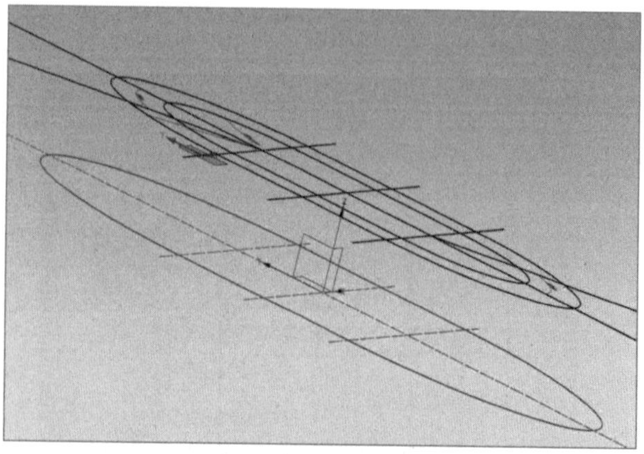

图 12-42　注意草图位置

Step 04 将部分绘制完成的曲线转为参考。使用鼠标“左键”依次选择半径为 23 mm 圆弧连接的所有曲线，如图 12-43 所示。

Step 05 鼠标放置在所选中的任意一条曲线上，单击“右键”弹出菜单，在菜单中使用鼠标“左键”单击“转换为参考”按钮，如图 12-44 所示。

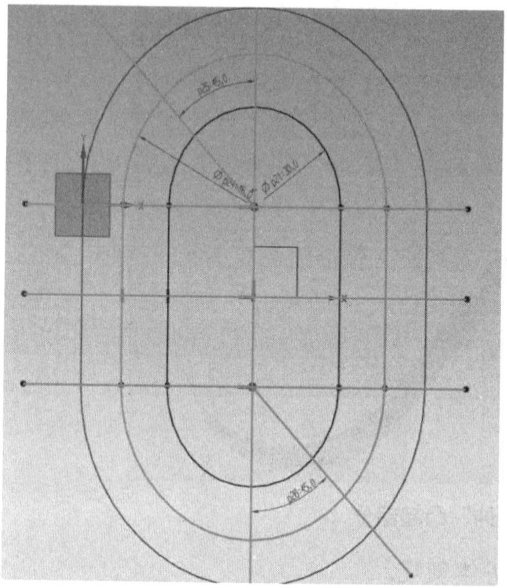

图 12-43　选择曲线

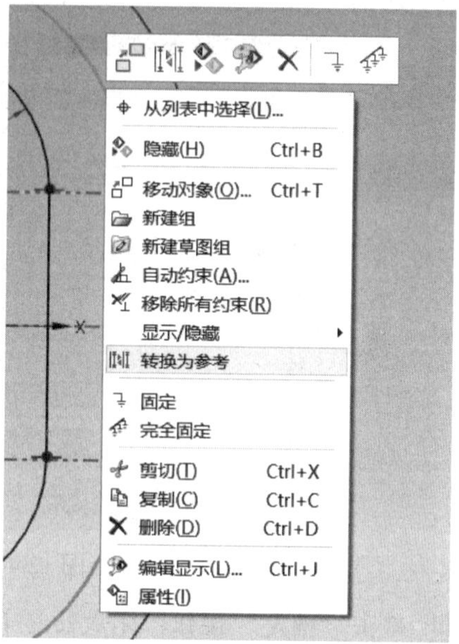

图 12-44　选择“转换为参考”

Step 06 操作完成后曲线由实线变为双点划线，如图 12-45 所示。

Step 07 单击“完成草图”按钮，退出草图环境。

Step 08 拉伸泵盖凸起部分。在功能区“主页”选项卡的“特征”选项板中单击“拉伸”按钮，弹出拉伸对话框。

Step 09 在“截面”选项板中选择刚刚绘画完成的截面曲线，在“方向”选项板中选择 Z-C 轴作为拉伸方向，最后根据图纸尺寸在“限制”选项板中设置拉伸结束距离为 9 mm，如图 12-46 和图 12-47 所示。

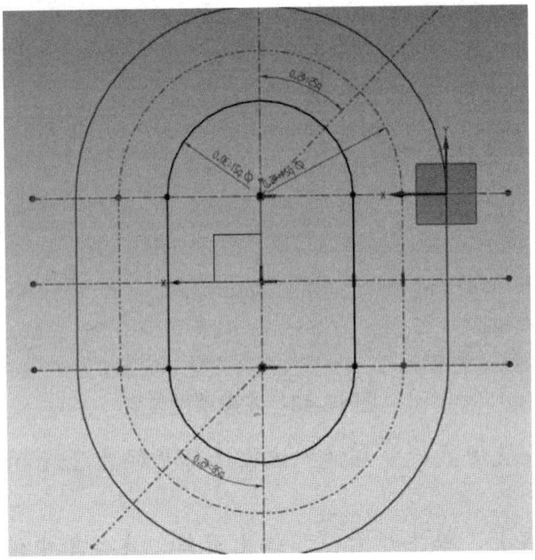

图 12-45　双点划线

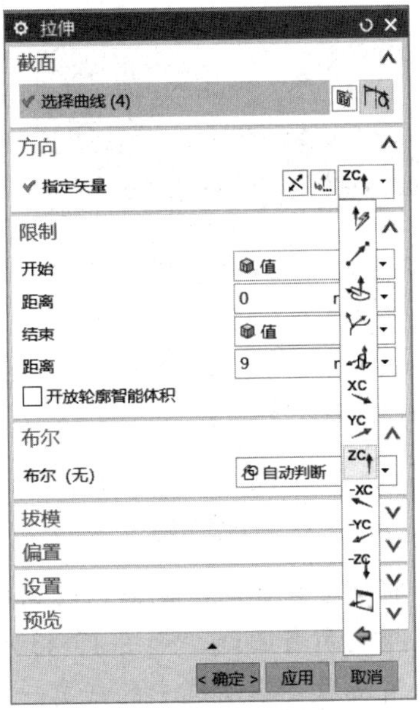

图 12-46　拉伸对话框

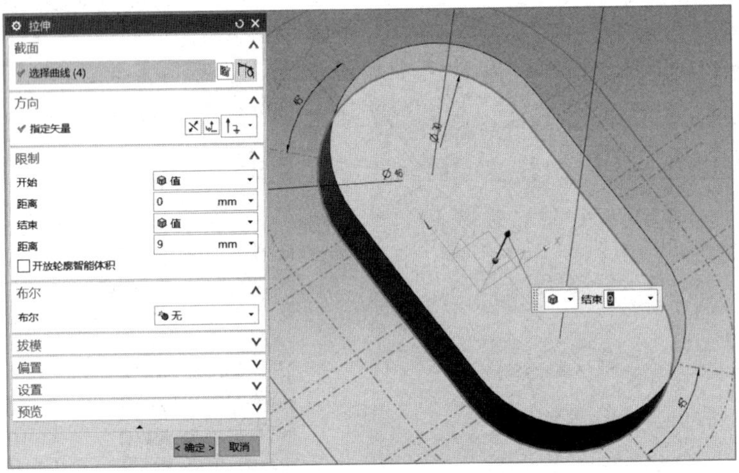

图 12-47　“拉伸”凸起部分

Step 10 单击“确定”按钮，完成凸起部分的实体创建。

Step 11 在左侧“部件导航器”中找到之前隐藏的拉伸操作，单击鼠标“右键”弹出下拉菜单，鼠标“左键”选择第一项“显示”用来重新显示拉伸出来的实体，如图 12-48 所示。

Step 12 合并求和操作，在功能区“主页”选项卡的“特征”选项板中单击“合并”按钮 合并，弹出“合并”操作对话框，依次先选择凸起部分，再选择基本模型部分，单击“确定”按钮完成两个实体的求和操作，如图 12-49 所示。

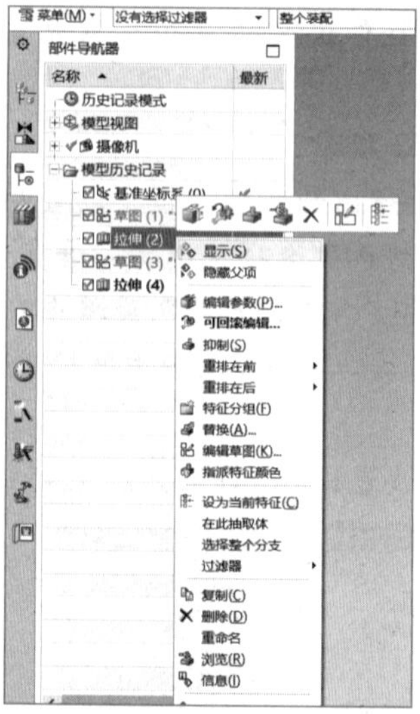

图 12-48　“显示”实体

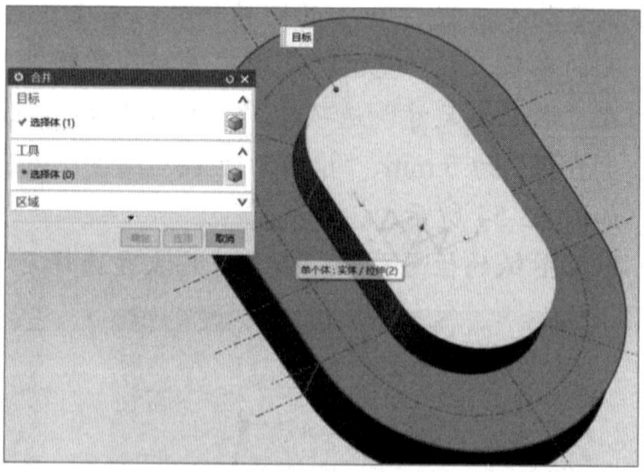

图 12-49　“合并”操作

12.2.3　创建孔

下面通过“孔”命令，完善泵盖模型。

Step 01 创建 6 个沉头孔。在功能区“主页”选项卡的“特征”选项板中单击“孔”按钮，弹出“孔”操作对话框，如图 12-50 所示。

Step 02 在孔对话框中根据图纸要求设置孔的基本参数。在“类型”选项中选择“常规孔”，在“方向”选项中选择“垂直于面”，在“形状和尺寸”选项中的“形状”菜单选择“沉头孔”，在“尺寸”菜单中分别更改“沉头直径”为 11 mm、“沉头深度”为 6 mm、“直径”为 6.5 mm、“深度”为 25 mm，在“布尔”选项中选择“求差”，如图 12-51 所示。

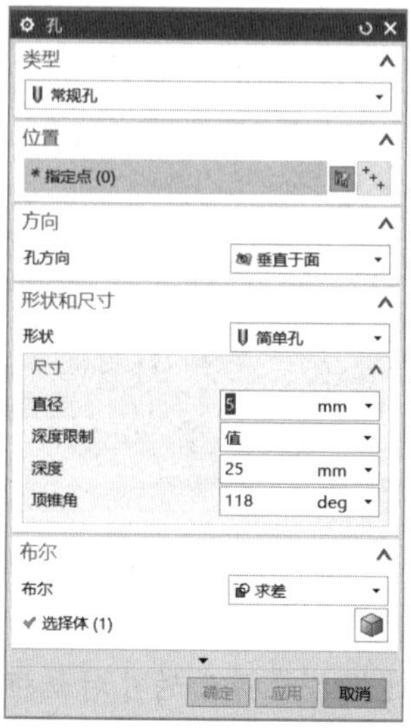

图 12-50　“孔”对话框

图 12-51　设置孔参数

Step 03 设置好孔的参数后，根据图纸的位置要求，在绘图区依次选择 6 个交点放置孔，如图 12-52 所示。

Step 04 单击“确定”按钮，完成沉头孔的创建，如图 12-53 所示。

Step 05 创建两个直径 5 mm 的圆锥销孔，重复上述操作在弹出的孔对话框中设置两个圆锥孔的参数。在“类型”选项中选择“常规孔”，在“方向”选项中选择“垂直于面”，在“形状和尺寸”选项中的“形状”菜单选择“锥孔”，在“尺寸”菜单中分别更改“直径”为 5 mm、“锥角”为 1、“深度”为 25 mm，在“布尔”选项中选择“求差”，如图 12-54 所示。

Step 06 根据图纸的位置要求，在绘图区依次选择 2 个交点放置锥孔，效果如图 12-55 所示。

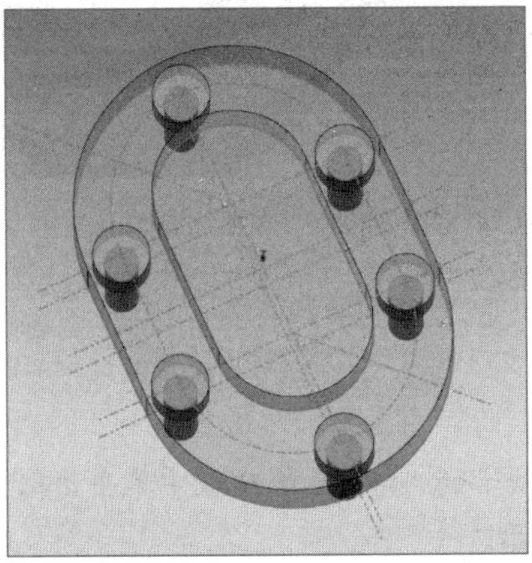

图 12-52　放置沉头孔

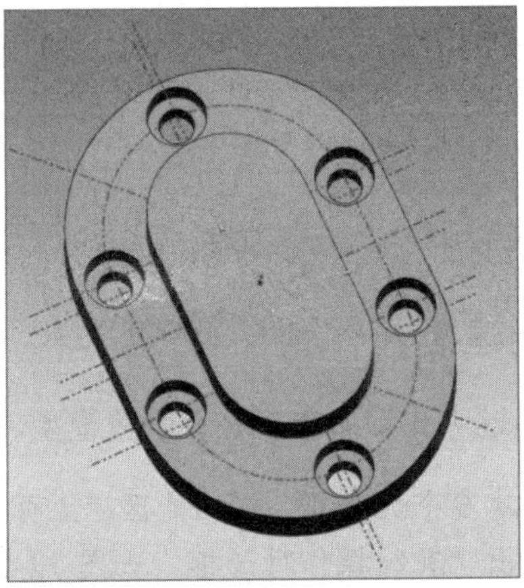

图 12-53　完成沉头孔创建

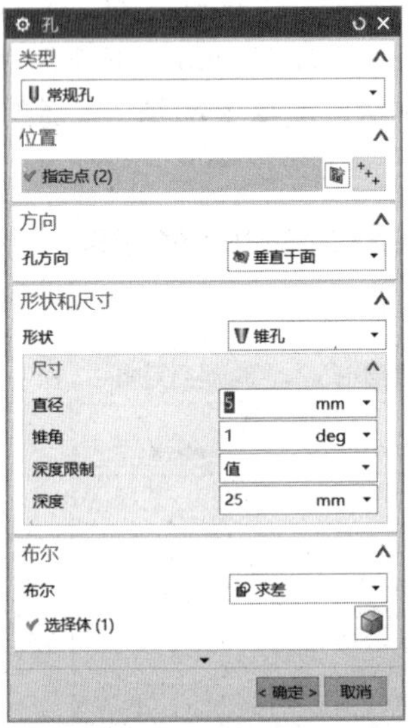

图 12-54　设置锥孔参数

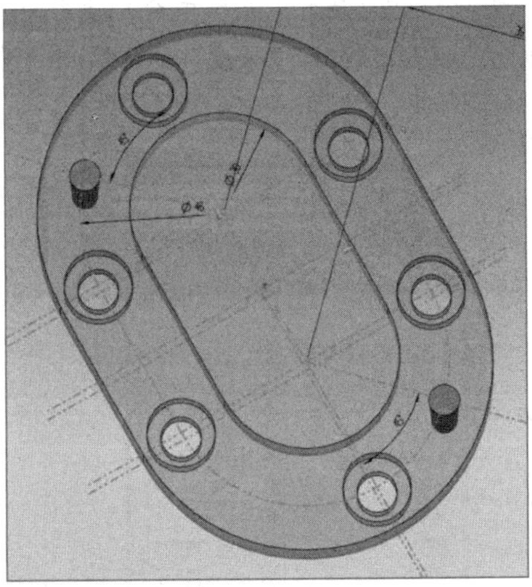

图 12-55　放置锥孔

Step 07 单击“确定”按钮，完成锥孔创建，如图 12-56 所示。

Step 08 创建两个直径为 16 mm 的简单孔，重复上述操作在弹出的孔对话框中设置两个简单孔的参数。在“类型”选项中选择“常规孔”，在“方向”选项中选择“垂直于面”，在“形状和尺寸”选项中的“形状”菜单选择“简单孔”，在“尺寸”菜单中分别更改“直径”为 16 mm、“深度”为 13 mm，在“布尔”选项中选择“求差”，如图 12-57 所示。

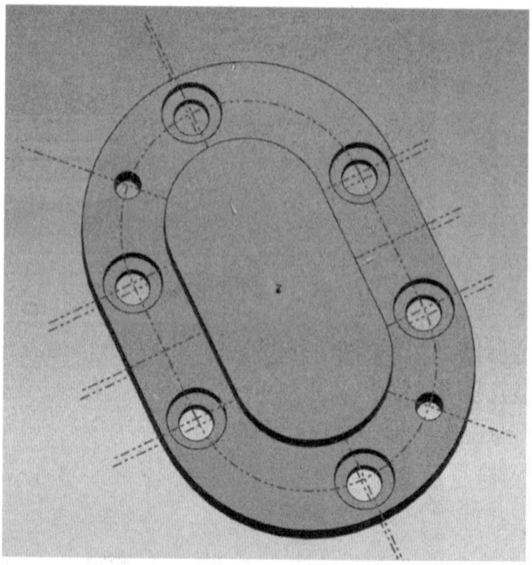

图 12-56　完成锥孔创建

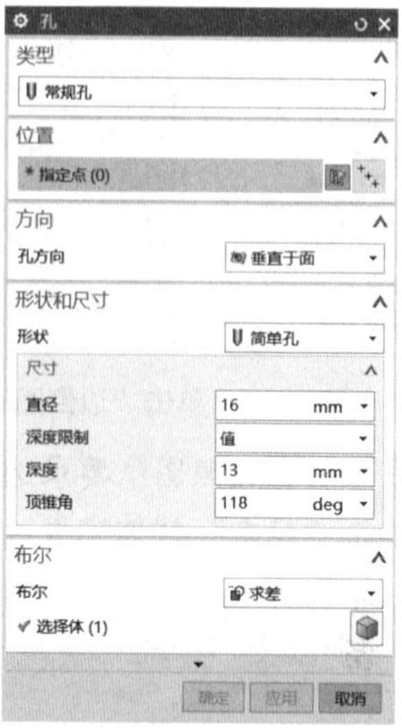

图 12-57　设置简单孔参数

Step 09 根据图纸的位置要求，在绘图区依次选择 2 个交点放置简单孔，如图 12-58 所示。

Step 10 击“确定”按钮，完成简单孔孔创建，如图 12-59 所示。

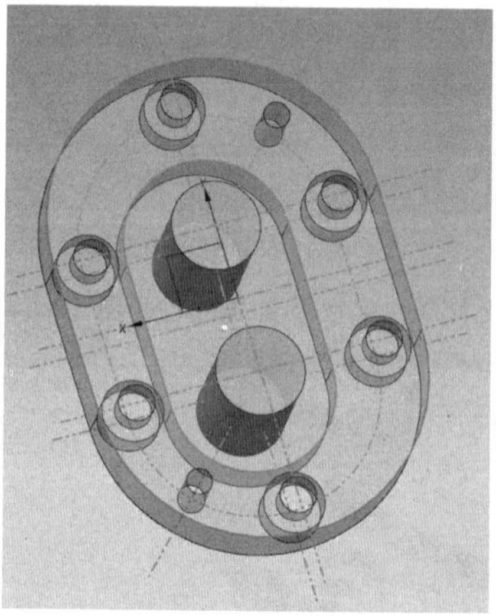

图 12-58　放置简单孔

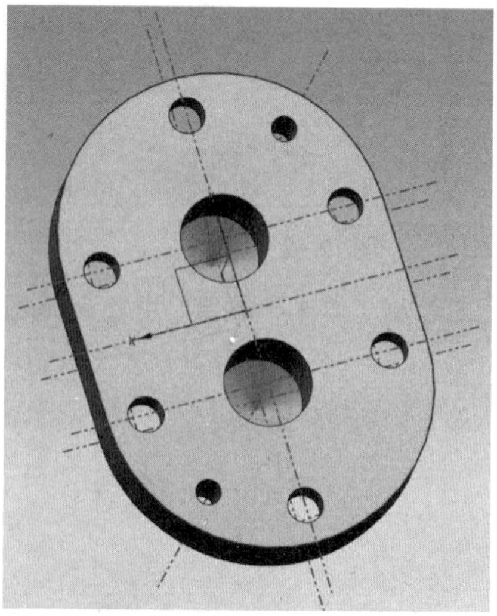

图 12-59　完成简单孔创建

12.2.4　完善细节特征处理

下面通过“边倒圆”和“倒圆角”等命令，完善泵盖模型的细节部分。

Step 01 在“主页”选项卡的“特征”选项板中单击“边倒圆”按钮，如图 12-60 所示。

Step 02 弹出“边倒圆”对话框，在“半径”选项中设置半径为 2 mm，如图 12-61 所示。

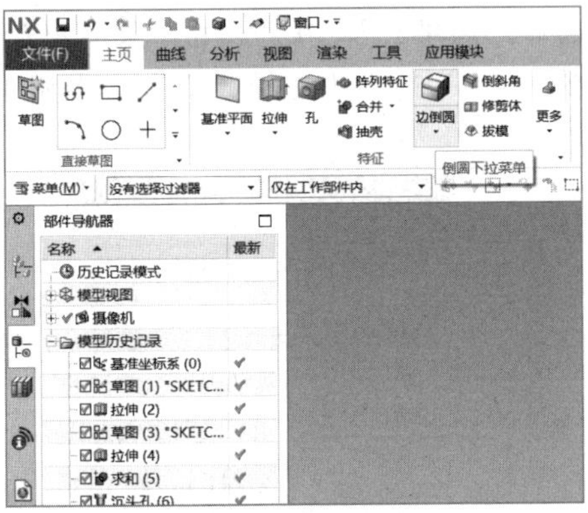

图 12-60　单击“边倒圆”按钮

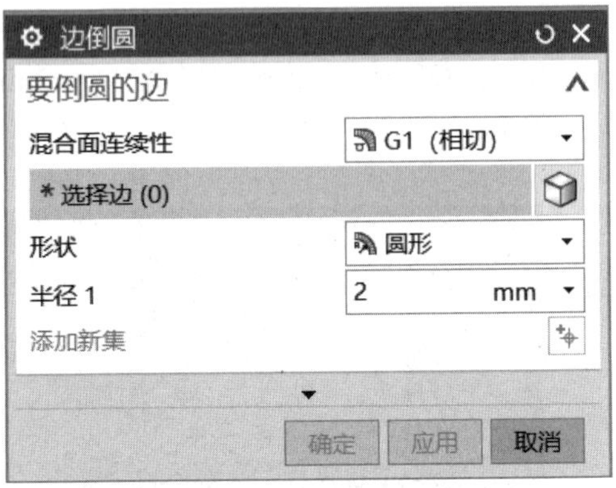

图 12-61　设置“半径”

Step03 在绘图区按照图纸要求选择各条边，如图 12-62 所示。

Step04 单击“确定”按钮完成边倒圆操作，如图 12-63 所示。

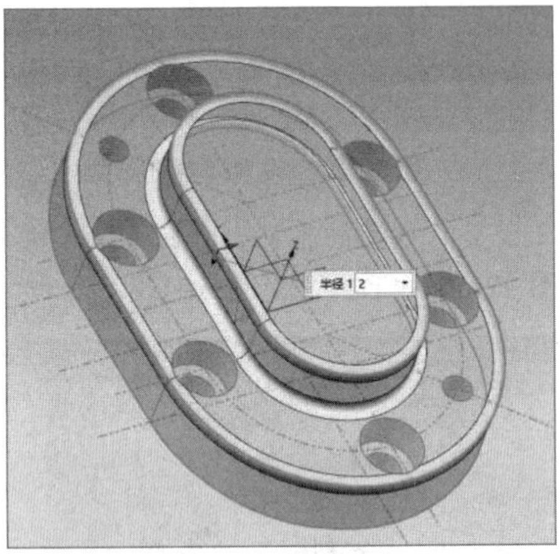

图 12-62　选择边

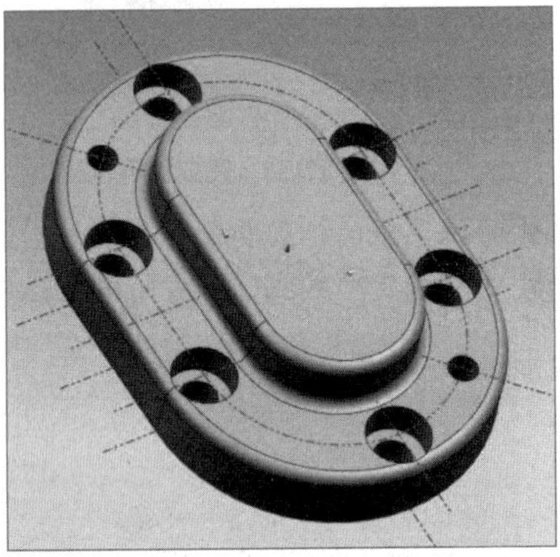

图 12-63　完成边倒圆

Step05 在右侧“部件导航器”中隐藏草图、基准坐标等，完成泵盖建模，如图 12-64 所示。

图 12-64　完成泵盖建模

任务 3　叉、架类零件：制作轴承座

本实例制作的是如图 12-65 所示的轴承座。轴承座是一种可以接受综合载荷、构造特别的一种零件，其具有构造紧凑、装置维护方便等特点。在制作中，主要通过“拉伸”“边倒圆”“孔”等命令创建模型实体。

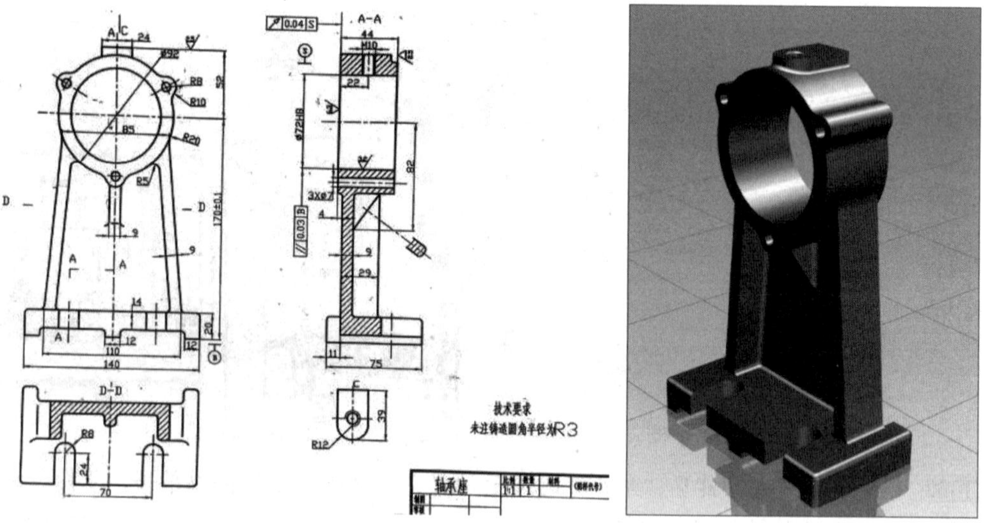

图 12-65　轴承座

12.3.1　绘制轴承座底板

下面主要通过“拉伸”“边倒圆”“轮廓”等命令，绘制轴承座的底板。

Step 01 在“主页”选项卡的“标准”选项板中单击“新建”按钮，如图 12-66 所示。

Step 02 弹出“新建”对话框，设置文件名和保存路径，如图 12-67 所示。单击“确定”按钮，即可新建一个空白的项目文件。

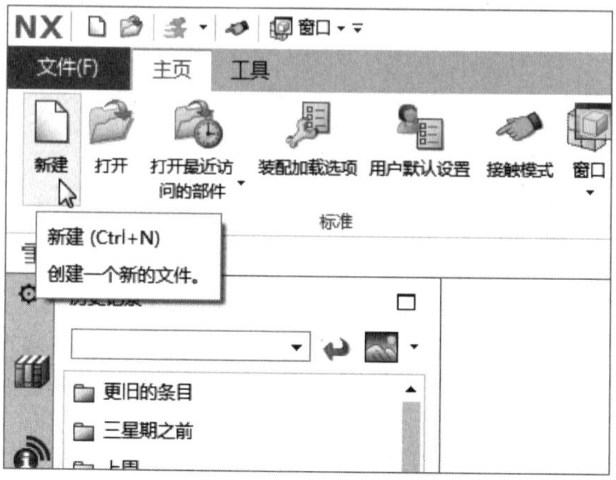

图 12-66　单击“新建”按钮

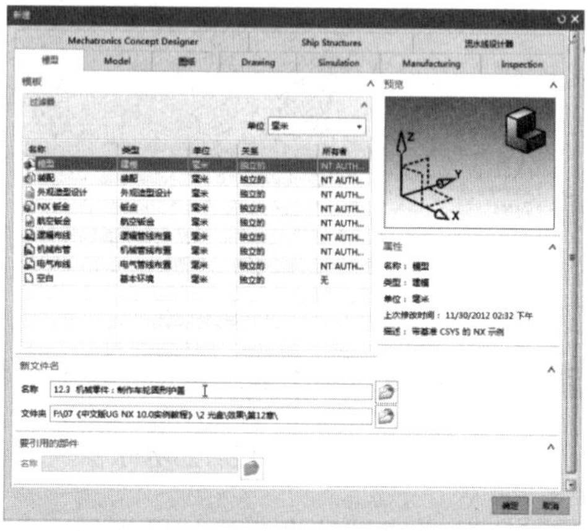

图 12-67　设置文件名和保存路径

Step 03 创建矩形底板。在“主页”选项卡的“特征”选项板中单击“块”按钮 块，弹出“块”对话框。如图 12-68 所示。

Step 04 在“块”对话框中的尺寸菜单更改长为 140 mm、宽为 75 mm、高为 20 mm，单击“确定”按钮，完成矩形底板的创建，如图 12-69 所示。

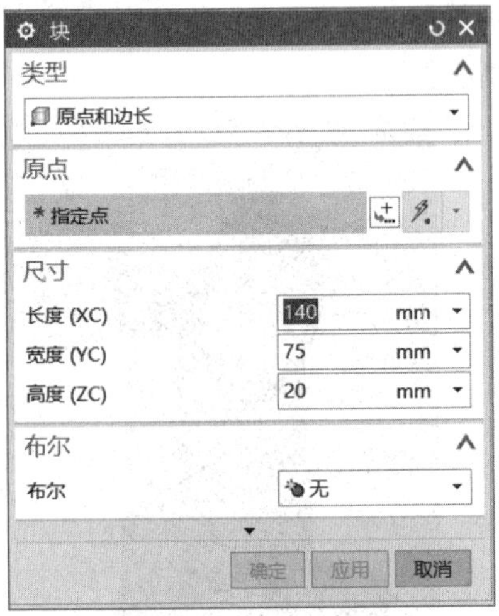

图 12-68 “块”对话框

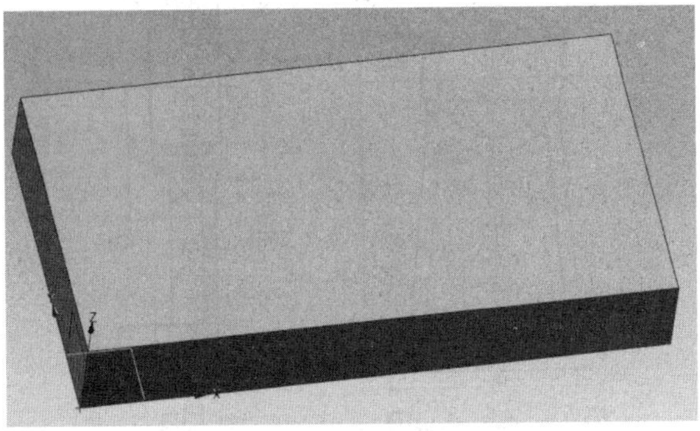

图 12-69 创建底板

Step 05 创建草图。在功能区“主页”选项卡的“直接草图”选项板中单击“草图”按钮，在弹出的对话框中依次在草图类型选项卡中选择“在平面上”，在草图方向选项卡参考选项中选择“水平”，最后在绘图区选择刚创建好实体的上表面，单击“确定”按钮完成草图创建，如图 12-70 所示。

Step 06 绘制草图。使用“直接草图”选项板中的“轮廓”命令画出如图 12-71 所示的大致形状，再利用“快速尺寸”与“几何约束”命令确定尺寸与位置关系。

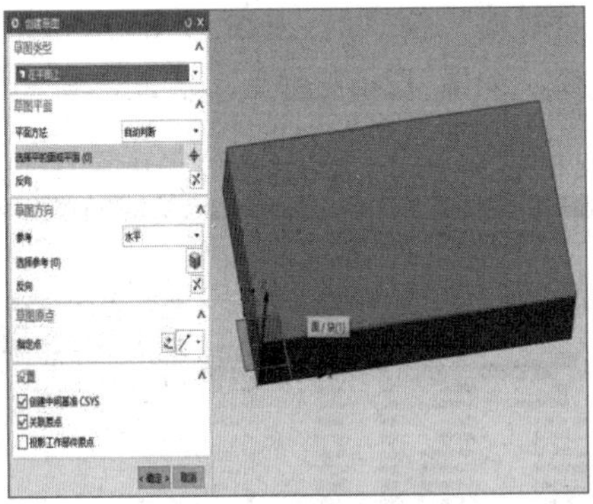

图 12-70 创建草图

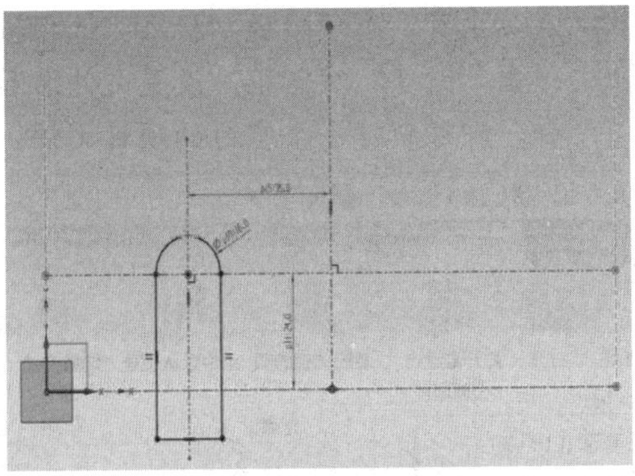

图 12-71 绘制草图

Step 07 镜像曲线。在草图环境“主页选项”卡的“直接草图”选项板中，单击“镜像曲线”按钮，如图 12-72 所示。

Step 08 执弹出“镜像曲线”对话框，如图 12-73 所示。

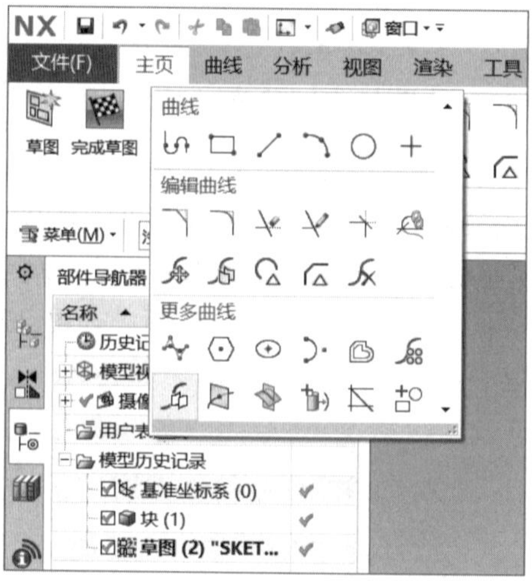

图 12-72　单击“镜像曲线”按钮

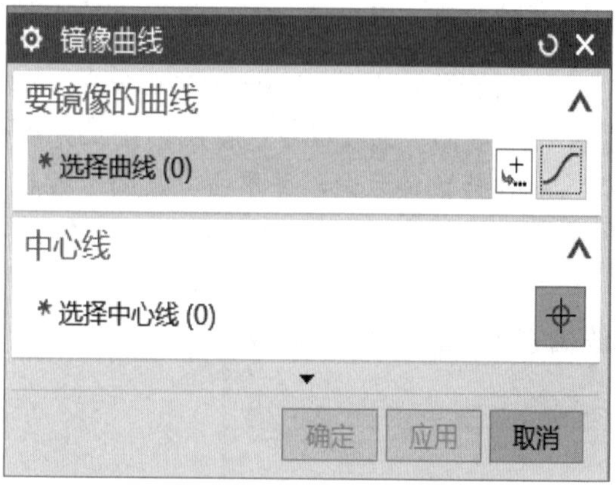

图 12-73　弹出“镜像曲线”对话框

Step09 在绘图区，先选择已绘制并完全约束好的曲线，按下鼠标“中键”再去选择中心线，最后单击“确定”按钮完成曲线镜像，如图 12-74 所示。

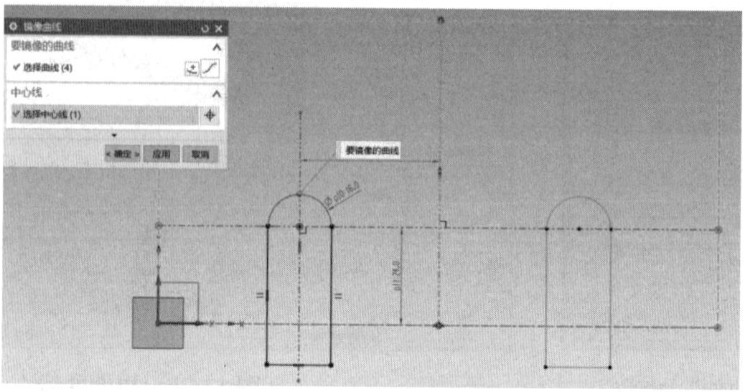

图 12-74　设置相应的参数

Step10 继续绘制草图。使用“直接草图”选项板中的“轮廓”命令，画出如图 12-75 所示的大致形状，再利用“快速尺寸”与“几何约束”命令，确定尺寸与位置关系。

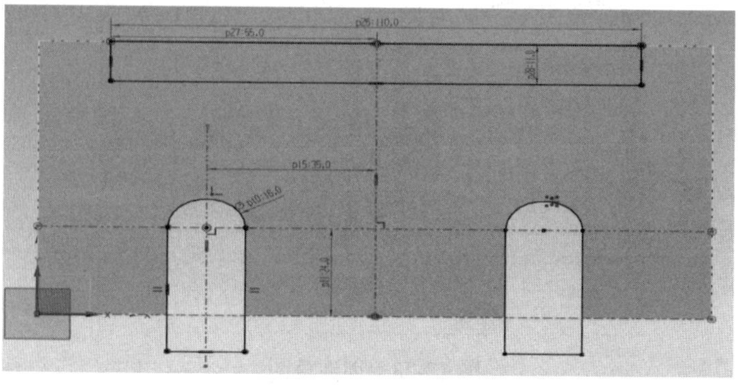

图 12-75　绘制草图曲线

Step 11 单击“完成草图”按钮，退出草图环境。

Step 12 拉伸曲线。在功能区“主页”选项卡的“特征”选项板中，单击“拉伸”按钮拉伸，弹出拉伸对话框，如图 12-76 所示。

Step 13 在“截面”选项板中选择刚刚绘画完成的截面曲线；在“方向”选项板中，选择 Z-C 轴作为拉伸方向，并单击“反向”按钮；根据图纸尺寸，在“限制”选项板中设置拉伸结束距离为 20 mm；在“布尔”选项板中，选择“求差”选项，如图 12-77 所示。

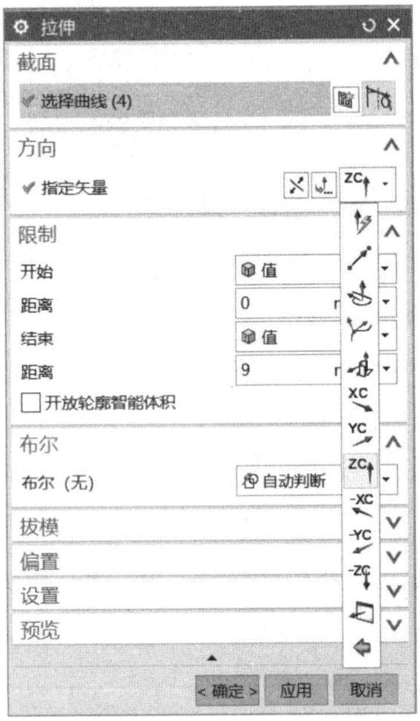

图 12-76 “拉伸”对话框

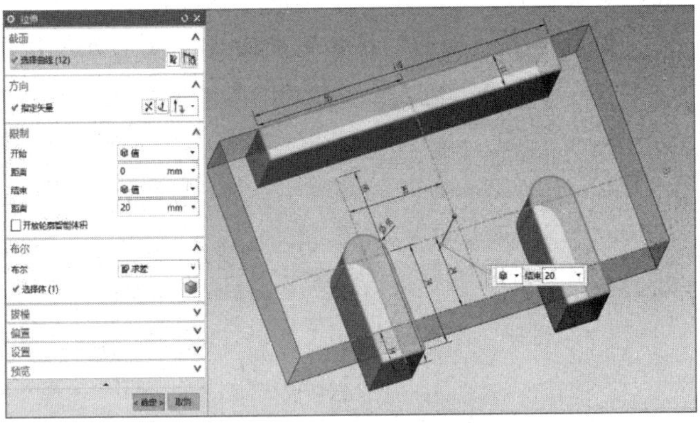

图 12-77 拉伸曲线

Step 14 再次创建草图。在功能区“主页”选项卡的“直接草图”选项板中，单击“草图”按钮草图，在弹出的对话框中依次在草图类型选项卡中选择“在平面上”，在草图方向选项卡参考选项中选择“水平”，最后选择底板前端面创建草图，如图 12-78 所示。

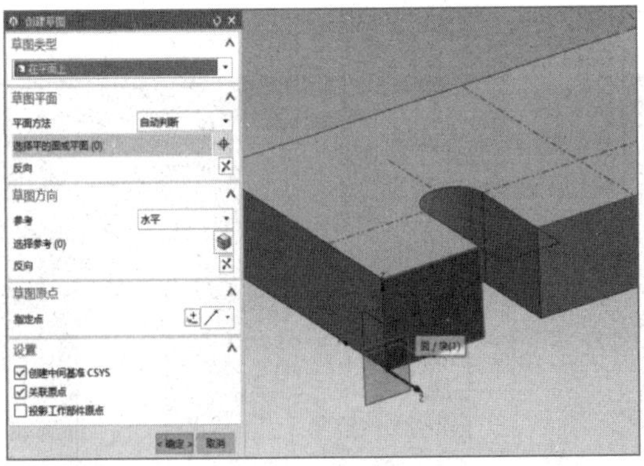

图 12-78 创建草图

Step 15 进入草图环境后，使用“直接草图”选项板中的“轮廓”命令画出如图 12-79 所示的曲线并完全约束。注意草图位置，如图 12-80 所示。

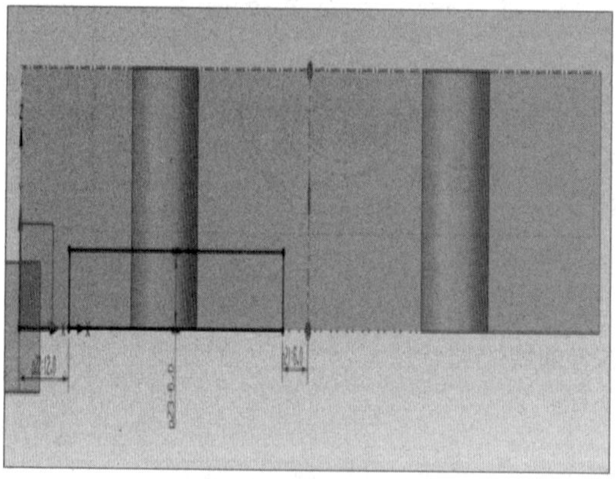

图 12-79　绘制草图

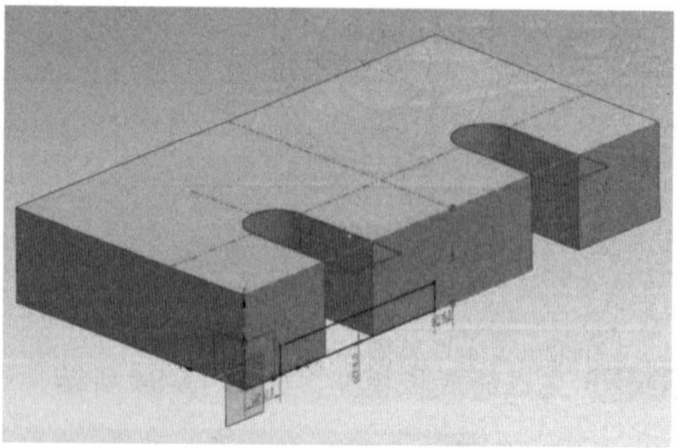

图 12-80　草图位置

Step 16 镜像曲线。与前述操作相同，在草图环境“主页选项”卡的“直接草图”选项板中单击“镜像曲线”按钮，镜像绘制完成的曲线，如图 12-81 所示。

Step 17 单击“完成草图”按钮，退出草图环境。

Step 18 拉伸曲线。在功能区“主页”选项卡的“特征”选项板中单击“拉伸”按钮，弹出拉伸对话框，如图 12-82 所示。

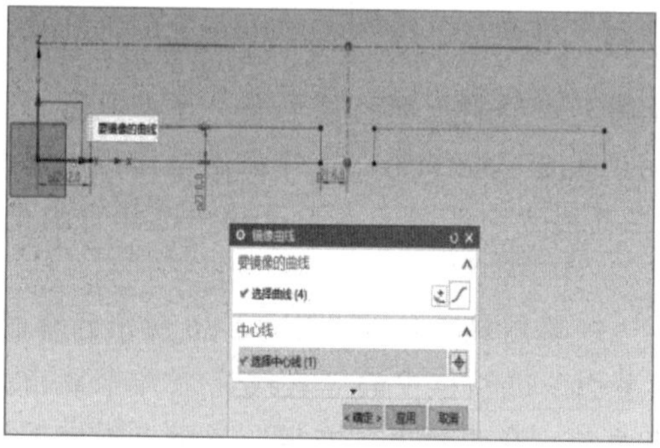

图 12-81　镜像曲线

图 12-82　拉伸对话框

Step 19 在“截面”选项板中选择刚刚绘画完成的截面曲线，在“方向”选项板中选择 Z-C 轴作为拉伸方向并单击“反向”按钮，根据图纸尺寸在“限制”选项板中设置拉伸结束距离为 75 mm，在“布尔”选项板中选择“求差”选项，如图 12-83 所示。

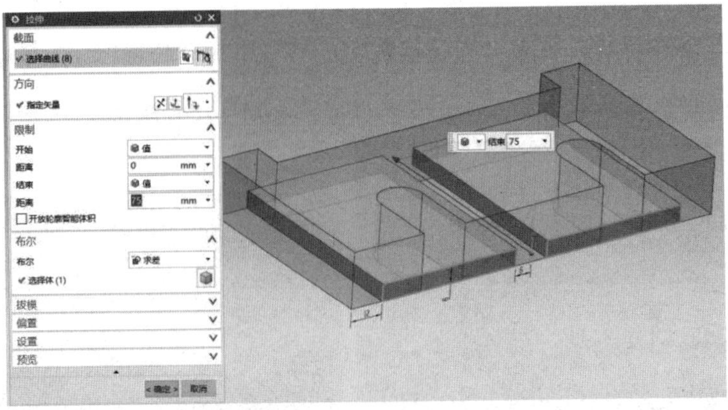

图 12-83　拉伸曲线

Step20 完成的底板模型，如图 12-84 所示。

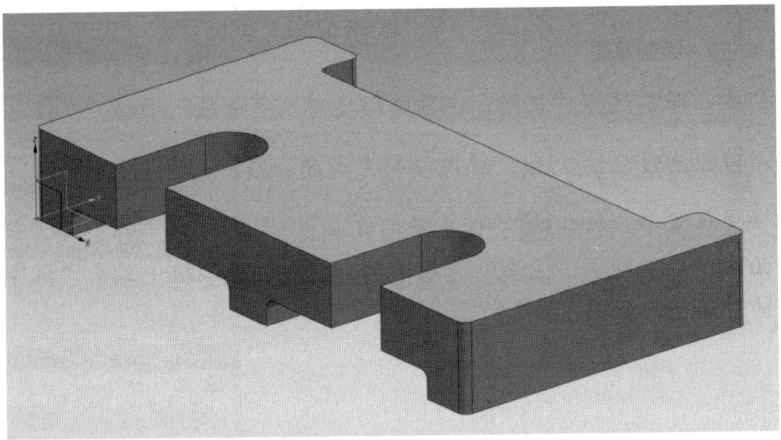

图 12-84　底板建模

12.3.2　绘制轴承座轴承套

下面主要通过“拉伸”“草图”“轮廓曲线”等命令，绘制轴承座的上部轴承套。

Step01 创建草图，在底板后面重新创建草图，以绘制上部的轴承套。在功能区“主页”选项卡的“直接草图”选项板中单击“草图”按钮，在弹出的对话框中依次在草图类型选项卡中选择“在平面上”，在草图方向选项卡参考选项中选择“水平”，如图 12-85 所示。

Step02 单击“确定”按钮完成草图创建，进入草图环境绘制如图 12-86 所示的草图。

Step03 首先绘制三条辅助线，使用“直接草图”选项板中的“直线”命令画出并完全约束曲线，再使用鼠标“左键”选中曲线，在曲线上“右键”鼠标，弹出下拉菜单选择“转换为参考”选项，完成后效果如图 12-87 所示。

Step04 使用“直接草图”选项板中的“圆”命令、快速尺寸“快速尺寸”和“几何约束”“几何约束”命令绘制如图 12-88 所示的草图。

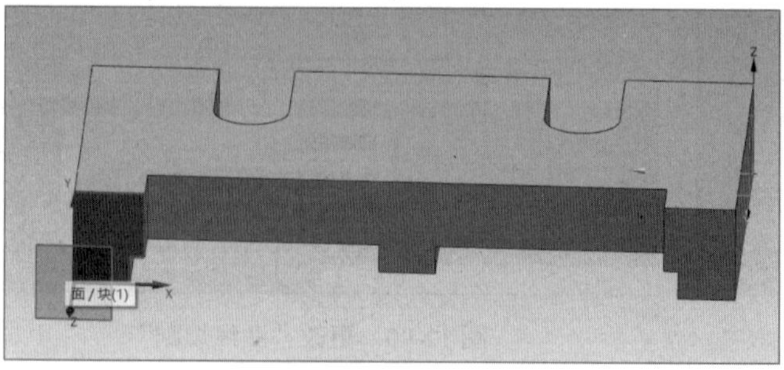

图 12-85　创建草图

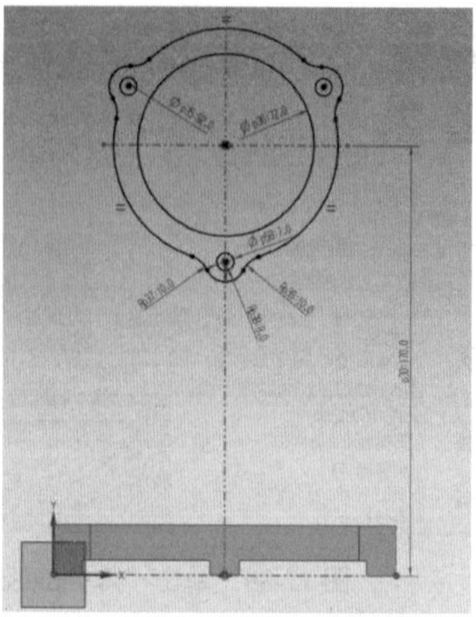

图 12-86　绘制草图

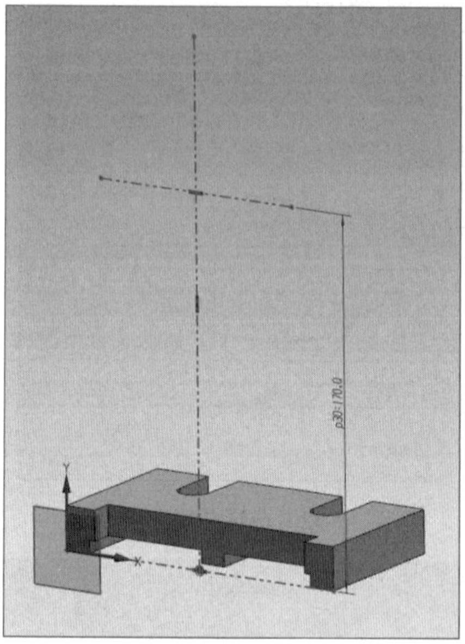

图 12-87　绘制辅助线

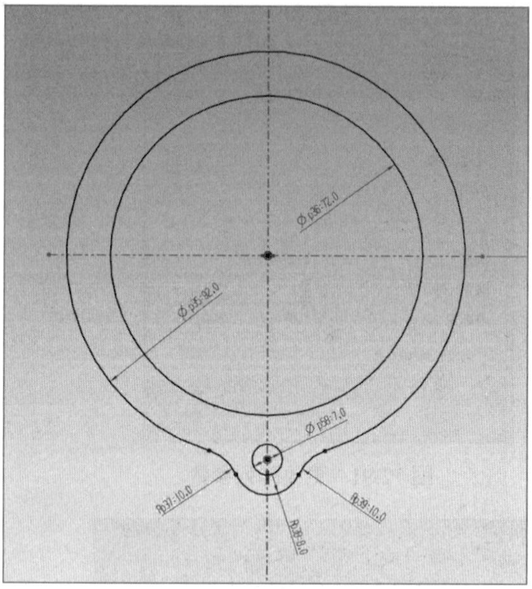

图 12-88　创建孔特征

Step 05 阵列曲线。在“直接草图”选项板中选择“阵列曲线”按钮，如图 12-89 所示。

Step 06 弹出“阵列曲线”对话框，先在绘图区上方更改“曲线规则”，如图 12-90 所示。

Step 07 在弹出的“阵列曲线”对话框中，分别在“布局”选项中选择“圆形”，在“角度方向”菜单设置“间距”为数量和节距、“数量”为 3、“节距角”为 120，如图 12-91 所示。

Step 08 依次选择绘制完成的三条圆弧曲线和直径为 7 mm 的圆，再选择直径 72 mm 圆的圆心，如图 12-92 和图 12-93 所示。

Step 09 单击“确定”按钮，完成曲线阵列，如图 12-94 所示。

Step 10 单击“完成草图”按钮，退出草图环境。

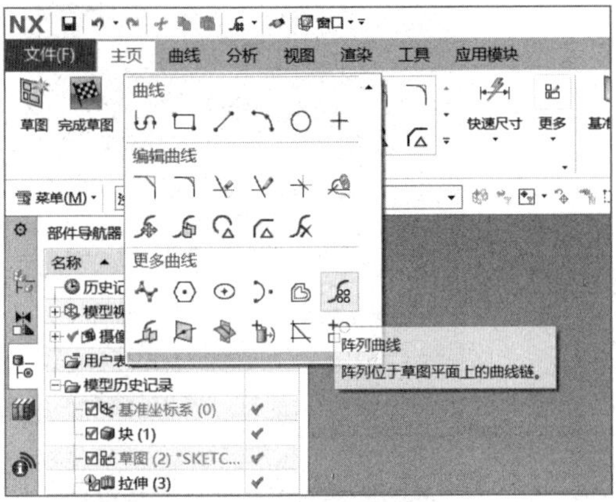

图 12-89 单击“阵列曲线”

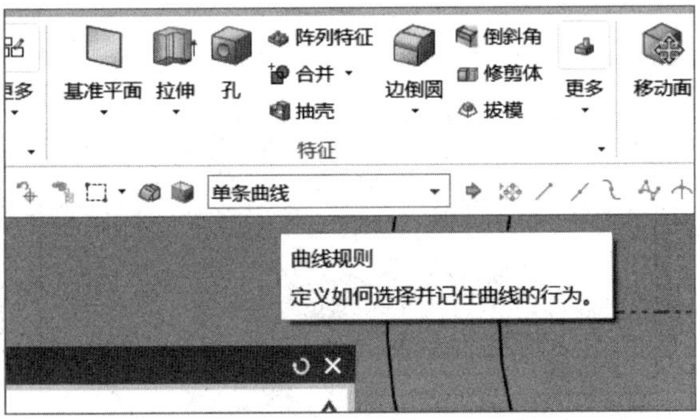

图 12-90 更改“曲线规则”

图 12-91 更改阵列参数

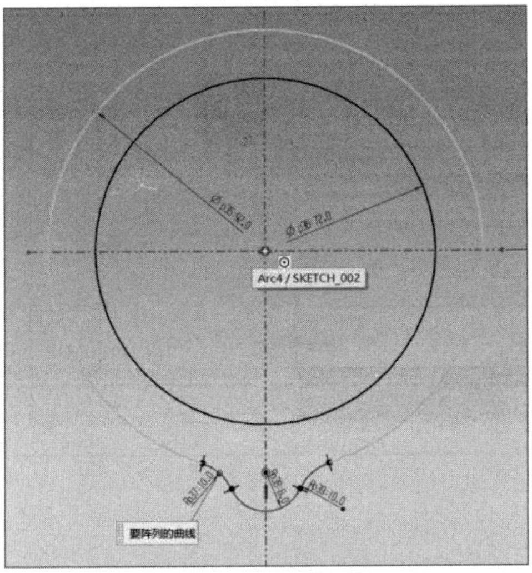

图 12-92 选择曲线和点

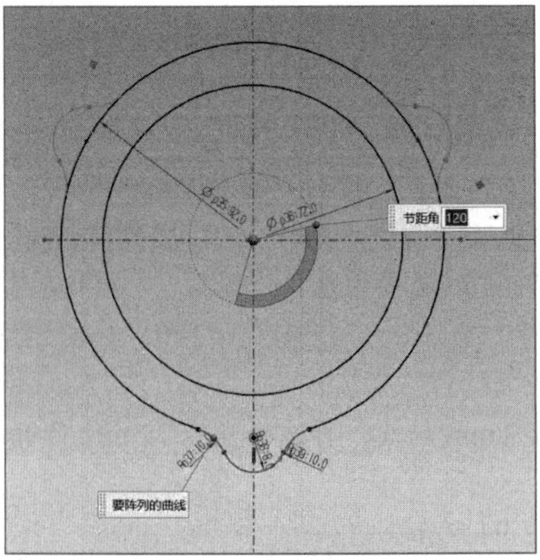

图 12-93 阵列曲线

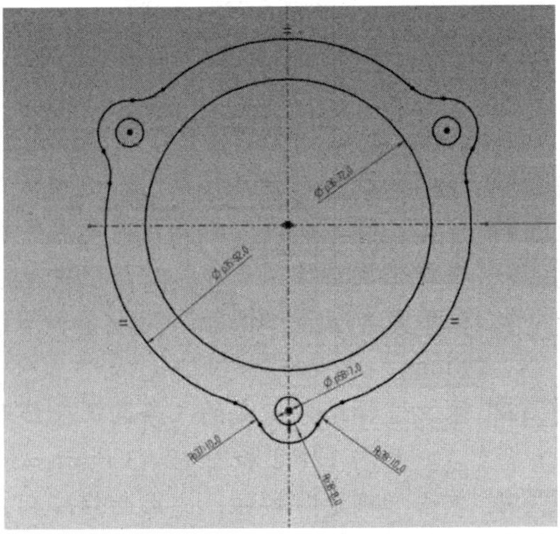

图 12-94 阵列后曲线效果

Step 11 拉伸曲线。在功能区“主页”选项卡的“特征”选项板中单击“拉伸”按钮，弹出拉伸对话框，根据图纸尺寸要求设置“开始距离”为 7 mm、“结束距离”设置为 51 mm，如图 12-95 所示。

Step 12 选择前述绘制完成的草图，进行“拉伸”操作，完成顶部轴承套建模，如图 12-96 所示。

图 12-95　设置拉伸参数

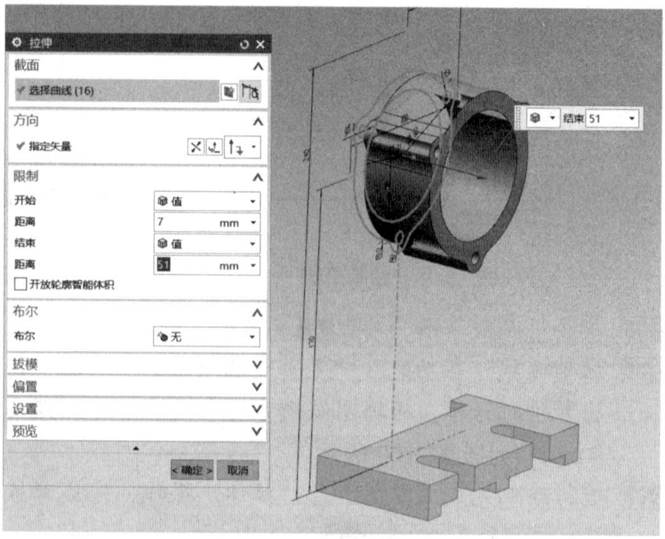

图 12-96　拉伸草图

12.3.3　绘制轴承座背板

通过“拉伸”“草图”等命令，绘制轴承座的背板。

Step 01 创建草图，在底板后面重新创建草图以绘制背板，需注意草图位置。在功能区“主页”选项卡的“直接草图”选项板中单击“草图”按钮，在弹出的对话框中依次在草图类型选项卡中选择“在平面上”，在草图方向选项卡参考选项中选择“水平”，最后选择平面完成草图创建，如图 12-97 所示。

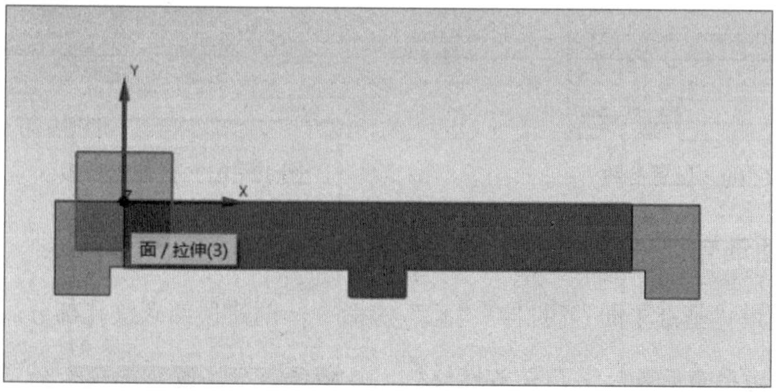

图 12-97　创建草图

Step 02 绘制如图 12-98 所示的曲线，注意曲线位置，如图 12-99 所示。

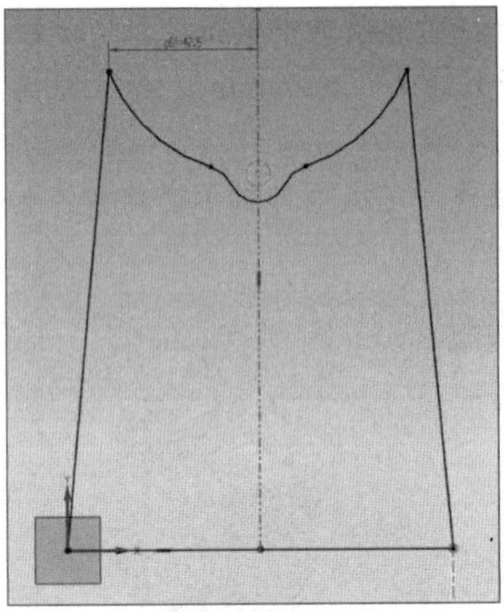

图 12-98　绘制草图

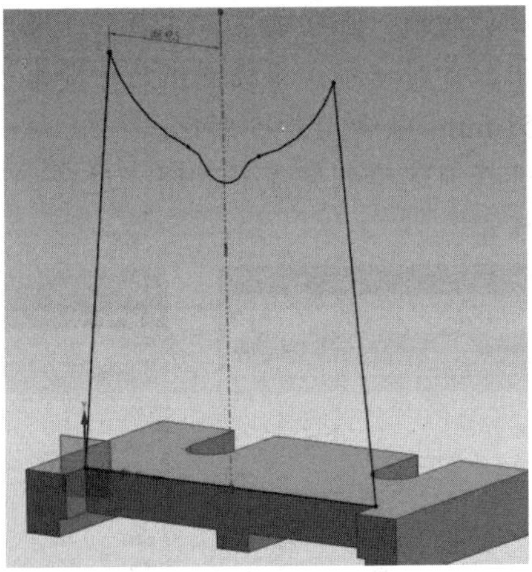

图 12-99　草图位置

Step03 单击“完成草图”按钮，退出草图环境。

Step04 拉伸曲线。在功能区“主页”选项卡的“特征”选项板中单击“拉伸”按钮拉伸，弹出拉伸对话框，根据图纸尺寸要求设置“开始距离”为 0 mm、“结束距离”设置为 9 mm，如图 12-100 所示。

Step05 选择绘制完成的草图进行“拉伸”操作，完成背板建模，如图 12-101 所示。

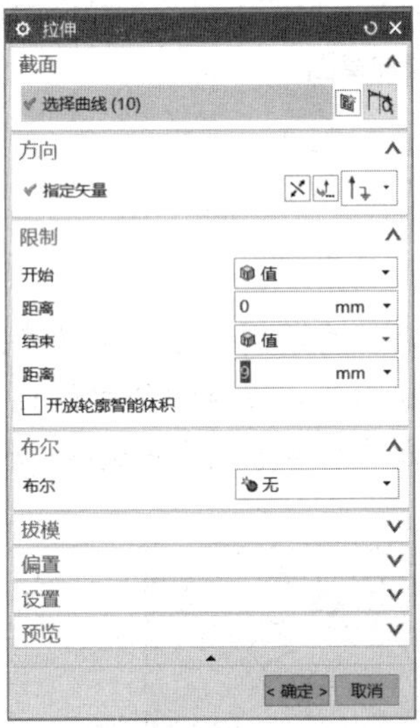

图 12-100　设置参数

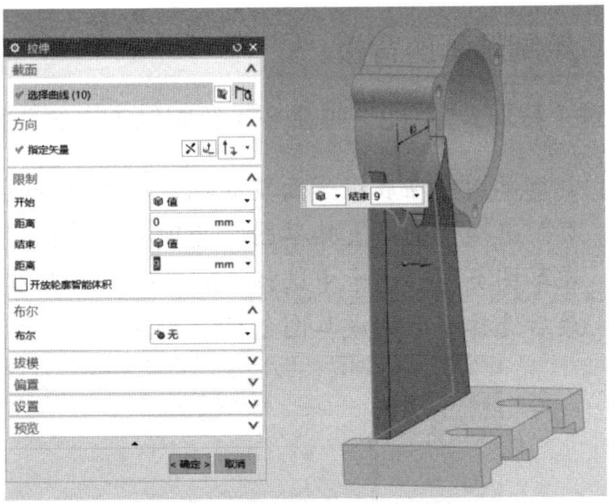

图 12-101　拉伸出背板

12.3.4　创建轴承套顶部螺纹孔

下面主要通过“基准平面”“拉伸”“孔”等命令，创建顶部螺纹孔部分。

Step01 创建相切平面用来放置凸台与螺纹孔。在功能区“主页”选项卡的“特征”选项板中单击“基准平面”按钮基准平面，如图 12-102 所示。

Step02 弹出“基准平面”对话框，在“类型”菜单下选择“相切”，如图 12-103 所示。

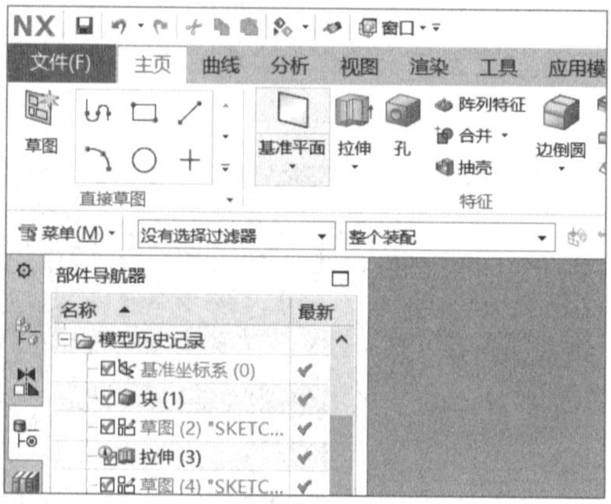

图 12-102 单击“基准平面”按钮

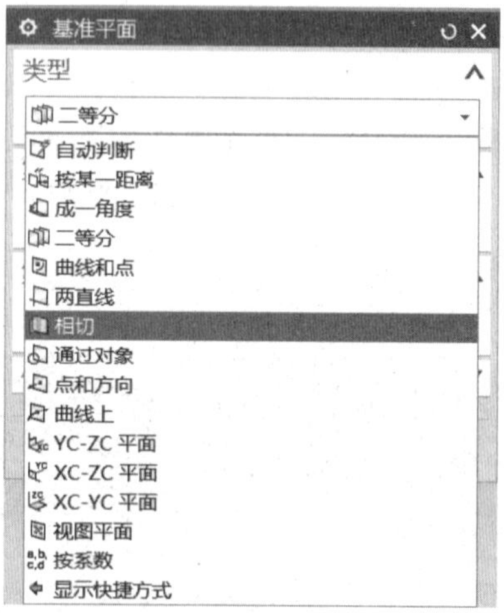

图 12-103 选择“相切”

Step03 首先选择轴承套圆弧上表面，如图 12-104 所示。

Step04 再选择轴承套上表面圆弧象限点，如图 12-105 所示。

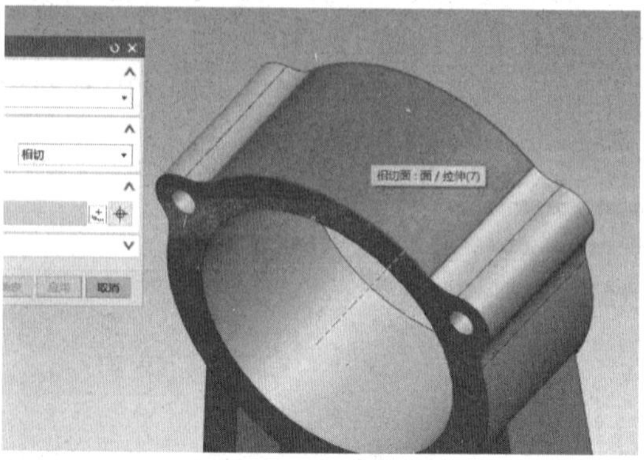

图 12-104 选择圆弧面

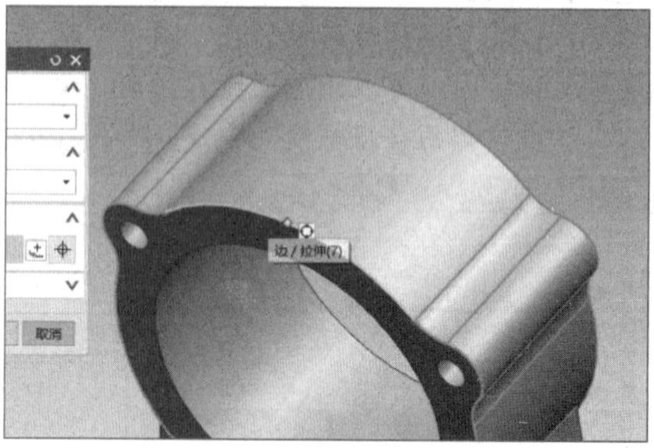

图 12-105 选择圆弧象限点

Step05 单击“确定”按钮完成平面创建，如图 12-106 所示。

Step06 创建草图，在功能区“主页”选项卡的“直接草图”选项板中单击“草图”按钮，选择刚创建的平面来创建草图，如图 12-107 所示。

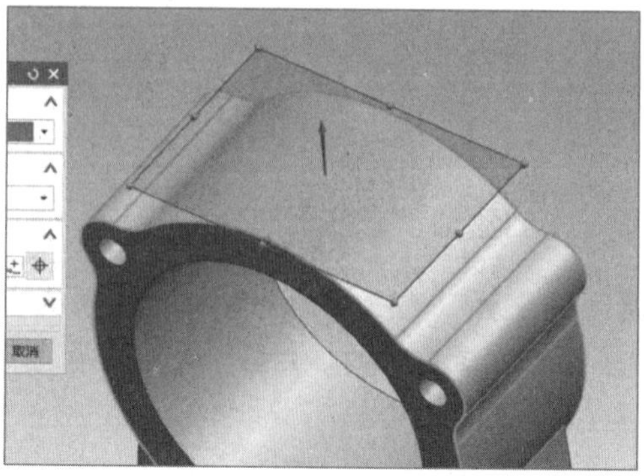

图 12-106 完成平面创建

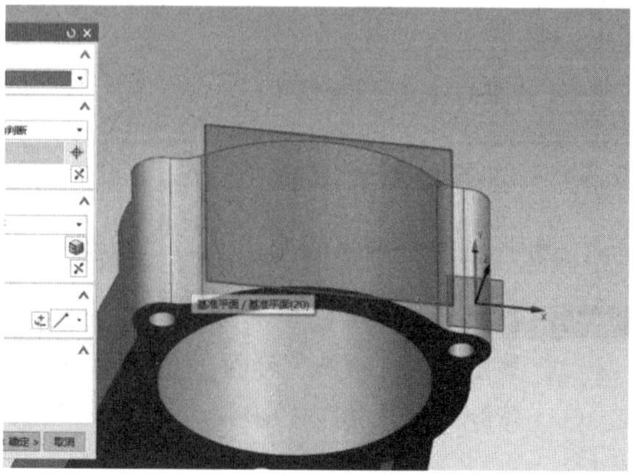

图 12-107 创建草图

Step 07 进入草图环境，绘制如图 12-108 所示的曲线。

Step 08 单击“完成草图”按钮，退出草图环境。

Step 09 拉伸曲线。根据图纸要求设置“开始”为“直至下一个”“结束”为 6 mm，“布尔”为“求和”，如图 12-109 所示。

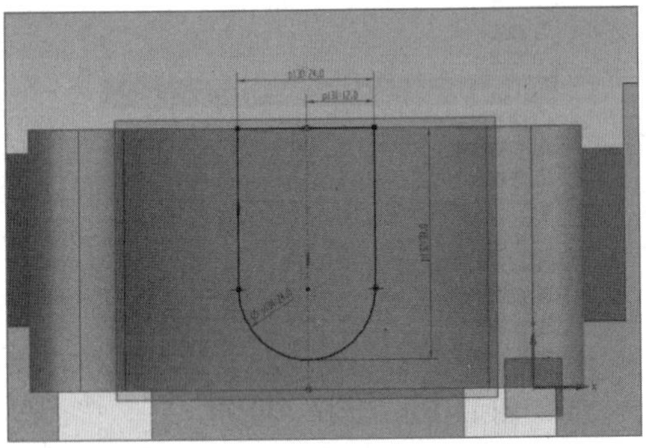

图 12-108　绘制草图

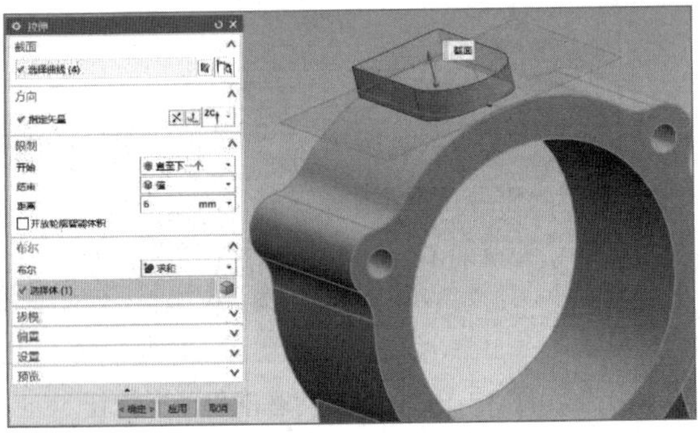

图 12-109　拉伸曲线

Step 10 创建螺纹孔，功能区“主页”选项卡的“特征”选项板中单击“孔”按钮，弹出“孔”操作对话框，在“类型”菜单选择“螺纹孔”如图 12-110 所示。

Step 11 根据图纸要求设置螺纹孔参数，并选择圆弧圆心放置螺纹孔，单击“确定”按钮完成顶部凸台与螺纹孔创建，如图 12-111 所示。

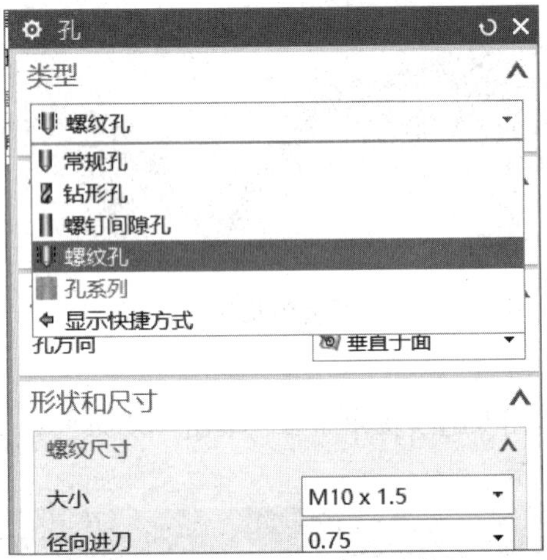

图 12-110　选择螺纹孔

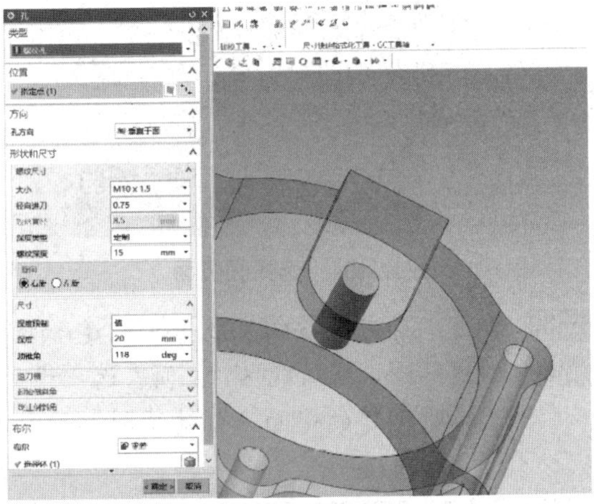

图 12-111　创建螺纹孔

12.3.5　创建轴承套筋板

下面主要通过“基准平面”“拉伸”“镜像特征”等命令，创建轴承套筋板部分。

Step 01 创建二等分平面用来放置中间筋板。在功能区“主页”选项卡的“特征”选项板中单击“基准平面”按钮，在弹出的“基准平面”对话框中的“类型”菜单选择“二等分”如图 12-112 所示。

Step 02 依次选择底板左、右两个表面，自动判断出平面位置，再单击“确定”按钮完成平面创建，如图 12-113 所示。

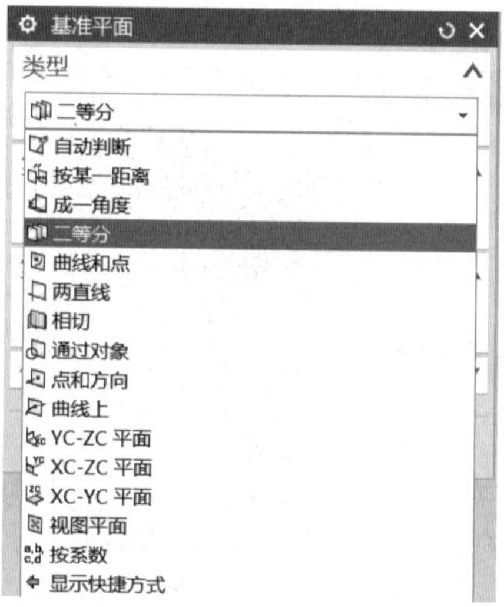

图 12-112　选“二等分”

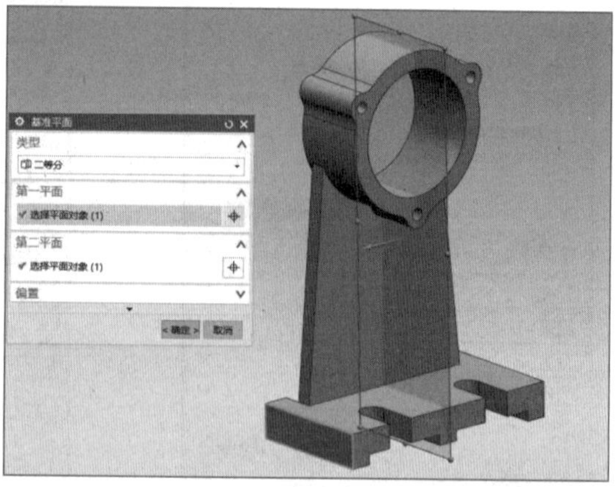

图 12-113　创建平面

Step 03 创建草图，在功能区“主页”选项卡的“直接草图”选项板中单击“草图”按钮，选择刚创建的平面来创建草图。

Step 04 进入草图环境，绘制如图 12-114 所示的曲线，并注意曲线位置如图 12-115 所示。

Step 05 单击“完成草图”按钮，退出草图环境。

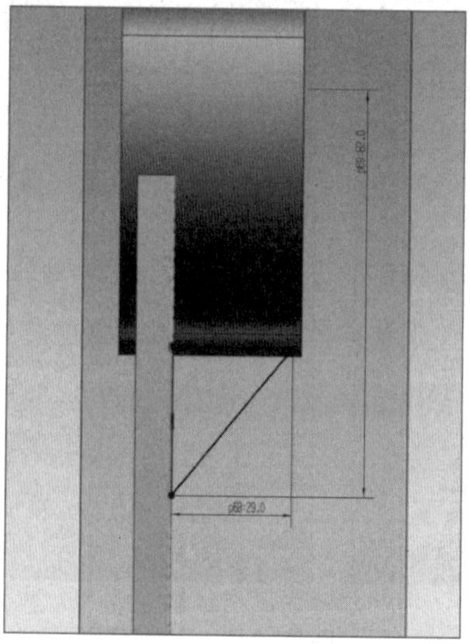

图 12-114　绘制曲线

图 12-115　曲线位置

Step 06 拉伸曲线。根据图纸要求设置“开始”为“对称值”“距离”为 4.5 mm，“布尔”为“求和”选择曲线完成拉伸，如图 12-116 和图 12-117 所示。

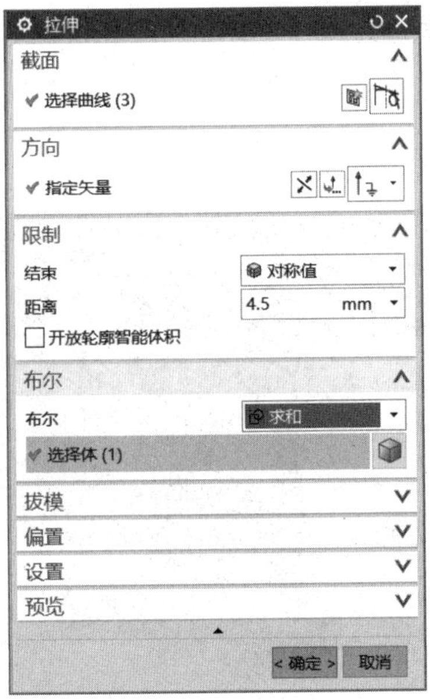

图 12-116 设置参数

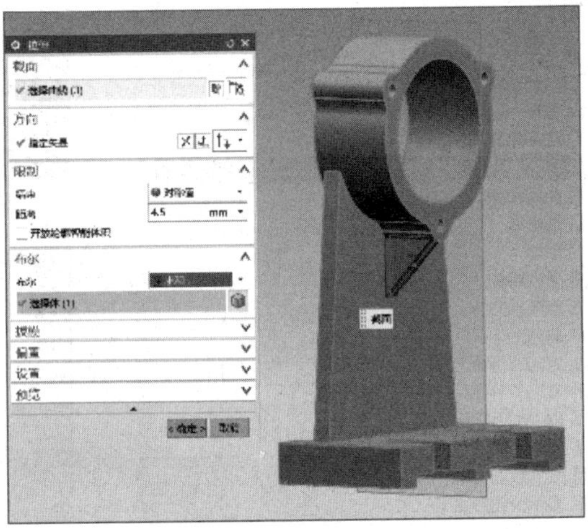

图 12-117 拉伸筋板曲线

Step 07 重新创建草图，绘制两侧筋板。在功能区“主页”选项卡的“直接草图”选项板中单击“草图”按钮，选择刚背板前平面来创建草图，如图 12-118 所示。

Step 08 进入草图环境，绘制如图 12-119 所示的曲线。

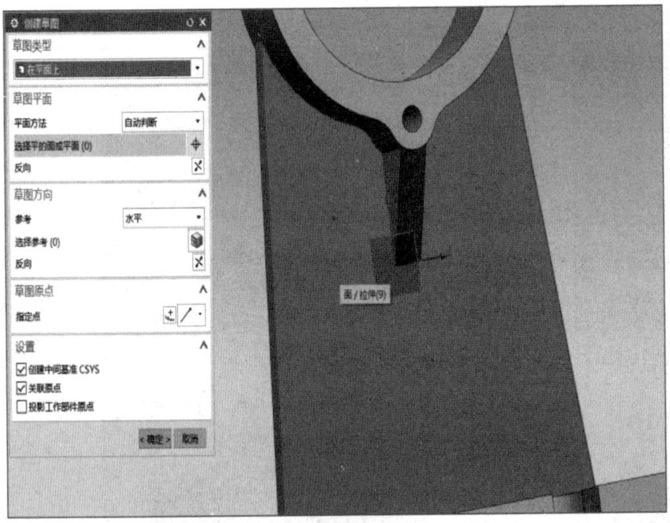

图 12-118 创建草图

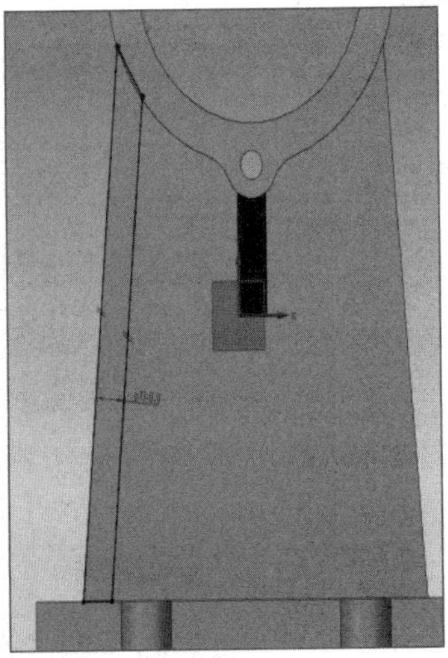

图 12-119 绘制草图

Step 09 单击“完成草图”按钮，退出草图环境。

Step 10 拉伸曲线。根据图纸要求设置“开始”为 0 mm、“结束”为 20 mm，“布尔”为“无”选择曲线完成拉伸，如图 12-120 所示。

Step 11 镜像特征。在功能区“主页”选项卡的“特征”选项板中单击“更多”按钮中的“镜像特征”按钮，如图 12-121 所示。

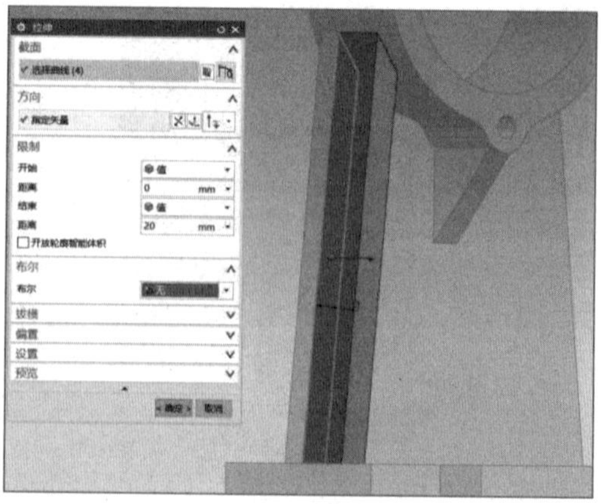

图 12-120 拉伸筋板曲线

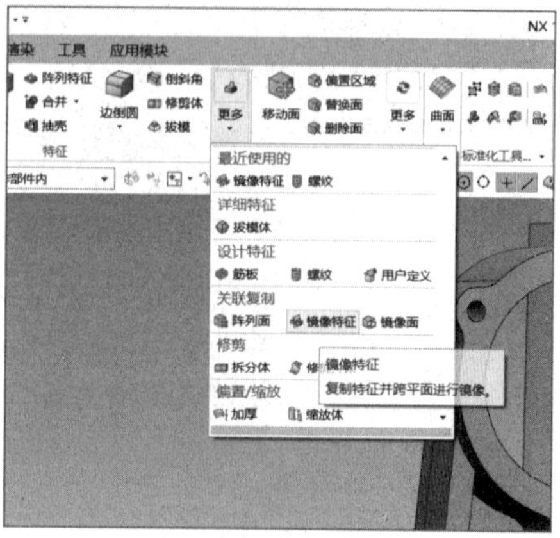

图 12-121 镜像特征

Step 12 弹出“镜像特征”对话框，如图 12-122 所示。

Step 13 依次先选择要镜像的特征，再选择中间平面，如图 12-123 所示。

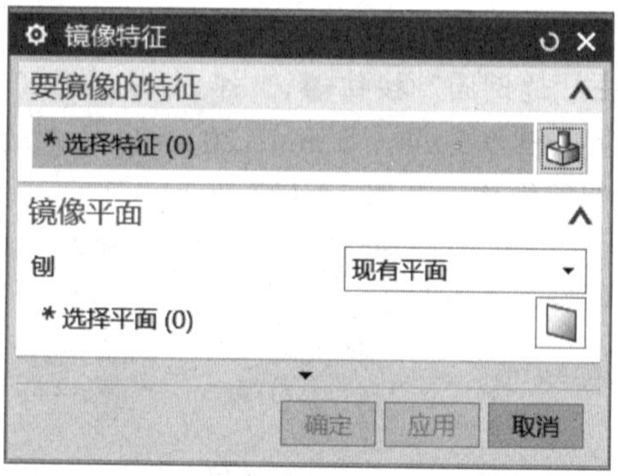

图 12-122 “镜像”对话框

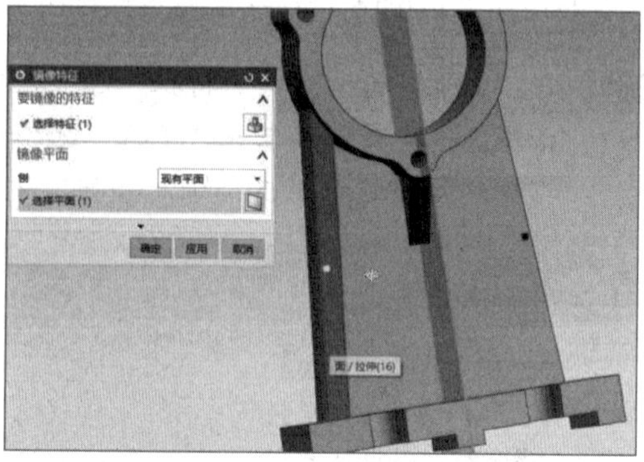

图 12-123 镜像特征

Step 14 单击“确定”按钮完成镜像，如图 12-124 所示。

Step 15 将两侧的两个筋板与轴承座主体合并。在功能区“主页”选项卡的“特征”选项板中单击“合并”按钮，弹出“合并”操作对话框，依次选择特征完成合并操作，如图 12-125 和图 12-126 所示。

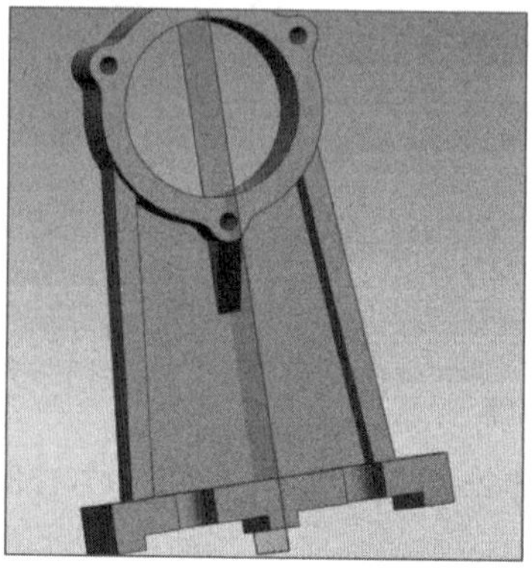

图 12-124 完成镜像

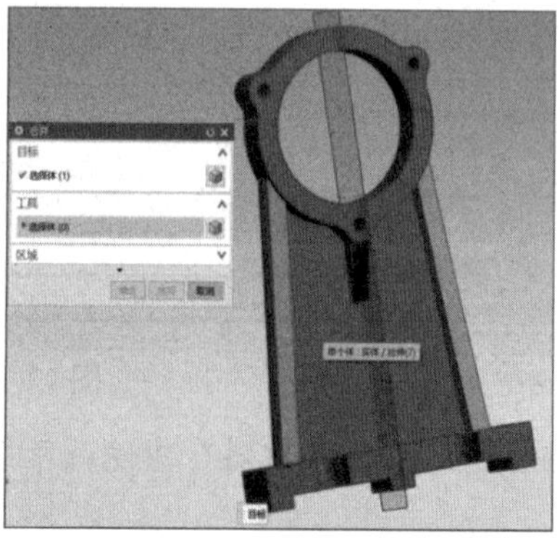

图 12-125 合并特征

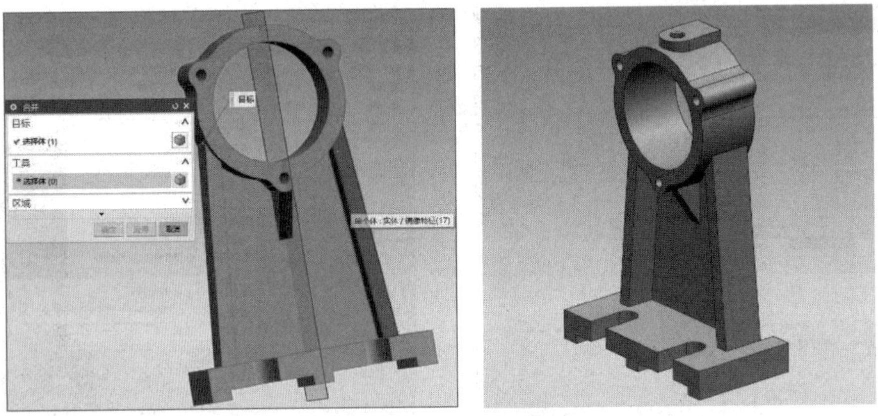

图 12-126 合并特征

12.3.6 轴承套细节特征处理

主要使用“边倒圆”命令完善零件细节部分。

Step 01 在“主页”选项卡的“特征”选项板中单击“边倒圆”按钮，弹出“边倒圆”对话框，根据图纸要求在“半径”选项中设置半径为 3 mm、5 mm、20 mm，分别选择对应的各条边，单击“确定按钮”完成边倒圆操作，如图 12-127 所示。

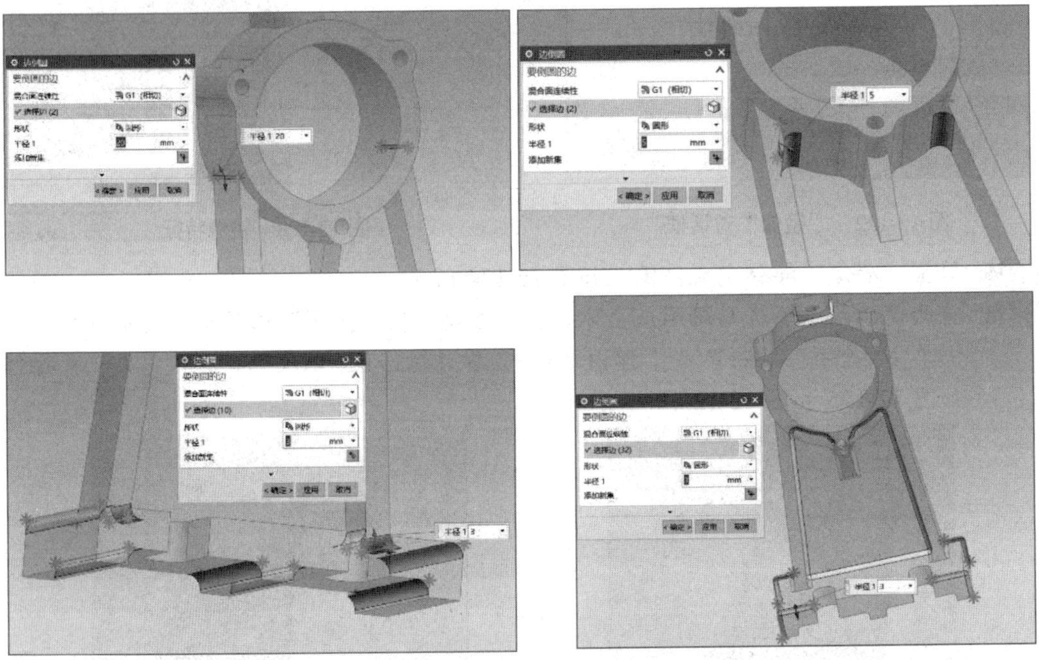

图 12-127 边倒圆操作

Step 02 在右侧“部件导航器”中隐藏草图、基准坐标等完成泵盖建模如图 12-128 所示。

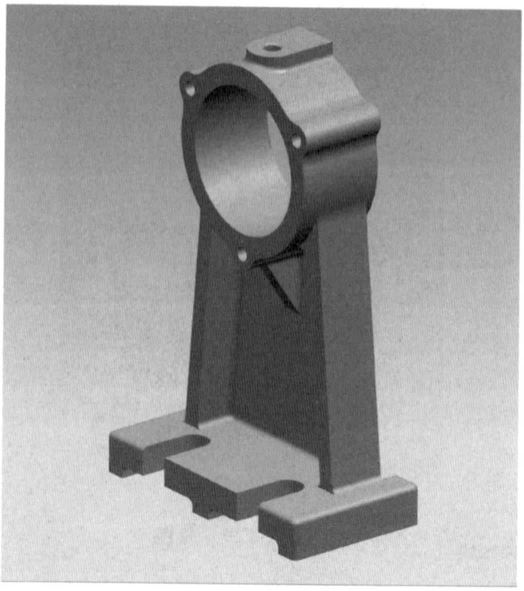

图 12-128　完成建模

任务 4　箱体类零件：制作泵体

箱体的结构造型设计一直是难点而泵体零件是箱体类零件中比较具有代表性的零件，则本实例制作如图 12-129 所示的泵体，主要通过拉伸、孔、边倒圆、布尔运算、等实体特征操作来完成的。

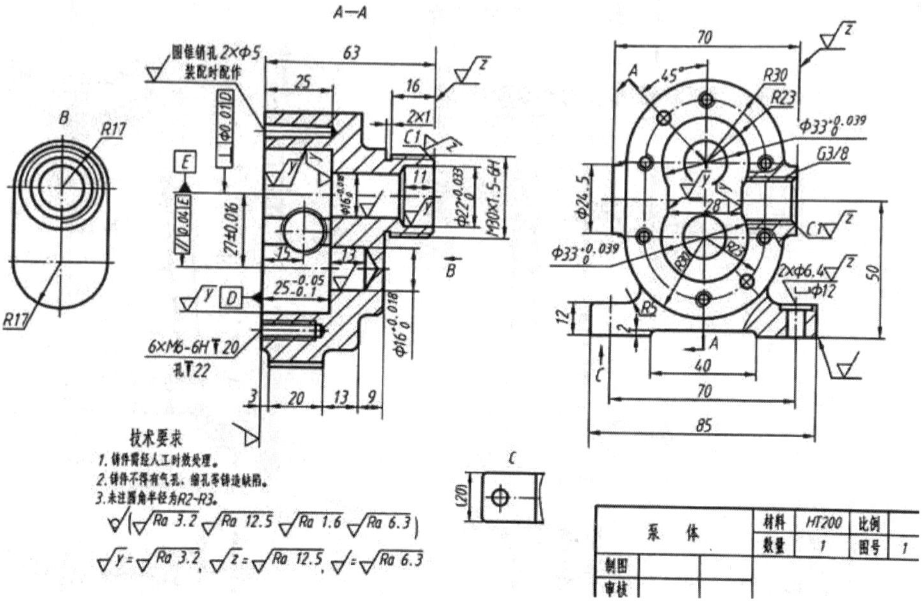

图 12-129 泵体

12.4.1 绘制泵体的基本模型

下面主要通过“草图”“拉伸”等命令，绘制泵体的基本模型。

Step 01 执行“文件”｜“新建”命令，弹出“新建”对话框，设置文件名和保存路径，如图 12-130 所示，单击“确定”按钮，新建一个空白的项目文件。

Step 02 创建草图。在功能区“主页”选项卡的“直接草图”选项板中单击“草图”按钮，在弹出的对话框中依次在草图类型选项卡中选择“在平面上”，在草图方向选项卡参考选项中选择“水平”，最后在绘图区选择“X-Y”平面，单击“确定”按钮完成草图创建。

Step 03 进入草图环境，绘制并完全约束如图 12-131 所示的曲线。

Step 04 单击“完成草图”按钮，退出草图环境。

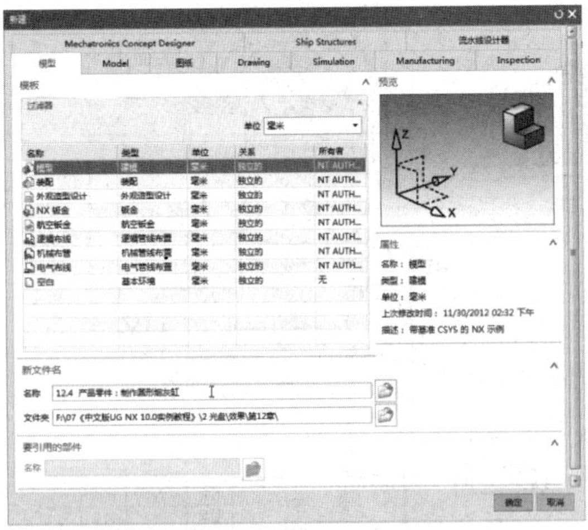

图 12-130 “新建”对话框

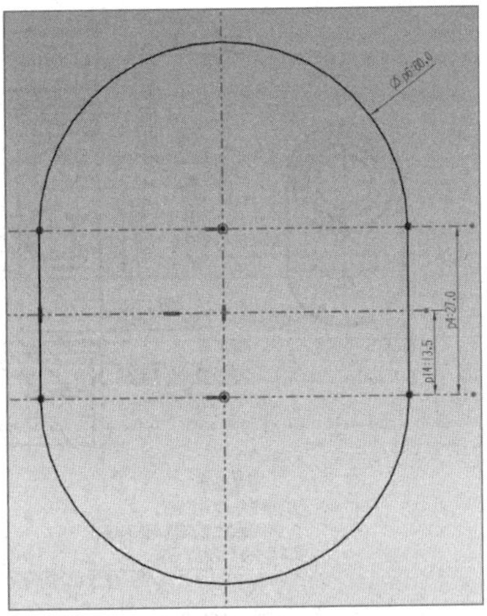

图 12-131 绘制草图

Step 05 拉伸曲线。在功能区“主页”选项卡的“特征”选项板中单击“拉伸”按钮，弹出拉伸对话框，根据图纸尺寸要求设置“开始距离”为 0 mm、“结束距离”设置为 36 mm，最后单击“确定”按钮完成拉伸，如图 12-132 所示。

Step 06 再次创建草图，绘制泵体腔体。在功能区“主页”选项卡的“直接草图”选项板中单击“草图”按钮，在弹出的对话框中依次在草图类型选项卡中选择“在平面上”，在草图方向选项卡参考选项中选择“水平”，最后在绘图区选择平面，单击“确定”按钮完成草图创建，如图 12-133 所示。

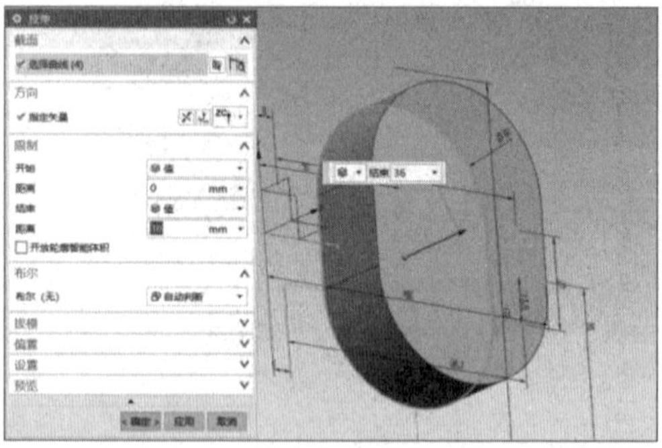

图 12-132　**拉伸曲线**

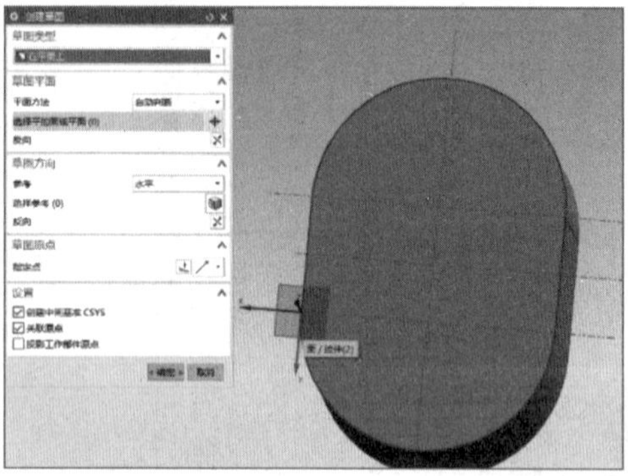

图 12-133　**创建草图**

Step 07 进入草图环境，绘制并完全约束如图 12-134 所示的曲线。

Step 08 单击“完成草图”按钮，退出草图环境。

Step 09 拉伸曲线。在功能区“主页”选项卡的“特征”选项板中单击“拉伸”按钮，弹出拉伸对话框，根据图纸尺寸要求设置“开始距离”为 0 mm、“结束距离”设置为 25 mm，“布尔”选项选择“求差”，最后单击“确定”按钮完成拉伸，如图 12-135 所示。

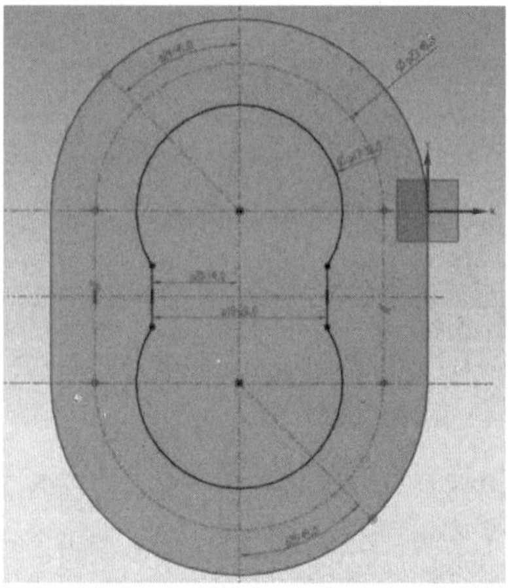

图 12-134　**绘制曲线**

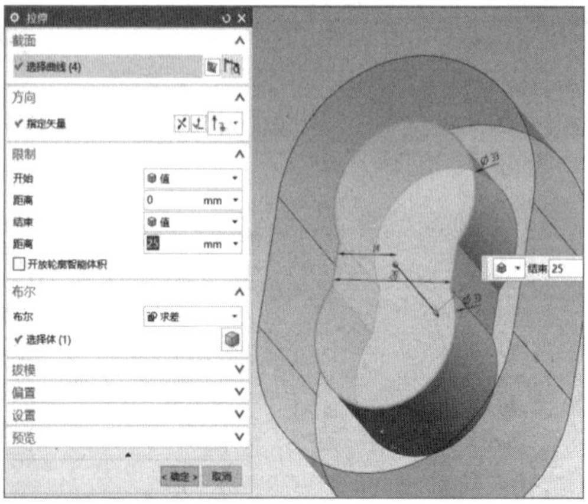

图 12-135　**拉伸出内腔**

Step 10 创建 6 个螺纹孔。在功能区“主页”选项卡的“特征”选项板中单击“孔”按钮。

Step 11 弹出“孔”对话框，“类型”菜单选择“螺纹孔”“大小”菜单选择“M6”“螺纹深度”设置 20 mm、“孔深度”设置 22 mm、“布尔”选择“求差”，如图 12-136 所示。

Step 12 在绘图区根据图纸要求，放置螺纹孔，单击“确定”按钮，效果如图 12-137 所示。

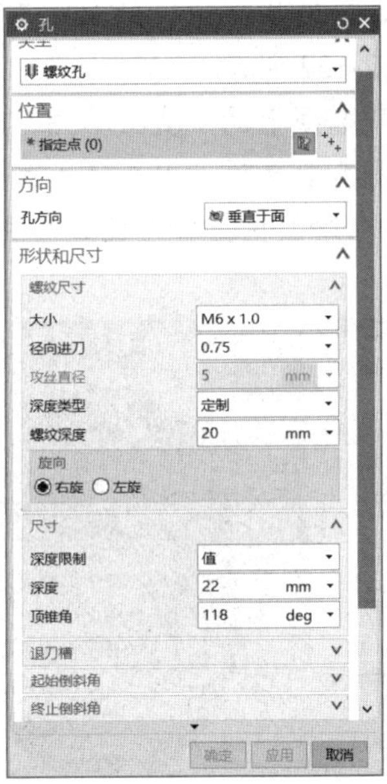

图 12-136　设置孔参数

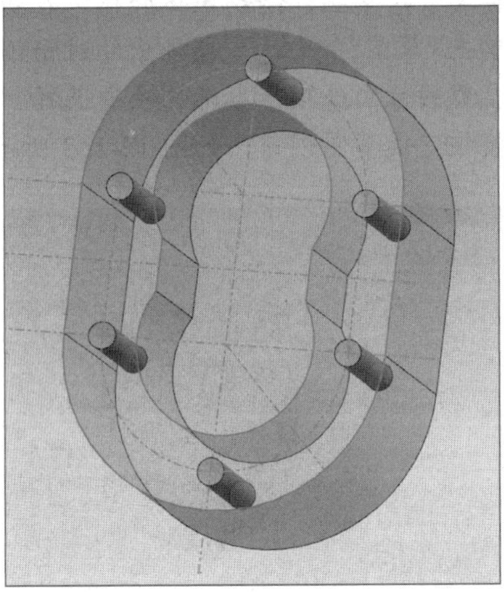

图 12-137　放置螺纹孔

Step 13 创建 2 个圆锥销孔。在功能区“主页”选项卡的“特征”选项板中单击“孔”按钮。

Step 14 弹出“孔”对话框，在“类型”菜单选择“常规孔”“形状”菜单选择“锥孔”“直径”设置 5 mm、“深度”设置 25 mm、“锥角”设置为 1、“布尔”选择“求差”，如图 12-138 所示。

Step 15 在绘图区根据图纸要求，放置锥孔，单击“确定”按钮，效果如图 12-139 所示。

图 12-138　设置孔参数

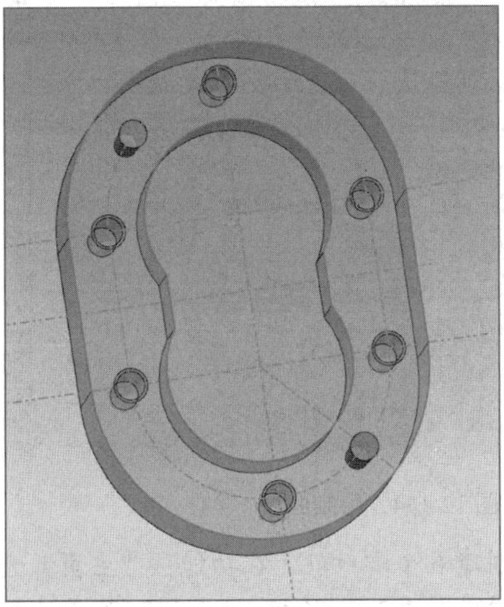

图 12-139　放置锥孔

Step16 创建草图，绘制泵体下部底座。在功能区“主页”选项卡的“直接草图”选项板中单击“草图”按钮，在弹出的对话框中依次在草图类型选项卡中选择“在平面上”，在草图方向选项卡参考选项中选择“水平”，最后在绘图区选择平面，单击“确定”按钮完成草图创建，如图 12-140 所示。

Step17 进入草图环境后，绘制并完全约束如图 12-141 所示的曲线。

Step18 单击“完成草图”按钮，退出草图环境。

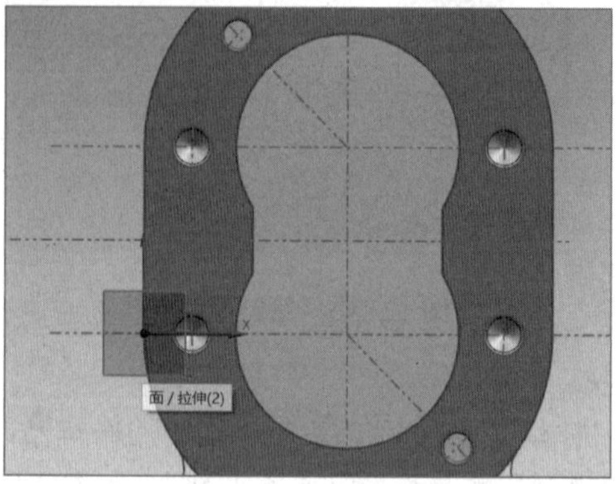

图 12-140　选择平面

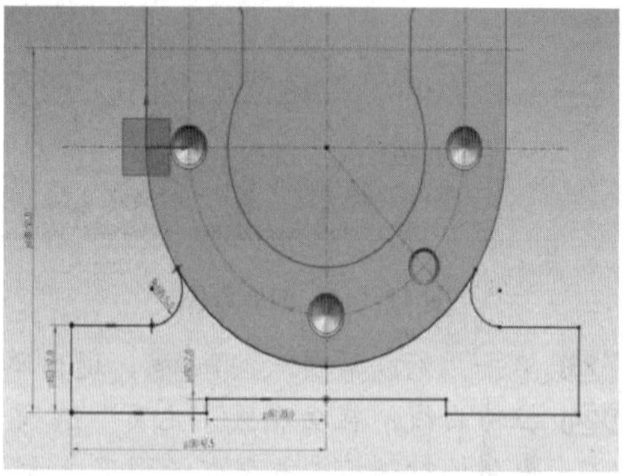

图 12-141　绘制草图

Step19 拉伸底部曲线。在功能区“主页”选项卡的“特征”选项板中单击“拉伸”按钮，弹出拉伸对话框，根据图纸尺寸要求设置“开始距离”为 3 mm、“结束距离”设置为 23 mm，“布尔”选项选择“求差”，最后单击“确定”按钮完成拉伸，如图 12-142 所示。

Step20 隐藏草图与坐标系，完成底座与泵体基本模型的创建，如图 12-143 所示。

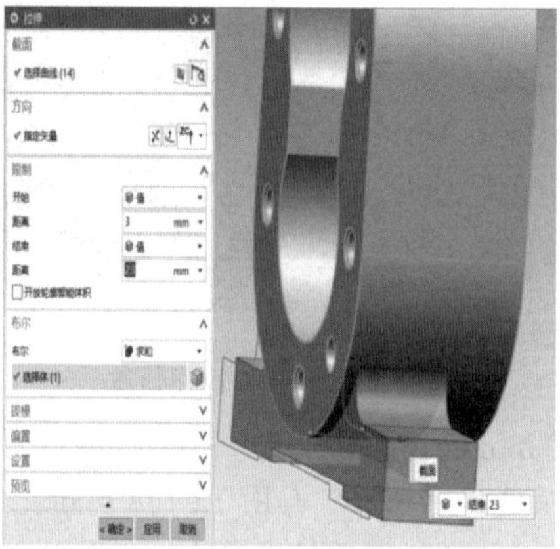

图 12-142　拉伸出底座

图 12-143　整体效果

Step21 创建草图，绘制泵体背部凸起。在功能区“主页”选项卡的“直接草图”选项板中单击“草图”按钮，在弹出的对话框中依次在草图类型选项卡中选择“在平面上”，在草图方向选项卡参考选项中选择“水平”，最后使用鼠标中键翻转至泵体背面选择平面，单击“确定”按钮完成草图创建，如图 12-144 所示。

Step22 进入草图环境后，绘制并完全约束如图 12-145 所示的曲线。

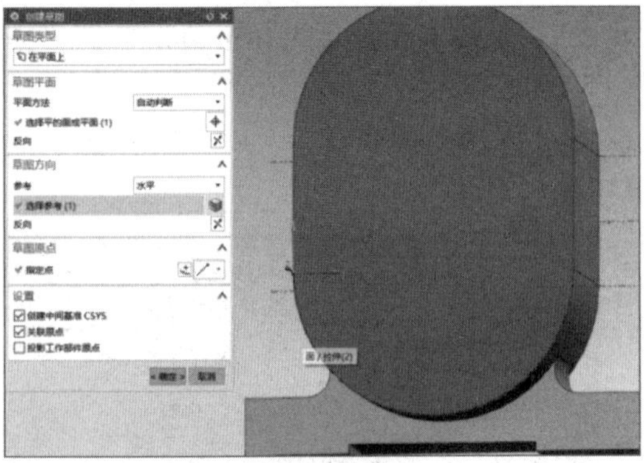

图 12-144　创建草图

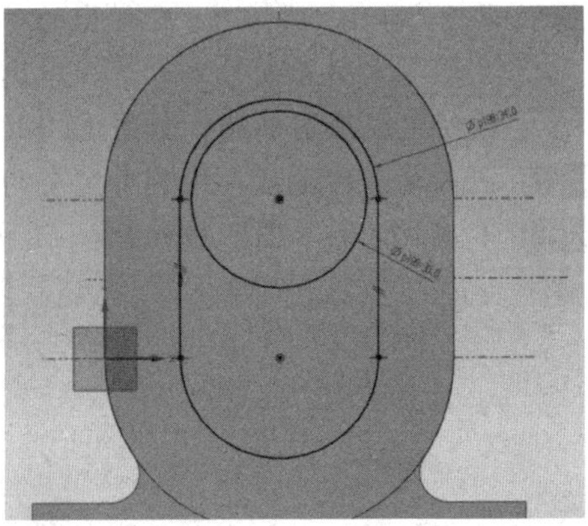

图 12-145　绘制曲线

Step23 单击“完成草图”按钮，退出草图环境。

Step24 拉伸曲线。在功能区“主页”选项卡的“特征”选项板中单击“拉伸”按钮，弹出拉伸对话框，首先在绘图区上方“曲线规则”菜单选择“单条曲线”，如图 12-146 所示。

Step25 再根据图纸尺寸要求设置“开始距离”为 0 mm、“结束距离”设置为 9 mm，“布尔”选项选择“求和”，最后依次选择要拉伸的曲线后，单击“确定”按钮完成拉伸，如图 12-147 所示。

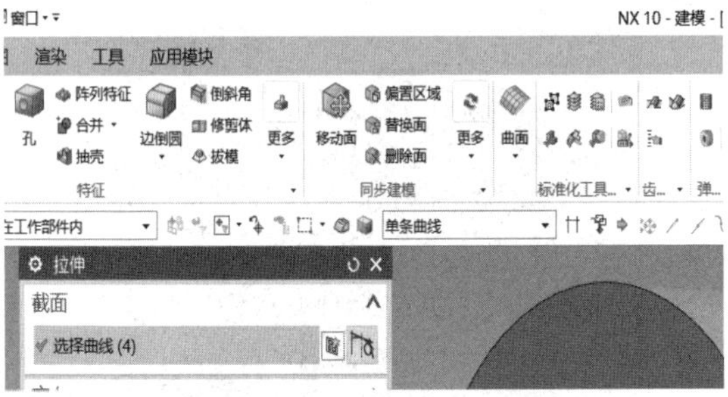

图 12-146　选择单条曲线

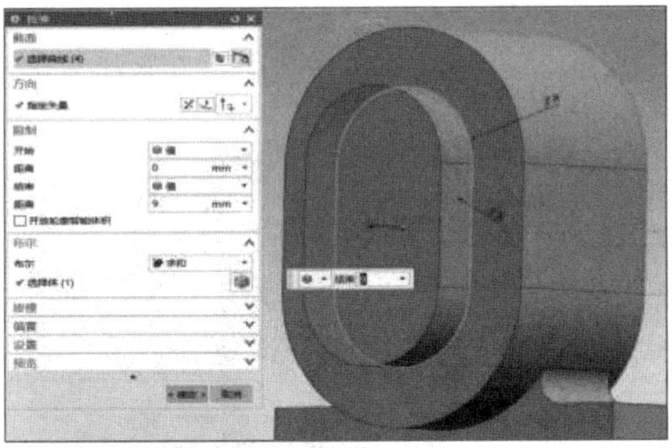

图 12-147　拉伸凸台

Step26 再次单击“拉伸”按钮，拉伸直径为 30 mm 的圆柱，设置“开始距离”为 9 mm、“结束距离”设置为 27 mm，“布尔”选项选择“求和”如图 12-148 所示。

Step27 制作退刀槽。在功能区“主页”选项卡的“特征”选项板中单击“槽”按钮，弹出“槽”对话框，如图 12-149 所示。

Step28 选择“矩形”选项，再选择刚刚拉伸的 30 mm 直径圆柱外表面，设置“槽直径”为 29 mm、“宽度”为 2 mm，单击“确定”按钮，如图 12-150 所示。

Step29 弹出“定位槽”对话框，依次选择两条边设置距离为 0 mm 来定位退刀槽位置，单击“确定”按钮完成退刀槽创建，如图 12-151 所示。

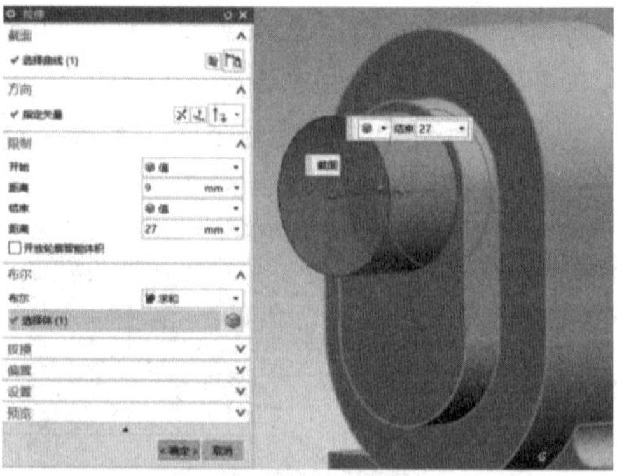

图 12-148　拉伸曲线

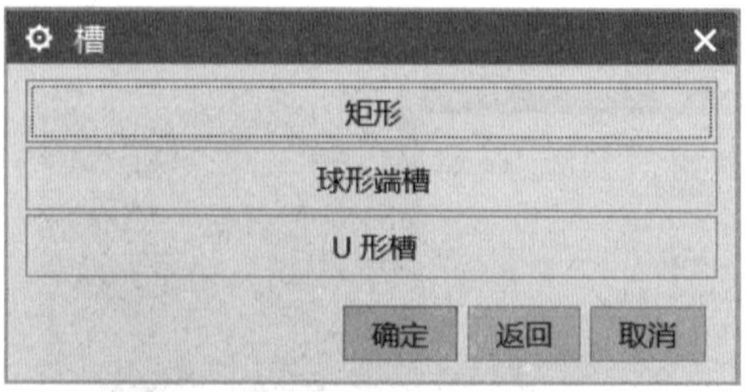

图 12-149　“槽”对话框

图 12-150　选择单条曲线

图 12-151　创建退刀槽

Step30 创建螺纹。在功能区“主页”选项卡的“特征”选项板中单击“更多”按钮在其下拉菜单中选择“螺纹”螺纹按钮，弹出“螺纹”对话框螺纹类型选择“详细”，其次选择直径 30 mm 圆柱的外表面来放置螺纹，最后单击确定完成螺纹创建，完成后效果如图 12-152 所示。整体完成效果，如图 12-153 所示。

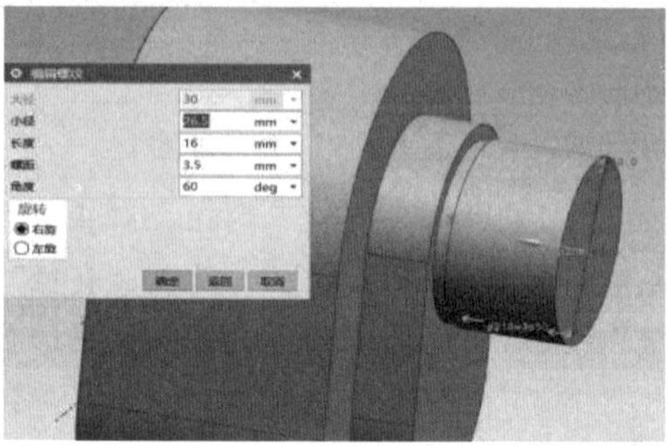

图 12-152　创建螺纹

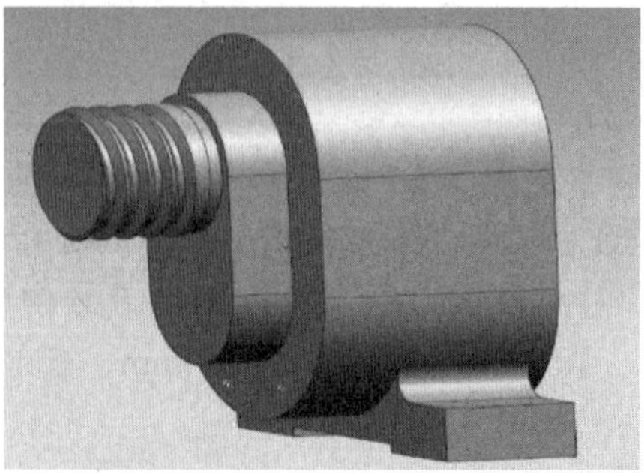

图 12-153　完成效果

Step31 创建二等分平面。在功能区“主页”选项卡的“特征”选项板中单击“基准平面”按钮基准平面，在弹出的“基准平面”对话框中的“类型”菜单选择“二等分”，再依次选择泵体左、右两个表面，自动判断出平面位置，再单击“确定”按钮完成平面创建，如图 12-154 所示。

Step32 创建草图，绘制泵体内部通孔。在功能区“主页”选项卡的“直接草图”选项板中单击“草图”按钮，在弹出的对话框中依次在草图类型选项卡中选择“在平面上”，在草图方向选项卡参考选项中选择“水平”，使用鼠标选择刚创建的平面，单击“确定”按钮完成草图创建，如图 12-155 所示。

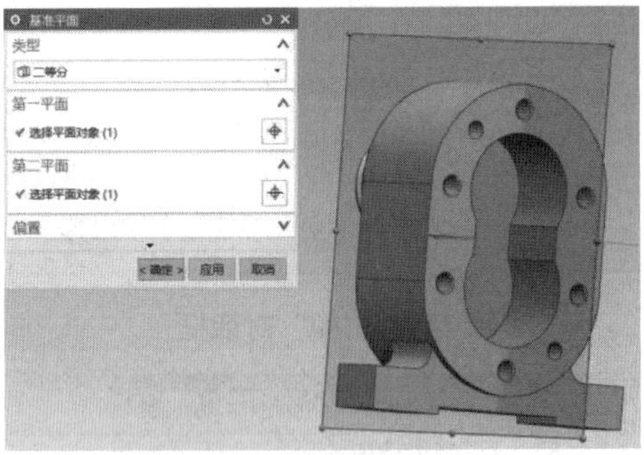

图 12-154　创建平面

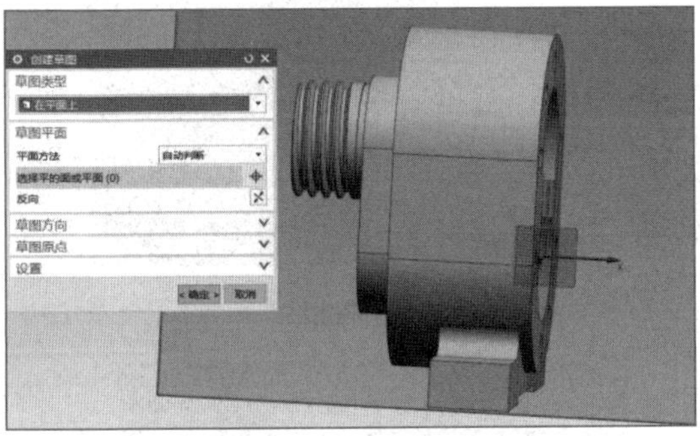

图 12-155　创建草图

Step33 进入草图环境后，绘制并完全约束如图 12-156 所示的曲线。

Step34 旋转草图，在功能区“主页”选项卡的“特征”选项板中单击“旋转”按钮弹出“旋转”对话框，先选择绘制完成的阶梯轴截面草图，按鼠标中键确定后，再选择棕色点划线的旋转轴，最后单击确定按钮完成旋转操作，如图 12-157 所示。

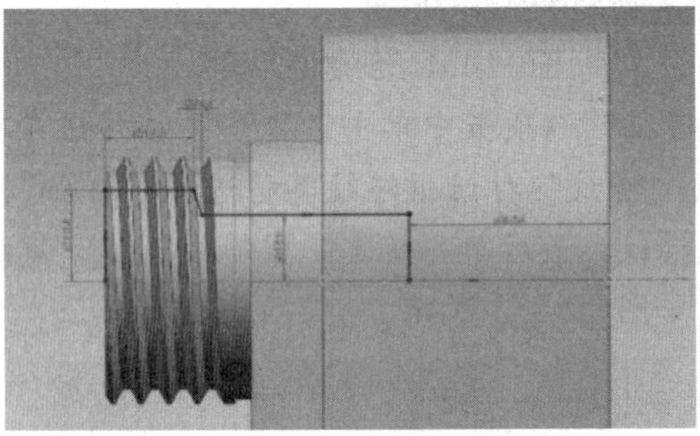

图 12-156　绘制草图

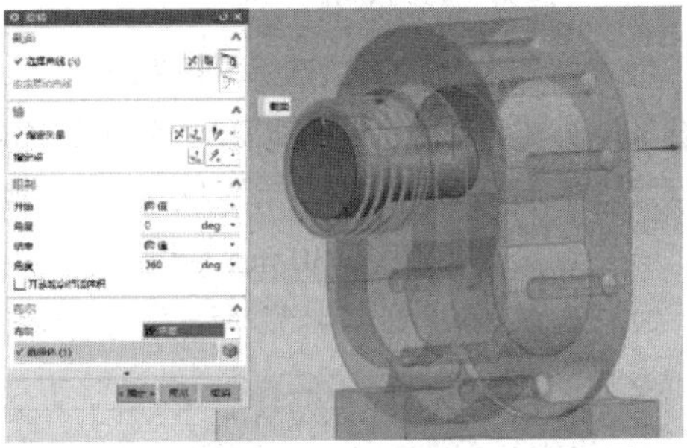

图 12-157　旋转草图

Step35 创建孔。在功能区“主页”选项卡的“特征”选项板中单击“孔”按钮弹出“孔”对话框选择“常规孔”、孔方向选择“沿矢量”形状为“简单孔”、设置“直径”为 16 mm、“深度”为 38 mm、布尔选择“求差”，最后根据图纸位置选择孔放置位置，如图 12-158 所示。

Step36 创建完上述步骤后效果如图 12-159 所示。

Step37 创建草图，绘制泵体螺纹通孔。在功能区“主页”选项卡的“直接草图”选项板中单击“草图”按钮，使用鼠标选择泵体左端面，单击“确定”按钮完成草图创建，进入草图环境后绘制如图 12-160 所示的草图。

Step38 单击“完成草图”按钮，退出草图环境。

Step39 拉伸曲线。单击“拉伸”按钮，选择曲线，设置结束距离为 5 mm，如图 12-161 所示。

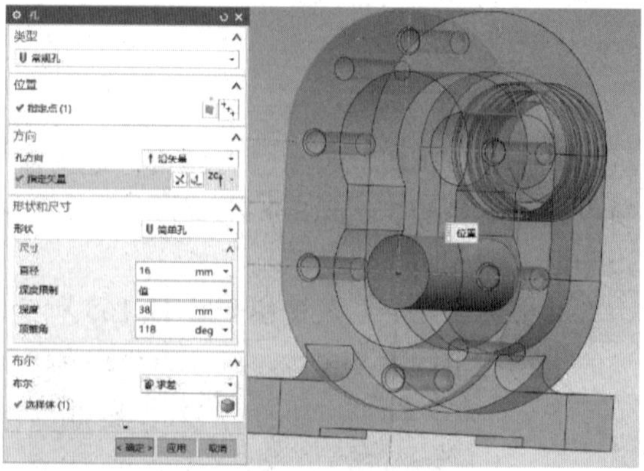

图 12-158　创建孔

图 12-159　完成效果

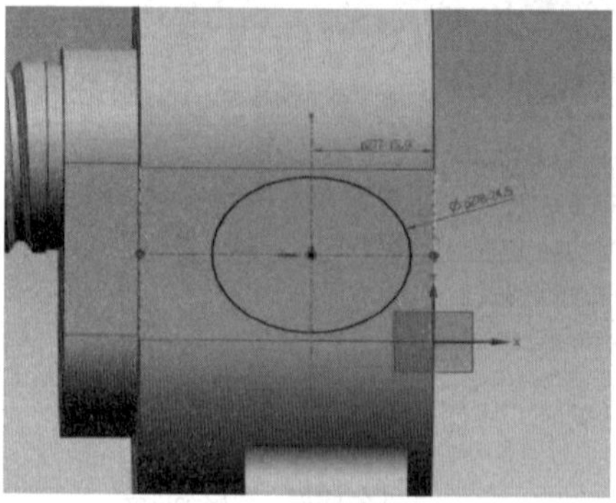

图 12-160　绘制草图

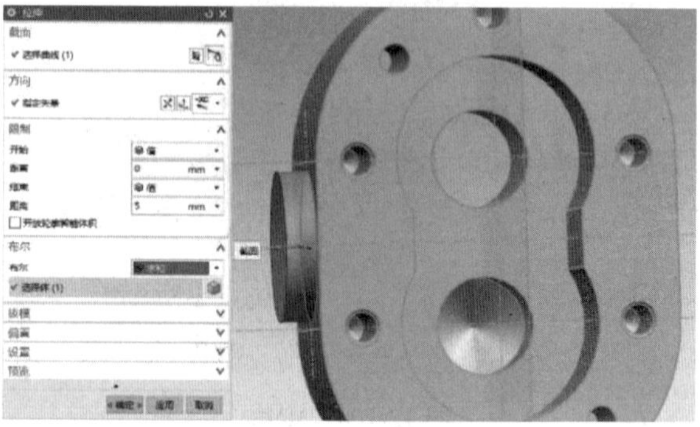

图 12-161　拉伸草图

Step 40 镜像特征，使用镜像命令镜像刚才绘制完成的圆柱，如图 12-162 所示。

Step 41 创建螺纹孔。在功能区“主页”选项卡的“特征”选项板中单击“孔”按钮弹出“孔”对话框选择“螺纹孔”、设置“大小”为 M22、“深度”为 75 mm、布尔选择“求差”，最后根据图纸位置选择孔放置位置，单击“确定”按钮完成创建，如图 12-163 所示。

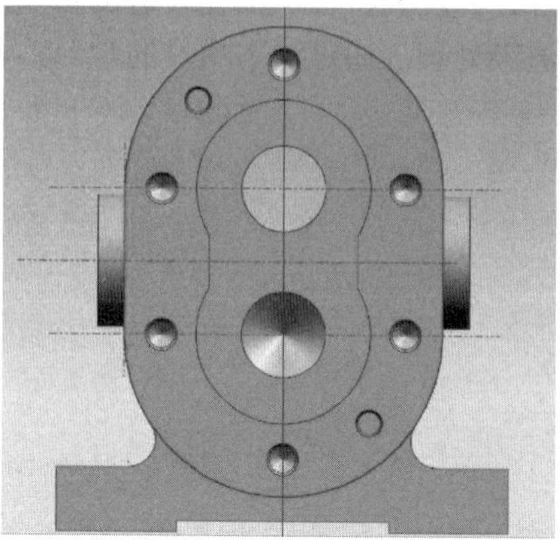

图 12-162　镜像特征

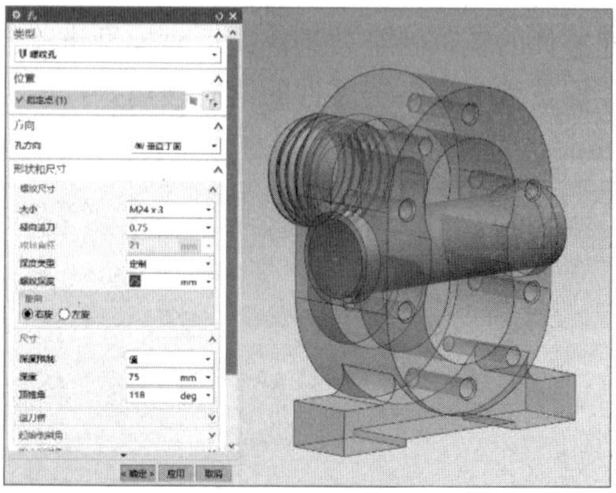

图 12-163　创建螺纹孔

12.4.2 泵体细节特征处理

使用“边倒圆”命令对细节进行处理。

Step 01 在“主页”选项卡的“特征”选项板中单击“边倒圆”按钮，弹出“边倒圆”对话框，根据图纸要求在“半径”选项中设置半径为 3 mm，分别选择对应的各条边，单击“确定按钮”完成边倒圆操作，如图 12-164 所示。

Step 02 在右侧“部件导航器”中隐藏草图、基准坐标等完成泵盖建模如图 12-165 所示。

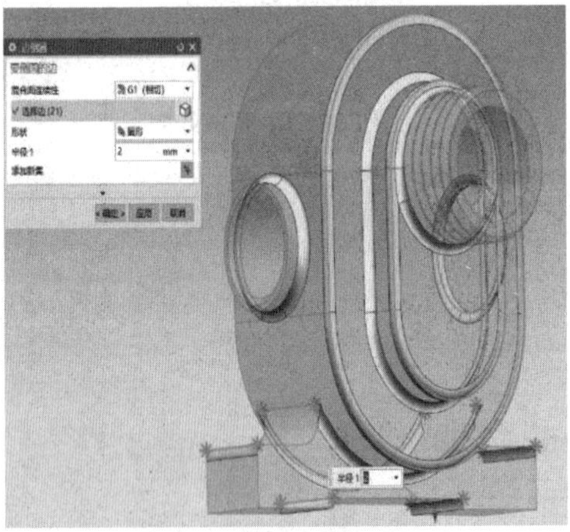

图 12-164　倒角

图 12-165　完成建模

项目小结

本项目主要学习了绘制轮盘类零件、轴套类零件、叉架类零件及箱体类零件的建模方法，讲解了 4 种机械产品模型的具体绘制技巧，主要包括泵体、泵盖、轴承座及主动齿轮轴。在制作中，首先创建圆柱体，其次执行一系列的拉伸、合并、阵列特征、抽壳、边倒圆等操作以创建零件的实体特征效果，最后对模型进行着色与渲染处理。通过对本项目的学习，希望读者能够熟练掌握各类零件的绘制技巧。